NEW WCDP
新文京開發出版股份有限公司
新世紀．新視野．新文京 — 精選教科書．考試用書．專業參考書

New Wun Ching Developmental Publishing Co., Ltd.

New Age · New Choice · The Best Selected Educational Publications — NEW WCDP

第4版

靜力學

FOURTH EDITION

STATICS

張超群・劉成群 編著

四版序

《靜力學》一書可作為大專院校靜力學相關課程的教科書或科技用書，目前市面上有關靜力學的書籍已不少，但大多譯自英文，或因內容太多且繁雜，或因解說太少，既不便教學也不易自己進修，於是我們編寫了這本教材。

本書特別注重基本概念的闡述，邏輯結構的推展。例如，什麼叫因次？什麼叫虛位移？以及如何計算虛功？如何判斷摩擦力的大小與方向？這些問題既是重點又是較難理解之處。周延解釋這些概念，需要涉及較深的數學及力學知識。本書則力求在學生現有的知識範圍內釐清這些概念。同時，本書舉用大量例子介紹力學中的一些基本方法及解題技巧，諸如選取力學模型、問題的歸類、公式的應用、數學結果的物理意義等。對於第九章虛功原理，編者引用了分析力學的一些概念。我們認為唯有如此，才能清楚的闡述虛位移與虛功原理。

學習力學和其他科學一樣，不作一定數量的習題是不能融會貫通的。因此，在各章中皆有例題，能將學習到的理論立即加以應用，並於每章末都附有適量的習題，以供練習之用。這些習題都不繁雜，讀者應力求體會並理解每題的精神，能幫助讀者複習和掌握重點，深入理解基本概念，提高解題技巧。

在第四版中編者將向量符號改成正粗體，以便和美國書籍表示法一致，並進行更細緻的微調校對，使全書更為精緻實用，提供授課老師活用的教學素材，讓讀者更有效率的學習。

編者特別感謝黃啟彰同學精采生動的繪圖，魯澤玲女士、馬澤鳳女士、蔡丰俐老師及許多同仁，以及新文京開發出版股份有限公司的全力協助，使得本書得以順利完成。雖然編者已盡了最大的努力，並經多次校訂，但疏漏錯誤之處在所難免，懇請讀者指正，以便再版時更正。

張超群、劉成群　謹識

STATICS

◀CONTENTS▶

目 錄

CHAPTER 09 虛功原理 303

CHAPTER

01 基本概念

STATICS

1-1 概說

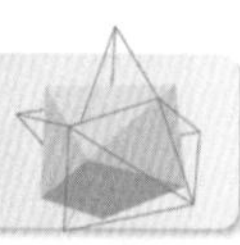

力學是研究物體在力的作用下，其運動或靜止狀態的科學。由於許多工程問題都涉及到力學，例如，工程師設計機器時，首先必須根據力學原理分析各機件的運動與受力，以便選取適當的材料與尺寸，然後才能繪製藍圖，交由工廠生產。因此，力學成了工程師的必修課程。

力學是一門古老的科學，最早可以追溯到西元前兩千年，當時的古埃及建築師就提出了有關建金字塔的幾個力學原理。經過伽利略、牛頓、歐拉、拉格蘭日及許多學者的研究發展，如今，力學已經成為一門邏輯嚴密、內容豐富的科學。

力學通常分為固體力學與流體力學兩大部分。各部之細節如下：

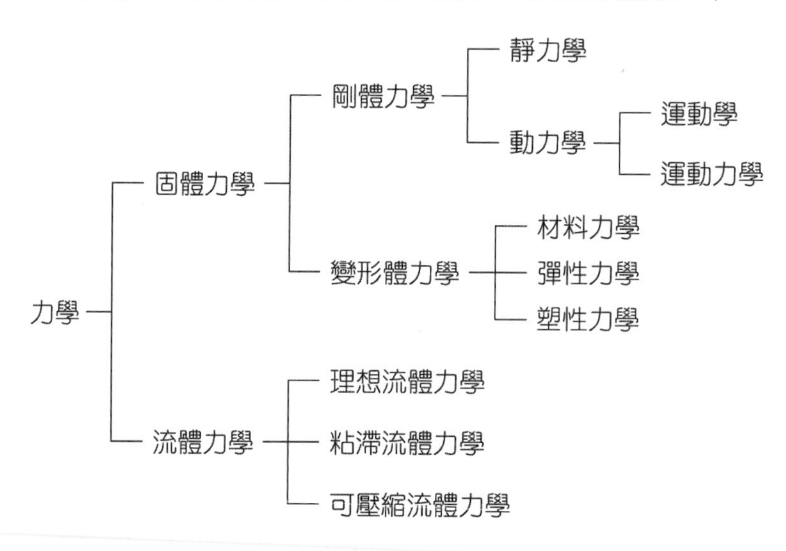

本書主要討論靜力學。靜力學與動力學(dynamics)為剛體力學的分支，而動力學包含了運動學與運動力學。現對剛體力學的各分支簡介如下：

靜力學(statics)：研究物體的受力及平衡。

運動學(kinematics)：研究物體的位置、位移、速度、加速度與時間的關係，而不涉及物體運動的原因。

運動力學(kinetics)：研究物體的運動狀態與其所受之力的關係。

1-2 基本模型

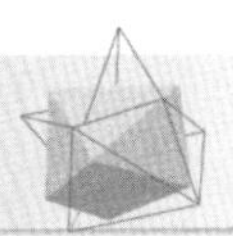

為了揭露一複雜物理現象的本質，我們需要在某些理想化的假設前提下，對所研究的問題進行簡化和抽象，以便得到一個簡單的**物理模型**，藉此可將複雜的物理現象轉換成數學式子處理，此即稱為**數學模型**。理想化的正確與否，以及模型簡化得適當與否，完全要看經過處理後所得的計算結果是否與實驗或觀察結果一致。否則，必須對模型加以修改，直到得到較為滿意的結果。

在力學中，**質點**(particle)和**剛體**(rigid body)是兩個最基本的物理模型，許多物理系統可以看成是由若干個剛體和質點所組成的。所謂質點，係指一個物體沒有大小尺寸但具有質量且在空間中具有存在的位置。所謂剛體，係指一物體除了具有大小與質量外，並且在力的作用下其形狀和大小不發生任何變化。

在實際生活中，絕對的質點或絕對的剛體並不存在。但是，當一個物體本身的大小與我們所討論的問題中的其他尺寸相比很小時，這個物體就可當作質點來看待。例如，人造衛星的大小和它離地球中心的距離相比太小了，因此在研究人造衛星繞地球運動時，就可以把它當作質點看待。此外有些問題中，雖然物體的尺寸不一定很小，但如果我們只關心其平移運動，而不關心其轉動運動時，也可把該物體當作質點。例如，一輛汽車沿著公路行駛，常常我們只關心其質心的運動，這時我們也可以把汽車當作質點。剛體模型的概念也是相對的，當一物體的變形十分微小時，就可把它當作剛體。例如，當機器之零件受的負荷不是很大，其運動速度也不是很快時，其變形通常是很微小的。若將其視為剛體，對於機器的運動情形，並不會產生太大的影響，但卻可使問題的分析求解步驟大為簡化。

1-3 基本量和導出量

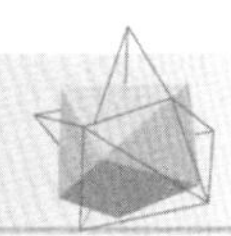

在力學中，雖然涉及諸多的物理量，如質量、力、長度、時間等，但是其中只有三個量是彼此互相獨立的，稱為**基本量**(basic quantities)，其他的物理量則可根據定義或物理定律由三個基本量表示出來，稱為**導出量**(derived quantities)。

選擇基本量的方法很多，最普遍的方法有兩種：(1)以**質量**、**長度**、**時間**為基本量；(2)以**力**、**長度**、**時間**為基本量。例如，以質量、長度、時間為基本量，則速度可表示為每單位時間的長度，體積可表示為長度的三次方，密度可表示為單位體積的質量等。

質量、力、長度、時間之概念無法嚴格地加以定義，而只能用描述的方式，讓人們依直覺和經驗加以接受。

（一）質量(Mass)

質量是物體**慣性**(inertia)的一種度量。所謂慣性，係指物體阻礙外力改變其運動狀態的一種性質。例如，形狀大小完全相同的兩物體，一個由鐵製成，一個由木製成。將此兩物體置於同一光滑水平面上，施以相同的外力，結果發現鐵塊運動較慢，而木塊運動較快。由於此二物體的外界因素完全相同，而運動快慢不同則是由於他們的「質量」不同而引起的。鐵塊質量較大，因而其「慣性」亦較大；木塊的質量較小，其「慣性」亦較小。此外，質量也是導致引力的一種原因。我們會發現上述鐵塊較重，而木塊較輕。其實這是由於它們的質量不同，因而受到地球的引力也不同的緣故。

（二）力(Force)

力是指物體之間的相互作用。力是使物體運動狀態發生改變的根本原因。力是向量，我們在描述一個力時，必須指明其大小與方向。如果一個力不是作用在一個質點上，而是作用在一個剛體上，則我們除了指明其大小和方向外，還必須同時指出其作用點。力的**大小**、**方向**、**作用點**，此三者稱為**力的三要素**。力總是存在於相互作用的兩物體之間；換言之，力是成對的（大小相等，方向相反）發生的。當我們說到一個力時一定涉及到一個施力物和一個受力物。例如，當我們考慮人推小車的力時，人是施力物，小車是受力物。當我們考慮小車給人的反作用力時，則小車是施力物，而人是受力物。

根據力作用於物體的方式，可將力分為接觸力與超距力。物體互相接觸所產生的力，稱為接觸力，例如人推小車，人施於小車之力即為接觸力；不互相接觸之物體間所產生的力稱為超距力，常見的超距力有地球引力、磁力等。

（三）長度(Length)

長度是用來描述物體的大小，或描述質點在空間的位置。長度大小的決定是依其和標準長度互相比較而得之倍數。例如，一質點在空間的位置可用其三個直角座標分量定義之，這三個直角座標分量的大小就包含著長度的概念。

（四）時間(Time)

時間是用來表示事件發生的先後順序，或表示事件持續的長短。例如，一架飛機（暫時當作質點）在空間的運動是一個「事件」(event)。光指出飛機在空間的位置是不夠的，我們必須指出在什麼時間飛機在什麼位置，這樣描述這個事件才算是完整的。

1-4 基本單位、導出單位與單位系統

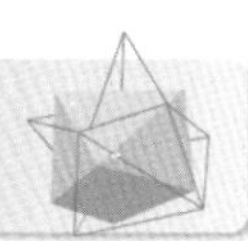

一物理量可借著和公認的標本比較而度量之，用作參考的已知量稱為一單位(unit)。任一物理量的確定需要有單位記號與單位倍數。例如，5 公尺，這裡「公尺」是單位記號，「5」是單位倍數。

上節中曾述及基本量與導出量。基本量的單位稱為**基本單位**(basic units)，導出量的單位稱為**導出單位**(derived units)。

由於基本量的選取方式具有多樣性，因而基本單位也具多樣性。即使兩人選取的基本量相同，其基本單位也可以不同。例如，同以長度為基本量，其單位可以是公尺或呎等。正是由於基本量和基本單位的選取方式不同，而形成了不同的單位系統。

在力學中，每個公式中的各個量的單位都有嚴格的規定，因此我們必須對單位系統有清楚的認識才不致發生錯誤。

國際單位系統和美國慣用系統，是兩種最通用的單位系統。這兩種單位系統都能使牛頓第二定律寫成

$$力 = 質量 \times 加速度$$

這種簡單的形式，即式中不加任何比例常數。

（一）國際單位系統

國際單位系統（簡稱 SI），亦稱公制系統。在這種單位系統中，是以質量、長度和時間為基本量，各量的標準單位規定如下：

基本量	標準單位	
	名稱	符號
質量	公斤	kg
長度	公尺	m
時間	秒	s

在國際單位系統中，力的單位屬導出單位。由牛頓第二定律，可知

$$[力單位] = [質量單位] \times [加速度單位] = [kg \cdot m/s^2]$$

$1kg \cdot m/s^2$ 的力稱為 1 **牛頓**(簡寫為 N)。1N 的力能使質量為 1kg 的物體產生 $1m/s^2$ 的加速度。

力學上其他常用的物理量，如速度、加速度、力矩等的單位，如表 1-4.1 所示。

表 1-4.1　力學中主要物理量的 SI 單位

物理量	標準單位	符號
長度	公尺或米	m
時間	秒	s
質量	公斤或仟克	kg
力	牛頓	N, $kg \cdot m/s^2$
面積	平方米	m^2
體積	立方米	m^3
速度	米／秒	m/s
加速度	米／秒 ^{2}	m/s^2
力矩	牛頓．米	N·m
角速度	弳度／秒	rad/s
功	焦耳	J, N·m
功率	瓦特	W, J/s
動量	公斤．米／秒	kg·m/s
衝量	牛頓．秒	N·s

(二)美國慣用系統

美國慣用系統(United States Customary System)有時亦以英制稱之，其實稱為美制或許更妥當。在這種單位系統中，是以力、長度及時間為基本單位，各量的標準單位規定如下：

基本量	標準單位	
	名稱	符號
力	磅	lb
長度	呎	ft
時間	秒	s

在美國慣用系統中，質量的單位屬導出單位。由牛頓第二定律可知

[質量單位] = [力單位] / [加速度單位]

= [lb・s²/ft]

1lb・s^2/ft 的質量稱為 1 斯勒(slug)。

國際單位系統和美國慣用系統之間的換算關係列於表 1-4.2。欲將一物理量的單位由一種單位系統換算成另一種單位系統，只需乘以或除以相應的換算係數即可。

表 1-4.2　美制與公制標準單位換算表

物理量	美制單位	公制相等量
長度	ft	0.3048 m
質量	slug	14.594 kg
力	lb	4.448 N
面積	ft^2	0.0929 m^2
體積	ft^3	0.02832 m^3
速度	ft/s	0.3048 m/s
加速度	ft/s^2	0.3048 m/s^2
力矩	lb・ft	1.356 N・m
功	ft・lb	1.356 J
功率	ft・lb/s	1.356 W
動量	lb・s 或 slug・ft/s	4.448 kg・m/s
衝量	lb・s	4.448 N・s

例 1-4.1

將英制動量單位 $slug \cdot ft/s$ 換算成公制(SI)單位。

解

$$\mathrm{slug \cdot ft/s = slug\left(\frac{14.594\,kg}{slug}\right) \cdot ft\left(\frac{0.3048\,m}{ft}\right)\frac{1}{s} = 4.448\,kg \cdot m/s}$$

這個例子說明了進行單位換算的一個簡便方法如下：若需要轉換的單位出現在分母（或分子）上，則下一項將其寫在分子（或分母）上，而在其分母（或分子）上寫出其相應的換算因子及新單位。最後消去分子和分母中相同的單位，剩下的單位便是所需要的新單位。

例 1-4.2

將公制質量慣性矩單位 $kg \cdot m^2$ 換算成英制單位。

解

$$\mathrm{kg \cdot m^2 = kg\left(\frac{slug}{14.594\,kg}\right) \cdot \left[m\left(\frac{ft}{0.3048\,m}\right)\right]^2 = 0.7376\,slug \cdot ft^2}$$

1-5 因次理論

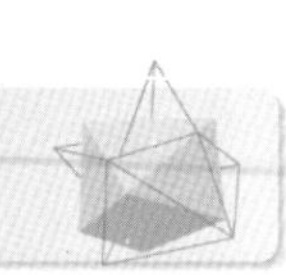

任一有單位的量，如質量、長度等，稱為**有因次量**；無單位的量，如 0.5、$\sin\alpha$ 等，稱為**無因次量**。一有因次量的單位是多種多樣的，如長度，其單位可以是公尺或呎等。但不論是用公尺或呎，這些單位都只能表示長度這個概念，而不是別的什麼，如面積或體積等。因此，「長度因次」包括了所有測量長度的單位。同理，「質量因次」包括了所有測量質量的單位。由此可見，因次(dimension)是一般單位的總稱。今後我們以 $[M]$ 代表質量因次，以 $[F]$ 代表力因次，以 $[L]$ 代表長度因次，以 $[T]$ 代表時間因次，而不管其具體單位是什麼。

和基本量、導出量相對應，我們有基本因次和導出因次。MLT 或 FLT 都可作為基本因次。其他因次都可由基本因次推導出來，稱為導出因次(derived dimension)。例如，速度因次可表示為

$$[v]=\frac{[L]}{[T]}=[LT^{-1}]$$

讀作+1 長度因次，−1 時間因次。若以 MLT 為基本因次，則力的因次屬導出因次，其因次關係為

$$[F]=[MLT^{-2}]$$

若以 FLT 為基本因次，則質量因次屬導出因次，其因次關係為

$$[M]=[F]/[LT^{-2}]=[FL^{-1}T^{2}]$$

任何一物理量的因次可寫成

$$[Q]=[M^{\alpha}L^{\beta}T^{\gamma}] \quad 或 \quad [Q]=[F^{\alpha}L^{\beta}T^{\gamma}]$$

到底取哪一種，完全取決於 MLT 與 FLT 中哪一個作為基本因次。

例 1-5.1

表出密度的因次，(a)以 MLT 為基本因次；(b)以 FLT 為基本因次。

解

(a) 以 MLT 為基本因次

$[密度]=[質量]/[體積]=[M]/[L^{3}]=[ML^{-3}]$

(b) 以 FLT 為基本因次

$[密度]=[M]/[L^{3}]=[FL^{-4}T^{2}]$

因次理論的一個重要應用，是用以檢驗物理方程式的正確性：即描述物理過程的方程式中各項的因次必須相等，此即稱為**因次齊次定律**。

在此必須強調：滿足因次齊次定律，只是一個物理方程式正確的必要條件，而不是充分條件。換言之，正確的物理方程式一定滿足因次齊次定律；但反過來，一物理方程式滿足因次齊次定律，這並不意味著此方程式一定正確，我們只能說此方程式因次正確。如果一物理方程式不滿足因次齊次定律，則此方程式一定不正確。

例 1-5.2

檢驗下列方程

$$px = \frac{1}{2}mv^2$$

是否因次正確。其中 p 表力，x 表距離，m 表質量，v 表速度。

解

方程中各項因次如下：

$$[px] = [FL] = [ML^2T^{-2}]$$
$$\left[\frac{1}{2}mv^2\right] = [M][L^2T^{-2}] = [ML^2T^{-2}]$$

由此可知，方程中的每一項皆有相同因次 $[ML^2T^{-2}]$。因此，此方程因次正確。但這並不代表著此方程一定正確，因為我們無法用因次齊次定律檢驗方程中的無因次量 $\frac{1}{2}$ 是否正確，事實上，將 $\frac{1}{2}$ 換成其他任一無因次量，並不影響此方程式的因次正確性。

1-6 參考座標系

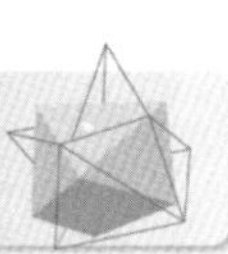

為了確定一物理量，我們必須建立一**參考座標系**(frame of reference)，以作為度量之依據。所謂「**慣性座標系**」(inertial frame)是指附著在固定星體上的座標系，任

一其他座標系若對此固定星體不動或只作等速直線運動，則這些座標系也是慣性座標系。只有在慣性座標系中，牛頓第二定律才成立，因此，也可以說，能使牛頓第二定律成立的座標系稱為慣性座標系。對於一般工程問題，我們常將座標系建立在地球表面上，只要這些座標系相對於地球表面不動，或只作等速直線運動，則這些座標系也當作慣性座標系。這是由於地球的自轉以及地球繞太陽的公轉運動所造成的誤差太小了，因此可作這種選擇。

1-7 基本定律與原理

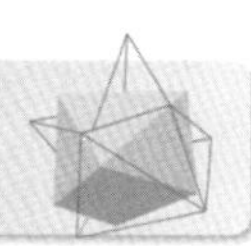

整個力學結構端賴一些由實驗發展出來的基本定律和原理，才能加以完整的描述。下述為最基本者：

(一) 力合成的平行四邊形定律

作用在同一點的兩個力，可用其合力(resultant force)代替之，其合力可由原來兩力為鄰邊所成平行四邊形之對角線向量表示之，此稱為**平行四邊形定律**(parallelogram law)。

因為力是向量，我們可用一有向線段代表力。這個有向線段的長短代表力的大小，並在其上標一箭頭代表方向。如圖 1-7.1 所示，作用於 P 點的兩個力 $\mathbf{F}_1$ 及 $\mathbf{F}_2$，可用其合力 $\mathbf{R}$ 代替之。換言之，$\mathbf{F}_1$ 和 $\mathbf{F}_2$ 同時作用在 P 點的效果，和只有 $\mathbf{R}$ 單獨作用在 P 點的效果相同。

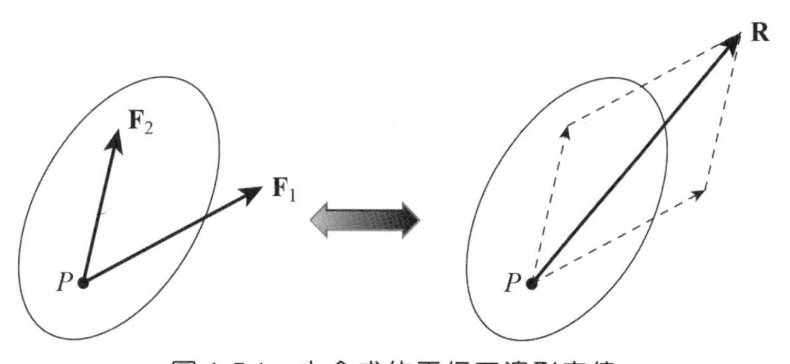

圖 1-7.1 力合成的平行四邊形定律

(二)力的可移性原理

將作用在剛體上的力沿其作用線(line of action)移動到任一位置，不會因此而改變剛體的平衡狀態或運動狀態(見圖 1-7.2)，稱為力的**可移性原理**(principle of transmissibility)。

在此強調：力的可移性原理只適用於剛體，不適用於變形體。如圖 1-7.3(a)所示之直桿，今在其 A、B 兩端分別施以 $\mathbf{F}_1$ 和 $\mathbf{F}_2$ 兩力。設此二力大小相等，方向相反，作用線同在直桿的中心線上。此時直桿處於平衡狀態，並且由於受到二力的拉伸而沿軸向伸長(如果直桿不是剛體的話)。現將 $\mathbf{F}_1$ 由 A 點沿其作用線移至 B 點，而將 $\mathbf{F}_2$ 沿其作用線移至 A 點，如圖 1-7.3(b)所示。此時直桿亦處於平衡狀態，但直桿此時受二力的壓縮而沿軸向縮短(如果直桿不是剛體的話)。這個例子說明，力的可移性原理不會改變物體的平衡狀態或運動狀態，但卻可能會改變物體內部的受力狀態和變形狀態。因此，對於變形體，應當避免(至少應十分小心)使用力的可移性原理。

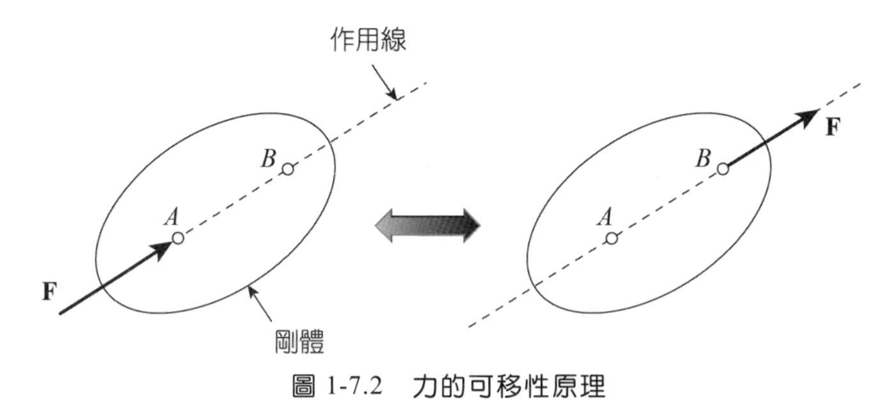

圖 1-7.2 力的可移性原理

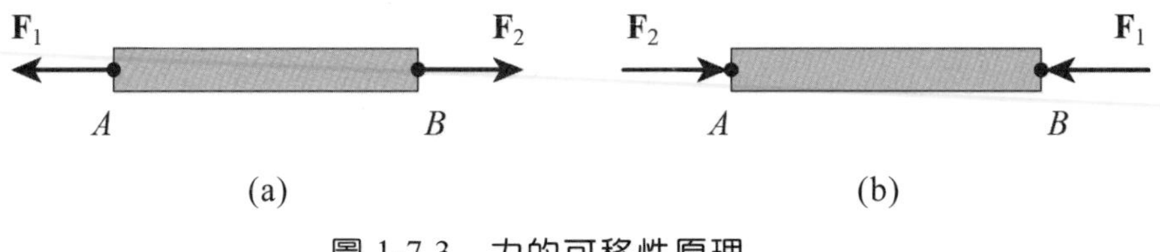

圖 1-7.3 力的可移性原理

(三)牛頓第一定律

當一物體不受外力，或所受外力的合力(合外力)為零時，它將繼續保持其原來的狀態：如果物體原來是靜止的，則將繼續保持靜止；如果物體原來是運動的，則將以原來的速度為初速度而作等速直線運動。

(四)牛頓第二定律

當一物體所受外力的合力(合外力)不為零時,物體將獲得加速度,此加速度與合外力成正比,而與該物體的質量成反比。若暫不用向量符號以 F 表合外力,以 m 表物體的質量,以 a 表物體的加速度,則牛頓第二定律可寫成

$$F = ma \tag{1-7.1}$$

應該注意,方程式(1-7.1)對其中各個量的單位均有嚴格的規定:各個量的單位必須是同一單位系統中的標準單位。即,要麼採用國際標準單位,要麼採用美國慣用標準單位,兩種單位系統不得混合使用。關於牛頓第二定律的向量特性,我們將在動力學中討論。

(五)牛頓第三定律

兩物體間的作用力和反作用力,其大小相等、方向相反、作用線相同。

初學者對這一定律常發生這樣的誤解:既然作用力和反作用力大小相等、方向相反、作用線相同,因此根據力合成的平行四邊形定律,其合力為零(此時平行四邊形的對角線長為零),所以作用力和反作用力可以相互抵消。

產生上述錯誤的原因,在於沒有分清施力物和受力物。例如,人推動小車,在人和小車之間有作用力和反作用力。當我們把人施於小車的力稱為作用力時,人是施力物而小車是受力物。由於人推動小車,所以小車將對人施以大小相等、方向相反、作用線相同的反作用力。對此反作用力而言,小車是施力物而人是受力物。由此可見,作用力和反作用力是作用在不同物體上的力,因此它們彼此不會相互抵消,我們也不能用平行四邊形定律去求作用在不同物體上的力之「合力」。最後還要指出,作用力和反作用力是相對的,我們可以把其中任一個力稱為作用力,而將另一個力稱為反作用力。

(六)牛頓萬有引力定律

質量分別為 M 和 m 的兩質點,將以大小相等、方向相反的力相互吸引,此力沿著兩質點的連線,其大小與兩質點的質量之乘積成正比,而與兩質點間距離的平方(r^2)成反比,即

$$F = G\frac{Mm}{r^2} \tag{1-7.2}$$

其中 G 稱為**萬有引力常數**(constant of gravitation)，在國際單位系統中，其值為 $6.673\times10^{-11}\,\text{m}^3/(\text{kg}\cdot\text{s}^2)$。

應該注意，此公式只適用於質點。欲求兩物體（不是質點）之間的引力，必須採用數學積分的方法。有趣的是，當我們把地球當作一個密度均勻的球體時，可以證明，在計算地球與其表面處物體之間的引力時，可以把地球當作其全部質量集中在地球中心處的一個質點。由地球施加於物體的引力稱為該物體的重量，以 W 表示之。在(1-7.2)式中，令 M 等於地球的質量，r 等於地球的半徑 R，並引進一常數 g，稱為**重力加速度**(gravitational acceleration)：

$$g = \frac{GM}{R^2} \tag{1-7.3}$$

則地球表面處質量為 m 的物體的重量可表示成*

$$W = mg \tag{1-7.4}$$

實際上，地球並不是一個真正的球體，所以方程(1-7.3)中的 R 將隨地球的緯度而變，因此重力加速度也隨緯度而變。不過，對一般工程問題，取

$$g = 9.81\,\text{m/s}^2 \quad \text{或} \quad g = 32.2\,\text{ft/s}^2 \tag{1-7.5}$$

已足夠精確（此為地球緯度 45° 的海平面上所測得之值）。

1-8 結　語

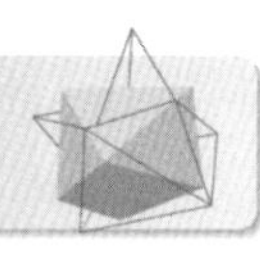

本章引入力學中的一些基本概念和基本定律，現小結如下：

1. 質點和剛體是力學中常用的兩個基本物理模型，用以將複雜問題加以簡化而得到描述物理現象的數學模型，方便求解。

---

*此處並未考慮地球自轉所產生離心力的影響。

2. 基本量有兩種選擇方法：(1)以質量、長度和時間為基本量；(2)以力、長度和時間為基本量。其他物理量可由定義或物理定律導出，稱為導出量。
3. 基本量的單位稱為基本單位，導出量的單位稱為導出單位。以質量、長度和時間為基本量的單位系統稱為國際單位系統；以力、長度和時間為基本量的單位系統稱為美國慣用系統。力學公式中各個量必須使用同一單位系統的單位。兩種單位系統的換算關係列於表 1-4.2 內。
4. 力學公式或方程必須滿足因次齊次定律。
5. 任何兩個共點力可按平行四邊形定律合成一個等效的單力。
6. 作用於剛體上的力可沿其作用線移動到任一位置，此稱為力的可移性原理。
7. 牛頓運動定律(Newton's laws of motion)適用於慣性座標系。第一定律（亦稱慣性定律）和第二定律（力與加速度關係的定律）表明作用在物體上的力和物體運動的關係。第三定律（作用與反作用定律）闡明兩物體相互作用的關係。兩物體間的作用力和反作用力，其大小相等、方向相反、作用線相同，分別作用在這兩個物體上。

思考題

1. 物體平衡時是否一定靜止？
2. 靜力學是否可視為動力學的特例？
3. 說明 $F = ma$ 滿足因次齊次定律。

習題 EXERCISE

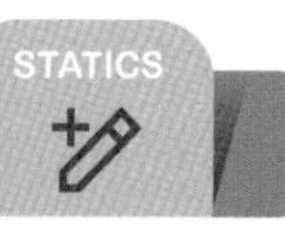

1.1 下列敘述是否正確?

(1) 一物體的質量在地球赤道和南極是相同的。

(2) 一物體的重量在地球赤道和南極是相同的。

(3) 只要兩力的作用線相交，就可用平行四邊形定律求其合力。

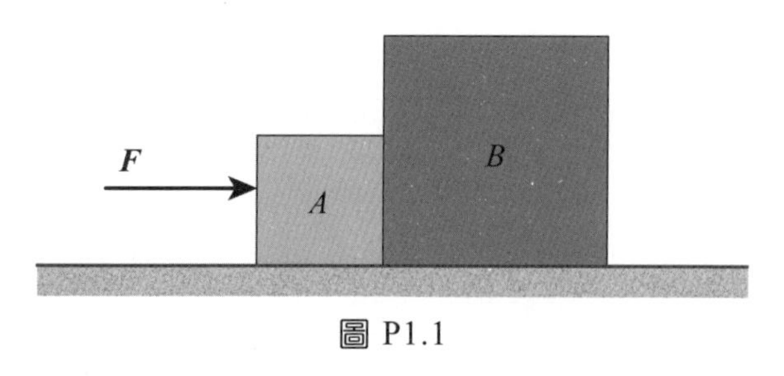

圖 P1.1

(4) 根據萬有引力定律，當兩質點之間的距離趨於零 ($r \to 0$) 時，其間的相互引力趨於無窮大 ($F \to \infty$)。

(5) 如圖 P1.1，根據力的可移性原理，作用在物體 A 上的力，可沿其作用線移至物體 B 上。因此，作用在物體 A 上的力，也可以認為是作用在物體 B 上的力。

1.2 解釋下列各名詞：
基本量、導出量、基本單位、導出單位、基本因次、導出因次

1.3 分別以 MLT 和 FLT 為基本因次，求下列物理量的因次：(a)力矩；(b)動量（質量與速度的乘積）；(c)功（力和距離的乘積）。

1.4 以 MLT 為基本因次，決定萬有引力常數 G 的因次。

1.5 將下列物理量轉換成不同的單位：
(a) $200\ \text{ft}\cdot\text{lb} \to \text{N}\cdot\text{m}$ ；(b) $5\ \text{slug}/\text{ft}^3 \to \text{kg}/\text{m}^3$ ；(c) $9.81\ \text{m}/\text{s}^2 \to \text{ft}/\text{s}^2$

1.6 檢驗下面的公式

$$T = 2\pi\sqrt{\frac{\ell}{g}}$$

是否因次正確。其中 T 表時間，ℓ 表長度，g 表重力加速度。

1.7 試用力合成的平行四邊形定律和力的可移性原理證明：在剛體上加上或減去一對大小相等、方向相反、作用線相同的力，不會影響剛體的平衡狀態或運動狀態，此即稱為**加減平衡力系原理**。

CHAPTER

02 向量運算

STATICS

研究剛體力學的基本方法可分為**向量法**(vectorial approach)及**解析法**(analytic approach)兩大類。以牛頓三大定律為基礎的向量法，是用向量方法而得到力學方程；而由歐拉(Euler)、拉格蘭日(Lagrange)、漢彌頓(Hamilton)等發展出來的解析法，則是以特殊的純量函數經過一些數學運算後而得到力學方程，然而此特殊函數通常也需要經過向量運算才能求得。因此，不論用何種方法研究力學，我們都必須對向量的基本運算有所了解。本章介紹向量的一些基本概念及運算，它們是力學運算的基礎。

2-1 純量與向量

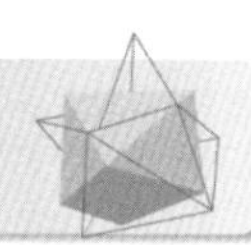

所謂**純量**(scalar)是指只具有大小而無方向之量。力學中常見的純量有質量、時間、體積、功、能量等。純量通常以普通英文字母表示之，例如，質量 m、時間 t 等。

所謂**向量**(vector)為一具有大小及方向之量，並且遵守平行四邊形定律。力學中常見的向量有力、力矩、加速度、速度、動量等。向量的符號通常用粗體英文字母，或普通字母頭上加箭頭表示，例如向量 **A** 或 $\overrightarrow{A}$；向量的大小通常以普通字母，或向量符號再加上絕對值來表示，例如向量 **A** 的大小以 A 或 $|\mathbf{A}|$ 或 $|\overrightarrow{A}|$ 表示之。一個向量可以依照一定比例繪出的有向線段及箭頭所組成的箭矢來表示，故向量亦稱為矢量。有向線段的長度代表向量的大小。向量的方向包含**方位**(orientation)及**指向**(sense)，方位係指向量與某參考軸的傾斜度或夾角；而指向是箭頭所指的方向。例如圖 2-1.1 中的向量 **A** 的大小 $|\mathbf{A}|$ 等於 4 單位長度，其方位與水平軸成 45° 角，指向如箭頭所示，或者說向量 **A** 的方向朝右上與水平軸的夾角為 45°。

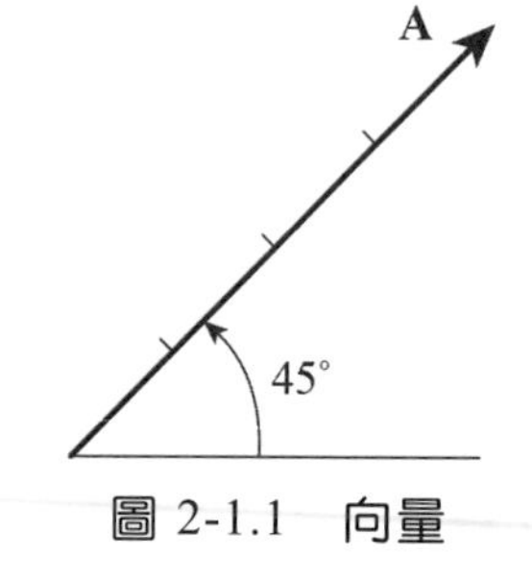

圖 2-1.1 向量

2-2 向量的種類

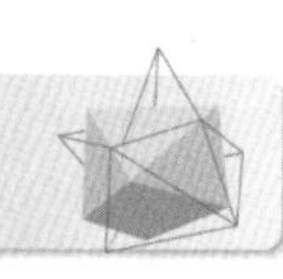

向量可分為**自由向量**(free vector)、**滑動向量**(sliding vector)及**固定向量**(bound vector)等，其特性如下：

(一)自由向量

自由向量具有大小及方向，但無固定的作用線或作用點，可平行移動至空間中的任何位置，如圖 2-2.1 所示。在下一章中將提到的力偶矩就是自由向量。

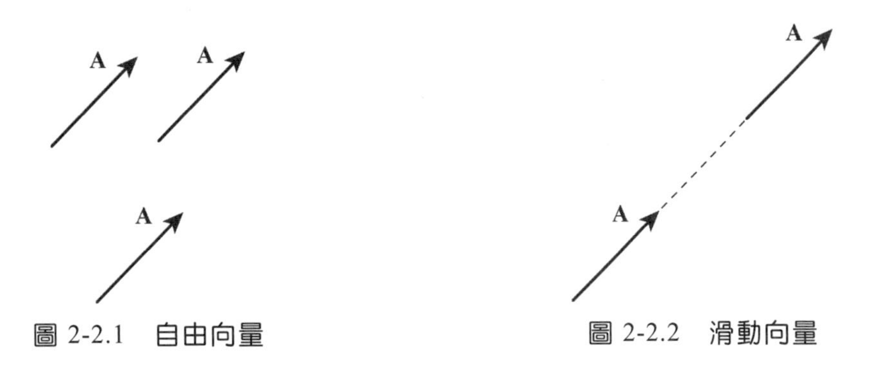

圖 2-2.1　自由向量　　圖 2-2.2　滑動向量

(二)滑動向量

滑動向量除了具有大小與方向外，還有固定的作用線。此向量可以沿作用線任意移動，而不必固定於某特定點，如圖 2-2.2 所示。參考圖 2-2.3，作用在剛性滑塊上的水平力 **F**，不論是作用在 *A* 點或 *B* 點都產生相同的效果，故 **F** 是滑動向量。

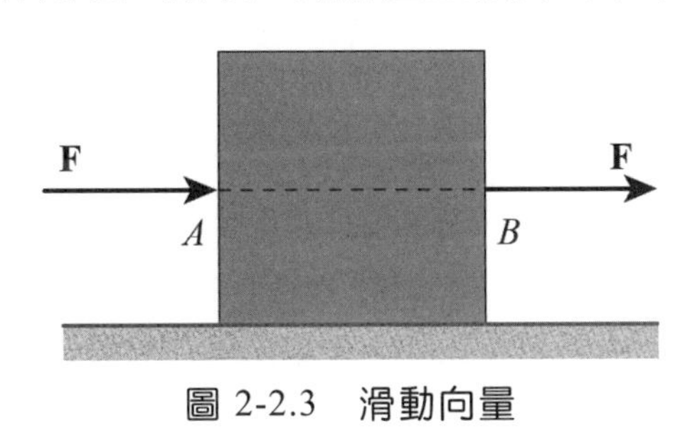

圖 2-2.3　滑動向量

(三)固定定量

固定向量除了具有大小及方向外，還有固定的作用點。例如作用於變形體的力，必須確定其作用點，而不能沿作用線任意移動，否則將造成物體的內部變形不同(見 1-7 節)，此種力便是固定向量。

注意：本章下面將介紹的向量運算中的各種向量，皆假設為自由向量。

假設兩向量 **A** 與 **B** 大小相等、方向相同，則稱此兩向量相等以 **A** = **B** 表示之。另外，若兩向量在某些情況下，產生相同的效果，則稱此二向量**等效**(equivalent)。

一般來說，相等的向量並不一定等效；不相等的向量有可能等效。例如圖 2-2.4(a)所示，置於水平面上可繞定點 O 旋轉的桿件，作用力 $\mathbf{F}_1$ 與 $\mathbf{F}_2$ 相等，但對使桿件繞 O 點旋轉的效應不並等效。如圖 2-2.4(b)所示，作用力 $\mathbf{F}_1$ 與 $\mathbf{F}_2$ 並不相等，但對使桿件繞 O 點旋轉卻有同樣的效果。

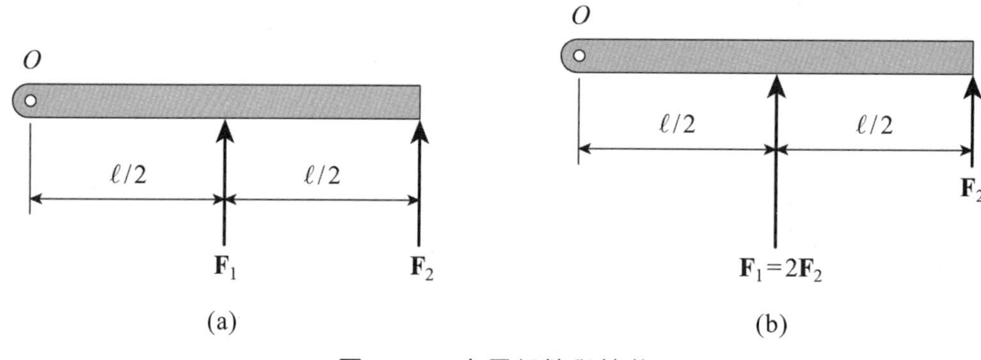

圖 2-2.4　向量相等與等效

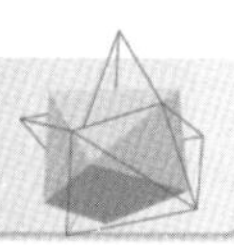

2-3 直角座標系中之向量

(一) 單位向量

在介紹向量的分量(component)前，我們必須先定義**單位向量**(unit vector)。所謂單位向量是指長度為一單位且方向與原來向量相同的自由向量。例如圖 2-3.1 中，向量 $\mathbf{A}$ 的單位向量以 $\mathbf{e}_A$ 表示，即

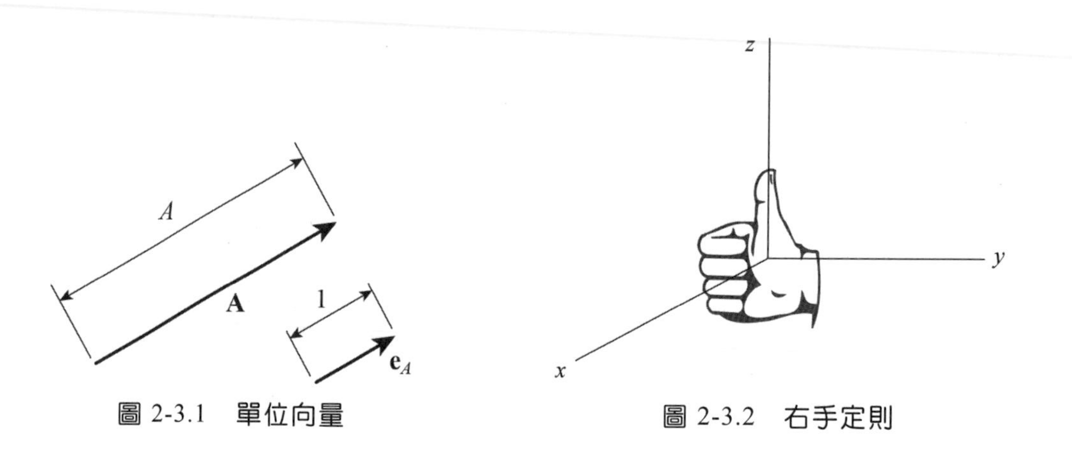

圖 2-3.1　單位向量

圖 2-3.2　右手定則

$$\mathbf{e}_A = \frac{\mathbf{A}}{|\mathbf{A}|} = \frac{\mathbf{A}}{A} \tag{2-3.1}$$

或者

$$\mathbf{A} = A\mathbf{e}_A \tag{2-3.2}$$

(二)向量在直角座標系中的分量

在第一章中我們介紹了參考座標系,在力學中常用的參考座標系有直角座標系、圓柱座標系及球座標系等。其中直角座標系(rectangular coordinate system)又稱為**卡氏座標**(Cartesian coordinates)是應用最廣泛的座標系,如圖 2-3.2 所示。x、y、z 三軸之間的方向關係由**右手定則**(right-hand rule)決定:即四指平握由 x 軸旋轉至 y 軸,此時姆指所指的方向即為 z 軸方向(見圖 2-3.2)。同理,四指由 y 軸旋轉至 z 軸,姆指指向為 x 軸;或四指由 z 軸旋轉至 x 軸,姆指指向為 y 軸。沿 x、y、z 軸方向的單位向量,通常以 $\mathbf{i}$、$\mathbf{j}$、$\mathbf{k}$ 表示之,如圖 2-3.3 所示。

空間中任一向量 $\mathbf{A}$,可依平行四邊形定律將其分解成三個互相垂直的**向量分量**(vector component) $\mathbf{A}_x$、$\mathbf{A}_y$、$\mathbf{A}_z$,如圖 2-3.4 所示。即

$$\mathbf{A} = \mathbf{A}_x + \mathbf{A}_y + \mathbf{A}_z \tag{2-3.3}$$

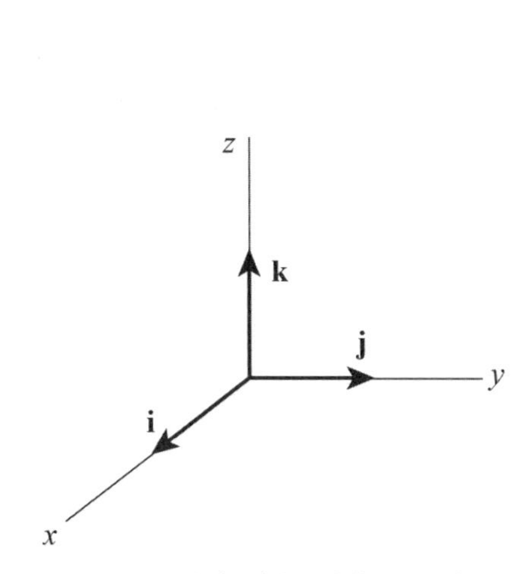

圖 2-3.3 直角座標系的單位向量

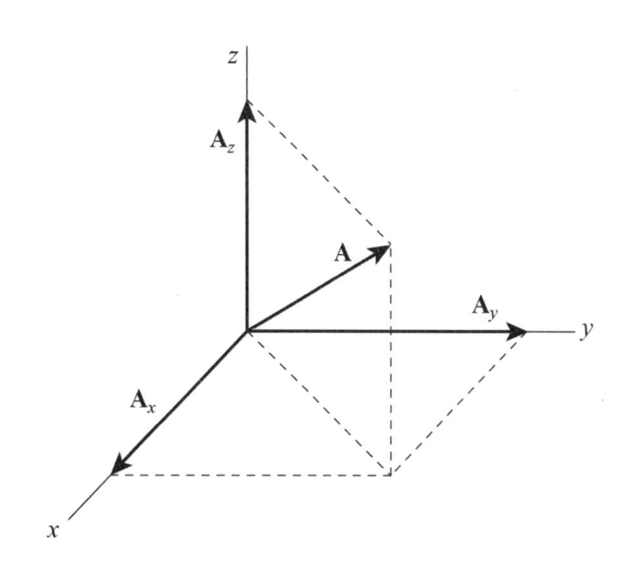

圖 2-3.4 向量及其分量

以直角座標系的單位向量 $\mathbf{i}$、$\mathbf{j}$、$\mathbf{k}$ 表示，則

$$\mathbf{A} = A_x\mathbf{i} + A_y\mathbf{j} + A_z\mathbf{k} \tag{2-3.4}$$

其中 A_x、A_y、A_z 分別為向量 $\mathbf{A}$ 在 x、y、z 軸上的**純量分量**(scalar component)，也就是向量分量 $\mathbf{A}_x$、$\mathbf{A}_y$、$\mathbf{A}_z$ 的值。由圖 2-3.4 中的幾何關係，可得向量 $\mathbf{A}$ 的大小為

$$A = |\boldsymbol{A}| = \sqrt{A_x^2 + A_y^2 + A_z^2} \tag{2-3.5}$$

向量 $\mathbf{A}$ 的方向可由 $\mathbf{A}$ 與 x、y、z 軸正方向的夾角 α、β、γ 表示，這三個角稱為**方向角**(direction angle)，如圖 2-3.5 所示。不論 $\mathbf{A}$ 的方向如何，α、β、γ 之值皆介於 0° 與 180° 之間。由幾何關係可得

$$\cos\alpha = \frac{A_x}{A}, \quad \cos\beta = \frac{A_y}{A}, \quad \cos\gamma = \frac{A_z}{A} \tag{2-3.6}$$

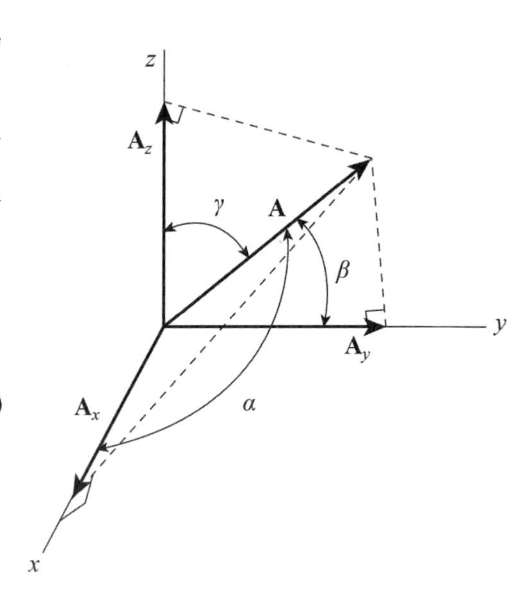

圖 2-3.5　方向角

上式中 $\cos\alpha$、$\cos\beta$、$\cos\gamma$ 稱為向量 $\mathbf{A}$ 的**方向餘弦**(direction cosines)。根據定義，向量 $\mathbf{A}$ 的單位向量為

$$\begin{aligned}\mathbf{e}_A &= \frac{\mathbf{A}}{A} = \frac{A_x}{A}\mathbf{i} + \frac{A_y}{A}\mathbf{j} + \frac{A_z}{A}\mathbf{k} \\ &= \cos\alpha\mathbf{i} + \cos\beta\mathbf{j} + \cos\gamma\mathbf{k}\end{aligned} \tag{2-3.7}$$

但

$$e_A = |\mathbf{e}_A| = \sqrt{\cos^2\alpha + \cos^2\beta + \cos^2\gamma} = 1$$

故方向餘弦必須滿足

$$\cos^2\alpha + \cos^2\beta + \cos^2\gamma = 1 \tag{2-3.8}$$

（三）位置向量

空間中任一點，相對於另一已知固定點的位置關係，以向量表示時，該向量稱為**位置向量**(position vector)。如圖 2-3.6 所示，空間中任一點 $P(x,y,z)$ 相對於座標原點的位置向量 $\mathbf{r}$ 為

$$\mathbf{r} = x\mathbf{i} + y\mathbf{j} + z\mathbf{k} \tag{2-3.9}$$

$\mathbf{r}$ 的大小為

$$r = |\mathbf{r}| = \sqrt{x^2 + y^2 + z^2} \tag{2-3.10}$$

$\mathbf{r}$ 的方向可用 $\mathbf{r}$ 方向的單位向量 $\mathbf{e}_r$ 或方向餘弦表示，即

$$\mathbf{r} = r\mathbf{e}_r = r\cos\alpha\mathbf{i} + r\cos\beta\mathbf{j} + r\cos\gamma\mathbf{k} \tag{2-3.11}$$

其中 α、β、γ 分別為 $\mathbf{r}$ 與 x、y、z 軸正方向的夾角。

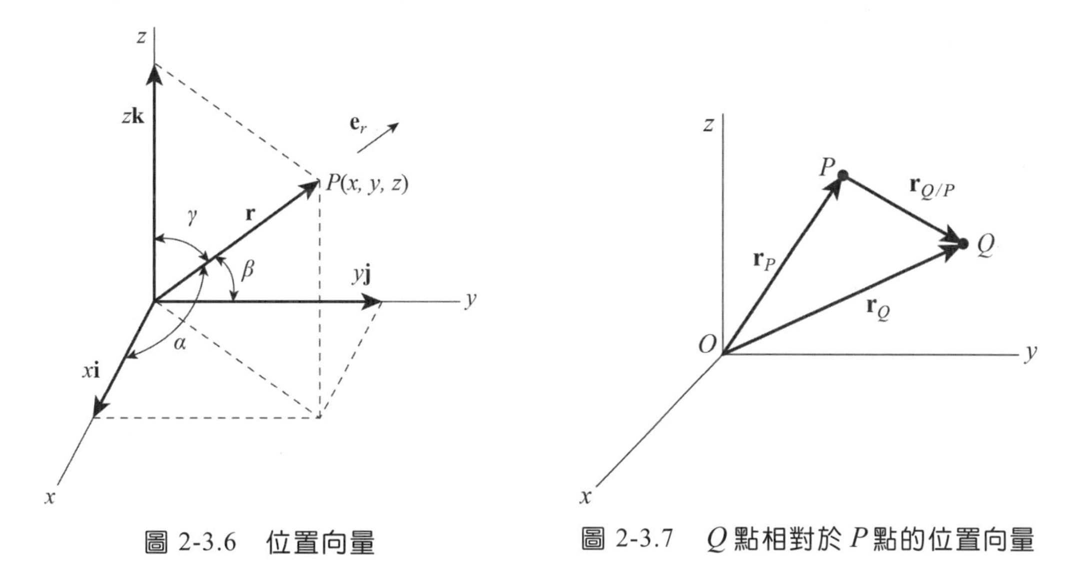

圖 2-3.6　位置向量

圖 2-3.7　Q 點相對於 P 點的位置向量

如圖 2-3.7 所示，空間中任一點 $Q(x_2, y_2, z_2)$ 相對於另一點 $P(x_1, y_1, z_1)$ 的位置向量 $\mathbf{r}_{Q/P}$ 等於 Q 點的位置向量 $\mathbf{r}_Q$ 減 P 點的位置向量 $\mathbf{r}_P$。這是因為

$$\mathbf{r}_P + \mathbf{r}_{Q/P} = \mathbf{r}_Q \tag{2-3.12}$$

$$\mathbf{r}_{Q/P} = \mathbf{r}_Q - \mathbf{r}_P$$

以直角座標分量表示，則有

$$\mathbf{r}_{Q/P}=(x_2-x_1)\mathbf{i}+(y_2-y_1)\mathbf{j}+(z_2-z_1)\mathbf{k} \tag{2-3.13}$$

例 2-3.1

已知向量 **A** 的大小為 1000 單位，其與 x、y、z 軸的夾角分別為 30°、50°、60°，求 **A** 在 x、y、z 軸的向量分量及 **A** 的單位向量。

解

已知 $\alpha=30°$、$\beta=50°$、$\gamma=60°$、$A=|\mathbf{A}|=1000$

$$\begin{aligned}\mathbf{A}&=\mathbf{A}_x+\mathbf{A}_y+\mathbf{A}_z\\&=A_x\mathbf{i}+A_y\mathbf{j}+A_z\mathbf{k}\\A_x&=A\cos\alpha=1000\cos 30°=866\\A_y&=A\cos\beta=1000\cos 50°=643\\A_z&=A\cos\gamma=1000\cos 60°=500\end{aligned}$$

故向量 **A** 在 x、y、z 軸的向量分量分別為 $866\mathbf{i}$、$643\mathbf{j}$、$500\mathbf{k}$。

A 方向的單位向量

$$\begin{aligned}\boldsymbol{e}_A&=\frac{\mathbf{A}}{|\mathbf{A}|}=\frac{866}{1000}\mathbf{i}+\frac{643}{1000}\mathbf{j}+\frac{500}{1000}\mathbf{k}\\&=0.866\mathbf{i}+0.643\mathbf{j}+0.5\mathbf{k}\end{aligned}$$

例 2-3.2

已知向量 $\mathbf{A}=4\mathbf{i}+5\mathbf{j}-8\mathbf{k}$，求 **A** 的大小、方向餘弦、方向角及單位向量。

解

向量 **A** 的大小

$$A=|\mathbf{A}|=\sqrt{4^2+5^2+(-8)^2}=\sqrt{105}$$

方向餘弦

$$\cos\alpha = \frac{A_x}{A} = \frac{4}{\sqrt{105}}$$

$$\cos\beta = \frac{A_y}{A} = \frac{5}{\sqrt{105}}$$

$$\cos\gamma = \frac{A_z}{A} = \frac{-8}{\sqrt{105}}$$

方向角

$$\alpha = \cos^{-1}\frac{4}{\sqrt{105}} = 67.02°$$

$$\beta = \cos^{-1}\frac{5}{\sqrt{105}} = 60.79°$$

$$\gamma = \cos^{-1}\frac{-8}{\sqrt{105}} = 141.33°$$

單位向量

$$\mathbf{e}_A = \frac{\mathbf{A}}{|\mathbf{A}|} = \frac{4}{\sqrt{105}}\mathbf{i} + \frac{5}{\sqrt{105}}\mathbf{j} + \frac{-8}{\sqrt{105}}\mathbf{k}$$

例 2-3.3

已知空間兩點 $P(-3,6,1)$、$Q(9,-2,5)$，求

(a) Q 點相對於 P 點的位置向量；(b) 此位置向量的大小及方向。

解

(a) 應用(2-3.12)式，Q 點相對於 P 點的位置向量：

$$\begin{aligned}\mathbf{r}_{Q/P} &= \mathbf{r}_Q - \mathbf{r}_P \\ &= (9\mathbf{i} - 2\mathbf{j} + 5\mathbf{k}) - (-3\mathbf{i} + 6\mathbf{j} + \mathbf{k}) \\ &= 12\mathbf{i} - 8\mathbf{j} + 4\mathbf{k}\end{aligned}$$

(b) $\mathbf{r}_{Q/P}$ 的大小：

$$r_{Q/P} = \left|\mathbf{r}_{Q/P}\right| = \sqrt{12^2 + (-8)^2 + 4^2} = \sqrt{224}$$

$\mathbf{r}_{Q/P}$ 方向的單位向量

$$\mathbf{e}_r = \frac{\mathbf{r}_{Q/P}}{r_{Q/P}} = \frac{12}{\sqrt{224}}\mathbf{i} - \frac{8}{\sqrt{224}}\mathbf{j} + \frac{4}{\sqrt{224}}\mathbf{k}$$

$\mathbf{r}_{Q/P}$ 的方向角：

$$\alpha = \cos^{-1}\frac{12}{\sqrt{224}} = 36.70°$$
$$\beta = \cos^{-1}\frac{-8}{\sqrt{224}} = 122.31°$$
$$\gamma = \cos^{-1}\frac{4}{\sqrt{224}} = 74.50°$$

2-4 向量加減法，向量與純量的乘法

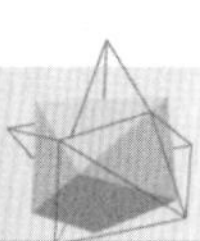

(一) 向量相加

兩向量 **A** 及 **B** 相加必須遵守平行四邊形定律，其作法是將 **A** 和 **B** 的尾端相接，構成平行四邊形的兩鄰邊，然後繪出平行四邊形另兩邊，其合向量 **R** 為由 **A** 和 **B** 之尾端連一箭矢至對角而形成的向量，如圖 2-4.1(a)所示。由於平行四邊形的對邊彼此平行且相等，因此使用平行四邊形定律求合向量時，實際上只要畫出半個平行四邊形（即三角形）就夠了，此種方法稱為**三角形法則**(triangle rule)，即將二向量「頭尾相接」，然後由第一個向量的尾端至第二個向量的頭端連接起來便是合向量，如圖 2-4.1(b)、(c)所示。由圖 2-4.1 可知，合向量與頭尾相接的先後次序無關，故向量的加法滿足交換律，即

$$\mathbf{A} + \mathbf{B} = \mathbf{B} + \mathbf{A} = \mathbf{R} \tag{2-4.1}$$

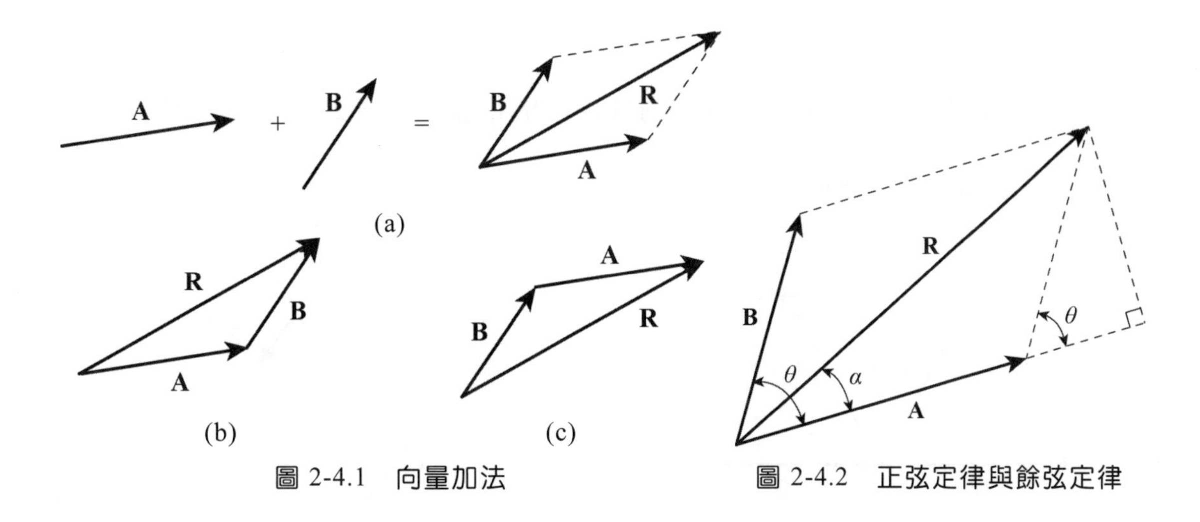

圖 2-4.1 向量加法　　圖 2-4.2 正弦定律與餘弦定律

如果以上的作圖是嚴格地按比例尺進行的，則合向量的大小與方向可用刻度尺及量角器度量之。但一般而言，我們應用數學中的三角形正弦定律及餘弦定律求合向量的大小與方向較為方便。例如已知向量 **A** 與 **B** 且其間的夾角為 θ，如圖2-4.2所示。利用餘弦定律可得合向量 **R** 的大小為

$$R^2 = A^2 + B^2 - 2AB\cos(180° - \theta) = A^2 + B^2 + 2AB\cos\theta \tag{2-4.2}$$

$$R = \sqrt{A^2 + B^2 + 2AB\cos\theta} \tag{2-4.3}$$

合向量 **R** 的方向，可由 **R** 與 **A** 的夾角 α 表示，α 角可應用正弦定律求得：

$$\frac{B}{\sin\alpha} = \frac{R}{\sin(\pi - \theta)} = \frac{R}{\sin\theta} \tag{2-4.4}$$

所以

$$\alpha = \sin^{-1}\left(\frac{B\sin\theta}{R}\right) \tag{2-4.5}$$

在直角座標系中，若向量 $\mathbf{A} = A_x\mathbf{i} + A_y\mathbf{j} + A_z\mathbf{k}$，$\mathbf{B} = B_x\mathbf{i} + B_y\mathbf{j} + B_z\mathbf{k}$，則 **A** 和 **B** 相加可表示為

$$\begin{aligned}\mathbf{A} + \mathbf{B} &= (A_x\mathbf{i} + A_y\mathbf{j} + A_z\mathbf{k}) + (B_x\mathbf{i} + B_y\mathbf{j} + B_z\mathbf{k}) \\ &= (A_x + B_x)\mathbf{i} + (A_y + B_y)\mathbf{j} + (A_z + B_z)\mathbf{k}\end{aligned} \tag{2-4.6}$$

（二）向量相減

向量 **A** 減向量 **B** 可視為向量 **A** 與向量 (−**B**) 的相加，如圖 2-4.3 所示。即

$$\mathbf{A}-\mathbf{B}=\mathbf{A}+(-\mathbf{B}) \tag{2-4.7}$$

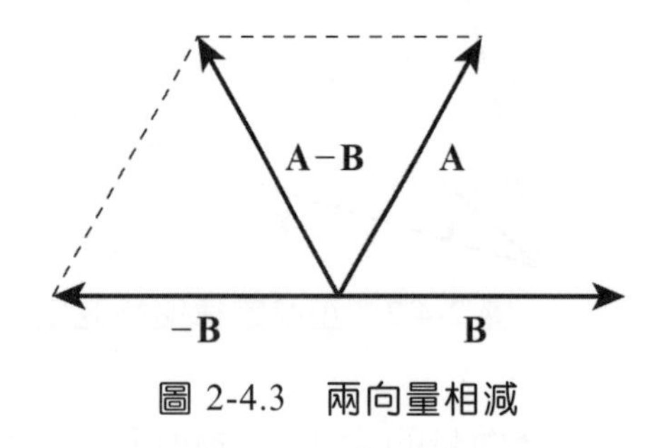

圖 2-4.3　兩向量相減

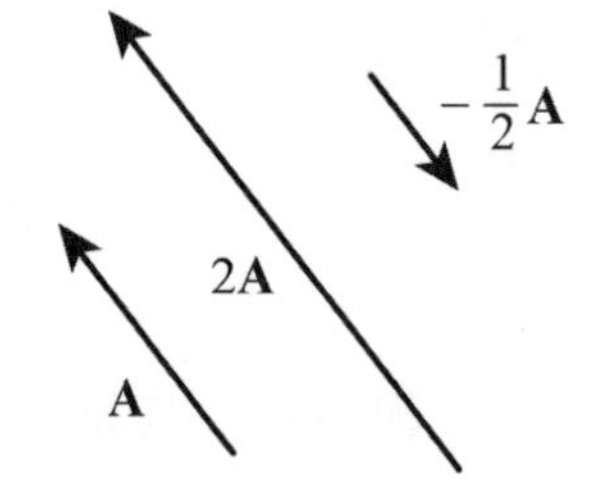

圖 2-4.4　向量與純量的乘法

（三）向量與純量的乘法

任一向量 **A** 與純量 m 相乘以 $m\mathbf{A}$ 表示之，其結果仍然是向量。當 $m>0$ 時，$m\mathbf{A}$ 的大小是 **A** 的 m 倍，且方向相同；當 $m=0$ 時，$m\mathbf{A}$ 稱為零向量(null vector)；當 $m<0$ 時，$m\mathbf{A}$ 的大小是 **A** 的 m 倍，但方向相反。圖 2-4.4 所示為向量 **A** 分別與 $m=2$，$m=-\dfrac{1}{2}$ 相乘的結果。

例 2-4.1

向量 **A** 的大小為30，其方向與水平軸的夾角為 60°，向量 **B** 的大小為40，其方向與水平軸成160°，試求 **A**+**B**。

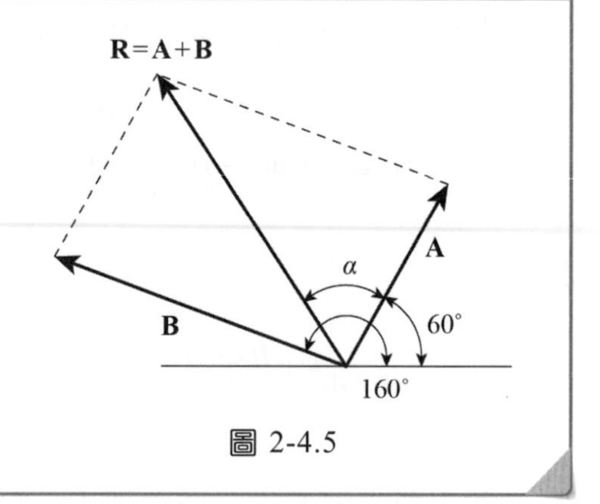

圖 2-4.5

解

如圖 2-4.5 所示，兩向量 **A** 與 **B** 的夾角 $\theta=100°$，應用餘弦定律（見 2-4.3 式），可得 **A**+**B** 的大小

$$R=\sqrt{A^2+B^2+2AB\cos\theta}=\sqrt{(30)^2+(40)^2+2(30)(40)\cos 100^\circ}=45.64$$

應用正弦定律（見 2-4.5 式），可得

$$\alpha=\sin^{-1}(\frac{B\sin\theta}{R})=\sin^{-1}(\frac{40\sin 100^\circ}{45.64})=59.67^\circ$$

故 $\mathbf{A}+\mathbf{B}$ 與水平軸的夾角為

$$60^\circ+\alpha=60^\circ+59.67^\circ=119.67^\circ$$

2-5 兩向量的純量積

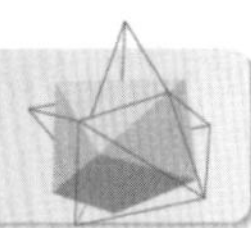

參考圖 2-5.1，向量 **A** 和 **B** 的**純量積**(scalar product)又稱為**點積**(dot product)或**內積**(inner product)，以 $\mathbf{A}\cdot\mathbf{B}$ 表示之，其結果是一純量，其定義為兩向量的大小與兩向量夾角餘弦值的乘積，即

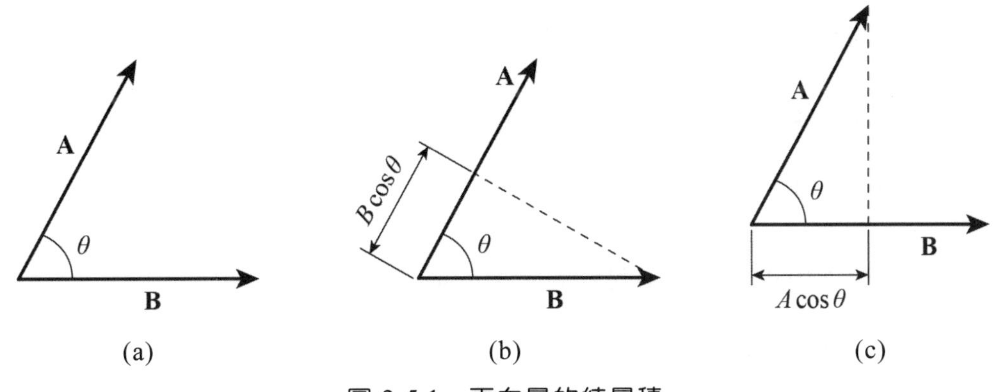

圖 2-5.1　兩向量的純量積

$$\mathbf{A}\cdot\mathbf{B}=|\mathbf{A}||\mathbf{B}|\cos\theta=AB\cos\theta$$
$$=A(B\cos\theta)=B(A\cos\theta) \qquad (2\text{-}5.1)$$

其中 $0\le\theta\le 180^\circ$。上式的幾何意義為：A 與 **B** 在 **A** 上的投影量 $(B\cos\theta)$ 之乘積，如圖 2-5.1(b)所示；或 B 與 **A** 在 **B** 的投影量 $(A\cos\theta)$ 之乘積，如圖 2-5.1(c)所示。當兩向量相等時，$\theta=0^\circ$，故其純量積等於向量大小的平方，即

$$\mathbf{A}\cdot\mathbf{A}=|\mathbf{A}||\mathbf{A}|\cos 0^\circ = A\cdot A\cdot 1 = A^2 \qquad (2\text{-}5.2)$$

純量積具有下列的性質：

1. 交換律：$\mathbf{A}\cdot\mathbf{B}=\mathbf{B}\cdot\mathbf{A}$ (2-5.3)
2. 分配律：$\mathbf{A}\cdot(\mathbf{B}+\mathbf{C})=\mathbf{A}\cdot\mathbf{B}+\mathbf{A}\cdot\mathbf{C}$ (2-5.4)
3. 結合律：$m\mathbf{A}\cdot n\mathbf{B}=mn\mathbf{A}\cdot\mathbf{B}$ (2-5.5)

（一）直角座標系中的純量積

在直角座標系中，若向量 $\mathbf{A}=A_x\mathbf{i}+A_y\mathbf{j}+A_z\mathbf{k}$ ，$\mathbf{B}=B_x\mathbf{i}+B_y\mathbf{j}+B_z\mathbf{k}$ ，則 $\mathbf{A}$ 與 $\mathbf{B}$ 的純量積可表示為

$$\begin{aligned}\mathbf{A}\cdot\mathbf{B}&=(A_x\mathbf{i}+A_y\mathbf{j}+A_z\mathbf{k})\cdot(B_x\mathbf{i}+B_y\mathbf{j}+B_z\mathbf{k})\\&=A_xB_x(\mathbf{i}\cdot\mathbf{i})+A_xB_y(\mathbf{i}\cdot\mathbf{j})+A_xB_z(\mathbf{i}\cdot\mathbf{k})\\&\quad+A_yB_x(\mathbf{j}\cdot\mathbf{i})+A_yB_y(\mathbf{j}\cdot\mathbf{j})+A_yB_z(\mathbf{j}\cdot\mathbf{k})\\&\quad+A_zB_x(\mathbf{k}\cdot\mathbf{i})+A_zB_y(\mathbf{k}\cdot\mathbf{j})+A_zB_z(\mathbf{k}\cdot\mathbf{k})\end{aligned} \qquad (2\text{-}5.6)$$

但 $\mathbf{i}$ 、 $\mathbf{j}$ 、 $\mathbf{k}$ 是互相垂直的單位向量，故

$$\mathbf{i}\cdot\mathbf{i}=\mathbf{j}\cdot\mathbf{j}=\mathbf{k}\cdot\mathbf{k}=1 \qquad (2\text{-}5.7)$$

$$\mathbf{i}\cdot\mathbf{j}=\mathbf{j}\cdot\mathbf{i}=\mathbf{j}\cdot\mathbf{k}=\mathbf{k}\cdot\mathbf{j}=\mathbf{k}\cdot\mathbf{i}=\mathbf{i}\cdot\mathbf{k}=0 \qquad (2\text{-}5.8)$$

將上兩式代入(2-5.6)式，可得兩向量純量積的最終表達式：

$$\mathbf{A}\cdot\mathbf{B}=A_xB_x+A_yB_y+A_zB_z \qquad (2\text{-}5.9)$$

（二）純量積的應用

純量積有兩個重要的應用：

1. 求兩向量或相交直線間的夾角：如圖 2-5.2 所示，兩量 $\mathbf{A}$ 與 $\mathbf{B}$ 之間的夾角 θ ，可依餘弦定律求得：

$$\cos\theta = \frac{\mathbf{A}\cdot\mathbf{B}}{|\mathbf{A}||\mathbf{B}|}$$

$$\theta = \cos^{-1}\frac{\mathbf{A}\cdot\mathbf{B}}{|\mathbf{A}||\mathbf{B}|},\quad 0 \le \theta \le 180° \tag{2-5.10}$$

當 $\theta = 90°$ 時，兩向量 **A** 與 **B** 稱為**正交**(orthogonal)。

2. 求向量在某軸之投影：如圖 2-5.3 所示，若 $\mathbf{e}_b$ 為沿直線 bb' 方向的單位向量，則向量 **A** 在直線 bb' 的投影向量 $\mathbf{A}_P$ 的大小為 $A\cos\theta$，方向為沿 $\mathbf{e}_b$ 的方向，故

$$\mathbf{A}_P = (A\cos\theta)\mathbf{e}_b = (\mathbf{A}\cdot\mathbf{e}_b)\mathbf{e}_b \tag{2-5.11}$$

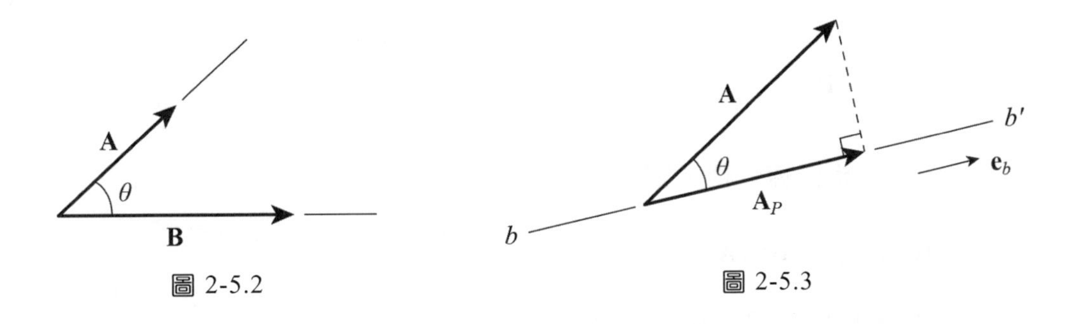

圖 2-5.2　　圖 2-5.3

例 2-5.1

已知向量 $\mathbf{A} = 8\mathbf{i} - 6\mathbf{j} + 3\mathbf{k}$，$\mathbf{B} = -2\mathbf{i} + 4\mathbf{j} + 6\mathbf{k}$，試求(a) **A** 與 **B** 的純量積；(b) **A** 與 **B** 的夾角 θ。

解

(a) $\mathbf{A}\cdot\mathbf{B} = (8\mathbf{i} - 6\mathbf{j} + 3\mathbf{k})\cdot(-2\mathbf{i} + 4\mathbf{j} + 6\mathbf{k}) = (8)(-2) + (-6)(4) + (3)(6) = -22$

(b) 向量 **A** 及 **B** 的長度分別為

$$A = |\mathbf{A}| = \sqrt{\mathbf{A}\cdot\mathbf{A}} = \sqrt{8^2 + (-6)^2 + 3^2} = 10.44$$
$$B = |\mathbf{B}| = \sqrt{(-2)^2 + 4^2 + 6^2} = 7.48$$

應用(2-5.10)式，可得

$$\theta = \cos^{-1}\frac{\mathbf{A}\cdot\mathbf{B}}{|\mathbf{A}||\mathbf{B}|} = \frac{-22}{(10.44)(7.48)} = 106.36°$$

例 2-5.2

兩向量 **A** 與 **B** 之間的夾角為 θ，試利用純量積證明餘弦定律。

解

如圖 2-5.4 所示

$$\mathbf{R} = \mathbf{A} + \mathbf{B}$$

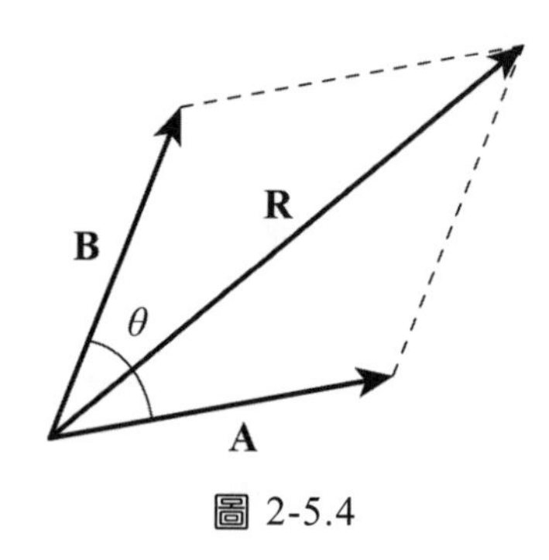

圖 2-5.4

上式兩邊自相作純量積，則有

$$\mathbf{R}\cdot\mathbf{R} = (\mathbf{A}+\mathbf{B})\cdot(\mathbf{A}+\mathbf{B})$$

$$R^2 = A^2 + B^2 + 2\mathbf{A}\cdot\mathbf{B} = A^2 + B^2 + 2AB\cos\theta$$

故得證。

2-6 兩向量的向量積

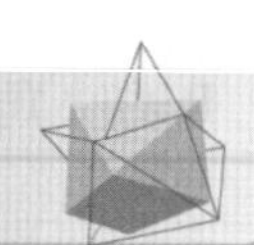

參考圖 2-6.1，向量 **A** 和 **B** 的**向量積**(vector product)或**叉積**(cross product)以 $\mathbf{A}\times\mathbf{B}$ 表示之，其結果為一向量 **C**，即

$$\mathbf{C} = \mathbf{A}\times\mathbf{B} \tag{2-6.1}$$

向量 **C** 的大小為

$$C = |\mathbf{C}| = |\mathbf{A}||\mathbf{B}|\sin\theta = AB\sin\theta \tag{2-6.2}$$

其中θ是**A**與**B**兩向量間較小的夾角，即$0° \le \theta \le 180°$。**C**的方向由右手定則決定，也就是四指由**A**旋轉至**B**，姆指所指的方向即為**C**的方向。因此**C**垂直於**A**和**B**所決定的平面。(2-6.2)式的幾何意義是：它代表了由**A**及**B**向量所構成的平行四邊形的面積，如圖 2-6.2 所示。向量積有下列基本性質：

1. 向量積不滿足交換定律：$\mathbf{A}\times\mathbf{B} \ne \mathbf{B}\times\mathbf{A}$，$\mathbf{A}\times\mathbf{B} = -\mathbf{B}\times\mathbf{A}$
2. 向量積對加法滿足分配律：$\mathbf{A}\times(\mathbf{B}+\mathbf{C}) = \mathbf{A}\times\mathbf{B}+\mathbf{A}\times\mathbf{C}$

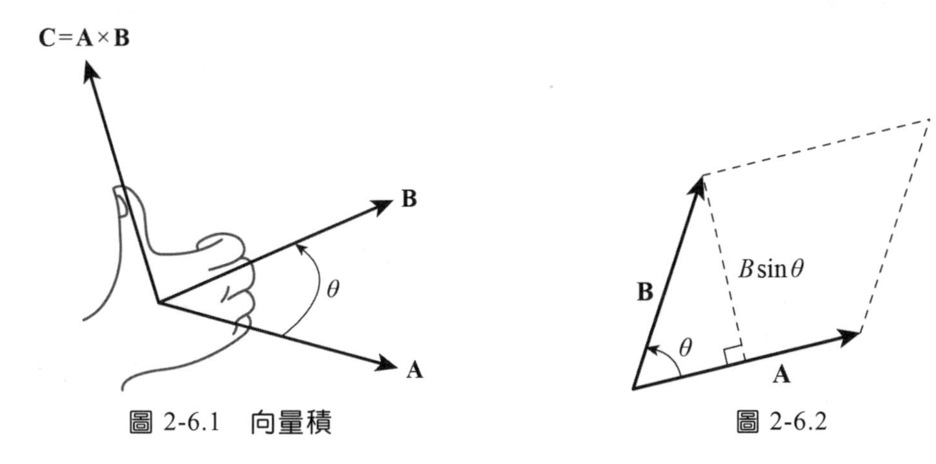

圖 2-6.1　向量積　　　　圖 2-6.2

(一) 直角座標系中的向量積

根據向量積的定義直角座標系中沿著x、y、z軸的單位向量**i**、**j**、**k**之間的向量積有下列的結果：

$$\mathbf{i}\times\mathbf{j}=\mathbf{k},\quad \mathbf{j}\times\mathbf{k}=\mathbf{i},\quad \mathbf{k}\times\mathbf{i}=\mathbf{j}$$

$$\mathbf{j}\times\mathbf{i}=-\mathbf{k},\quad \mathbf{k}\times\mathbf{j}=-\mathbf{i},\quad \mathbf{i}\times\mathbf{k}=-\mathbf{j}$$

$$\mathbf{i}\times\mathbf{i}=\mathbf{j}\times\mathbf{j}=\mathbf{k}\times\mathbf{k}=0$$

應用上述的結果，可將向量$\mathbf{A}=A_x\mathbf{i}+A_y\mathbf{j}+A_z\mathbf{k}$與向量$\mathbf{B}=B_x\mathbf{i}+B_y\mathbf{j}+B_z\mathbf{k}$的向量積表示為

$$\begin{aligned}\mathbf{A}\times\mathbf{B} &= (A_x\mathbf{i}+A_y\mathbf{j}+A_z\mathbf{k})\times(B_x\mathbf{i}+B_y\mathbf{j}+B_z\mathbf{k})\\ &= A_xB_y(\mathbf{i}\times\mathbf{j})+A_xB_z(\mathbf{i}\times\mathbf{k})+A_yB_x(\mathbf{j}\times\mathbf{i})\\ &\quad +A_yB_z(\mathbf{j}\times\mathbf{k})+A_zB_x(\mathbf{k}\times\mathbf{i})+A_zB_y(\mathbf{k}\times\mathbf{j})\\ &= (A_yB_z-A_zB_y)\mathbf{i}+(A_zB_x-A_xB_z)\mathbf{j}+(A_xB_y-A_yB_x)\mathbf{k}\end{aligned} \tag{2-6.3}$$

(2-6.3)式的結果也可以用行列式表示如下：

$$\mathbf{A}\times\mathbf{B}=\begin{vmatrix}\mathbf{i} & \mathbf{j} & \mathbf{k}\\ A_x & A_y & A_z\\ B_x & B_y & B_z\end{vmatrix} \tag{2-6.4}$$

例 2-6.1

向量 $\mathbf{A}=\mathbf{i}+8\mathbf{k}$ ， $\mathbf{B}=3\mathbf{i}+8\mathbf{j}-6\mathbf{k}$ ，求兩向量及其箭頭端相連所構成的三角形的面積。

解

如圖 2-6.3 所示，三角形的面積為平行四邊形面積的一半，而平行四邊形的面積等於 $|\mathbf{A}\times\mathbf{B}|$，故三角形的面積為 $\frac{1}{2}|\mathbf{A}\times\mathbf{B}|$ 。

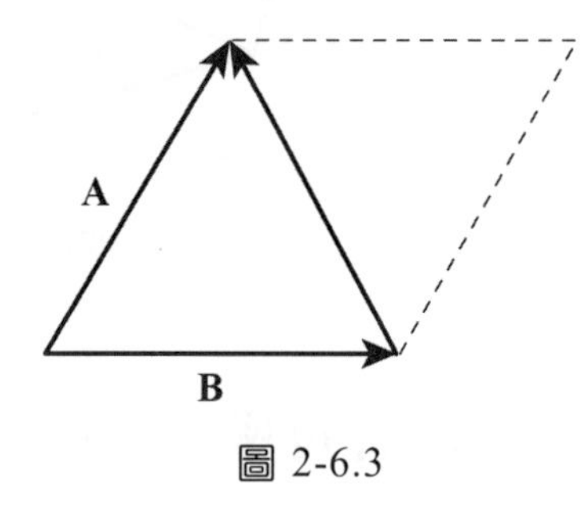

圖 2-6.3

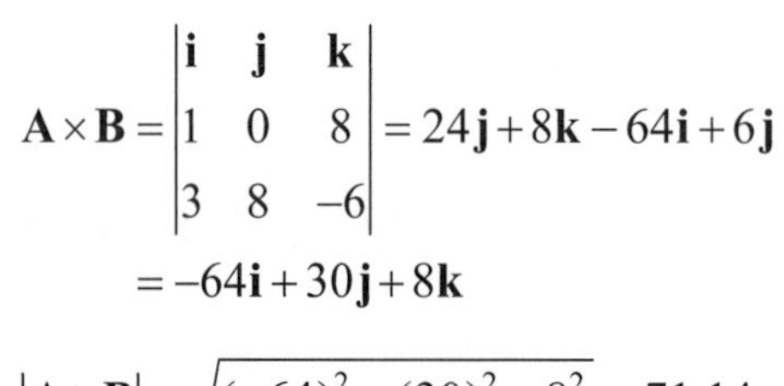

$$\mathbf{A}\times\mathbf{B}=\begin{vmatrix}\mathbf{i} & \mathbf{j} & \mathbf{k}\\ 1 & 0 & 8\\ 3 & 8 & -6\end{vmatrix}=24\mathbf{j}+8\mathbf{k}-64\mathbf{i}+6\mathbf{j}$$

$$=-64\mathbf{i}+30\mathbf{j}+8\mathbf{k}$$

$$|\mathbf{A}\times\mathbf{B}|=\sqrt{(-64)^2+(30)^2+8^2}=71.14$$

三角形面積 $=\frac{1}{2}|\mathbf{A}\times\mathbf{B}|=35.57$ 。

例 2-6.2

三向量 $\mathbf{A}$ 、 $\mathbf{B}$ 、 $\mathbf{R}$ 形成一三角形，試利用向量積證明正弦定律。

解

如圖 2-6.4 所示

$$\mathbf{A}=\mathbf{R}-\mathbf{B} \quad (1)$$

上式兩邊以 **A** 作向量積，即

$$\mathbf{A}\times\mathbf{A}=\mathbf{A}\times(\mathbf{R}-\mathbf{B}) \quad (2)$$

$$0=\mathbf{A}\times\mathbf{R}-\mathbf{A}\times\mathbf{B} \quad (3)$$

$$\mathbf{A}\times\mathbf{R}=\mathbf{A}\times\mathbf{B} \quad (4)$$

兩向量相等，其大小必相同，因此由(4)式可得

$$AR\sin\alpha=AB\sin\theta \quad (5)$$

由(5)式得

$$\frac{R}{\sin\theta}=\frac{B}{\sin\alpha}$$

同理可得

$$\frac{R}{\sin\theta}=\frac{A}{\sin\beta}=\frac{B}{\sin\alpha}$$

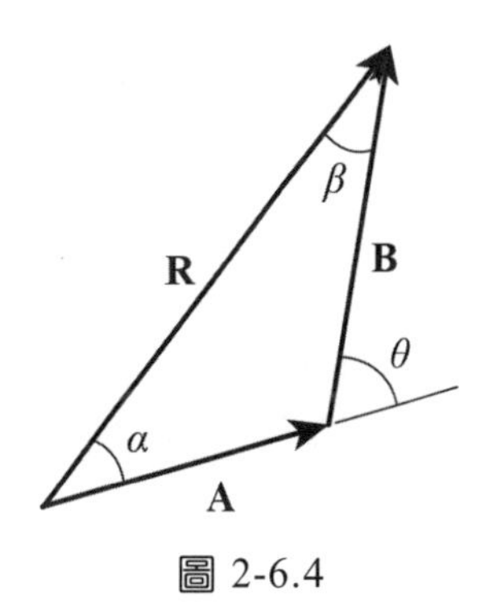

圖 2-6.4

2-7 三向量的乘積

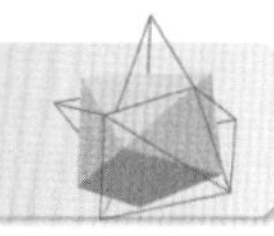

三向量的乘積包含三向量的**純量積**(scalar triple product)及三向量的**向量積**(vector triple product)。

(一) 三向量的純量積

$\mathbf{A}\cdot(\mathbf{B}\times\mathbf{C})$ 稱為三向量 **A**、**B**、**C** 的純量積，其結果為一純量，它的幾何意義為由以 **A**、**B**、**C** 三向量所構成的平行六面體的體積，如圖 2-7.1 所示。因為平行六面體的體積等於該平行六面體的任一個面的面積與其對應的高的乘積。因此，我們可得

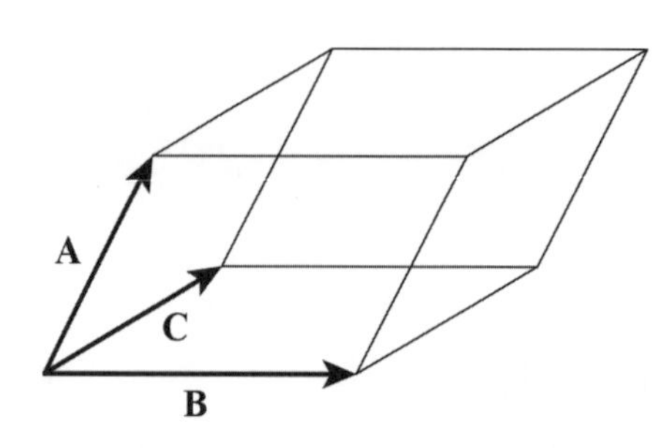

圖 2-7.1　三向量的純量積

$$\mathbf{A}\cdot(\mathbf{B}\times\mathbf{C})=\mathbf{B}\cdot(\mathbf{C}\times\mathbf{A})=\mathbf{C}\cdot(\mathbf{A}\times\mathbf{B}) \tag{2-7.1}$$

設向量 $\mathbf{A}=A_x\mathbf{i}+A_y\mathbf{j}+A_z\mathbf{k}$，$\mathbf{B}=B_x\mathbf{i}+B_y\mathbf{j}+B_z\mathbf{k}$，$\mathbf{C}=C_x\mathbf{i}+C_y\mathbf{j}+C_z\mathbf{k}$，應用(2-6.3)式，可得三向量的純量積的直角座標分量表達式：

$$\begin{aligned}\mathbf{A}\cdot(\mathbf{B}\times\mathbf{C}) &= (A_x\mathbf{i}+A_y\mathbf{j}+A_z\mathbf{k})\cdot[(B_yC_z-B_zC_y)\mathbf{i} \\ &\quad +(B_zC_x-B_xC_z)\mathbf{j}+(B_xC_y-B_yC_x)\mathbf{k}] \\ &= A_xB_yC_z+A_yB_zC_x+A_zB_xC_y-A_xB_zC_y \\ &\quad -A_yB_xC_z-A_zB_yC_x\end{aligned} \tag{2-7.2}$$

(2-7.2)式可以用行列式表示成

$$\mathbf{A}\cdot(\mathbf{B}\times\mathbf{C})=\begin{vmatrix}A_x & A_y & A_z\\ B_x & B_y & B_z\\ C_x & C_y & C_z\end{vmatrix} \tag{2-7.3}$$

(二) 三向量的向量積

三向量 **A**、**B**、**C** 的向量積以 $\mathbf{A}\times(\mathbf{B}\times\mathbf{C})$ 表示，其結果為一向量，且此向量位於 ***B***、***C*** 兩向量所決定的平面上。三向量的向量積具有下列重要性質：

1. $\mathbf{A}\times(\mathbf{B}\times\mathbf{C})\neq(\mathbf{A}\times\mathbf{B})\times\mathbf{C}$
2. $\mathbf{A}\times(\mathbf{B}\times\mathbf{C})=(\mathbf{A}\cdot\mathbf{C})\mathbf{B}-(\mathbf{A}\cdot\mathbf{B})\mathbf{C}$　(2-7.4)

除了上述幾節所介紹的向量運算外，在動力學中還會用到向量的微分與積分，我們將在動力學中再詳細介紹。

例 2-7.1

已知向量 $\mathbf{A}=3\mathbf{i}+\mathbf{k}$，$\mathbf{B}=2\mathbf{i}-4\mathbf{j}+3\mathbf{k}$，$\mathbf{C}=5\mathbf{i}+\mathbf{j}-6\mathbf{k}$，求此三向量所構成的平行六面體的體積。

解

平行六面體的體積為

$$\mathbf{A}\cdot(\mathbf{B}\times\mathbf{C})=\begin{vmatrix}3 & 0 & 1\\ 2 & -4 & 3\\ 5 & 1 & -6\end{vmatrix}=72+2+20-9=85$$

例 2-7.2

已知向量 $\mathbf{A}=3\mathbf{i}+\mathbf{k}$，$\mathbf{B}=2\mathbf{i}-4\mathbf{j}+3\mathbf{k}$，$\mathbf{C}=5\mathbf{i}+\mathbf{j}-6\mathbf{k}$，求 $\mathbf{A}\times(\mathbf{B}\times\mathbf{C})$。

解

由(2-7.4)式，得

$$\begin{aligned}\mathbf{A}\times(\mathbf{B}\times\mathbf{C})&=(\mathbf{A}\cdot\mathbf{C})\mathbf{B}-(\mathbf{A}\cdot\mathbf{B})\mathbf{C}\\&=[(3)(5)+(0)(1)+(1)(-6)](2\mathbf{i}-4\mathbf{j}+3\mathbf{k})\\&\quad-[(3)(2)+(0)(-4)+(1)(3)](5\mathbf{i}+\mathbf{j}-6\mathbf{k})\\&=9(2\mathbf{i}-4\mathbf{j}+3\mathbf{k})-9(5\mathbf{i}+\mathbf{j}-6\mathbf{k})\\&=-27\mathbf{i}-45\mathbf{j}+81\mathbf{k}\end{aligned}$$

2-8 結　語

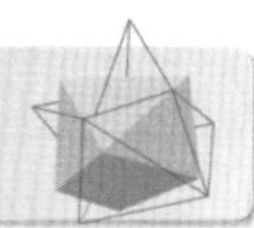

向量運算在力學中起著重要作用，本章複習向量運算的基本知識，小結如下：

1. 向量具有大小和方向，並遵守平行四邊形定律。向量可分為自由向量、滑動向量和固定向量。向量可用箭矢表示，也可將其投影到直角座標軸上而用其直角座標分量表示。

2. 單位向量的大小（長度）為「1」。平行於向量 **A** 的單位向量可表示成 $\mathbf{e}_A = \mathbf{A}/|\mathbf{A}|$。
3. 兩個向量的加、減可用平行四邊形定律（或三角形法則）來完成；也可用其相應的直角座標分量的加、減來完成。
4. 向量 **A** 和 **B** 的純量積（點積）為一純量，定義為：$\mathbf{A}\cdot\mathbf{B} = \mathbf{B}\cdot\mathbf{A} = |\mathbf{A}||\mathbf{B}|\cos\theta$，其中 θ 為向量 **A** 和 **B** 的夾角。用直角座標分量表示，則有

$$\mathbf{A}\cdot\mathbf{B} = A_xB_x + A_yB_y + A_zB_z$$

向量 **A** 和單位向量 **e** 的點積表示向量 **A** 在平行於 **e** 的直線上的投影。

5. 向量 **A** 和 **B** 的向量積（叉積）$\mathbf{A}\times\mathbf{B}$ 為一向量，其大小為：$|\mathbf{A}\times\mathbf{B}| = |\mathbf{A}||\mathbf{B}|\sin\theta$，其中 θ 為向量 **A** 和 **B** 的夾角；方向垂直於向量 **A** 和 **B** 構成的平面，由右手定則決定。用直角座標分量表示，則有

$$\mathbf{A}\times\mathbf{B} = \begin{vmatrix} \mathbf{i} & \mathbf{j} & \mathbf{k} \\ A_x & A_y & A_z \\ B_x & B_y & B_z \end{vmatrix}$$

6. 三個向量 **A**、**B**、**C** 的純量積可表示成：

$$\mathbf{A}\cdot(\mathbf{B}\times\mathbf{C}) = \mathbf{B}\cdot(\mathbf{C}\times\mathbf{A}) = \mathbf{C}\cdot(\mathbf{A}\times\mathbf{B}) = \begin{vmatrix} A_x & A_y & A_z \\ B_x & B_y & B_z \\ C_x & C_y & C_z \end{vmatrix}$$

7. 三個向量 **A**、**B**、**C** 的向量積可表示成

$$\mathbf{A}\times(\mathbf{B}\times\mathbf{C}) = (\mathbf{A}\cdot\mathbf{C})\mathbf{B} - (\mathbf{A}\cdot\mathbf{B})\mathbf{C}$$

思考題

1. 兩力 $\mathbf{F}_1$ 與 $\mathbf{F}_2$，說明下列式子的意義及區別：(A) $\mathbf{F}_1 = \mathbf{F}_2$；(B) $F_1 = F_2$。
2. 說明分力與力之投影的區別。
3. 一力 **F** 的直角座標分量表示可寫成 $\mathbf{F} = x\mathbf{i} + y\mathbf{j}$，試問由此能確定力 **F** 的大小和方向嗎？能確定力 **F** 的作用線位置嗎？
4. 兩力之和與兩力大小之和的區別是什麼？

習題 EXERCISE

2.1 已知向量**A**的大小為 1000 單位，其在直角座標系的方向餘弦分別為 0.5、0.8 及−0.332，求(a)向量**A**沿 x、y、z 軸的分向量；(b) **A** 方向的單位向量；(c) **A** 之方向角。

2.2 求下列各向量的(a)大小；(b)單位向量；(c)方向餘弦。

(1) $\mathbf{i}+4\mathbf{j}+3\mathbf{k}$ ；(2) $2\mathbf{i}-5\mathbf{k}$

2.3 已知向量**r**的大小為 1000 單位，且此向量的作用線經過點 $A(1,-6,2)$ ，點 $B(3,0,3)$ ，指向由 A 朝向 B ，試求此向量。

2.4 試分別應用(a)平行四邊形定律；(b)三角形法則；(c)正弦和餘弦定律；(d)直角座標系之分量，求圖中向量**A**與向量**B**的和及差。

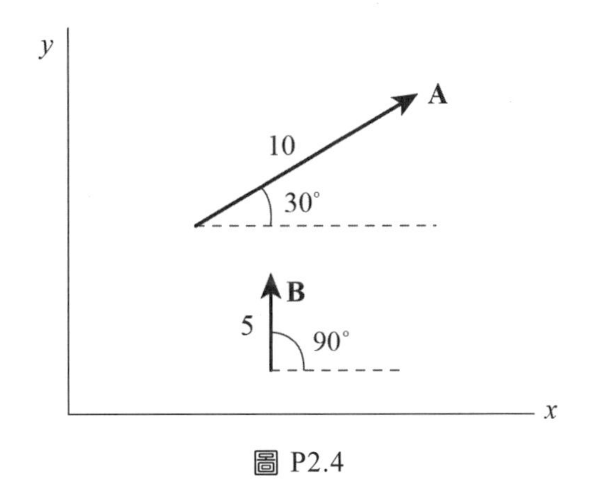

圖 P2.4

2.5 向量 $\mathbf{A}=-2\mathbf{i}+3\mathbf{j}-6\mathbf{k}$ ，$\mathbf{B}=2\mathbf{i}-\mathbf{k}$ ，求(a)向量**A**在**B**方向的投影向量；(b) **A** 與 **B** 的夾角。

2.6 空間中三角形的頂點座標為(0, 0, 0)、(3, 12, 5)、(2, 4, 10)，求此三角形的面積。

2.7 向量 $\mathbf{A}=6\mathbf{i}+2\mathbf{j}+9\mathbf{k}$ ，$\mathbf{B}=10\mathbf{i}+6\mathbf{k}$ ，$\mathbf{C}=2\mathbf{i}+4\mathbf{j}+6\mathbf{k}$ ，求(a) $(\mathbf{A}\cdot\mathbf{B})\mathbf{C}$ ；(b) $\mathbf{A}\cdot\mathbf{B}\times\mathbf{C}$ ；(c) $(\mathbf{A}\times\mathbf{B})\times\mathbf{C}$ ；(d) $\mathbf{A}\times(\mathbf{B}\times\mathbf{C})$ 。

2.8 向量 $\mathbf{A}=2\mathbf{i}-\mathbf{j}+\mathbf{k}$ ，$\mathbf{B}=15\mathbf{i}-20\mathbf{j}+18\mathbf{k}$ ，$\mathbf{C}=\mathbf{i}+7\mathbf{k}$ ，求(a) $\mathbf{A}+\mathbf{B}$ ；(b) $\mathbf{B}-\mathbf{C}$ ；(c) $\mathbf{A}\cdot\mathbf{B}$ ；(d) $\mathbf{B}\times\mathbf{C}$ ；(e) $\mathbf{A}\cdot(\mathbf{B}\times\mathbf{C})$ ；(f) $\mathbf{A}\times(\mathbf{B}\times\mathbf{C})$ 。

2.9 向量 $\mathbf{A}=3\mathbf{i}+4\mathbf{j}$，$\mathbf{B}=4\mathbf{j}+\mathbf{k}$，求(a)垂直 $\mathbf{B}$ 且位於 xy 平面上的單位向量；(b)垂直 $\mathbf{A}$ 與 $\mathbf{B}$ 的單位向量。

2.10 向量 $\mathbf{A}=3\mathbf{i}+2\mathbf{j}$，$\mathbf{B}=4\mathbf{j}+\mathbf{k}$，$\mathbf{C}=\mathbf{i}+2\mathbf{j}+2\mathbf{k}$，此三向量構成一個平行六面體，而原點 O 是當中的一個頂點，求(a)此平行六面體的體積；(b) O 點到對角線另一頂點的距離。

CHAPTER

03 力系及其簡化

STATICS

研究力學，必須對力有清楚的概念。在第一章中，我們介紹了力的定義、力的三大要素、施力物與受力物及作用力與反作用力的觀念。本章介紹力的合成與分解，力偶、力系及其簡化及外力與內力的概念，這是研究力學的基礎。

3-1 力之合成與分解

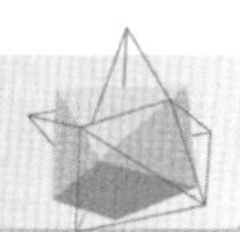

(一) 力之合成

根據力合成的平行四邊形定律，二共點力可以合成為一個合力。求合力的過程稱為力之合成。如圖 3-1.1 所示，一駁船 C 被兩艘拖船 A 和 B 拖動。兩艘拖船施於駁船的拉力(tension)具有公共點 P，此二力稱為**共點力**(concurrent forces)。設此二力 $\mathbf{F}_1$ 及 $\mathbf{F}_2$ 的大小與方向均已知，以向量 $\mathbf{F}_1$ 及 $\mathbf{F}_2$ 為鄰邊作一平形四邊形，則通過公共點 P 的對角線向量 $\mathbf{R}$ 即為兩者的合力，如圖 3-1.2(a)所示。

我們也可以應用第二章中所提到的**三角形法則**求合力，即：將二力向量「頭尾相接」，然後由第一個力向量的尾端至第二個力向量的頭端作一向量 $\mathbf{R}$，此 $\mathbf{R}$ 即為二者的合力。由圖 3-1.2 可知，$\mathbf{F}_1$ 和 $\mathbf{F}_2$「頭尾相接」的先後順序並不影響最後的結果。注意：三角形法則只是一種作圖方法，並不是真的把其中某個力移到另一個力的頭上。作用在物體上的力，除了可沿其作用線移動外，是不能任意移動的。

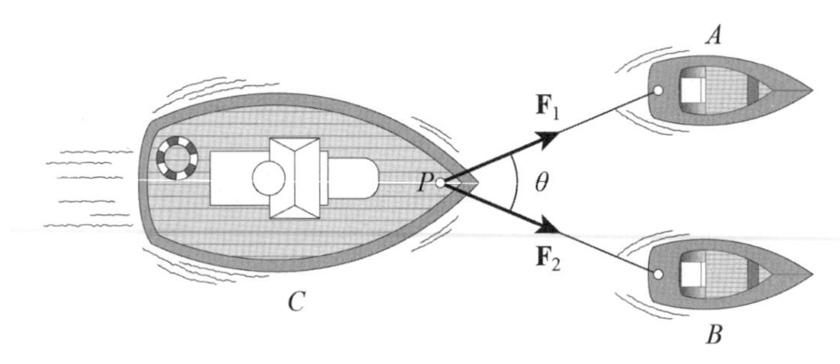

圖 3-1.1 二共點力的例子

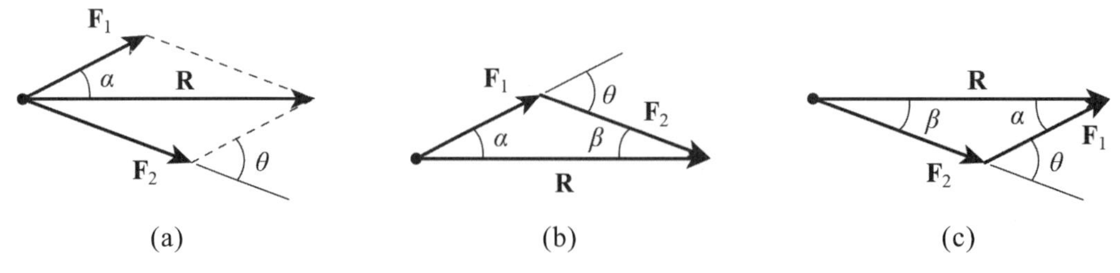

圖 3-1.2 力之合成（平行四邊形定律、三角形法則）

如果以上的作圖是嚴格地按比例尺進行的，則合力的大小與方向可用刻度尺和量角器度量之。但通常我們為了方便而採用三角形餘弦定律求合力之大小：

$$R=\sqrt{F_1^2+F_2^2+2F_1F_2\cos\theta} \tag{3-1.1}$$

其中 θ 為向量 $\mathbf{F}_1$ 和 $\mathbf{F}_2$ 之間的夾角。合力 $\mathbf{R}$ 的力向，可由 $\mathbf{R}$ 與 $\mathbf{F}_1$ 之間的夾角 α 表示，α 角可由三角形的正弦定律求得：

$$\frac{F_2}{\sin\alpha}=\frac{R}{\sin(\pi-\theta)}\text{ ，}\frac{F_2}{\sin\alpha}=\frac{R}{\sin\theta}$$

$$\alpha=\sin^{-1}\left(\frac{F_2\sin\theta}{R}\right) \tag{3-1.2}$$

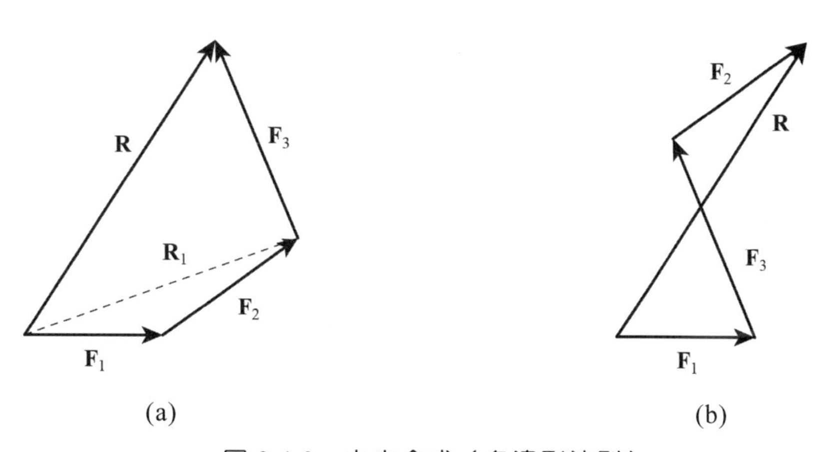

圖 3-1.3 力之合成（多邊形法則）

多個共點力的合成，可連續使用三角形法則來完成。例如有三個共點力 $\mathbf{F}_1$、$\mathbf{F}_2$ 和 $\mathbf{F}_3$，欲求其合力，可由三角形法則先求 $\mathbf{F}_1$ 與 $\mathbf{F}_2$ 之合力 $\mathbf{R}_1$，再以同樣的方法求 $\mathbf{R}_1$ 與 $\mathbf{F}_3$ 的合力 $\mathbf{R}$，此 $\mathbf{R}$ 即為三者的合力，如圖 3-1.3(a)所示。（註：實際上，$\mathbf{R}_1$ 可不必畫出。）這種方法稱為力合成的**多邊形法則**(polygon rule)，即：將所有的力向量依次「頭尾相接」，然後從第一個力向量的尾端至最後一個力向量的頭端作一向量 $\mathbf{R}$，此 $\mathbf{R}$ 即為這些共點力的合力。同樣，這種方法與各個力「頭尾相接」的先後順序無關（見圖 3-1.3(b)）。

(二)力之分解

二共點力可以合成為一個單力。相反的，我們亦可透過平行四邊形定律或三角形法則，將一個力表示成二個等效之單力，此二單力稱為原單力之分量或分力。求分力的過程稱為力之分解。每個分力還可用同樣方法繼續分解下去，由此可知，一個力的分力可以有無窮多個。力的分解方法，可分為**斜分解**和**正交分解**兩種，現分述如下：

如圖 3-1.4 所示：兩繩索 AO 及 BO 之交點 O 處掛一物體。欲求此物體的重力 $\mathbf{W}$ 沿 AO 及 BO 直線的分力，可由向量 $\mathbf{W}$ 的箭頭處分別畫兩條與 AO 及 BO 平行的直線，與 AO 及 BO(延長線)相交，形成一平行四邊形。則此平行四邊形的兩邊 $\mathbf{T}_1$ 及 $\mathbf{T}_2$ 即為 $\mathbf{W}$ 在 AO 及 BO 兩直線上的分量。參考圖 3-1.4，我們有

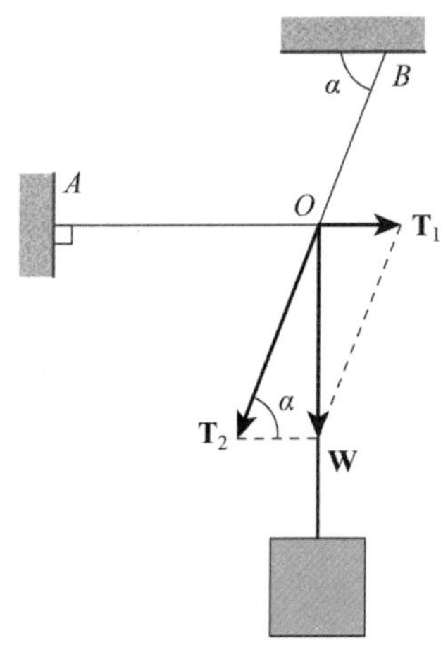

圖 3-1.4　力之斜分解

$$T_1 = \frac{W\cos\alpha}{\sin\alpha}\ ,\ T_2 = \frac{W}{\sin\alpha} \tag{3-1.3}$$

此處 T_1 和 T_2 分別代表重物施於 AO 及 BO 繩索的拉力的大小。由於 AO 與 BO 不是垂直相交的，故這種分解稱為斜分解，所得的分量稱為**斜分量**(oblique components)。

圖 3-1.5 是力之正交分解的一個例子。一重物置於傾角為 α 的斜面上，我們可以將重物之重力 $\mathbf{W}$ 沿著平行於斜面及垂直於斜面兩個方向分解，由於此兩方向互相垂直，故這種分解稱為正交分解，所得的分量稱為**正交分量**(orthogonal components)。由圖可得，兩正交分量的大小如下：

$$F_1 = W\sin\alpha,\quad F_2 = W\cos\alpha \tag{3-1.4}$$

至於空間力，通常沿著空間的三軸分解。如圖 3-1.6 所示，空間之力 $\mathbf{F}$，可先用平行四邊形定律分解為 ℓ 軸之分量 $\mathbf{F}_\ell$ 及 m、n 平面的分量 $\mathbf{F}_{mn}$，再將 $\mathbf{F}_{mn}$ 依前述方法分解為 m、n 方向的分量 $\mathbf{F}_m$ 與 $\mathbf{F}_n$，即

$$\mathbf{F} = \mathbf{F}_\ell + \mathbf{F}_{mn} = \mathbf{F}_\ell + \mathbf{F}_m + \mathbf{F}_n \tag{3-1.5}$$

若 ℓ、m、n 三軸互相垂直，則這種分解稱為正交分解，所得的分量稱為正交分量；若 ℓ、m、n 三軸互相不垂直，則此種分解屬於斜分解，其分量稱為斜分量。

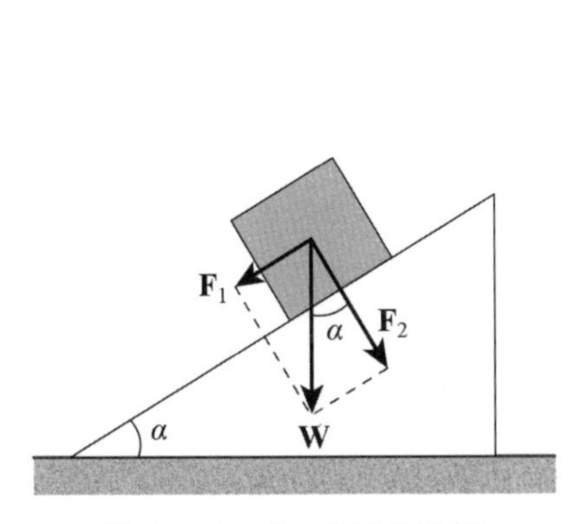

圖 3-1.5　力之正交分解

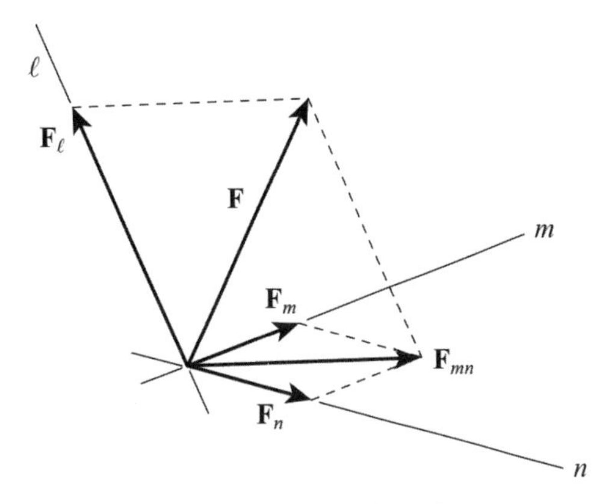

圖 3-1.6　力之斜分解

3-2 力的直角座標分量

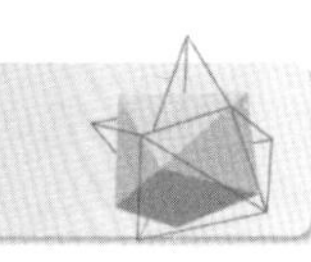

將一力沿著互相垂直的座標軸分解，即得直角座標的向量分量。如圖 3-2.1 所示，設 $\mathbf{F}$ 位於 xy 座標平面內，將 $\mathbf{F}$ 沿著 x 軸和 y 軸分解，即得兩正交分量 $\mathbf{F}_x$ 和 $\mathbf{F}_y$。令 $\mathbf{i}$ 和 $\mathbf{j}$ 分別為平行於 x 軸和 y 軸正方向的單位向量，則 $\mathbf{F}_x$ 和 $\mathbf{F}_y$ 可表示成

$$\mathbf{F}_x = F_x\mathbf{i},\quad \mathbf{F}_y = F_y\mathbf{j} \tag{3-2.1}$$

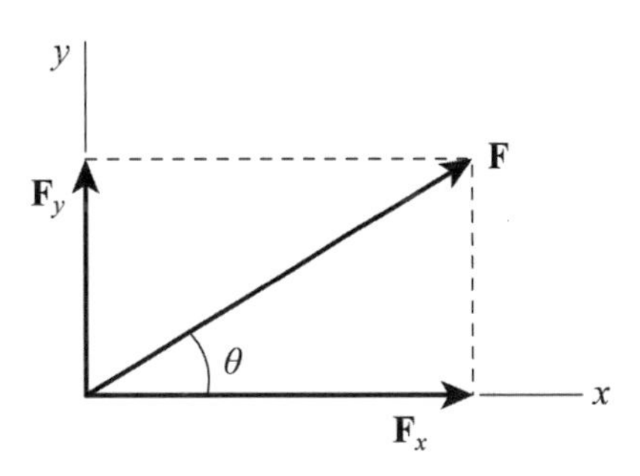

圖 3-2.1　平面力的直角座標分量

式中的純量 F_x 和 F_y 稱為 $\mathbf{F}$ 的直角座標分量。一個力的直角座標分量可正可負，取決於 $\mathbf{F}_x$ 和 $\mathbf{F}_y$ 的指向，並可表示成

$$F_x = F\cos\theta,\quad F_y = F\sin\theta \tag{3-2.2}$$

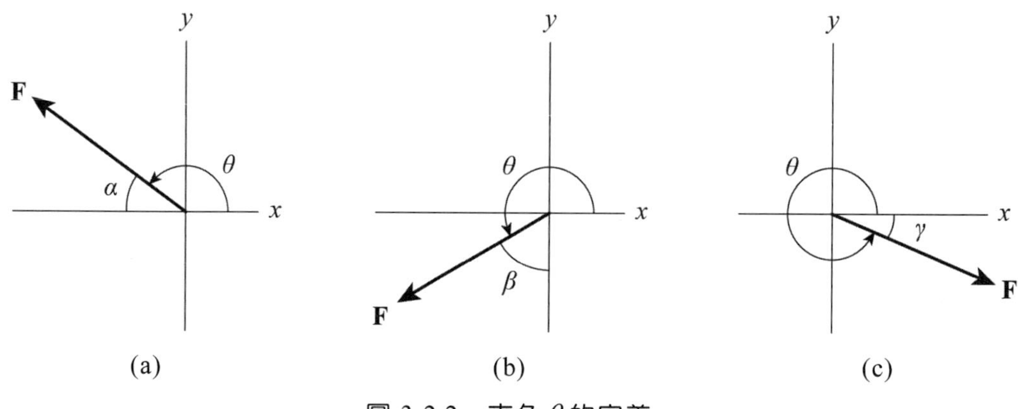

圖 3-2.2　夾角 θ 的定義

式中 θ 是 **F** 與 x 軸正方向的夾角。應特別注意，此 θ 是指從 x 軸的正方向，按逆時針方向旋轉至 **F** 所得的角度。圖 3-2.2 畫出了幾種不同情況下 θ 的正確定義。但在實際計算時，常常是用觀察法確定 F_x 及 F_y 的正負號，並選取其他較方便的角度來計算這些分量。例如，對圖 3-2.2 中的三種情況，我們可分別選取 α、β 及 γ 來計算直角座標分量，即

對(a)：$F_x = -F\cos\alpha$，$F_y = F\sin\alpha$

對(b)：$F_x = -F\sin\beta$，$F_y = -F\cos\beta$

對(c)：$F_x = F\cos\gamma$，$F_y = -F\sin\gamma$

例 3-2.1

如圖 3-2.3 所示，800 牛頓的力加在螺栓 A 上，求此力的水平分量和垂直分量。

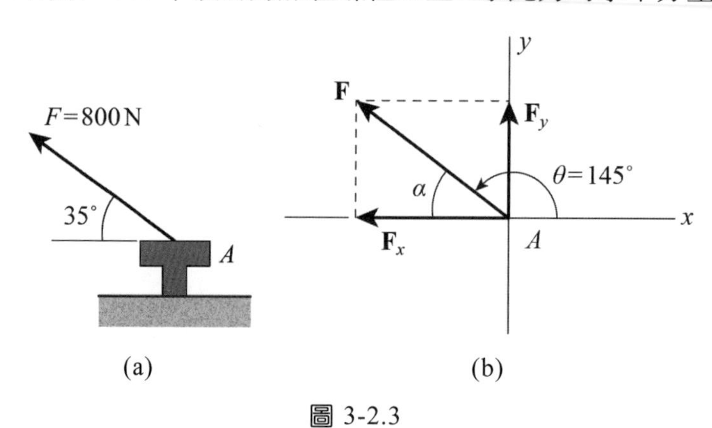

圖 3-2.3

解

為了得到正確的正負號，應將 $\theta=180°-35°=145°$ 代入公式(3-2.2)。但是，我們可用觀察法確定 F_x 及 F_y 的正負號，並且用 $\alpha=35°$ 的三角函數來計算 **F** 的直角座標分量。我們有

$$F_x=-F\cos\alpha=-(800\text{ N})\cos 35°=-655\text{ N}$$
$$F_y=+F\sin\alpha=+(800\text{ N})\sin 35°=+459\text{ N}$$

因此 **F** 的向量分量是

$$\mathbf{F}_x=-(655\text{ N})\mathbf{i}\text{，}\quad \mathbf{F}_y=+(459\text{ N})\mathbf{j}$$

對於空間的力，方法是類似的。如圖 3-2.4 所示，設 **F** 與 x 軸、 y 軸及 z 軸正方向的夾角分別為 θ_x 、 θ_y 及 θ_z 稱為方向角，則其直角座標分量為

$$F_x=F\cos\theta_x\text{，}\quad F_y=F\cos\theta_y\text{，}\quad F_z=F\cos\theta_z \tag{3-2.3}$$

而 **F** 可用直角座標分量表示成

$$\mathbf{F}=F_x\mathbf{i}+F_y\mathbf{j}+F_z\mathbf{k} \tag{3-2.4}$$

其中 **i** 、 **j**、 **k** 分別是平行於 x 軸、 y 軸及 z 軸正方向的單位向量。

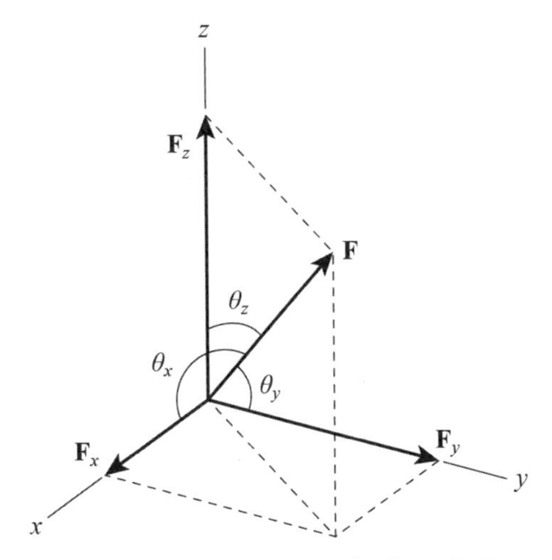

圖 3-2.4 空間力之直角座標分量

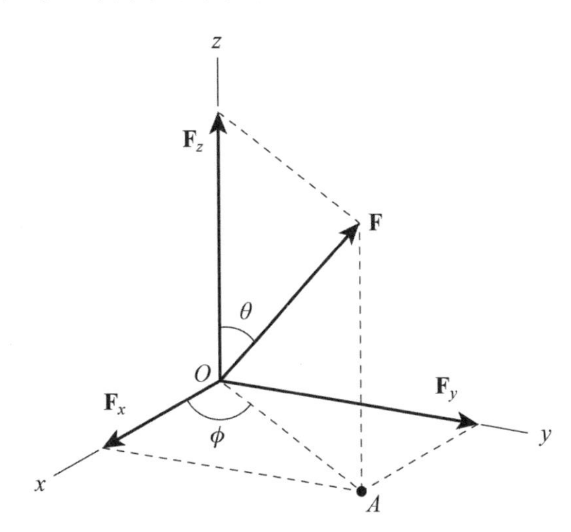

圖 3-2.5 空間力之直角座標分量

在有些問題中，θ_x、θ_y及θ_z是未知的，而已知條件是：**F**的大小、**F**與z軸正方向的夾角θ、以及**F**在xy平面內之投影與x軸正方向之夾角ϕ，如圖 3-2.5 所示。這時，其直角座標分量可用「二次投影」的方法求得。即先求**F**在xy平面內的投影分量$\overrightarrow{OA}$和沿z軸的分量$\mathbf{F}_z$，再求投影分量$\overrightarrow{OA}$在x軸及y軸上的分量。即

$$\begin{aligned}\mathbf{F} &= \overrightarrow{OA} + \mathbf{F}_z \\ &= \mathbf{F}_x + \mathbf{F}_y + \mathbf{F}_z \\ &= F\sin\theta\cos\phi\mathbf{i} + F\sin\theta\sin\phi\mathbf{j} + F\cos\theta\mathbf{k}\end{aligned} \tag{3-2.5}$$

於是力**F**的直角座標分量為

$$\begin{aligned}F_x &= F\sin\theta\cos\phi \\ F_y &= F\sin\theta\sin\phi \\ F_z &= F\cos\theta\end{aligned} \tag{3-2.6}$$

力**F**可表示成

$$\mathbf{F} = F_x\mathbf{i} + F_y\mathbf{j} + F_z\mathbf{k}$$

還有一種經常遇到的情形是，已知**F**的大小及其作用線上兩點的座標，如圖 3-2.6 所示。為求此力的直角座標分量，我們先求平行於**F**的單位向量$\mathbf{e}_F$。令

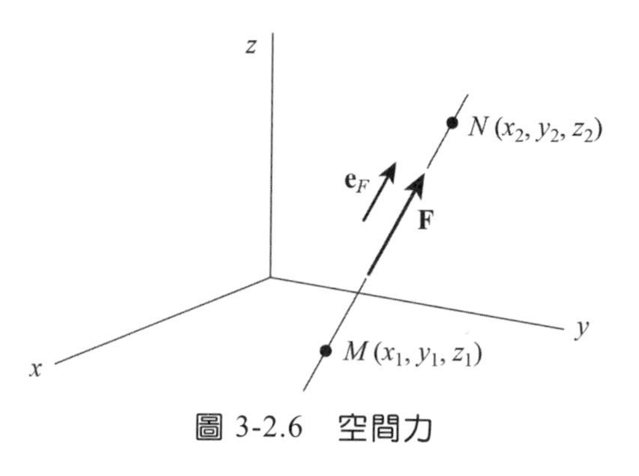

圖 3-2.6 空間力

$$\Delta x = x_2 - x_1,\quad \Delta y = y_2 - y_1,\quad \Delta z = z_2 - z_1 \tag{3-2.7}$$

則M、N兩點的距離d可表示成

$$d = \sqrt{(\Delta x)^2 + (\Delta y)^2 + (\Delta z)^2} \tag{3-2.8}$$

於是，平行於**F**的單位向量$\mathbf{e}_F$可表示成

$$\mathbf{e}_F = \frac{\Delta x}{d}\mathbf{i} + \frac{\Delta y}{d}\mathbf{j} + \frac{\Delta z}{d}\mathbf{k} \tag{3-2.9}$$

所以 **F** 就可寫成

$$\mathbf{F} = F\mathbf{e}_F = F\frac{\Delta x}{d}\mathbf{i} + F\frac{\Delta y}{d}\mathbf{j} + F\frac{\Delta z}{d}\mathbf{k} \tag{3-2.10}$$

由此可知直角座標分量是

$$\begin{aligned} F_x &= \mathbf{F}\cdot\mathbf{i} = F\frac{\Delta x}{d} \\ F_y &= \mathbf{F}\cdot\mathbf{j} = F\frac{\Delta y}{d} \\ F_z &= \mathbf{F}\cdot\mathbf{k} = F\frac{\Delta z}{d} \end{aligned} \tag{3-2.11}$$

至於力 **F** 的方向，也就是單位向量 $\mathbf{e}_F$ 的方向，可用方向餘弦來表示：

$$\begin{aligned} \cos\theta_x &= \mathbf{e}_F\cdot\mathbf{i} = \frac{\Delta x}{d} \\ \cos\theta_y &= \mathbf{e}_F\cdot\mathbf{j} = \frac{\Delta y}{d} \\ \cos\theta_z &= \mathbf{e}_F\cdot\mathbf{k} = \frac{\Delta z}{d} \end{aligned} \tag{3-2.12}$$

以上各種情形下的直角座標分量列於表 3-2.1，以供查閱。

表 3-2.1　力的直角座標分量

已知	直角座標分量	圖形
F，θ	$F_x = F\cos\theta$ $F_y = F\sin\theta$ $\mathbf{e}_F = \cos\theta\mathbf{i} + \sin\theta\mathbf{j}$	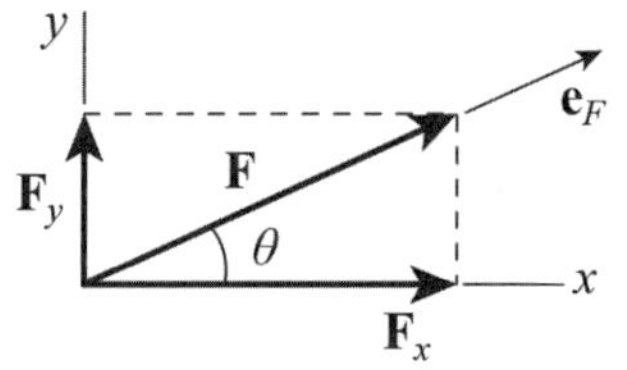 y, $\mathbf{e}_F$, $\mathbf{F}_y$, $\mathbf{F}$, θ, x, $\mathbf{F}_x$
F，θ_x，θ_y，θ_z	$F_x = F\cos\theta_x$ $F_y = F\cos\theta_y$ $F_z = F\cos\theta_z$ $\mathbf{e}_F = \cos\theta_x\mathbf{i} + \cos\theta_y\mathbf{j} + \cos\theta_z\mathbf{k}$	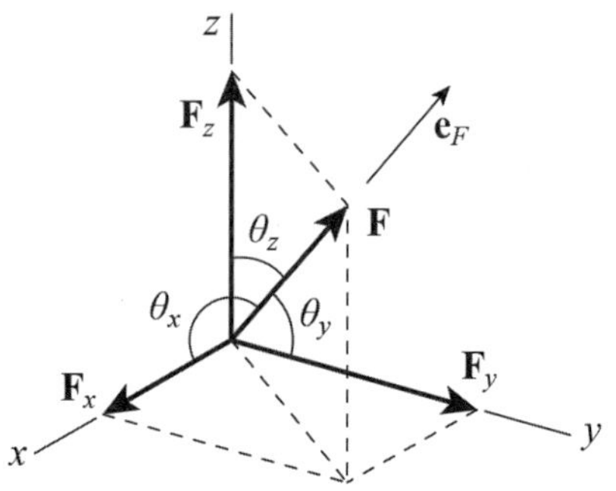 z, $\mathbf{F}_z$, $\mathbf{e}_F$, θ_z, $\mathbf{F}$, θ_x, θ_y, $\mathbf{F}_x$, $\mathbf{F}_y$, x, y
F，θ，ϕ	$F_x = F\sin\theta\cos\phi$ $F_y = F\sin\theta\sin\phi$ $F_z = F\cos\theta$ $\mathbf{e}_F = \sin\theta\cos\phi\mathbf{i} + \sin\theta\sin\phi\mathbf{j}$ $+\cos\theta\mathbf{k}$	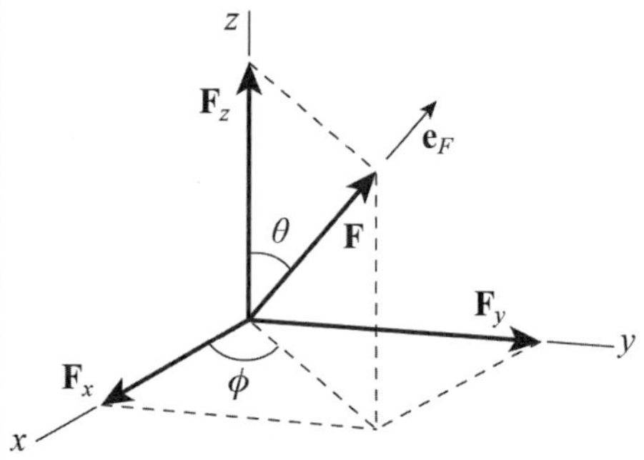 z, $\mathbf{F}_z$, $\mathbf{e}_F$, θ, $\mathbf{F}$, $\mathbf{F}_y$, y, $\mathbf{F}_x$, ϕ, x
F $M(x_1,\ y_1,\ z_1)$ $N(x_2,\ y_2,\ z_2)$	$F_x = F\dfrac{\Delta x}{d}$，$F_y = F\dfrac{\Delta y}{d}$，$F_z = F\dfrac{\Delta z}{d}$ $\mathbf{e}_F = \dfrac{\Delta x}{d}\mathbf{i} + \dfrac{\Delta y}{d}\mathbf{j} + \dfrac{\Delta z}{d}\mathbf{k}$ $\Delta x = x_2 - x_1$，$\Delta y = y_2 - y_1$， $\Delta z = z_2 - z_1$ $d = \sqrt{(\Delta x)^2 + (\Delta y)^2 + (\Delta z)^2}$	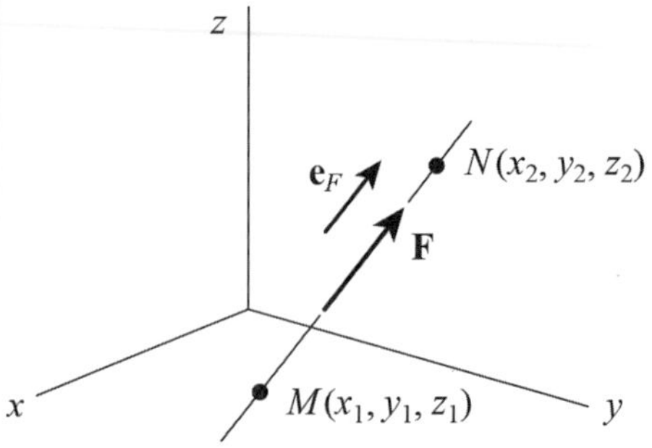 z, $\mathbf{e}_F$, $N(x_2, y_2, z_2)$, $\mathbf{F}$, x, $M(x_1, y_1, z_1)$, y

例 3-2.2

一電視天線由三根拉線固定，如圖 3-2.7 所示。已知由拉線 AC 加於直桿的拉力 **F** 的大小為 1000 牛頓，求此力的直角座標分量。

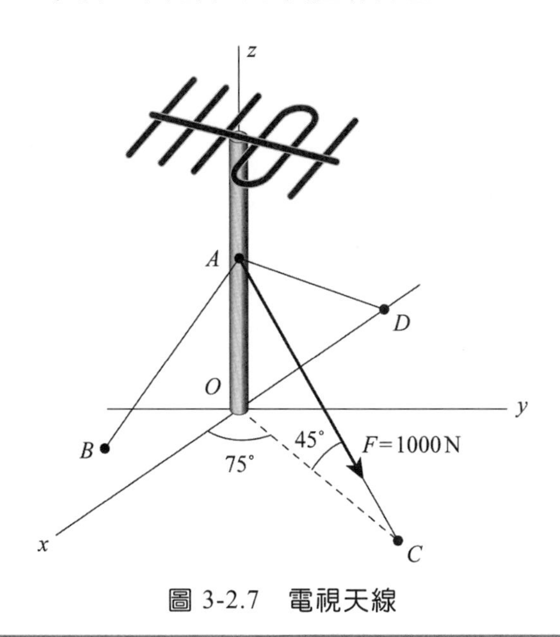

圖 3-2.7 電視天線

解

此題可用「二次投影」法。即先將此力投影到 xy 平面上，再投影到 x 軸和 y 軸上，即

$$F_x = F\cos 45°\cos 75° = 183\ \text{N} \quad （二次投影）$$

$$F_y = F\cos 45°\sin 75° = 683\ \text{N} \quad （二次投影）$$

$$F_z = -F\sin 45° = -707\ \text{N} \quad （觀察法）$$

例 3-2.3

參考圖 3-2.8，已知燈塔的拉線 AB 加在螺栓 A 上的拉力為 2500 N，求此力的直角座標分量。

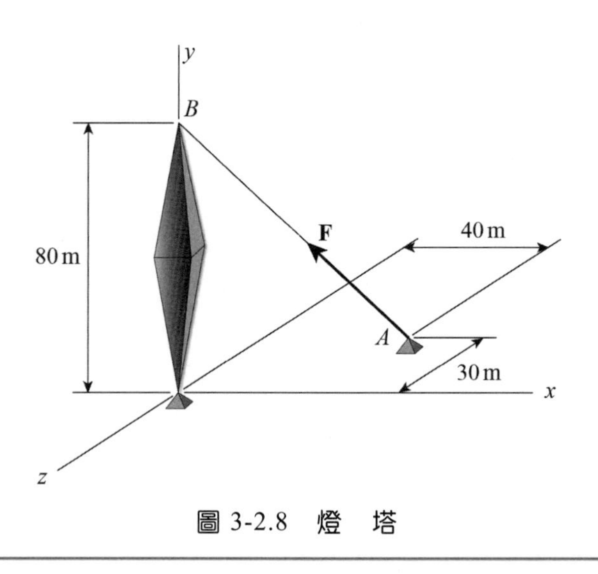

圖 3-2.8 燈 塔

解

我們已知 **F** 的大小及其作用線上的兩點 $A(40, 0, -30)$和 $B(0, 80, 0)$，可先求平行於 **F** 的單位向量 $\boldsymbol{e}_F$ ：

$$\Delta x = 0-40 = -40\ \text{m}, \quad \Delta y = 80-0 = 80\ \text{m}, \quad \Delta z = 0-(-30) = 30\ \text{m}$$

$$d = |\overrightarrow{AB}| = \sqrt{(\Delta x)^2+(\Delta y)^2+(\Delta z)^2} = \sqrt{(-40)^2+80^2+30^2} = 94.3\ \text{m}$$

$$\boldsymbol{e}_F = \frac{\Delta x}{d}\mathbf{i}+\frac{\Delta y}{d}\mathbf{j}+\frac{\Delta z}{d}\mathbf{k} = \frac{1}{94.3}(-40\mathbf{i}+80\mathbf{j}+30\mathbf{k})$$

所以 **F** 可寫成

$$\mathbf{F} = F\mathbf{e}_F = \frac{2500}{94.3}(-40\mathbf{i}+80\mathbf{j}+30\mathbf{k}) = -(1060\ \text{N})\mathbf{i}+(2120\ \text{N})\mathbf{j}+(795\ \text{N})\mathbf{k}$$

直角座標分量為

$$F_x = -1060\ \text{N}, \quad F_y = 2120\ \text{N}, \quad F_z = 795\ \text{N}$$

3-3 用直角座標分量表示合力

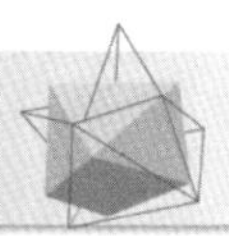

共點力的合力，可用各個力的直角座標分量表示。如圖 3-3.1 所示，$\mathbf{F}_1$ 及 $\mathbf{F}_2$ 位於 xy 平面內，由三角形法則可求其合力 $\mathbf{R}$：

$$\mathbf{R} = \mathbf{F}_1 + \mathbf{F}_2 \tag{3-3.1}$$

將每個力用其直角座標分量表示，得合力的直角座標分量

$$R_x = F_{1x} + F_{2x}, \quad R_y = F_{1y} + F_{2y} \tag{3-3.2}$$

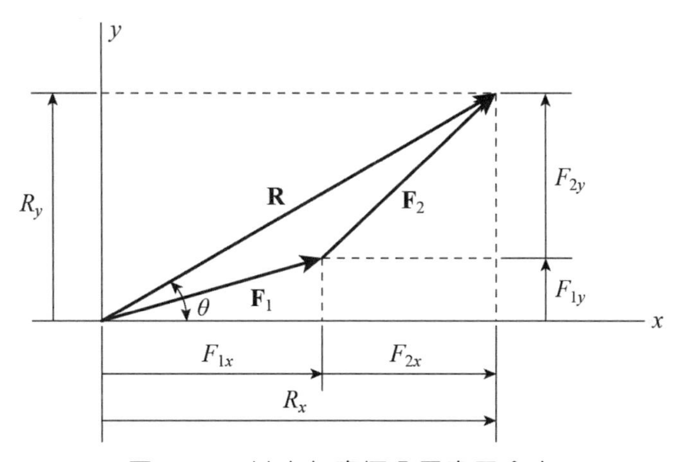

圖 3-3.1 以直角座標分量表示合力

由圖 3-3.1 知合力的大小及方向分別為

$$R = \sqrt{R_x^2 + R_y^2}, \quad \cos\theta = \frac{R_x}{R} \tag{3-3.3}$$

以上結果，很容易推廣到一般情形。例如，對空間 n 個共點力，我們有

$$\begin{aligned} R_x &= F_{1x} + F_{2x} + \cdots + F_{nx} = \sum F_x \\ R_y &= F_{1y} + F_{2y} + \cdots + F_{ny} = \sum F_y \\ R_z &= F_{1z} + F_{2z} + \cdots + F_{nz} = \sum F_z \end{aligned} \tag{3-3.4}$$

上式中Σ代表求和，即把各個力的有關座標分量相加。合力的大小和方向可表示如下：

$$R=\sqrt{R_x^2+R_y^2+R_z^2} \tag{3-3.5}$$

$$\cos\theta_x=\frac{R_x}{R}\text{，}\cos\theta_y=\frac{R_y}{R}\text{，}\cos\theta_z=\frac{R_z}{R} \tag{3-3.6}$$

其中θ_x、θ_y、θ_z稱為方向角，分別表示合力**R**與x軸、y軸及z軸正方向的夾角。

例 3-3.1

如圖 3-3.2 所示的樑，承受$\mathbf{F}_1$與$\mathbf{F}_2$兩力，已知$\mathbf{F}_1$位於yz平面內，試求此二力之合力的大小和方向。

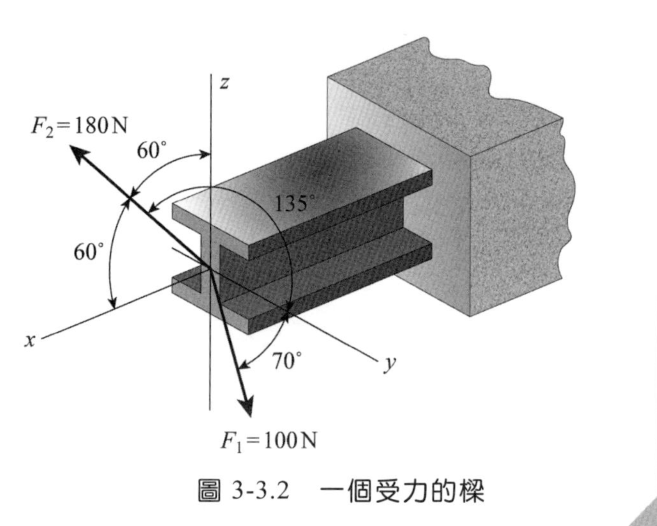

圖 3-3.2　一個受力的樑

解

我們用直角座標分量來求合力，並且在寫各力的直角座標分量時用「觀察法」。由公式(3-3.4)，我們有

$$R_x=F_{1x}+F_{2x}=0+180\cos 60°=90\text{ N}$$

$$R_y=F_{1y}+F_{2y}=100\cos 70°+180\cos 135°=-93\text{ N}$$

$$R_z=F_{1z}+F_{2z}=-100\sin 70°+180\cos 60°=-3.9\text{ N}$$

合力的大小為

$$R=\sqrt{R_x^2+R_y^2+R_z^2}=\sqrt{90^2+(-93)^2+(-3.9)^2}=129.5\text{ N}$$

設合力 **R** 與 x 軸、 y 軸、 z 軸的正方向的夾角分別為 θ_x 、 θ_y 、 θ_z ，則

$$\cos\theta_x = \frac{R_x}{R} = \frac{90}{129.5} = 0.695，\quad \theta_x = 46°$$

$$\cos\theta_y = \frac{R_y}{R} = \frac{-93}{129.5} = -0.718，\quad \theta_y = 135.9°$$

$$\cos\theta_z = \frac{R_z}{R} = \frac{-3.9}{129.5} = -0.0301，\quad \theta_z = 91.7°$$

3-4 力 矩

圖 3-4.1 代表一扇門的簡化模型：一個可繞軸線 L 轉動的剛體。我們開門或關門時，即在這個剛體上施加一力 **F**。由經驗知，當 **F** 的作用線與轉軸 L 既不相交也不平行時，門方可轉動；而且，當 **F** 越大或 **F** 的作用線和 L 之間的垂直距離越大，門轉動的趨勢也越大。力使剛體轉動趨勢的大小可用**力矩**(moment)來描述。本節討論一力對一點的力矩、一力對一軸的力矩以及力偶的力矩。

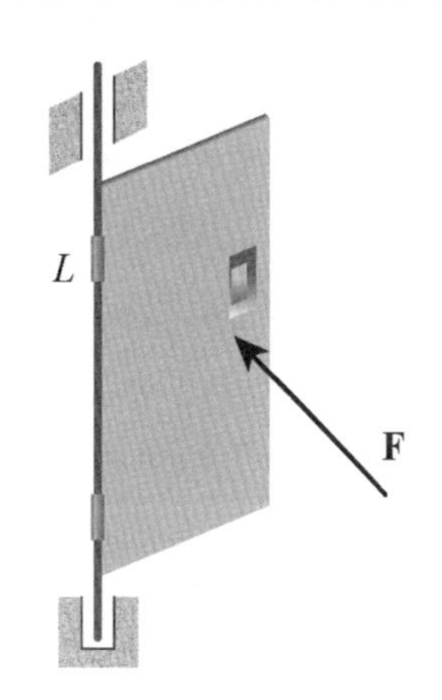

圖 3-4.1　可繞固定軸轉動的剛體

(一) 力對一點的力矩

已知一力 **F** 和空間一點 O ，我們可以作一平面包含此力與 O 點，如圖 3-4.2 所示。力 **F** 對 O 點的力矩定義為一向量，此向量規定如下：

- 大小＝力 **F** 的大小乘以 O 點到 **F** 的垂直距離 d ；
- 方位＝經 O 點，垂直於此平面；

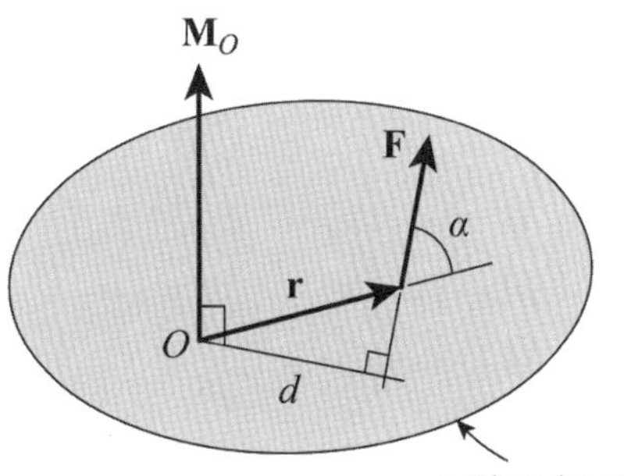

圖 3-4.2　力對 O 點的力矩

- 指向＝依照右手定則。即右手四指為剛體轉動方向，則姆指指向即為 $\mathbf{M}_O$ 的正方向；
- 單位＝公制為牛頓 · 米(N · m)，英制為磅 · 呎(1b · ft)

力 **F** 對 O 點的力矩 $\mathbf{M}_O$ 也可用向量叉積來定義：

$$\mathbf{M}_O = \mathbf{r} \times \mathbf{F} \tag{3-4.1}$$

其中 **r** 為從 O 點至 **F** 作用線上任一點的向量（見圖 3-4.2）。這個定義與上面的定義是完全一致的。事實上，根據叉積的定義，$\mathbf{M}_O$ 的大小為

$$M_O = |\mathbf{M}_O| = |rF\sin\alpha| = |F(r\sin\alpha)| = Fd \tag{3-4.2}$$

$\mathbf{r}\times\mathbf{F}$ 的方位，垂直於 **r** 與 **F** 所決定的平面，指向則依右手定則，即右手四指由 **r** 轉向 **F**，姆指的指向即為 $\boldsymbol{M}_O$ 的正方向，可見這兩種定義是完全一致的。

上面定義中的距離 d 稱為力矩臂或簡稱**力臂**(moment arm)。應注意，力臂是指從 O 點到 **F** 之作用線的垂直距離。如果知道了力臂的大小，則計算力矩是方便的。但通常力臂的大小不易確定，在這種情況下，用叉積的方法求力矩較好。

將 **r** 和 **F** 用其直角座標分量表示，代入(3-4.1)式，則有

$$\begin{aligned}\mathbf{M}_O &= \mathbf{r}\times\mathbf{F}\\ &= (r_x\mathbf{i}+r_y\mathbf{j}+r_z\mathbf{k})\times(F_x\mathbf{i}+F_y\mathbf{j}+F_z\mathbf{k})\\ &= \begin{vmatrix}\mathbf{i} & \mathbf{j} & \mathbf{k}\\ r_x & r_y & r_z\\ F_x & F_y & F_z\end{vmatrix}\\ &= (r_yF_z - r_zF_y)\mathbf{i} + (r_zF_x - r_xF_z)\mathbf{j} + (r_xF_y - r_yF_x)\mathbf{k}\end{aligned} \tag{3-4.3}$$

力矩 $\mathbf{M}_O$ 在 x、y、z 三軸方向的分量為

$$\begin{aligned}M_x &= \mathbf{M}_O\cdot\mathbf{i} = r_yF_z - r_zF_y\\ M_y &= \mathbf{M}_O\cdot\mathbf{j} = r_zF_x - r_xF_z\\ M_z &= \mathbf{M}_O\cdot\mathbf{k} = r_xF_y - r_yF_x\end{aligned} \tag{3-4.4}$$

注意，上面三個式子中，下標 x、y、z 具有輪換性。即在第一個式子中將 x 換為 y，y 換為 z，z 換為 x，便得第二式，其餘類推。

例 3-4.1

如圖 3-4.3 所示，$OABC$ 為一曲桿，各段之長均為 a 米，今在其 C 端施一力 **P**（牛頓），其方向由 C 指向 E。試求力 **P** 對 O 點的力矩。

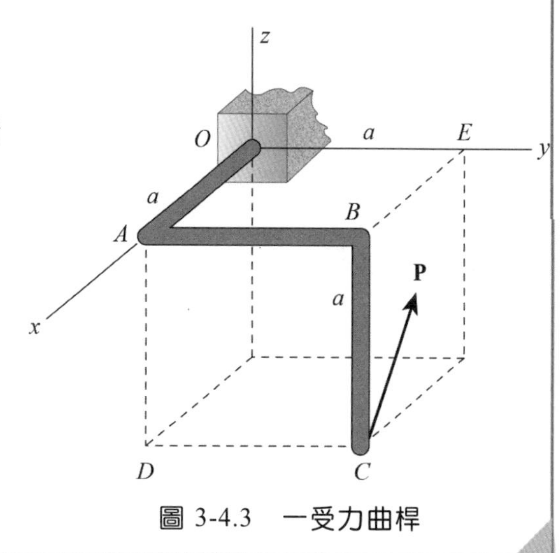

圖 3-4.3 一受力曲桿

解

我們用叉積公式來計算力 **P** 對 O 點的力矩，即 $\mathbf{M}_O = \mathbf{r}\times\mathbf{P}$，其中 **r** 為由 O 點到 **P** 的作用線上任一點的向量。C 點和 E 點都在力 **P** 的作用線上，但顯然取 E 點更方便。因

$$\mathbf{r} = \overrightarrow{OE} = a\mathbf{j}$$

$$\mathbf{P} = P(-\cos 45°\mathbf{i} + \sin 45°\mathbf{k}) = P(-\frac{\sqrt{2}}{2}\mathbf{i} + \frac{\sqrt{2}}{2}\mathbf{k})$$

所以 **P** 對 O 點的力矩 $\mathbf{M}_O$ 為

$$\mathbf{M}_O = \mathbf{r}\times\mathbf{P} = \frac{\sqrt{2}}{2}Pa\mathbf{i} + \frac{\sqrt{2}}{2}Pa\mathbf{k}$$

註：若取 $\mathbf{r} = \overrightarrow{OC} = a\mathbf{i} + a\mathbf{j} - a\mathbf{k}$，亦得相同結果。

由於合力可分解成許多的分力，合力對一點的力矩應該等於所有分力對同一點的力矩總和，此即稱為**力矩原理**(principle of moment)，首先由法國萬律農(Pierre Varignon)所提出，故又稱**萬律農定理**。證明如下：

一單力 **F** 可任意分解為 $\mathbf{F}_1$, $\mathbf{F}_2$, ⋯, $\mathbf{F}_n$ 等 n 個共點分力，即

$$\mathbf{F}=\mathbf{F}_1+\mathbf{F}_2+\cdots+\mathbf{F}_n$$

令 **r** 為從 O 點到這些力的公共點的位置向量，則由力矩的定義及向量叉積具分配性，知 **F** 對 O 點的力矩為

$$\begin{aligned}\mathbf{M}_o&=\mathbf{r}\times\mathbf{F}\\&=\mathbf{r}\times(\mathbf{F}_1+\mathbf{F}_2+\cdots+\mathbf{F}_n)\\&=\mathbf{r}\times\mathbf{F}_1+\mathbf{r}\times\mathbf{F}_2+\cdots+\mathbf{r}\times\mathbf{F}_n\\&=\sum_{i=1}^{n}(\mathbf{r}\times\mathbf{F}_i)\end{aligned}$$

例 3-4.2

圖 3-4.4(a)為一繞線輪，線繞在半徑為 r 的軸上。在線末端施一力 **F**，則繞線輪將沿地面滾動。但當 α 大於某一角度時，此繞線輪會向左滾；而當 α 小於某一角度時，則向右滾，分析其原因。

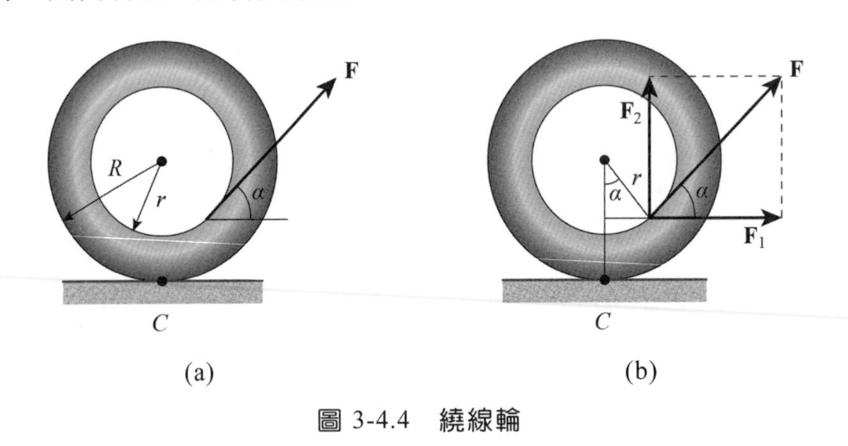

圖 3-4.4　繞線輪

解

將 **F** 沿水平方向與垂直方向分解（見圖 3-4.4(b)）

$$F_1=F\cos\alpha,\quad F_2=F\sin\alpha$$

今考慮 $\mathbf{F}$ 對接觸點 C 的力矩 $\mathbf{M}_C$。由於此力矩總是垂直於紙面，我們可用正負號來表示其方向。今用正號表示力矩方向垂直紙面向外（即輪子向左滾），反之用負號表示。根據力矩原理，我們有

$$
\begin{aligned}
M_C &= +F_2 r\sin\alpha - F_1(R - r\cos\alpha) = +Fr\sin^2\alpha - F\cos\alpha(R - r\cos\alpha) \\
&= Fr - FR\cos\alpha = FR(\frac{r}{R} - \cos\alpha)
\end{aligned}
$$

由此可知：

(a) 當 $\cos\alpha < \dfrac{r}{R}$ 時，M_C 為正，即輪子向左滾；

(b) 當 $\cos\alpha > \dfrac{r}{R}$ 時，M_C 為負，即輪子向右滾。

以上兩種情形如圖 3-4.5(a)、(b)所示。

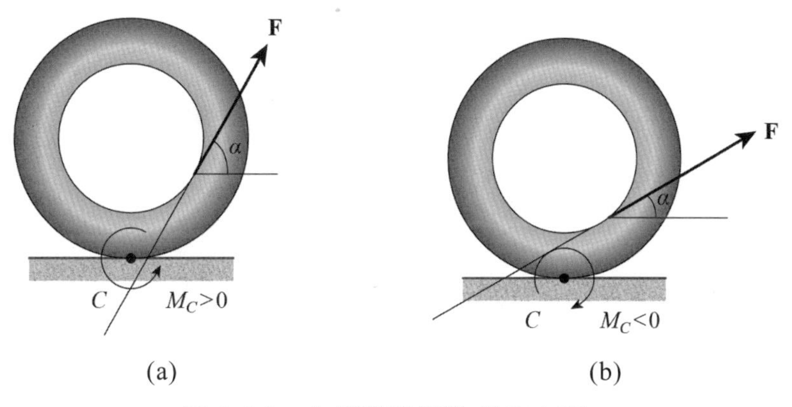

圖 3-4.5　力 $\mathbf{F}$ 對接觸點 C 的力矩

（二）力對一軸的力矩

參考圖 3-4.6 我們用兩種方法定義一力對軸的力矩，我們將說明此兩種定義是完全等價的。

定義一

力 $\mathbf{F}$ 對軸 L 的力矩 $\mathbf{M}_L$ 是一向量，此向量規定如下：

- 大小＝Fd，即力 $\mathbf{F}$ 的大小 F 乘以 $\mathbf{F}$ 與 L 的公垂線距離 d
- 方位＝L 的方位
- 指向＝依右手定則確定
- 單位＝N·m 或 lb·ft

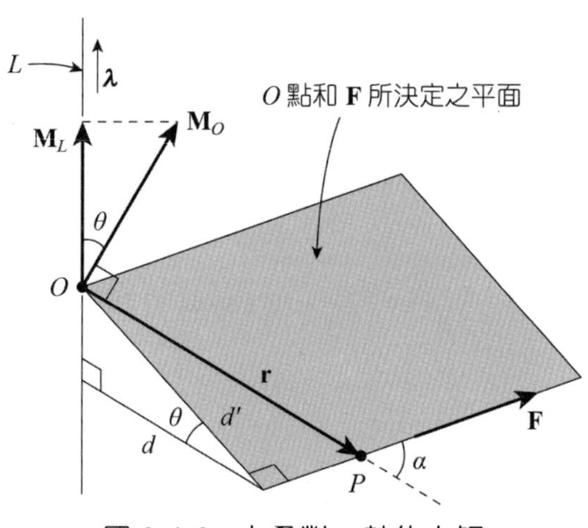

圖 3-4.6 力 F 對一軸的力矩

定義二

力 $\mathbf{F}$ 對軸 L 的力矩 $\mathbf{M}_L$ 等於 $\mathbf{F}$ 對軸 L 上任一點 O 的力矩 $\mathbf{M}_O$ 在軸 L 上的正交分量。設 $\boldsymbol{\lambda}$ 為平行於 L 的單位向量（方向可任意規定），則

$$\mathbf{M}_L = (\mathbf{M}_O \cdot \boldsymbol{\lambda})\boldsymbol{\lambda} = (\mathbf{r} \times \mathbf{F} \cdot \boldsymbol{\lambda})\boldsymbol{\lambda} \tag{3-4.5}$$

其中 $\mathbf{r}$ 為從 O 點到 $\mathbf{F}$ 的作用線上任一點 P 位置向量（見圖 3-4.6）。

以上兩種定義是完全一致的。事實上，如圖 3-4.6 所示，$\mathbf{M}_O$ 的大小為

$$|\mathbf{M}_O| = |\mathbf{r} \times \mathbf{F}| = |F(r\sin\alpha)| = Fd' \tag{3-4.6}$$

其中 d' 為從 O 點到 $\boldsymbol{F}$ 的作用線的垂直距離。$\mathbf{M}_O$ 的指向垂直於 O 點和 $\mathbf{F}$ 所決定的平面。$\mathbf{M}_O$ 在 L 的正交分量之大小為

$$M_L = \mathbf{M}_O \cdot \boldsymbol{\lambda} = M_O\cos\theta = F(d'\cos\theta) = Fd \tag{3-4.7}$$

即 $\mathbf{M}_L$ 的大小等於 $\mathbf{F}$ 的大小乘以 $\mathbf{F}$ 與 L 的公垂線距離 d。將此大小再乘以單位向量 $\boldsymbol{\lambda}$，即得向量 $\mathbf{M}_L$。可見上述兩種定義是完全等價的。

應注意到，$\mathbf{M}_L$ 與 O 點在 L 上的位置無關，也與 P 點在 $\mathbf{F}$ 的作用線上的位置無關。設 L 軸的方向餘弦為 ℓ、m、n，即

$$\boldsymbol{\lambda} = \ell\mathbf{i} + m\mathbf{j} + n\mathbf{k} \tag{3-4.8}$$

則 $\mathbf{M}_L$ 的大小 M_L 可用下面的行列式表示之

$$M_L = \mathbf{r} \times \mathbf{F} \cdot \boldsymbol{\lambda} = \begin{vmatrix} r_x & r_y & r_z \\ F_x & F_y & F_z \\ \ell & m & n \end{vmatrix} \tag{3-4.9}$$

前述之力矩原理，在求解一力對一軸的力矩時亦成立。證明如下：

將 $\mathbf{F}$ 分解成 n 個共點力，即

$$\mathbf{F} = \mathbf{F}_1 + \mathbf{F}_2 + \cdots + \mathbf{F}_n \tag{3-4.10}$$

則由力對一軸之力矩的定義，及向量叉積和點積的分配律，可得

$$\begin{aligned} \mathbf{M}_L &= (\mathbf{r} \times \mathbf{F} \cdot \boldsymbol{\lambda})\boldsymbol{\lambda} \\ &= [\mathbf{r} \times (\mathbf{F}_1 + \mathbf{F}_2 + \cdots + \mathbf{F}_n) \cdot \boldsymbol{\lambda}]\boldsymbol{\lambda} \\ &= (\mathbf{r} \times \mathbf{F}_1 \cdot \boldsymbol{\lambda})\boldsymbol{\lambda} + (\mathbf{r} \times \mathbf{F}_2 \cdot \boldsymbol{\lambda})\boldsymbol{\lambda} + \cdots + (\mathbf{r} \times \mathbf{F}_n \cdot \boldsymbol{\lambda})\boldsymbol{\lambda} \end{aligned} \tag{3-4.11}$$

因此，力矩原理在此可敘述為：一力對一軸的力矩等於其共點分力對同一軸的力矩之向量和。

例 3-4.3

一邊長為 a 的正方體，受到力 $\mathbf{P}$ 的作用，如圖 3-4.7 所示。求(a)力 $\mathbf{P}$ 對於對角線 AG 的力矩；(b)直線 AG 與 FC 之間的垂直距離 d。

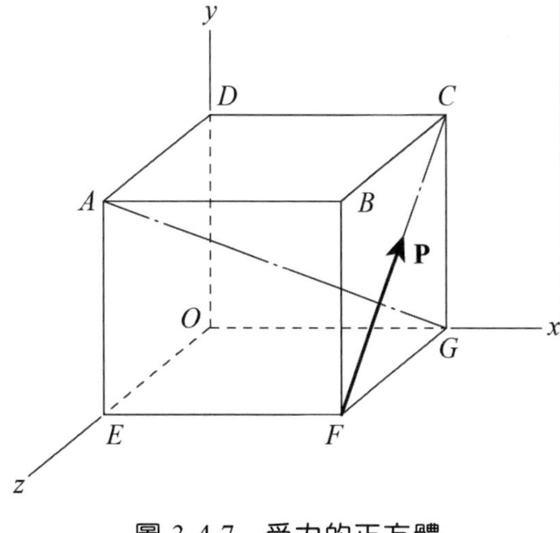

圖 3-4.7 受力的正方體

解

(a) 力 $\mathbf{P}$ 對 AG 的力矩，等於 $\mathbf{P}$ 對 AG 上任一點之力矩在 AG 上的正交分量。由於 A 和 G 都在 AG 上，所以可先計算 $\mathbf{P}$ 對 A 點或 G 點之力矩，然後求其在 AG 上的正交分量。今計算 $\mathbf{P}$ 對 G 點的力矩，

$$\mathbf{M}_G = \mathbf{r}_{F/G} \times \mathbf{P} = (a\mathbf{k}) \times (\frac{P}{\sqrt{2}}\mathbf{j} - \frac{P}{\sqrt{2}}\mathbf{k}) = -\frac{Pa}{\sqrt{2}}\mathbf{i}$$

平行於 AG 的單位向量 $\boldsymbol{\lambda}$ 為

$$\boldsymbol{\lambda} = \frac{\overrightarrow{AG}}{|\overrightarrow{AG}|} = \frac{a\mathbf{i} - a\mathbf{j} - a\mathbf{k}}{\sqrt{3}a} = \frac{1}{\sqrt{3}}(\mathbf{i} - \mathbf{j} - \mathbf{k})$$

$\mathbf{M}_{AG}$ 的大小為

$$M_{AG} = |\mathbf{M}_G \cdot \boldsymbol{\lambda}| = \left|(-\frac{Pa}{\sqrt{2}}\mathbf{i}) \cdot \frac{1}{\sqrt{3}}(\mathbf{i} - \mathbf{j} - \mathbf{k})\right| = \frac{Pa}{\sqrt{6}}$$

$\mathbf{M}_{AG}$ 可表示成

$$\mathbf{M}_{AG} = (\mathbf{M}_G \cdot \boldsymbol{\lambda})\boldsymbol{\lambda} = (\frac{-Pa}{\sqrt{6}})\left[\frac{1}{\sqrt{3}}(\mathbf{i} - \mathbf{j} - \mathbf{k})\right] = \frac{-Pa}{3\sqrt{2}}(\mathbf{i} - \mathbf{j} - \mathbf{k})$$

註：先計算 $\mathbf{M}_A = \mathbf{r}_{F/A} \times \mathbf{P}$，再用公式 $\mathbf{M}_{AG} = (\mathbf{M}_A \cdot \boldsymbol{\lambda})\boldsymbol{\lambda}$，亦得相同結果。

(b) 力 $\boldsymbol{P}$ 對 AG 的力矩的大小等於 Pd，所以我們有

$$M_{AG} = Pd, \quad \frac{Pa}{\sqrt{6}} = Pd$$

因此，直線 AG 和 FC 之間的垂直距離 d 為

$$d = \frac{a}{\sqrt{6}}$$

(三)力偶

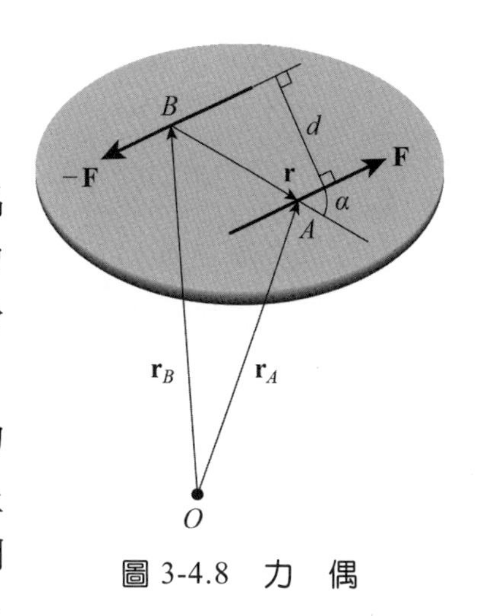

圖 3-4.8 力 偶

一對大小相等，方向相反之力稱為**力偶**(couple)。如圖 3-4.8 所示，組成力偶的兩個力 $\mathbf{F}$ 及 $-\mathbf{F}$ 稱為力偶力，兩個力偶力所決定的平面稱為力偶平面，兩力偶力作用線間之垂直距離 d，稱為力偶臂。力偶的作用在於產生或阻止剛體的轉動。

現在，讓我們探討一力偶 $(\mathbf{F}, -\mathbf{F})$ 對空間任一點 O 的力矩 $\mathbf{M}$。令 $\mathbf{r}$ 為連接 $-\mathbf{F}$ 作用線上任一點 B 到 $\mathbf{F}$ 作用線上任一點 A 的向量，A 及 B 點相對於 O 點的位置向量分別為 $\mathbf{r}_A$ 及 $\mathbf{r}_B$，如圖 3-4.8 所示，則該二力對 O 點的力矩為

$$\begin{aligned}\mathbf{M} &= \mathbf{r}_A \times \mathbf{F} + \mathbf{r}_B \times (-\mathbf{F}) \\ &= (\mathbf{r}_A - \mathbf{r}_B) \times \mathbf{F} \\ &= \mathbf{r} \times \mathbf{F}\end{aligned} \qquad (3\text{-}4.12)$$

上式中，力矩 $\mathbf{M}$ 的大小僅與 $\mathbf{r}$ 有關，而與 $\mathbf{r}_A$ 及 $\mathbf{r}_B$ 無關，此 $\mathbf{M}$ 稱為**力偶矩**(torque)。可見力偶矩與力矩中心 O 點的位置無關，或一力偶對空間任一點的力矩相等。此力偶矩的大小為

$$|\mathbf{M}| = |\mathbf{r} \times \mathbf{F}| = |Fr\sin\alpha| = Fd \qquad (3\text{-}4.13)$$

其中 d 為二力作用線間的垂直距離，即力偶臂。

結論：力偶對空間任一點的力矩（力偶矩）是一向量，此向量的規定如下：

- 大小 $= Fd$，即力偶力的大小乘以力偶臂
- 方位＝垂直於力偶平面
- 指向＝依右手定則確定
- 單位＝ $\mathrm{N \cdot m}$ 或 $\mathrm{lb \cdot ft}$

由以上分析可知，決定力偶的三要素為：大小、方位、指向。兩個力偶，只要其三要素相同，它們彼此就是等效的，稱為**等效力偶**(equivalent couple)。如此我們得到力偶的三個性質如下：

1. 力偶可在其力偶平面內任意移動或轉動，不會改變其對剛體的作用效果。(見圖 3-4.9(b)、(c))。

2. 力偶可任意移至互相平行的另一平面上，不會改變其對剛體的作用效果。(見圖 3-4.9(a)、(b))。

3. 力偶力及力偶臂的大小（不包括方向）可以任意改變，只要二者的乘積不變，不會改變其對剛體的作用效果。(見圖 3-4.9(d))。

力偶的這些性質，都可根據力的可移性原理、平行四邊形定律，及加減平衡力系原理（見第一章習題 1.7）嚴格加以證明，限於篇幅，本書不作詳細討論，只舉一例以說明其思路。

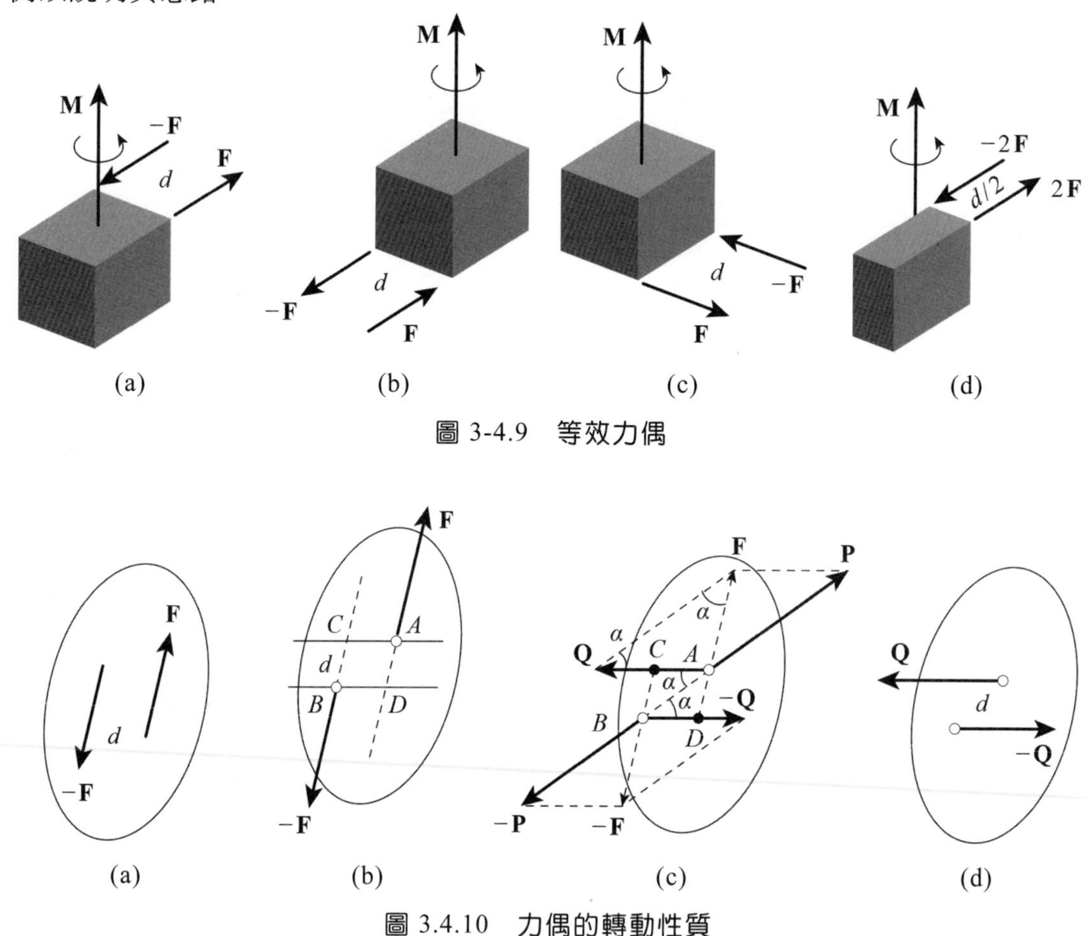

圖 3-4.9 等效力偶

圖 3.4.10 力偶的轉動性質

如圖 3-4.10(a)所示，**F** 和 −**F** 組成一力偶。第一步：任意作兩條平行線 AC 及 BD，使 AC 與 BD 間的垂直距離仍為 d，根據力的可移性原理，可將 **F** 沿其作用線移至 A 點，而將 −**F** 沿其作用線移至 B 點，如圖 3-4.10(b)所示。第二步：將 **F** 沿 AC 及 BA 分解，得分力 **P** 和 **Q**；同時將 −**F** 沿 AB 及 BD 分解，得分力 −**P** 和 −**Q**，如圖 3-4.10(c)所示。第三步：由於 **P** 及 −**P** 大小相等，方向相反，作用線相同，根據加減平衡力系

原理，可同時消去，最後如圖 3-4.10(d)所示。由圖 3-4.10(c)知，$|\mathbf{Q}|=|\mathbf{F}|$。比較圖 3-4.10(a)和(d)即知，力偶可在其平面內轉動。

最後，因為力偶矩是自由向量，同時因為力偶可以平行移動，所以若干個力偶矩向量可以平行移至一公共點，然後用平行四邊形定律或直角座標分量合成為一個單力偶。故若以 $\mathbf{M}_1, \mathbf{M}_2, \cdots, \mathbf{M}_n$ 代表一群作用在同一剛體上的力偶矩，以 $\mathbf{M}$ 代表其合力偶矩，則

$$\mathbf{M}=\sum_{i=1}^{n}\mathbf{M}_i \tag{3-4.14}$$

$$M_x=\sum_{i=1}^{n}M_{ix}\text{，}\quad M_y=\sum_{i=1}^{n}M_{iy}\text{，}\quad M_z=\sum_{i=1}^{n}M_{iz} \tag{3-4.15}$$

合力偶矩的大小為

$$M=\sqrt{M_x^2+M_y^2+M_z^2} \tag{3-4.16}$$

合力偶矩的方向，可用其與 x 軸、y 軸、z 軸正方向的夾角 θ_x、θ_y、θ_z 表示，即

$$\cos\theta_x=\frac{M_x}{M}, \quad \cos\theta_y=\frac{M_y}{M}, \quad \cos\theta_z=\frac{M_z}{M} \tag{3-4.17}$$

例 3-4.4

驅動軸和從動軸施於齒輪箱的力偶矩大小分別為 $M_1=5\,\text{kN}\cdot\text{m}$，$M_2=15\,\text{kN}\cdot\text{m}$，方向如圖 3-4.11(a)所示。求作用在該齒輪箱上的合力偶矩。

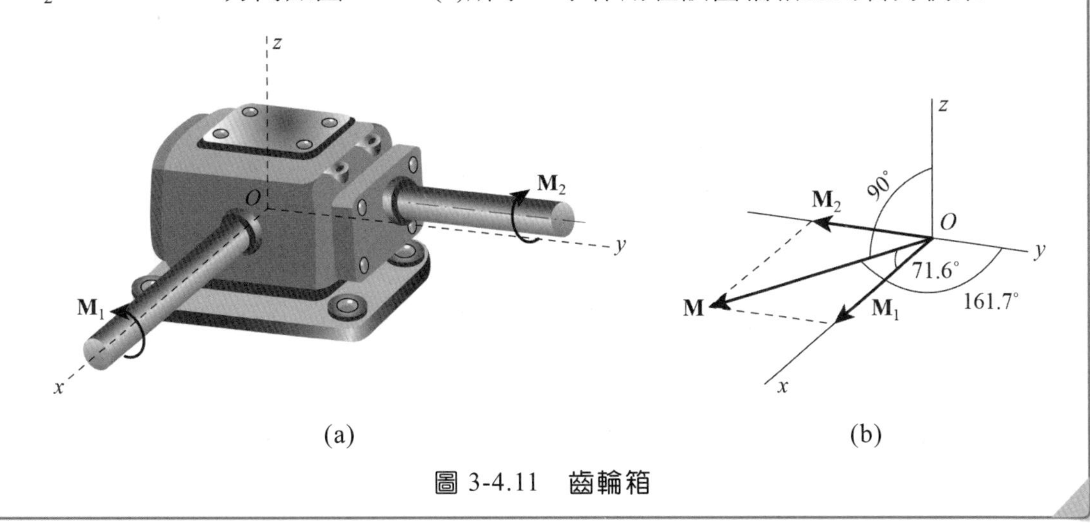

圖 3-4.11　齒輪箱

解

雖然力偶矩向量 $\mathbf{M}_2$ 並不通過座標原點 O，但由於力偶可平行移動，所以可將 $\mathbf{M}_2$ 平行移至 O 點。於是

$$M_x = M_{1x} + M_{2x} = 5 + 0 = 5(\text{kN}\cdot\text{m})$$
$$M_y = M_{1y} + M_{2y} = 0 - 15 = -15(\text{kN}\cdot\text{m})$$
$$M_z = M_{1z} + M_{2z} = 0 + 0 = 0$$

合力偶矩的大小為

$$M = \sqrt{M_x^2 + M_y^2 + M_z^2} = \sqrt{5^2 + (-15)^2 + 0^2} = 15.8(\text{kN}\cdot\text{m})$$

令合力偶矩向量與 x 軸、y 軸及 z 軸正方向的夾角分別為 θ_x、θ_y 及 θ_z，則

$$\cos\theta_x = \frac{M_x}{M} = \frac{5}{15.8} = 0.316，\ \theta_x = 71.6°$$

$$\cos\theta_y = \frac{M_y}{M} = \frac{-15}{15.8} = -0.949，\ \theta_y = 161.7°$$

$$\cos\theta_z = \frac{M_z}{M} = 0，\ \theta_z = 90°$$

3-5 力系的簡化

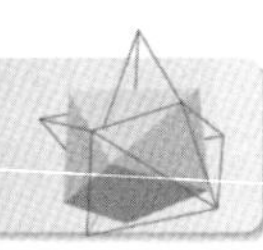

（一）力系

若有兩個或兩個以上的力，同時作用在一個質點或一個剛體上，我們稱這些力為一**力系**(force system)。力系可按各力作用線的分布情況分成以下幾類：

1. 共線力系(collinear force system)：力系中各力的作用線在同一直線上，如圖 3-5.1(a)所示。
2. 共面共點力系(concurrent, coplanar force system)：力系中各力在同一平面上，且其作用線相交於同一點，如圖 3-5.1(b)所示。

3. 共面平行力系(parallel, coplanar force system)：力系中各力在同一平面上，且各力之作用線互相平行，如圖 3-5.1(c)所示。

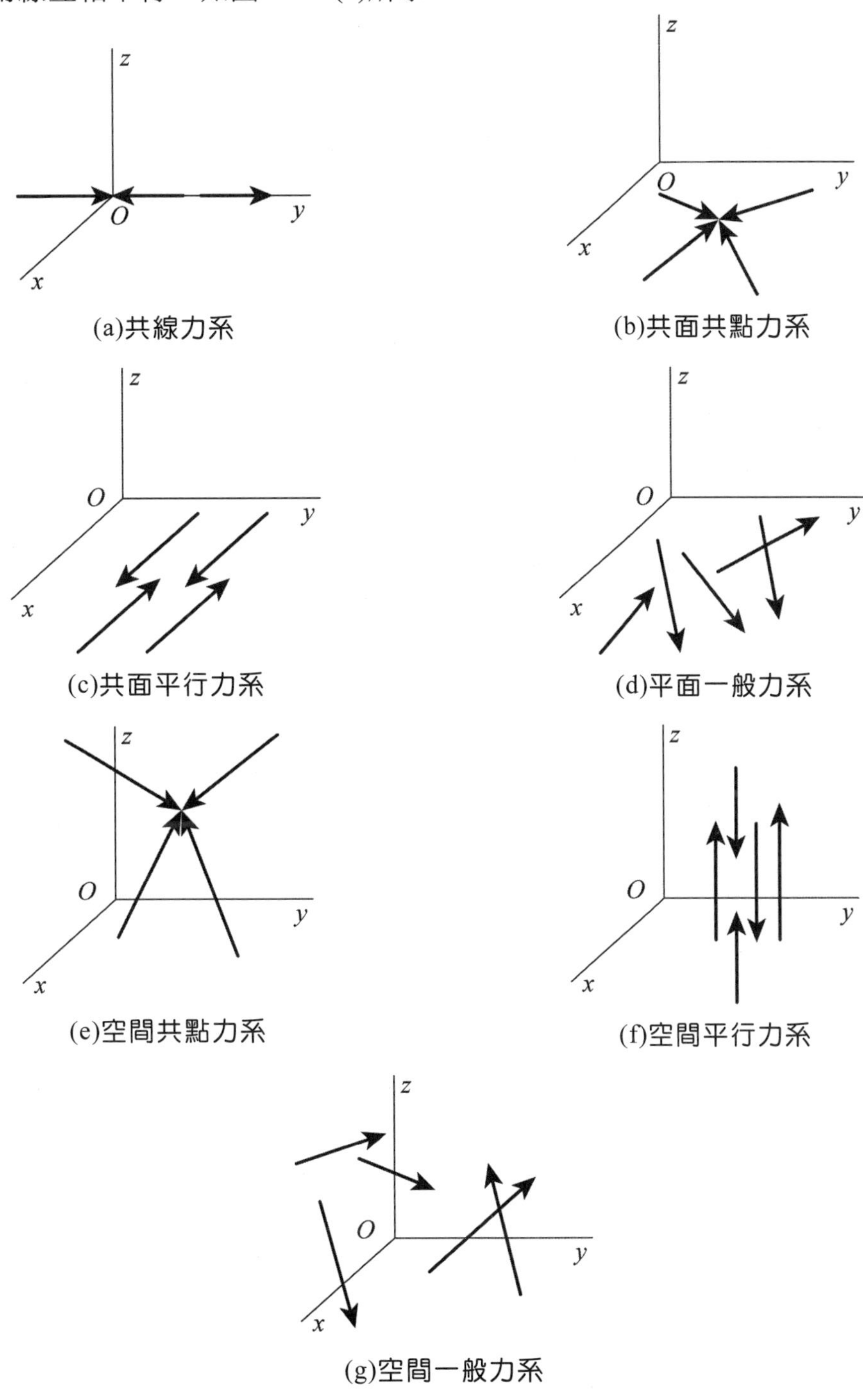

圖 3-5.1　力系的分類

4. 共面非共點非平行力系(non-concurrent, non-parallel, coplanar force system)：力系中各力均在同一平面上，但各力的作用線既不互相平行，又不相交於一點，如圖3-5.1(d)所示。這種力系也稱**平面一般力系**。

5. 空間共點力系(concurrent force system in space)：力系中各力的作用線相交於同一點，但不在同一平面上，如圖 3-5.1(e)所示。

6. 空間平行力系(parallel force system in space)：力系中各力的作用線互相平行，但不在同一平面上，如圖 3-5.1(f)所示。

7. 空間非共點非平行力系(non-concurrent , non-parallel force system)：力系中各力的作用線，既不相交於同一點，又不互相平行，且不在同一平面上，如圖 3-5.1(g)所示。此種力系也稱**空間一般力系**。

（二）力系之簡化

我們已經知道，共點力系可以合成為通過公共點的一個單力。現在我們考慮，如何將一個一般力系變換到一個方便的點上，然後再進行合成化簡，這一過程稱為力系的簡化。

為此，我們首先考慮一個作用於剛體上 P 點的單力 **F**，如圖 3-5.2(a)所示。我們希望將 **F** 變換到任一點 C 上。為達到此目的，我們在 C 點加上兩個力：**F** 和 –**F**。見圖 3-5.2(b)，此二力大小相等，方向相反，作用線相同。根據加減平衡力系原理，圖 3-5.2(a)和(b)兩力系是等效的。但是，作用在 P 點的 **F** 和作用在 C 點的 –**F** 形成一力偶，其力偶矩為

$$\mathbf{M}_C = \boldsymbol{r}_{P/C} \times \mathbf{F} \tag{3-5.1}$$

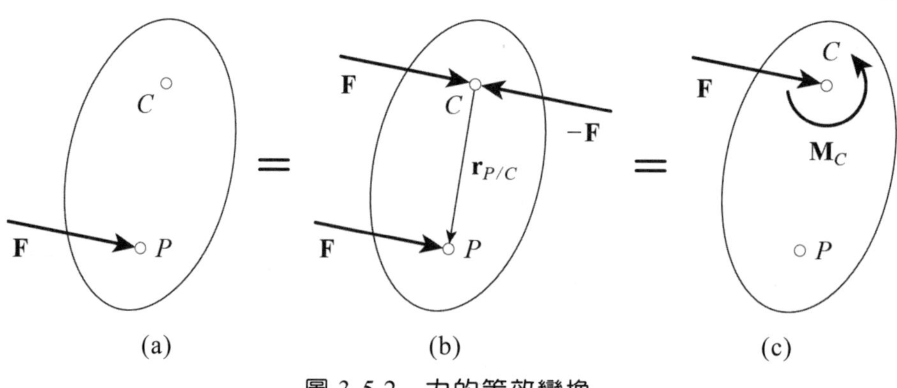

圖 3-5.2 力的等效變換

這個力偶矩正好等於原來作用在 P 點的力 $\mathbf{F}$ 對 C 點的力矩，最終，我們得到如圖 3-5.2(c)所示的力系。以上變換的每一步都和原來力系等效，故這種變換稱為等效變換。由以上分析，我們得到如下結論：原來作用在 P 點的力 $\mathbf{F}$，等效於作用在 C 點的力 $\mathbf{F}$ 加上一力偶 $\mathbf{M}_C$，此力偶的力偶矩等於原來的力 $\mathbf{F}$ 對 C 點的力矩。

現在考慮如圖 3-5.3(a)所示的一般力系。此力系中的每個力都可經等效變換而變換到公共點 C，如圖 3-5.3(b)所示，其中 $\mathbf{M}_{iC}$ 表示力偶，其力偶矩等於原來的 $\mathbf{F}_i$ 對 C 點的力矩。經過此種等效變換後，我們得到在 C 點的共點力系和力偶系。用平行四邊形定律，可將這些共點力和力偶合成為一個單力 $\mathbf{R}$ 和一個單力偶 $\mathbf{M}_C$，即

$$\mathbf{R} = \sum \mathbf{F}_i, \quad \mathbf{M}_C = \sum \mathbf{M}_{iC} \tag{3-5.2}$$

上式中 $\sum \mathbf{F}_i$ 表示將原來力系中的各力平行移至 C 點，再求和；$\sum \mathbf{M}_{iC}$ 表示原來力系中各個力對 C 點的力矩之和。這樣求得的 $\mathbf{R}$ 稱為原來力系的**合力**(resultant force)，而 $\mathbf{M}_C$ 稱為原來力系對 C 點的**合力矩**(resultant moment)。最後的等效力系示於圖 3-5.3(c)。

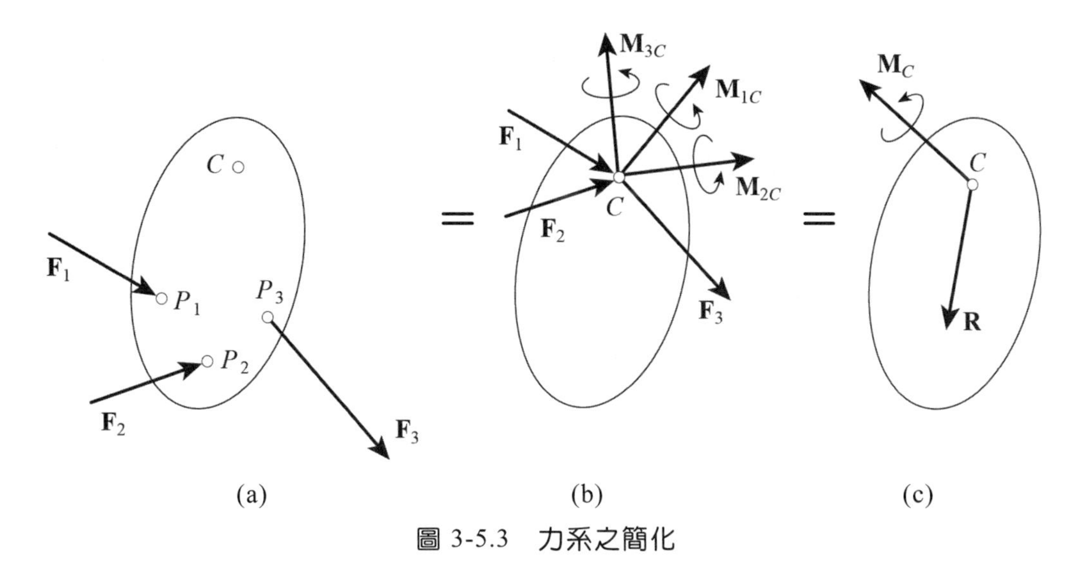

圖 3-5.3 力系之簡化

以上變換過程稱為力系的簡化，C 點稱為簡化中心，結論如下：作用在剛體上的一般力系，可以向任一點簡化，而得一個單力及一個力矩。

應注意，雖然我們也把 $\mathbf{R}$ 稱為原來力系的「合力」，但這個「合力」並不能代替原來的力系；或者說，在一般情況下 $\mathbf{R}$ 和原來的力系並不等效，只有合力加上合力

矩才和原來力系等效。還應注意，一個力系的合力和簡化中心的位置無關，但是合力矩卻與簡化中心有關 *。

由(3-5.2)式我們可得一推論：若兩個力系向任一點簡化，其合力和合力矩對應相等，則此二力系等效。

例 3-5.1

一個 3m 長的直樑受各種載荷如圖 3-5.4 所示。找出那兩種載荷是等效的。

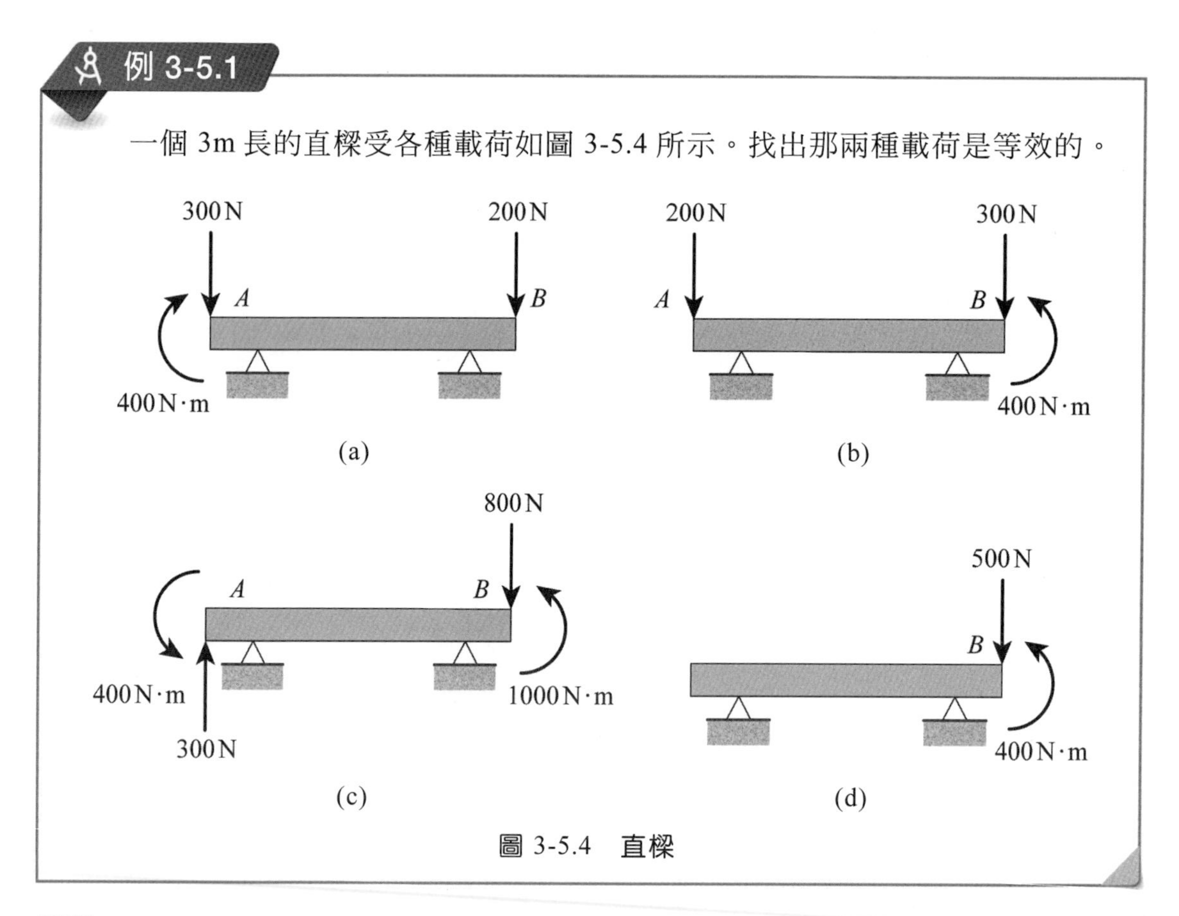

圖 3-5.4 直樑

解

將每個力系向 A 點簡化，得一合力 $\mathbf{R}$ 和合力矩 $\mathbf{M}_A$。若兩力系的合力和合力矩對應相等，則此二力系等效。又所有力系均屬平面平行力系，故可用正負號表示其方向。今用正號表示指向 y 軸正方向（向上）的力，並用正號表示使剛體逆時針方向轉動的力矩，則

* 有的書將一力系簡化後所得的合力稱為「主向量」(principal vector)，而將合力矩稱為「主矩」(principal moment)。

對(a)： $R_y = -300\text{N} - 200\text{N} = -500\text{N}$

$M_A = -400\text{N}\cdot\text{m} - 200\text{N}\times 3\text{m} = -1000\text{N}\cdot\text{m}$

對(b)： $R_y = -200\text{N} - 300\text{N} = -500\text{N}$

$M_A = +400\text{N}\cdot\text{m} - 300\text{N}\times 3\text{m} = -500\text{N}\cdot\text{m}$

對(c)： $R_y = +300\text{N} - 800\text{N} = -500\text{N}$

$M_A = +400\text{N}\cdot\text{m} + 1000\text{N}\cdot\text{m} - 800\text{N}\times 3\text{m} = -1000\text{N}\cdot\text{m}$

對(d)： $R_y = -500\text{N}$

$M_A = +400\text{N}\cdot\text{m} - 500\text{N}\times 3\text{m} = -1100\text{N}\cdot\text{m}$

由此可知，圖 3-5.4(a)、(c)所示的兩力系是等效的。

例 3-5.2

對圖 3-5.5(a)所示的橋樑，確定距離 d，以使整個力系等效於在中點處外加一個單力，如圖 3-5.5(b)所示。

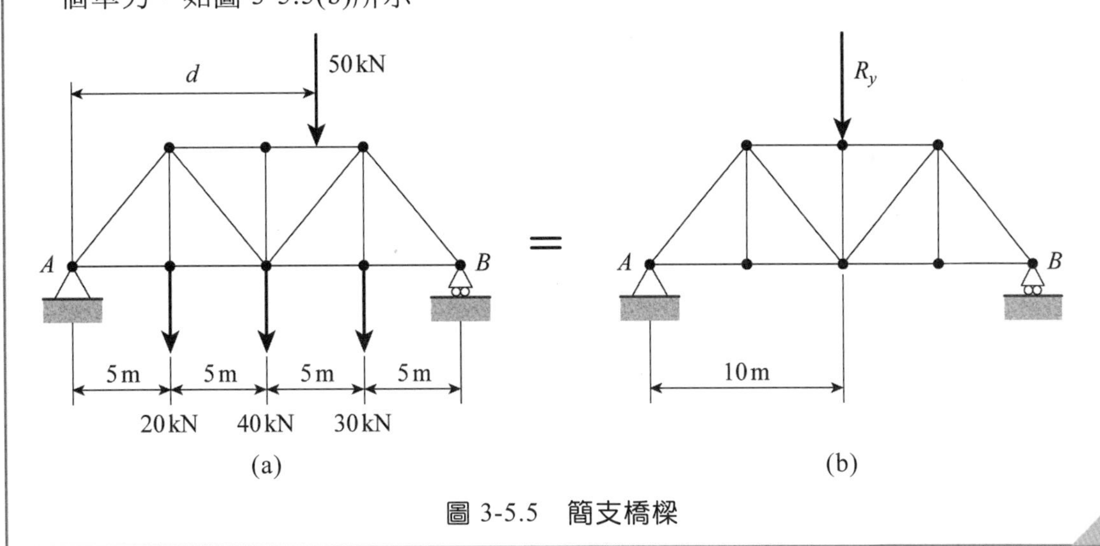

圖 3-5.5 簡支橋樑

解

將圖 3-5.5(a)中的力系向 A 點簡化。用正號表示向下的力，並用正號表示順時針方向轉動的力矩，則

$$R_y = 20 + 40 + 30 + 50 = 140\ (\text{kN})$$

$$M_A = 20\times 5 + 40\times 10 + 30\times 15 + 50d = 950 + 50d\ (\text{kN}\cdot\text{m})$$

根據題意，得方程

$$950+50d=140\times10$$
$$50d=450$$

所以

$$d=9\,(\mathrm{m})$$

（三）力系之最終簡化結果

我們已經知道，一個力系可以向任一點簡化，而得一個單力（合力）和一個力偶（合力矩）。我們要問：此力系是否還可進一步簡化？最終的簡化結果是什麼？其簡化中心又在何處？這樣的問題雖然有意義，但其應用很有限。因為這樣的簡化中心常常是不方便的。

設一個力系向某一簡化中心 C 簡化後其合力與合力矩分別為 $\mathbf{R}$ 及 $\mathbf{M}_C$，我們可以排列出以下各種情況：

1. $\mathbf{R}=0$、$\mathbf{M}_C=0$。這表明此力系是一個**平衡力系**，受此力系作用的剛體將處於平衡狀態。

2. $\mathbf{R}\neq0$、$\mathbf{M}_C=0$。這表明此力系可以簡化為 C 點處的一個單力 $\mathbf{R}$，C 點也就是我們要找的最終簡化中心。此力系向其他任何點簡化都不會是一個單力，而是一個單力（合力）加上一個力偶（合力矩）。

3. $\mathbf{R}=0$、$\mathbf{M}_C\neq0$，且 $\mathbf{R}\perp\mathbf{M}_C$。這表明，此力系無論向何處簡化，其結果都是一個力偶，其力偶矩為 $\mathbf{M}_C$。

4. $\mathbf{R}\neq0$、$\mathbf{M}_C\neq0$，且 $\mathbf{R}\perp\mathbf{M}_C$，如圖 3-5.6(a)所示。此力系還可進一步簡化。因為力偶 $\mathbf{M}_C$ 和力偶力為 $\mathbf{R}$、力偶臂為 M_C/R 的力偶等效；又因為力偶可在力偶平面內移動，故可將此力系等效變換為圖 3-5.6(b)所示之力系。再根據加減平衡力系原理，可減去作用在 C 點的力 $\mathbf{R}$ 及 $-\mathbf{R}$。這樣得到作用在 D 點的一個單力 $\mathbf{R}$，如圖 3-5.6(c)所示。結論是：若 $\mathbf{R}\neq0$，$\mathbf{M}_C\neq0$，且 $\mathbf{R}$ 和 $\mathbf{M}_C$ 互相垂直，則此力系可最終簡化為一單力 $\mathbf{R}$。

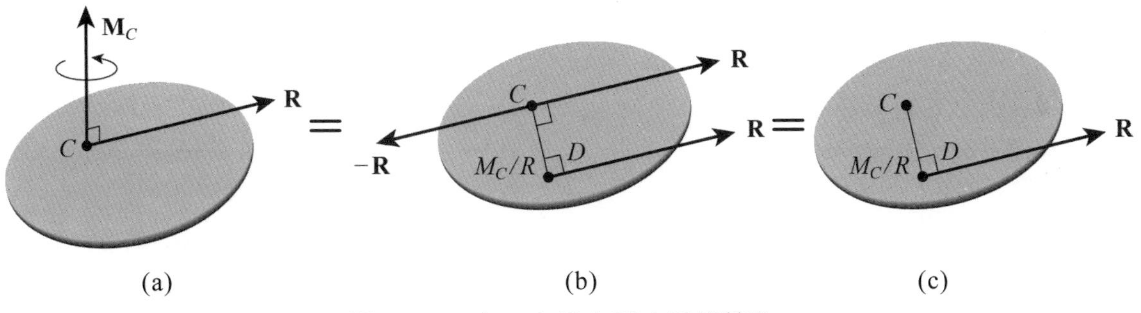

圖 3-5.6　力－力偶力系之最終簡化

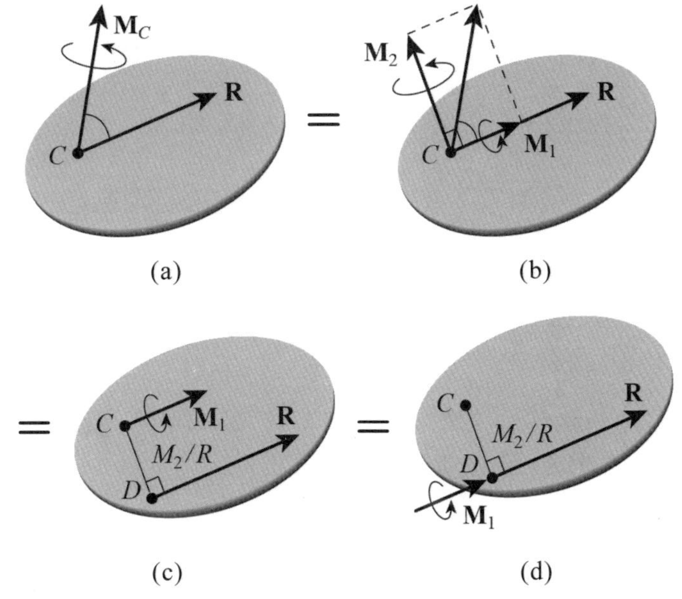

圖 3-5.7　力－力偶力系之最終簡化

5. $\mathbf{R}\neq 0$、$\mathbf{M}_C\neq 0$，且 $\mathbf{R}$ 與 $\mathbf{M}_C$ 互相不垂直，如圖 3-5.7(a)所示。此力系還可進一步簡化。先將 $\mathbf{M}_C$ 分解為互相垂直的兩個分量 $\mathbf{M}_1$ 和 $\mathbf{M}_2$，其中 $\mathbf{M}_1$ 與 $\mathbf{R}$ 平行，而 $\mathbf{M}_2$ 與 $\mathbf{R}$ 垂直，如圖 3-5.7(b)所示。因為 $\mathbf{M}_2$ 與 $\mathbf{R}$ 互相垂直，由前面的分析知，$\mathbf{R}$ 和 $\mathbf{M}_2$ 可以簡化成作用在 D 點的一單力 $\mathbf{R}$，如圖 3-5.7(c)所示。$\mathbf{M}_1$ 代表一力偶，可平行移至 $\mathbf{R}$ 的作用線上，如圖 3-5.7(d)所示。由於 $\mathbf{R}$ 和 $\mathbf{M}_1$ 方向相同且在同一直線上，此種力系稱為**扳鉗**(wrench)力系。扳鉗力系可使物體繞該直線轉動，並使物體沿該直線方向移動。當 $\mathbf{M}_1$ 與 $\mathbf{R}$ 的方向相同時，稱為正扳鉗力系，例如用起子鎖緊螺絲時就是正扳鉗力系；否則當 $\mathbf{M}_1$ 與 $\mathbf{R}$ 的方向相反時，稱為負扳鉗力系，例如用起子鬆動螺絲時就是負扳鉗力系。結論：當 $\mathbf{R}\neq 0$，$\mathbf{M}_C\neq 0$，且 $\mathbf{R}$ 與 $\mathbf{M}_C$ 互相不垂直時，此力系可最終簡化為一扳鉗力系。

以上各種情況列於表 3-5.1。

表 3-5.1　力系之簡化結果

向 C 點簡化結果	最終簡化結果
$\mathbf{R}=0$, $\mathbf{M}_C=0$	零
$\mathbf{R}\neq 0$, $\mathbf{M}_C=0$	一單力
$\mathbf{R}=0$, $\mathbf{M}_C\neq 0$	一力偶
$\mathbf{R}\neq 0$, $\mathbf{M}_C\neq 0$, $\mathbf{R}\perp\mathbf{M}_C$	一單力
$\mathbf{R}\neq 0$, $\mathbf{M}_C\neq 0$, $\mathbf{R}$ 與 $\mathbf{M}_C$ 不垂直	一扳鉗力系

例 3-5.3

一空間平行力系示於圖 3-5.8(a)，圖中各力的大小均為 P，求此力系之終簡化結果。

解

先將此力系向 O 點簡化，令合力為 $\mathbf{R}$，合力矩為 $\mathbf{M}$。因為 $R_x=0$、$R_y=0$、$M_z=0$，故只需考慮 R_z、M_x 及 M_y：

$$R_z=P_1-P_2+P_3-P_4+P_5=P$$
$$M_x=-P_1a-P_4a+P_5a=-Pa$$
$$M_y=-P_1a+P_2a+P_3a-P_4a=0$$

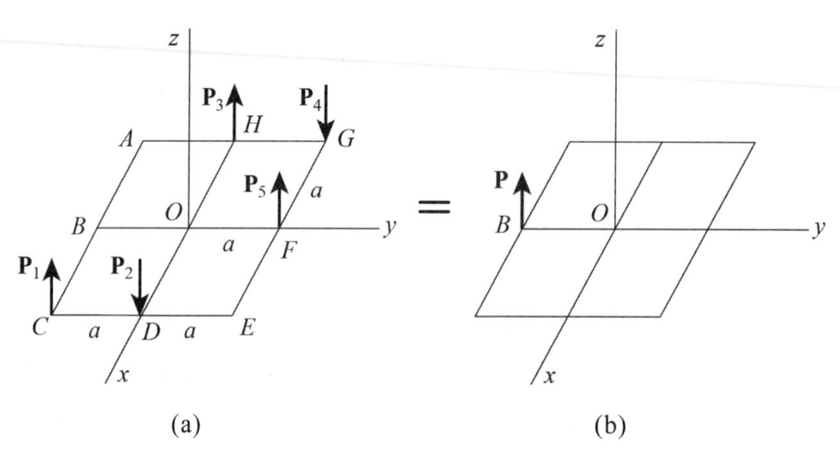

(a)　(b)

圖 3-5.8　空間平行力系之簡化

由此知，此力系向 O 點簡化結果為：合力 $R_z = P$，合力矩 $M_x = -Pa$，此二者互相垂直，故可簡化為 B 點的一個單力 **P**。這最後一步可以這樣進行：在 O 點加一向下的力 $-\mathbf{P}$，同時在 B 處加一向上的力 **P**，此二者便可代替原來的合力矩 M_x。然後將作用在 O 點處的 $-\mathbf{P}$ 和向上的 $\mathbf{R}_z$ 消去，即得最後作用在 B 點的 **P**。

又解： $\mathbf{P}_1$ 及 $\mathbf{P}_2$ 組成一力偶矩為 Pa 之力偶；$\mathbf{P}_3$ 及 $\mathbf{P}_4$ 組成一力偶矩為 Pa 之力偶。此二力偶同時指向 x 軸的負方向，可合成為力偶矩為 $M_x = -2Pa$ 之力偶。此力偶可變換成在 F 點作用一向下的力 $-\mathbf{P}$，同時在 B 點作用一向上的力 **P**。最後將作用在 F 點的 **P** 和 $-\mathbf{P}$ 消去，可知此力系最終可簡化為過 B 點的一個單力 **P**（向上）。

注意：在一般情況下，我們可以證明，若一平行力系的合力 **R** 不為零，則最終可以簡化為一單力 **R**。證明留給讀者。

3-6 外力與內力

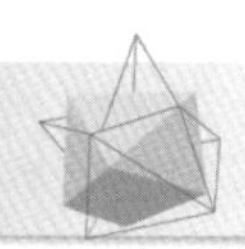

作用在一剛體或包含若干個剛體之剛體系上的力，可區分為兩種：**外力**(external force)與**內力**(internal force)。剛體或剛體系所受的力來自其外界者，對該剛體或剛體系而言，稱為外力；若所受的力來自剛體或剛體系內部者，稱為內力。

在此應強調：外力與內力的區分根據研究對象不同而變化。例如圖 3-6.1 所示的圓球 A 與 B 靜止於容器內，兩球的接觸點為 C。如果以 A 球為研究對象，則 B 球作用在 C 點之力，對 A 球而言是外力；如果以 A 球及 B 球一起為研究對象，則 B 球作用於 A 球之力，就變成內力了。又如圖 3-6.2(a)所示為包含二連桿的雙擺(double pendulum)，力 **F** 作用於 B 點，$\mathbf{W}_1$ 與 $\mathbf{W}_2$ 分別為 OA 桿及 AB 桿所受的地球引力。如果以整個雙擺為研究對象，則力 **F**、$\mathbf{W}_1$、$\mathbf{W}_2$ 為外力，而 OA 桿與 AB 桿在 A 點之接點力是內力；如果以 AB 桿為研究對象，則 **F** 與 $\mathbf{W}_2$ 仍為外力但在 A 處接點力 $\mathbf{R}_A$ 就變成外力了，如圖 3-6.2(b)所示。根據牛頓第三定律，內力必定大小相等、方向相反且作用在同一直線上，但作用在不同的物體上。如何有效地判斷外力與內力是研究第四章力系之平衡的基礎。

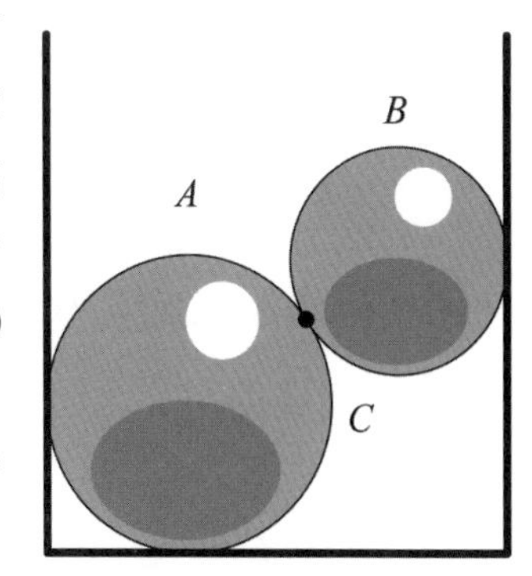

圖 3-6.1 外力與內力

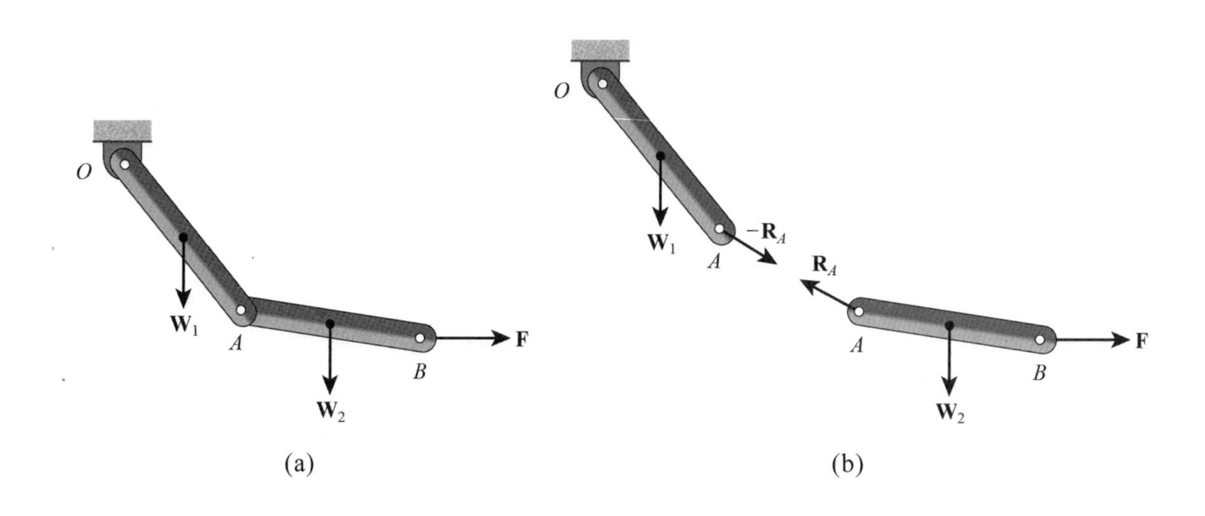

圖 3-6.2　外力與內力

3-7 結　語

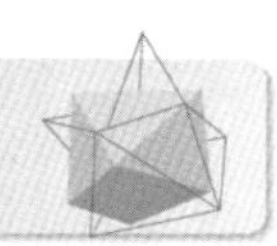

本章討論力的合成與分解；力偶和力系及其簡化；最後討論了外力和內力的概念。現將重點小結如下：

兩個共點力可按平行四邊形定律（或三角形法則）合成一個等效的單力。反過來，也可將一個單力分解成兩個或多個分力。

力的分解方法有兩種：斜分解和正交分解。所謂斜分解，就是按平行四邊形定律（或三角形法則）進行分解。所謂正交分解，就是求力對直角座標軸的投影。表 3-2.1 列出了各種情形下力的直角座標分量。應注意，有時用「二次投影」法較方便（見例 3-2.2）。

力 $\mathbf{F}$ 對 O 點的力矩 $\mathbf{M}_O = \mathbf{r} \times \mathbf{F}$，其中 $\mathbf{r}$ 為從 O 點到力的作用線上任一點的向量。力矩的大小等於力和力臂的乘積，其指向依右手定則而定。

合力對一點的矩等於其所有分力對同一點的矩，此稱為力矩原理。

一力對一軸的矩，等於該力對軸上任一點的矩在該軸上的投影。

力偶由一對大小相等、方向相反的力組成。決定力偶的三要素為：大小、方位、指向。三要素相同的兩個力偶是等效的。力偶的性質：(1)力偶可在其力偶平面內移動或轉動；(2)力偶可移至與其力偶面平行的另一平面；(3)力偶的力和力臂可以改變，只要力偶矩不變即可。

將一個力從 A 點平行移到 B 點時，必須同時加上一個力偶，這個力偶的矩等於原來作用在 A 點的力對 B 點的矩。

作用於剛體上的一般力系，可以向任一點簡化，而得到一個單力和一個力偶。力系的最終簡化結果列於表 3-5.1。

外力和內力的區分取決於研究對象。從外界作用於研究對象的力稱為外力；研究對象內部相互之間的作用力稱為內力。

思考題

1. 合力是否一定大於分力？
2. 比較力矩和力偶兩者的相同與相異之處。
3. 力 $\mathbf{F}_1$ 及 $\mathbf{F}_2$ 作用於 B 點，圖 t3.1 中的 $\mathbf{R}$ 那些是 $\mathbf{F}_1$ 和 $\mathbf{F}_2$ 的合力？

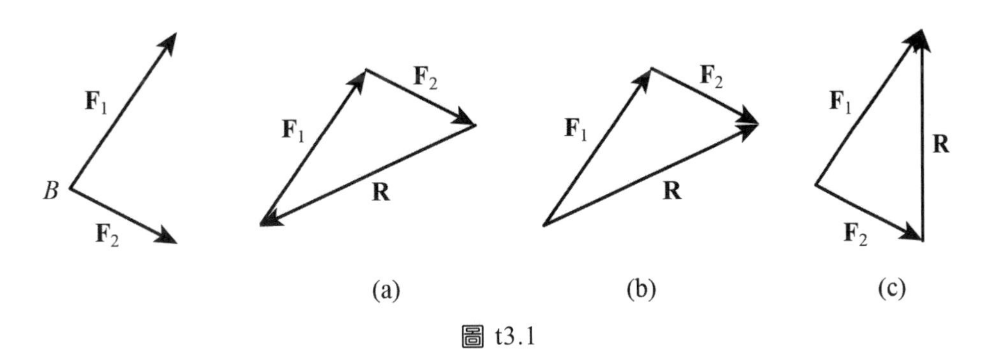

圖 t3.1

4. 一力 $\mathbf{F}$ 對某線 ℓ 的力矩之大小，是否可能大於同一力對同一線上任一點力矩的大小？
5. 為什麼力 $\mathbf{F}$ 對 p 點的力矩 $\mathbf{M}_p = \mathbf{r} \times \mathbf{F}$ 中，$\mathbf{r}$ 只要取從 p 點到 $\mathbf{F}$ 作用線任一點即可？
6. 力 $\mathbf{F} = F_x\mathbf{i} + F_y\mathbf{j} + F_z\mathbf{k}$ 是否能夠完整地表示力的三要素？
7. 圖 t3.2 所示的平面力系，分別向 A 點和 B 點簡化，其結果是否相同？

8. 證明圖 t3.3 所示的力偶 $(\mathbf{F}, \mathbf{F}')$ 對空間任何一點的力矩為 $\mathbf{r} \times \mathbf{F}$。

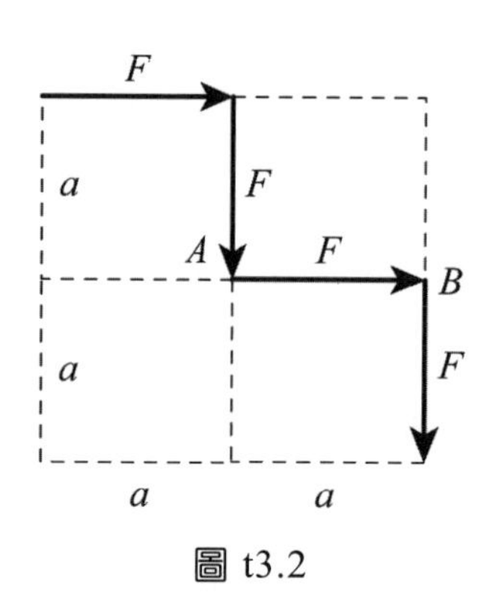

圖 t3.2

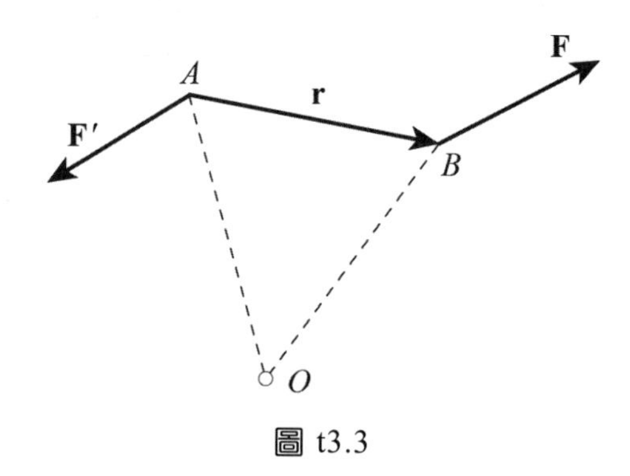

圖 t3.3

習題 EXERCISE

3.1　求二力之合力的大小及方向。(a)使用平行四邊形定律；(b)使用三角形定律。

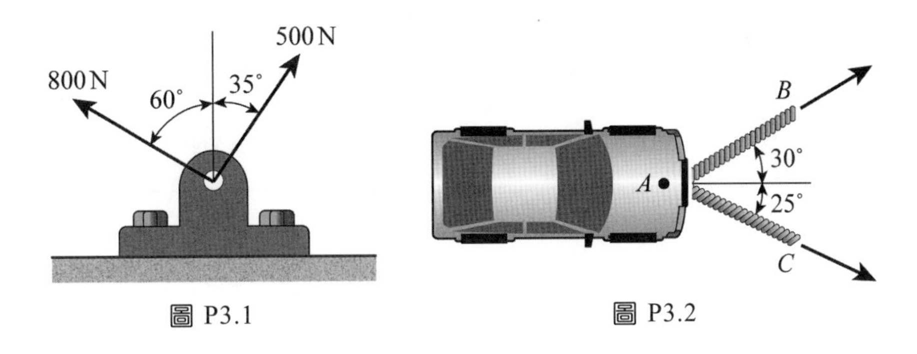

圖 P3.1　　圖 P3.2

3.2　一部故障汽車由兩條繩索拖拉如圖所示。*AB* 的張力為 500 N，已知施於 *A* 點的二力，其合力沿著汽車的軸線。試利用三角形定律決定(a) *AC* 繩上的張力；(b)施於 *A* 點合力的大小。

3.3　圖示力 **F** 的大小為 300 N。今將 **F** 沿 *aa* 及 *bb* 方向分解。已知 **F** 在 *aa* 線上的分量是 240 N，試利用三角形定律決定 α 角。

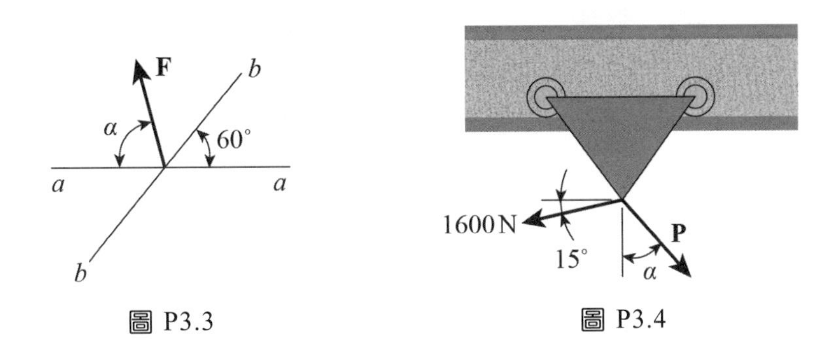

圖 P3.3　　圖 P3.4

3.4　一部沿水平移動的台車受二力的作用，如圖所示。當 $\alpha = 25°$ 時，台車的合力沿垂直方向，試利用三角形定律求力 **P** 的大小，並求合力的大小。

3.5～3.6　求各力在 x 軸與 y 軸的分量。

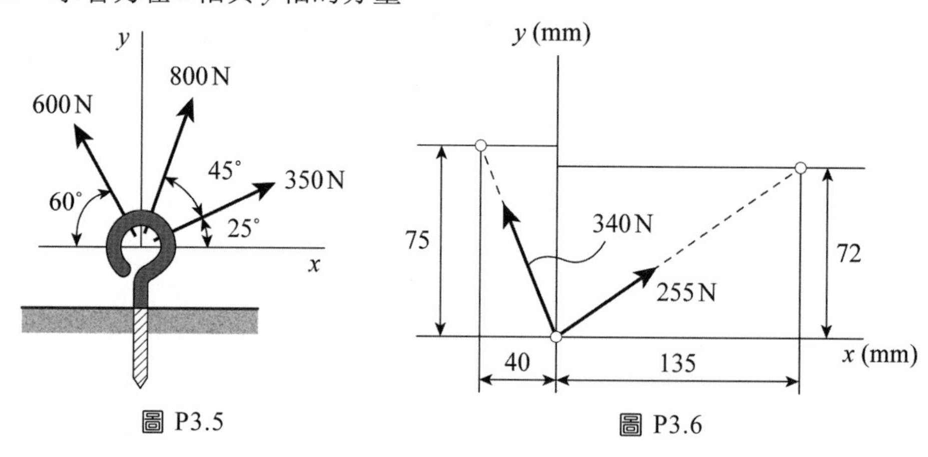

圖 P3.5　　圖 P3.6

3.7　圖示液壓缸 BD 作用在 ABC 桿上的力為 **P**，方向沿著 BD 線上，已知 **P** 垂直於 ABC 件的分量大小為 750 N，求(a) **P** 的大小；(b) **P** 平行於 ABC 的分量大小。

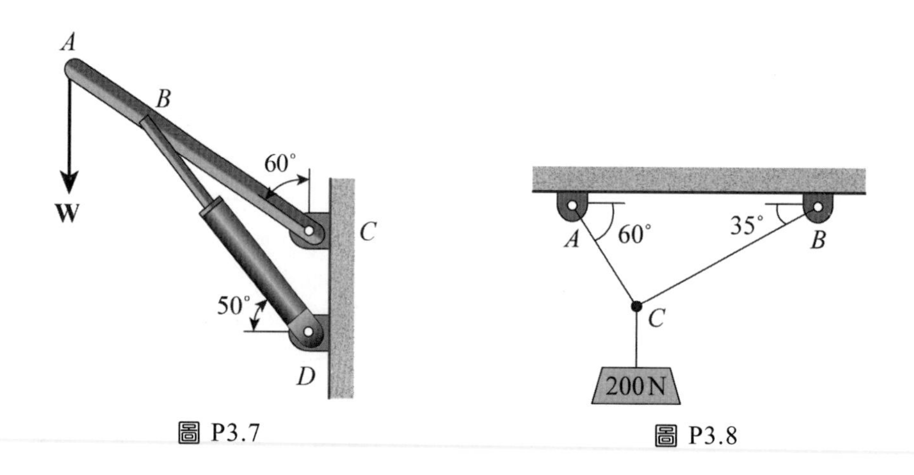

圖 P3.7　　圖 P3.8

3.8　利用斜分解法求拉線 AC 及 BC 所受的力。

3.9　一重量為 W 的重物掛在三角支架上，用力的斜分解法求二桿所受之力。

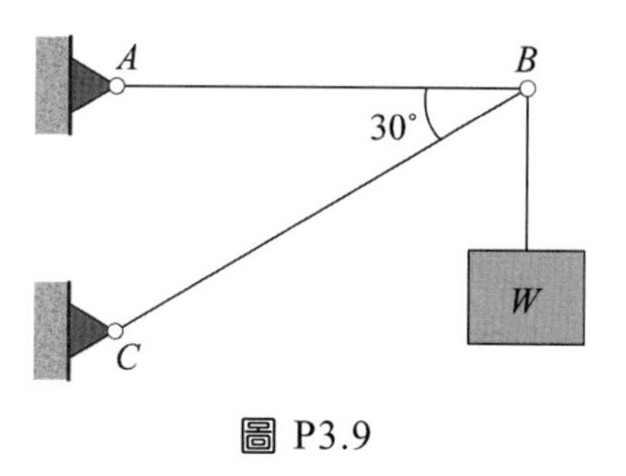

圖 P3.9

3.10 試求(a) 900 N 力的 x、y、z 分量；(b)此力的方向角 θ_x、θ_y、θ_z。

3.11 圖示之彈簧 AC 與柱 DA 的夾角為 30°，已知彈簧張力為 40 N，試決定(a)作用在圓盤上 C 點之力的 x、y、z 分量；(b)作用在 C 點之力的方向角 θ_x、θ_y、θ_z。

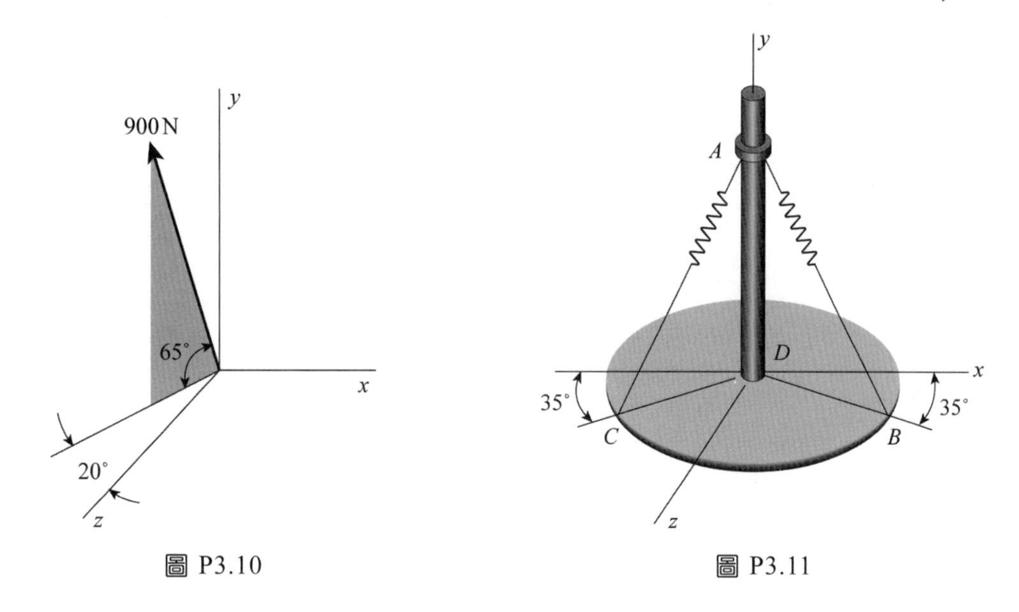

圖 P3.10

圖 P3.11

3.12 已知繩纜 AB 上的張力為 285 N，AC 上的張力為 426 N，求(a)施於平板 B 處之力的各分量；(b)施於平板 C 處之力的各分量；(c)二繩纜施於 A 上之合力的大小及方向。

3.13 一煞車踏板如圖所示。已知力 **P** 對 B 點的力矩為 140 N·m，求力 **P** 的最小值及方向。

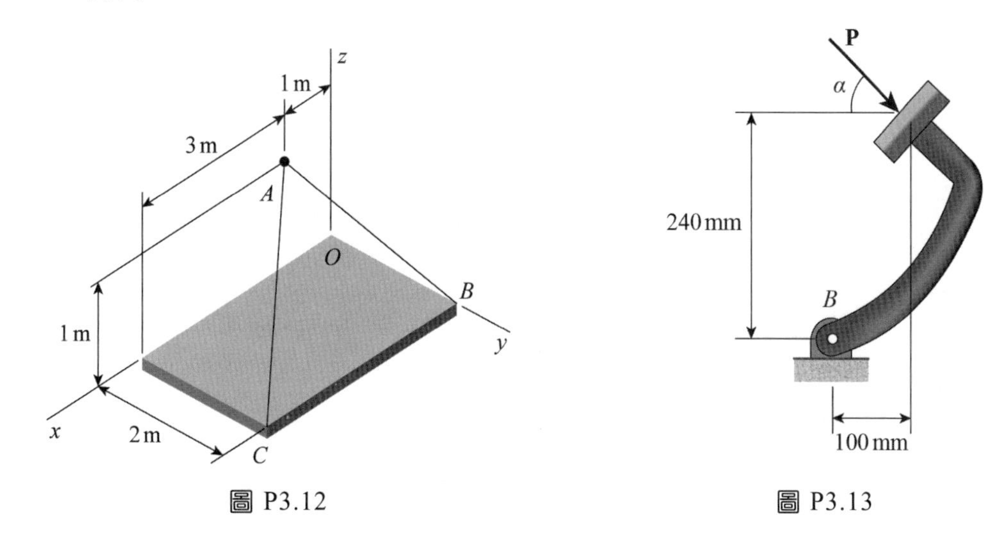

圖 P3.12

圖 P3.13

3.14 300 N 力 **F** 作用於平板 *A* 點，求(a) 300 N 力對 *D* 點的力矩；(b)作用在 *B* 點的最小力能產生對 *D* 點相同的力矩；(c)作用在 *C* 點的最小力能產生對 *D* 點相同的力矩。

3.15 曲柄連桿活塞機構中，連桿 *AB* 施於曲柄 *BC* 的力大小為 2.5 kN，指向 *A* 至 *B*，求此力對 *C* 點的力矩。

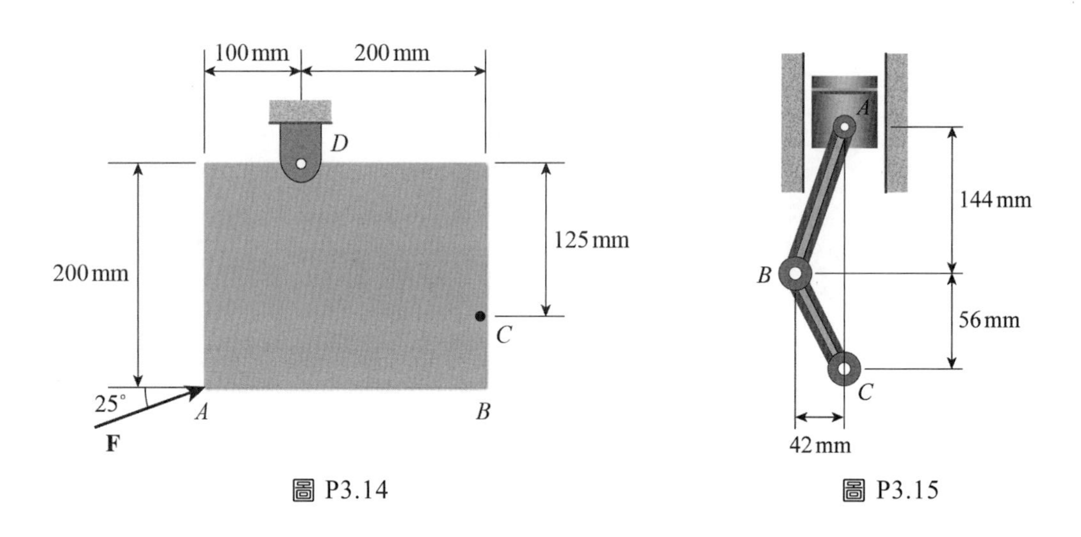

圖 P3.14　　圖 P3.15

3.16 長方形板以鉸鏈連接於 *A*、*B* 兩處，並由繩纜支持掛於無摩擦的掛鉤上，已知繩纜 *CE* 的張力為 1349 N，求施於 *C* 點之力對各座標軸的力矩。

3.17 已知力 **F** 的大小為 280 N，求 **F** 對(a) *A* 點；(b) *B* 點；(c) *OA* 線；(d) *BR* 線的力矩。

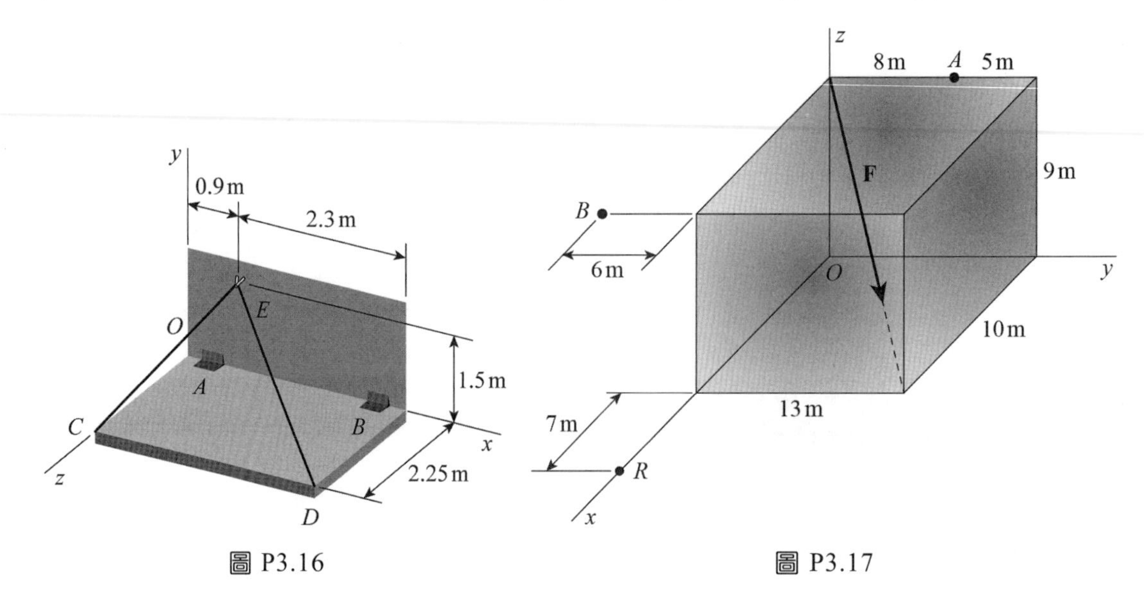

圖 P3.16　　圖 P3.17

3.18 正六角形每邊長 2 m，每邊力的大小為 5 N，求此力系對 A 點及 B 點的力矩。

3.19 一齒輪箱的兩根軸受力偶作用。已知 $M_1 = 12\ \text{N}\cdot\text{m}$，$M_2 = 5\ \text{N}\cdot\text{m}$，求合力偶的大小及方向。

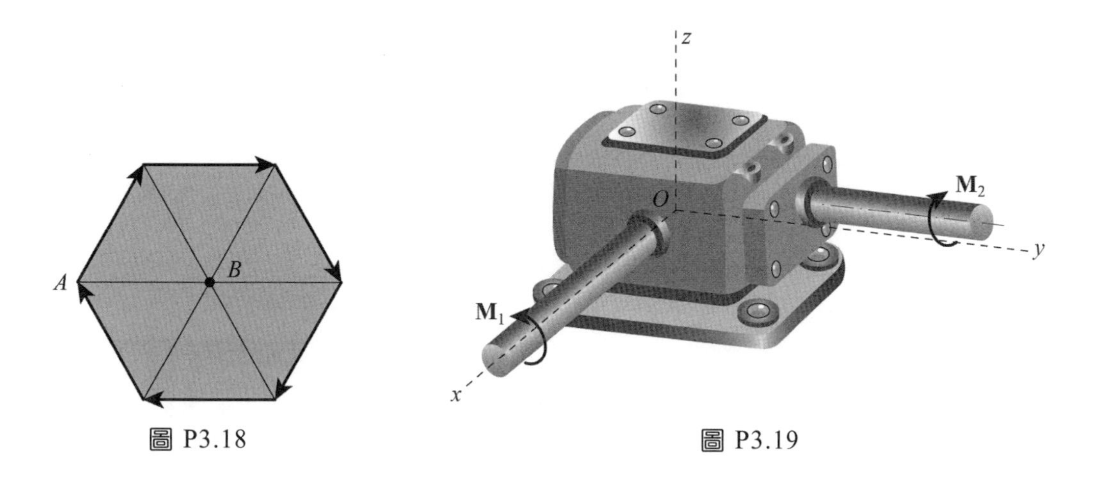

圖 P3.18　　圖 P3.19

3.20 將圖示之力及力偶簡化成一個單力。

3.21 將圖示之力系簡化成一個單力。

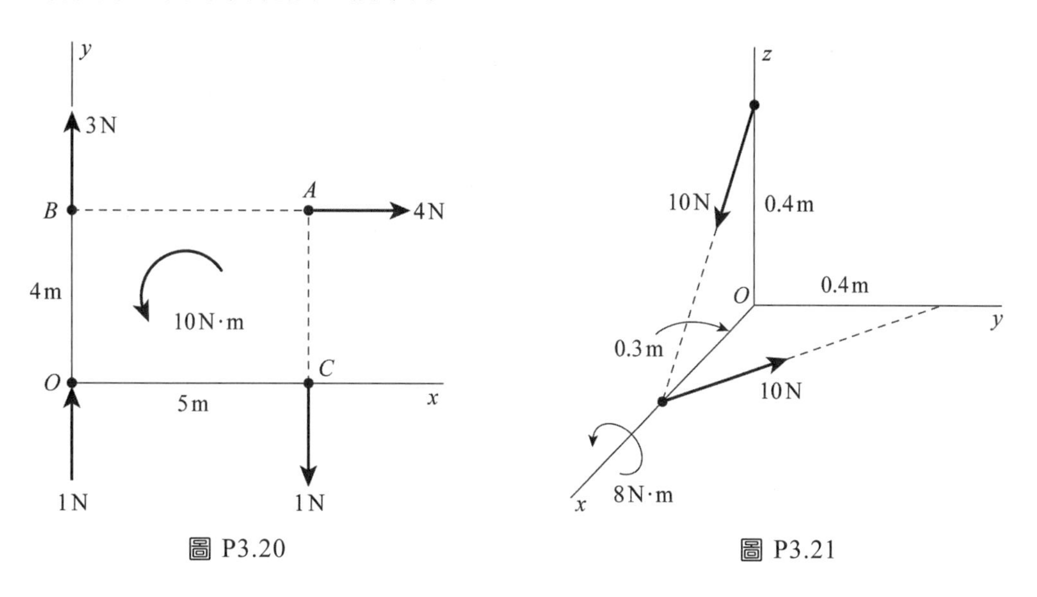

圖 P3.20　　圖 P3.21

3.22 一力及力偶施於圖示的方板上，板的邊長 $a = 25$ cm。已知 $P = 60$ N，$Q = 40$ N，$\alpha = 50°$，試用一施於(a) AB 線上的一點；(b) AC 線上的一點，的單力來置換已知力和力偶，並求 A 點至施力點的距離。

3.23 大小分別 P、$2P$ 及 $3P$ 的三力作用在一長方體上。(a)將此力系對 A 點簡化成一單力及力偶；(b)決定 a、b、c 之關係並將此力系簡化成一個單力；(c)此力系可不可以簡化成一個力偶？

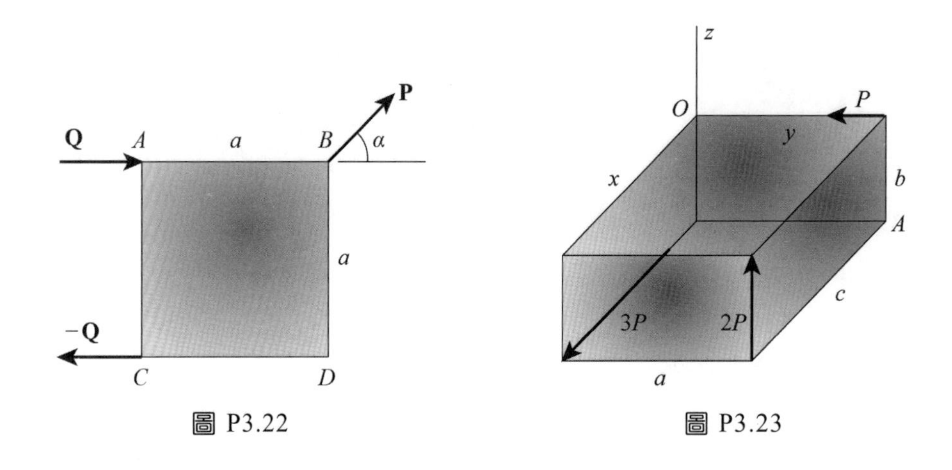

圖 P3.22　　圖 P3.23

3.24 正三角板受力如圖所示，證明此力系可簡化為一力偶。

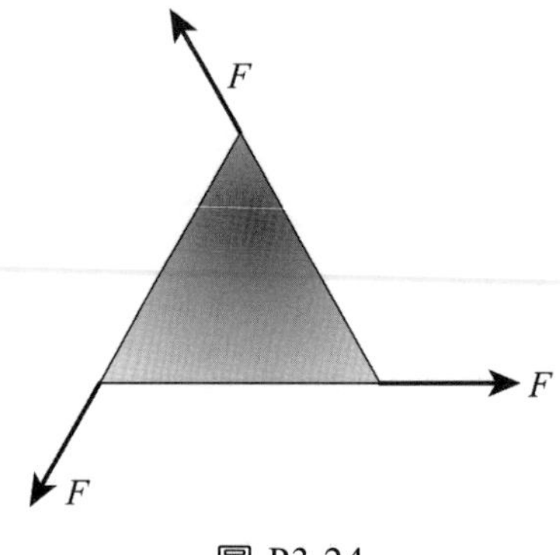

圖 P3.24

CHAPTER

04 力系之平衡

STATICS

4-1 引 述

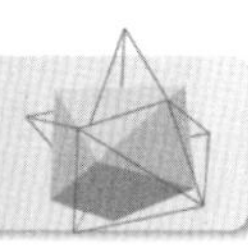

從第三章我們已經知道，一力系可以向任一點簡化為一個單力（合力）和一個力偶（合力矩）。一個特殊而重要的情形是，一力系向任一點簡化後，其合力和合力矩分別為零。此種力系稱為**平衡力系**(balanced force system)。受平衡力系作用的質點或剛體將處於平衡(equilibrium)狀態，亦即，靜者恆靜，動者保持等速直線運動。由此可知，為了得到平衡條件，我們只需令合力 **R** 和合力矩 **M** 分別等於零，即

$$\mathbf{R}=\sum\mathbf{F}_i=0,\quad \mathbf{M}=\sum\mathbf{M}_i=0 \tag{4-1.1}$$

以上方程稱為平衡方程。以直角座標分量表示，則平衡方程可寫成下列六個純量方程：

$$\sum F_x=0,\ \sum F_y=0,\ \sum F_z=0 \tag{4-1.2a}$$

$$\sum M_x=0,\ \sum M_y=0,\ \sum M_z=0 \tag{4-1.2b}$$

在此應強調兩點：第一，以上六個方程是剛體處於平衡狀態的充分必要條件。換言之，若剛體所受的力系滿足平衡方程，則剛體處於平衡狀態；反之，若剛體處於平衡狀態，則其所受的力系必滿足平衡方程。第二，建立平衡方程時，座標軸的方向可以任意選取，力矩中心也可以任意選取。這是因為，此力系為平衡力系，不論向何處簡化，其合力與合力矩都為零。

在靜力學中，一個重要的課題是，已知質點或剛體處於平衡狀態，求其中某些未知力或未知的角度等。這類「已知平衡求未知」的問題，皆可用平衡方程求解，一般遵循以下三個步驟：

1. **選研究對象**(object)：選取與問題有關的質點或剛體或其組合體作為研究對象。例如，若要求的未知力作用在某一質點或剛體上，我們選取該質點或剛體作為研究對象，然後透過研究對象的平衡條件（即平衡方程）來求解未知力。
2. **畫自由體圖**(free-body diagram)：在確定了研究對象之後，即想像將其周圍所有物體移開，而用力代替周圍物體對研究對象的作用，並將這些力一個都不漏地標示在研究對象上。如此獲得的圖稱之為自由體圖。畫出一正確的自由體圖，是最關鍵的一步。自由體圖也稱為分離體圖或受力圖。

必須注意：第一，自由體圖上必須清楚而完整地標示出所有的外力，不論是已知者或未知者均須標出。若遺漏了任何存在的力，或錯加了不存在的力，終將導致錯誤結果。第二，自由體圖上只標示外力，如果研究對象由若干個剛體組成，則各剛體間互相作用的力均不標出，因為對研究對象而言，這些力均為內力。外力又可分為已知外力與未知外力。對於已知外力的標示，應明確標出其大小和方向。此處所說的方向係指外力作用在研究對象上的方向，而不是研究對象對周圍其他物體施力的方向。已知的外力通常包含針對某一目的而施加的**主動力**(applied force, active force)及研究對象本身的重力。而未知外力通常為研究對象受到的各種**反作用力**(reaction)，簡稱反力，反力係指地面或其他物體對抗研究對象可能的運動而施加給研究對象的力。對於這種未知力，可以先假定一個方向而標示在自由體圖上，若最後由平衡方程計算的結果為正值，則表明原先假定的方向正確；否則，若計算的結果為負值，則表明原先假定的方向與真正的反力方向相反。

3. **列平衡方程**：畫出自由體圖後，就可列平衡方程，然後解此方程即可求得未知數。關於平衡方程，不一定按先後順序使用。原則是，儘量設法用一個方程解一個未知數。實在做不到這一點，也應適量減少每個方程中所包含的未知數，這樣可省去解多個聯立方程的麻煩。例如，若多個未知力的作用線相交於一點，則可選取該點作為力矩中心，以減少方程中的未知數。又如，若某個未知力與 y 軸平行，其他未知力與 y 軸垂直，則應首先使用 $\Sigma F_y = 0$，這樣可立刻求出這個未知力，因其他未知力與 y 軸垂直，不會出現在此方程中。

4-2 支承與反力

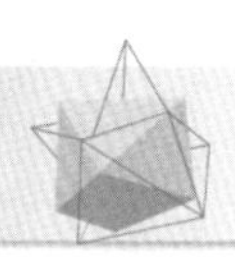

為了正確地畫出自由體圖，我們必須對機械系統中常見的支承及其反力有明確的認識。支承物對物體的運動有一種限制作用，所以也稱為拘束，其反力也稱**拘束力**(constraint force)。支承不同，產生的反力也不同。應該注意，力代表一種推或拉的效應，而力偶代表一種旋轉效應。因此，如果一支承限制剛體沿某方向移動，則該支承必沿相反方向施一反力給剛體來實現這種限制。類似的，如果一支承限制剛體旋轉，則該支承必施一反力偶給剛體來實現這種限制。這樣，我們便不難判定各種支承反力的種類和方向。圖 4-2.1 和 4-2.2 分別列出了一些常見的二維及三維結構支承及其反力形式。讀者應對它們加以研究、熟悉，以便能正確地畫出自由體圖。

接觸形式	自由體圖	說明
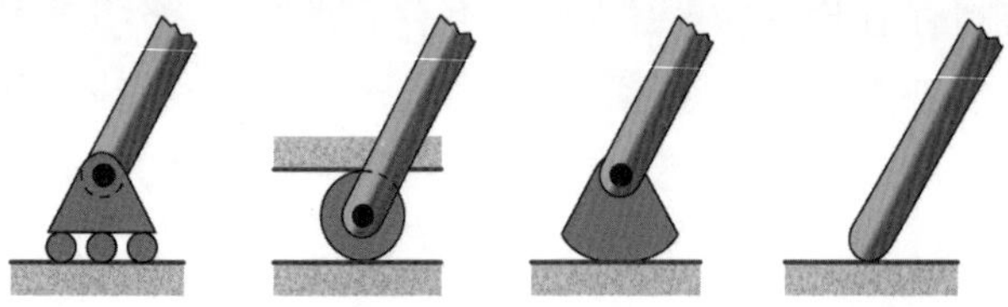 滾子或滾輪支撐　光滑面	 N	力垂直於接觸面
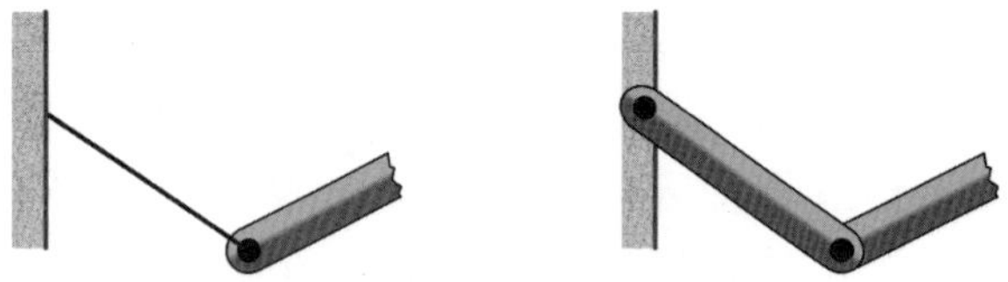	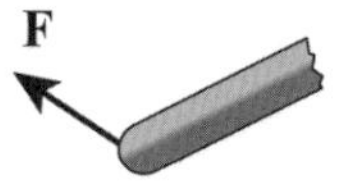 F	力沿繩索的或桿的方向
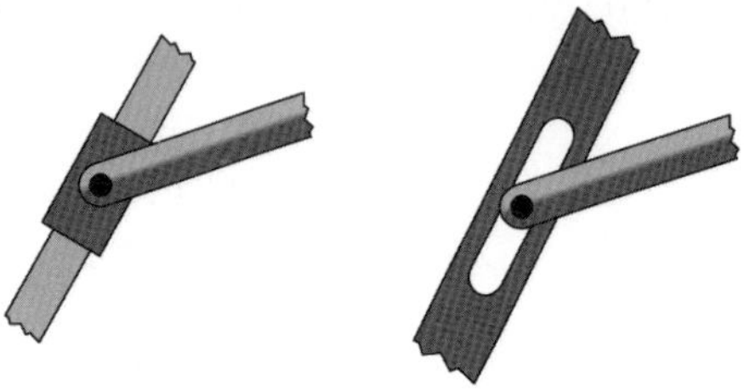 光滑套筒或滑動導桿	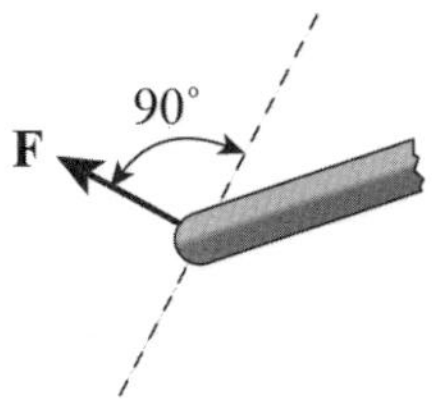 90° F	力垂直於導槽
 鉸接或銷接　粗糙面	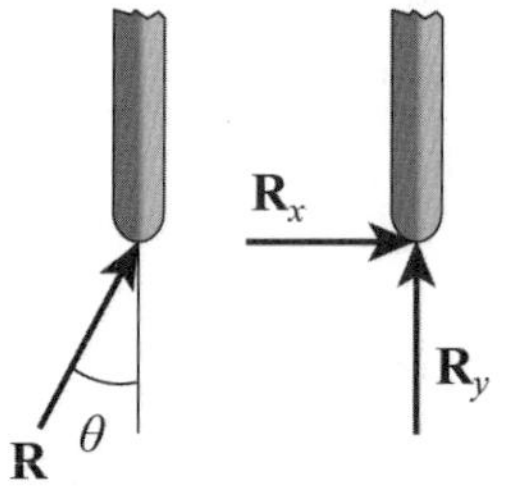 R θ R_x R_y	有二個未知力
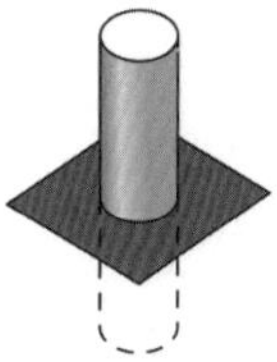 固定端	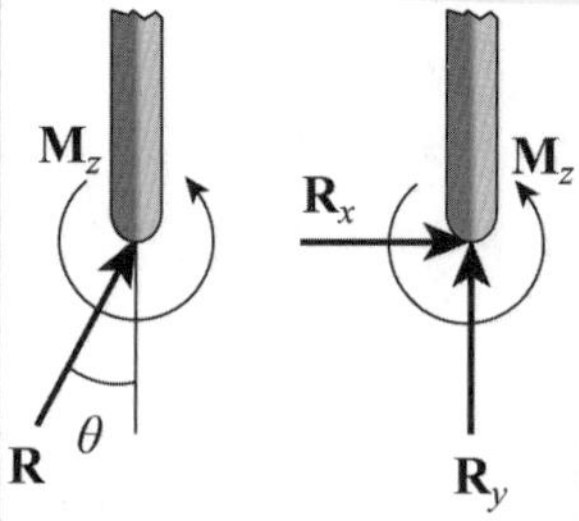 M_z R θ R_x M_z R_y	有二個未知力及一個未知力偶

圖 4-2.1　二維自由體圖之特性

接觸形式	自由體圖	說明
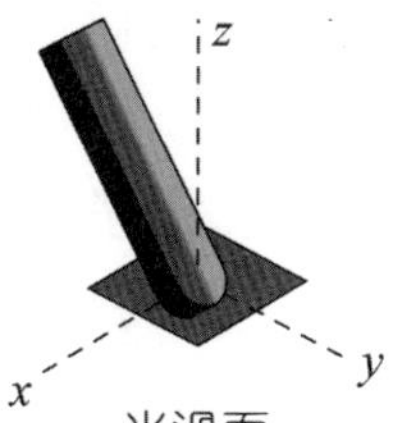z x y 光滑面	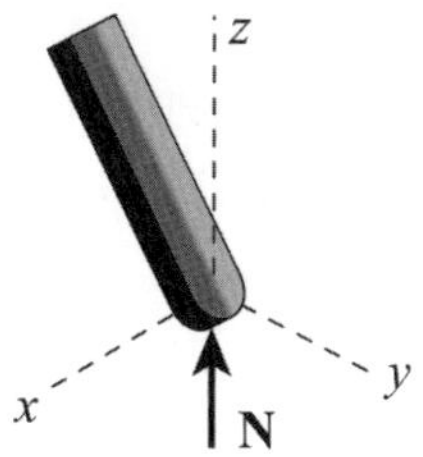z x y N	力垂直於接觸面
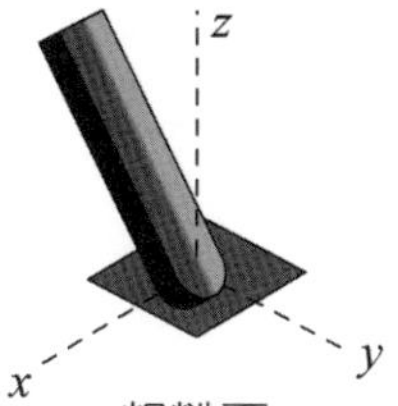z x y 粗糙面	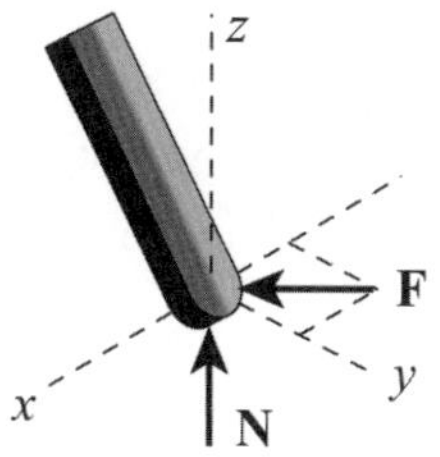z F x y N	可能存在一力 **F**（摩擦力）與表面相切與正向力 **N** 一起作用在物體上
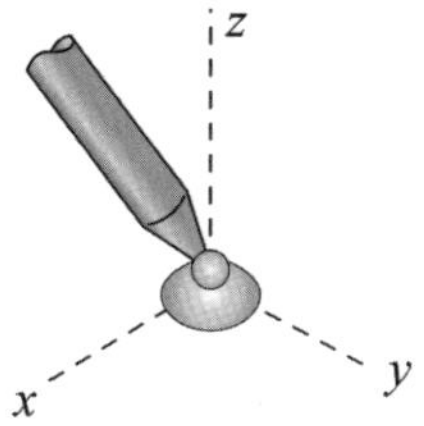z x y 球窩承座接頭	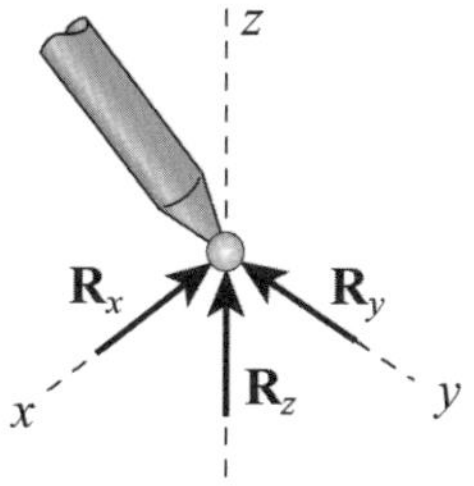z $\mathbf{R}_x$ $\mathbf{R}_y$ $\mathbf{R}_z$ x y	球窩承座可對球心自由旋轉，所以只承受 x、y、z 軸三個分力。
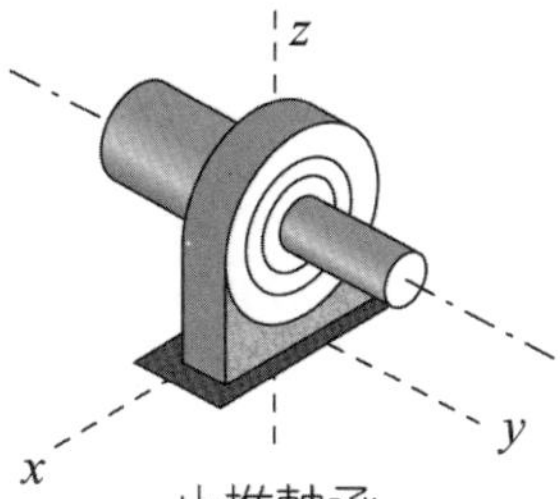z x y 止推軸承	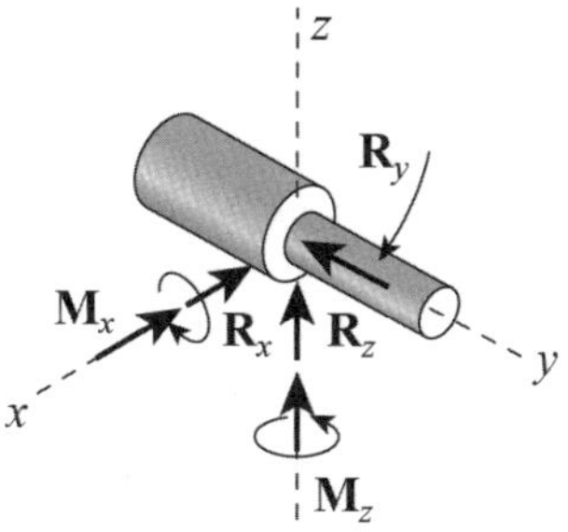z $\mathbf{R}_y$ $\mathbf{M}_x$ $\mathbf{R}_x$ $\mathbf{R}_z$ y x $\mathbf{M}_z$	止推軸承能承受軸向力 $\mathbf{R}_y$ 以及徑向力 $\mathbf{R}_x$ 與 $\mathbf{R}_z$。除非軸承可繞 x、z 軸旋轉，否則它可承受力偶 $\mathbf{M}_x$ 及 $\mathbf{M}_z$。
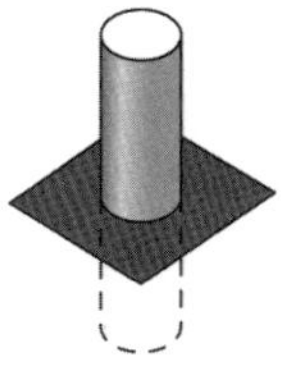 固定端	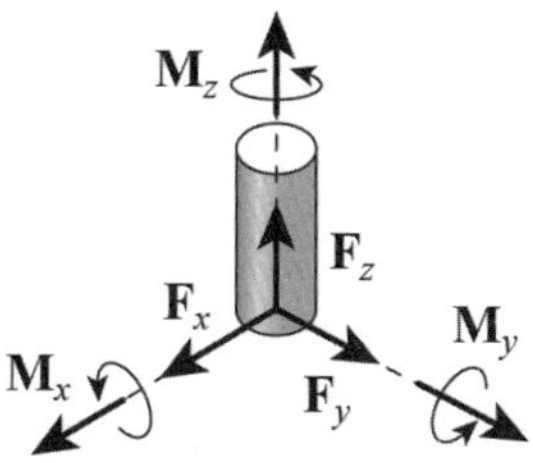$\mathbf{M}_z$ $\mathbf{F}_z$ $\mathbf{F}_x$ $\mathbf{M}_y$ $\mathbf{M}_x$ $\mathbf{F}_y$	可承受三個力及三個力偶

圖 4-2.2　三維自由體圖之特性

以下舉例說明自由體圖的畫法。圖 4-2.3(a)為兩均質桿組成的機構，設桿、滾子和套筒的重量不計，A與 C 處為可自由轉動的銷，B為光滑滾子，D為可在導桿上自由滑動的光滑套筒。畫自由體圖時必須明確研究對象是什麼。若以 AC 桿（含滾子）和 CD 桿的組合體為研究對象，則自由體圖如圖 4-2.3(b)所示，在銷子 C 處兩桿的互相作用的內力，不可畫在自由體圖中。若以 AC 桿（不含滾子）或 CD 桿為研究對象，則自由體圖如圖 4-2.3(c)所示。應注意兩桿在銷子 C 處的反力必須遵守牛頓第三定律，即作用力與反作用力定律：大小相等、方向相反、作用線在同一直線上。

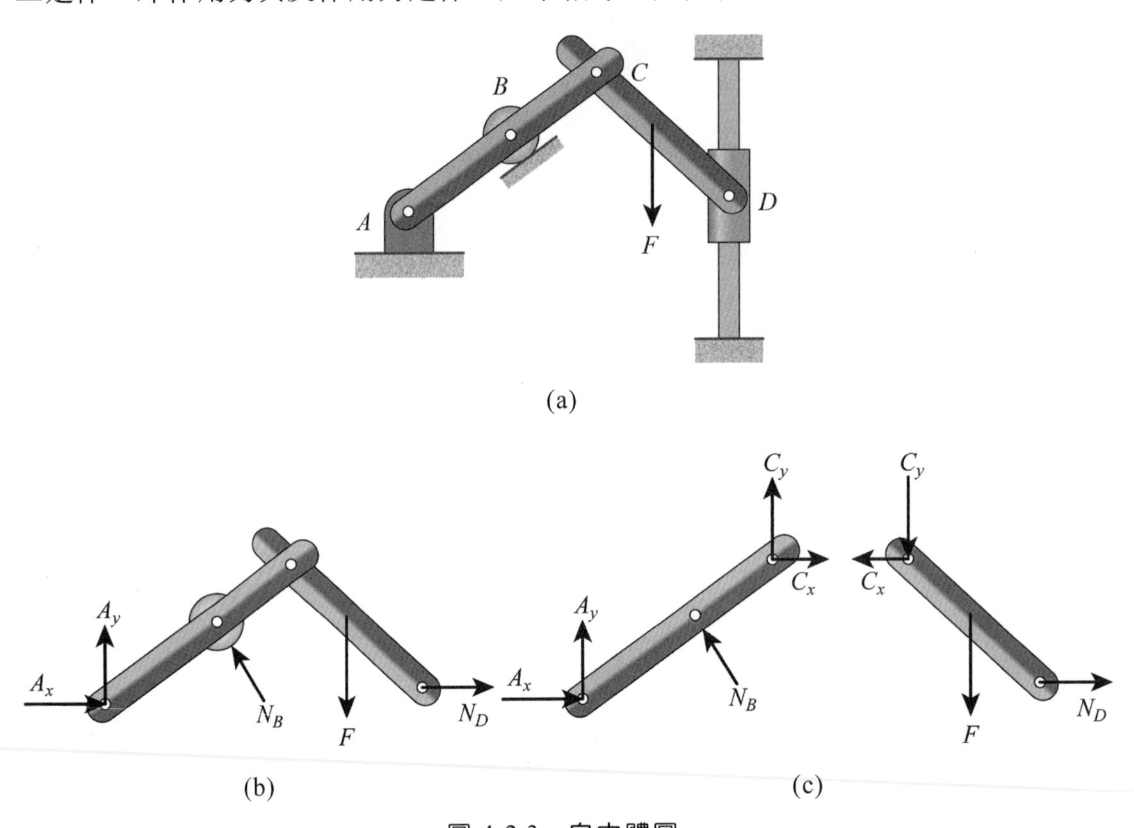

圖 4-2.3　自由體圖

例 4-2.1

圖 4-2.4 所示為十字萬向接頭，在左叉輸入端加了力偶 M_A，假設在右叉輸出端加了力偶 M_B 後，系統處於平衡狀態，圖中 O 點則為十字結的質心，畫出分別以左叉、十字結、右叉為研究對象的自由體圖。

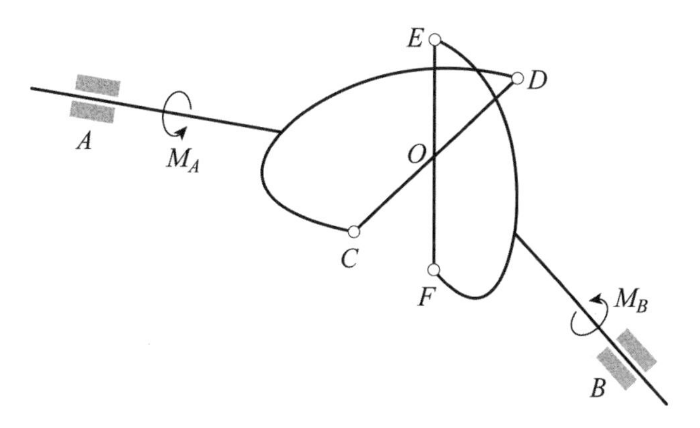

圖 4-2.4 十字萬向接頭

解

注意到在 A、B、C、D、E、F 點，左叉、十字結、右叉都能轉動，但沒有相對移動，故只有 x、y、z 方向的拘束反力。畫自由體圖時在 C、D、E、F 點需符合牛頓第三定律。各以左叉、十字結及右叉為研究對象，畫出它們的自由體圖，如圖 4-2.5 所示。圖中 G 點和 H 點分別為左叉及右叉的質心，W_A、W_B 和 W 分別為左叉、右叉及十字結的重量。

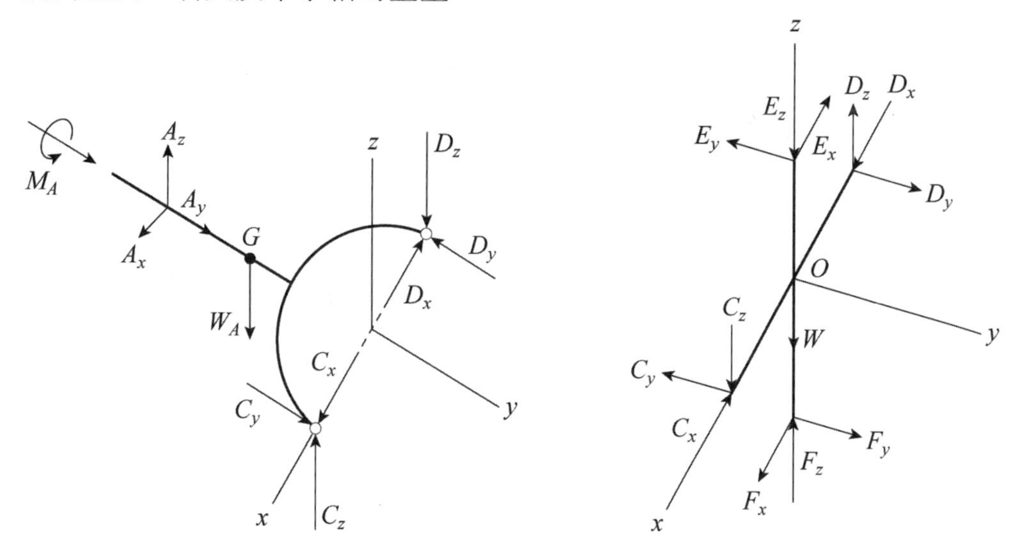

圖 4-2.5 左叉、十字結及右叉的自由體圖

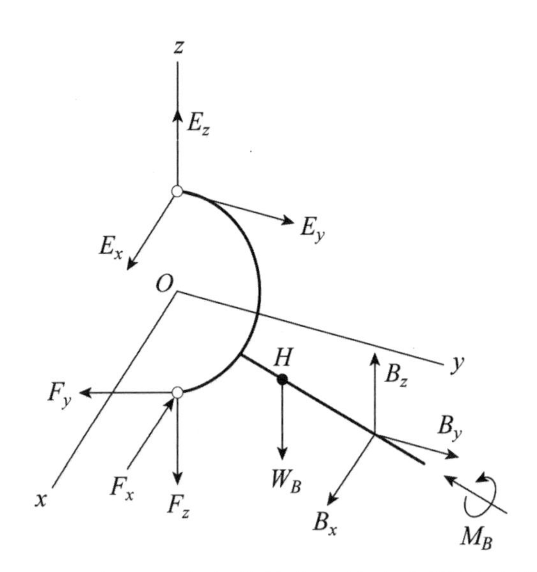

圖 4-2.5　左叉、十字結及右叉的自由體圖（續）

4-3 共點力系之平衡

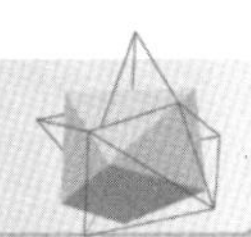

當所有的力作用在同一質點上或剛體的同一點上時，此種力系稱為共點力系。對於共點力系，如取其公共點作為力矩中心時，則下列三個方程會自動滿足：

$$\Sigma M_x = 0,\ \Sigma M_y = 0,\ \Sigma M_z = 0 \tag{4-3.1}$$

如果一共點力系是二維的，不妨取此力系所在的平面為 xy 平面，則方程 $\Sigma F_z = 0$ 會自動滿足。所以對二維共點力系，其獨立的平衡方程只有兩個；對三維共點力系，其獨立的平衡方程只有三個。現寫出如下：

對二維共點力系：$\Sigma F_x = 0,\ \Sigma F_y = 0$ (4-3.2)

對三維共點力系：$\Sigma F_x = 0,\ \Sigma F_y = 0,\ \Sigma F_z = 0$ (4-3.3)

但這並不是說，其他的平衡方程，如力矩平衡方程，不能使用。其他的平衡方程也可以使用，但有一定的附加條件，否則我們只能得到 0=0 的恆等式，而得不到任何有意義的結果。例如，對於公共點為 O 的二維共點力系，若 $\Sigma F_x = 0$，則力系之合力 $\mathbf{R}$（如果存在）通過 O 點且與 x 軸垂直，如圖 4-3.1 所示。現在若 $\Sigma M_A = 0$，且 OA 不與 x 軸垂直，這表明合力 $\mathbf{R} = 0$，此力系平衡。但若 OA 垂直於 x 軸，則方程 $\Sigma M_A = 0$ 將變成 0=0 的恆等式。由此可知，公共點為 O 的二維共點力系，其平衡方程可用下列方程來替代

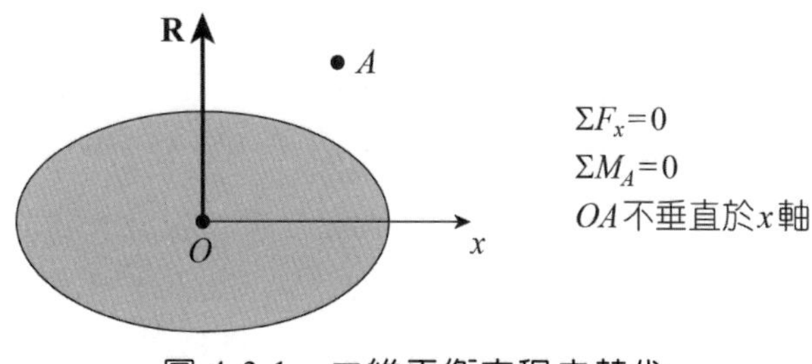

圖 4-3.1　二維平衡方程之替代

$$\Sigma F_x = 0,\ \Sigma M_A = 0 \tag{4-3.4}$$

附加條件是，OA 不與 x 軸垂直。另一種替代形式的平衡方程可用圖 4-3.2 來說明。若 $\Sigma M_A = 0$，表現此力系之合力（若存在）通過 A 點，現在若 $\Sigma M_B = 0$，且 A、O、B 三者不共線，則表明合力 $\mathbf{R} = 0$，此力系平衡。所以另一種替代形式的平衡方程如下：

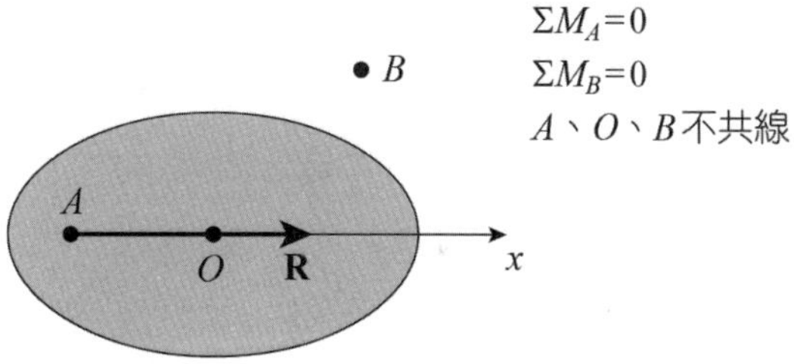

圖 4-3.2　二維平衡方程之替代

$$\Sigma M_A = 0,\ \Sigma M_B = 0 \tag{4-3.5}$$

附加條件是，A、O、B 三者不在同一直線上。顯然若 A、O、B 共線時，則 $\Sigma M_B = 0$ 將變成 0=0 的恆等式。

各種形式的平衡方程及其附加條件列於本章末的表 4-7.1 中。從實用的觀點來看，沒有必要記住這些

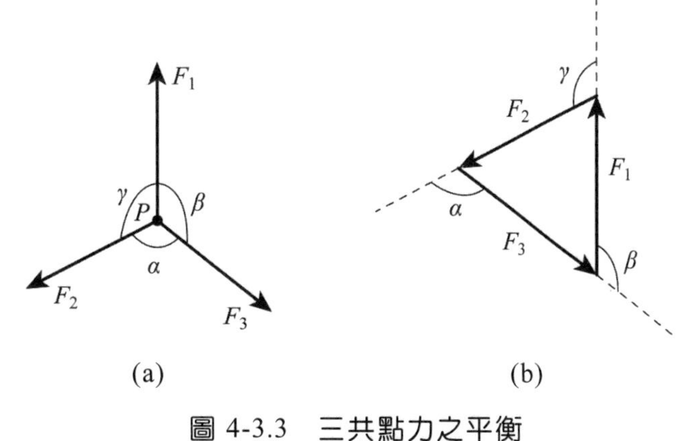

圖 4-3.3　三共點力之平衡

附加條件，完全可以抱著「用了再說」的態度。若在應用中出現了 0=0 的恆等式，則表明此一方程會自動滿足，應改用其他的平衡方程。

平衡方程是解有關平衡問題的主要工具。但對於只有三個力的共點平衡力系，常常用三角形的正弦定律更方便。現介紹如下：如圖 4-3.3(a)所示，三力同時作用於 P 點而處於平衡狀態，則其合力為零。根據力多邊形法則(force polygon rule)，力多邊形應封閉如圖 4-3.3(b)所示。根據三角形的正弦定律，我們有

$$\frac{F_1}{\sin(180°-\alpha)}=\frac{F_2}{\sin(180°-\beta)}=\frac{F_3}{\sin(180°-\gamma)}$$

亦即

$$\frac{F_1}{\sin\alpha}=\frac{F_2}{\sin\beta}=\frac{F_3}{\sin\gamma} \tag{4-3.6}$$

實際上，圖 4-3.3(b)完全可以不必畫出，而直接由圖 4-3.3(a)就可列出方程(4-3.6)。方法如下：首先注意到，在圖 4-3.3(a)中，F_1、F_2、F_3所對的角分別為 α、β、γ 在此正弦定理可敘述成：若三共點力處於平衡狀態，則每個力的大小和其所對角的正弦值成正比。下面我們經由兩個簡單的例子來說明解題的步驟。

例 4-3.1

如圖 4-3.4(a)所示，一重量為 W 的重物掛於 O 點，已知繩子 AO 處於水平，而 BO 與水平方向成 θ 角。求繩中的張力。

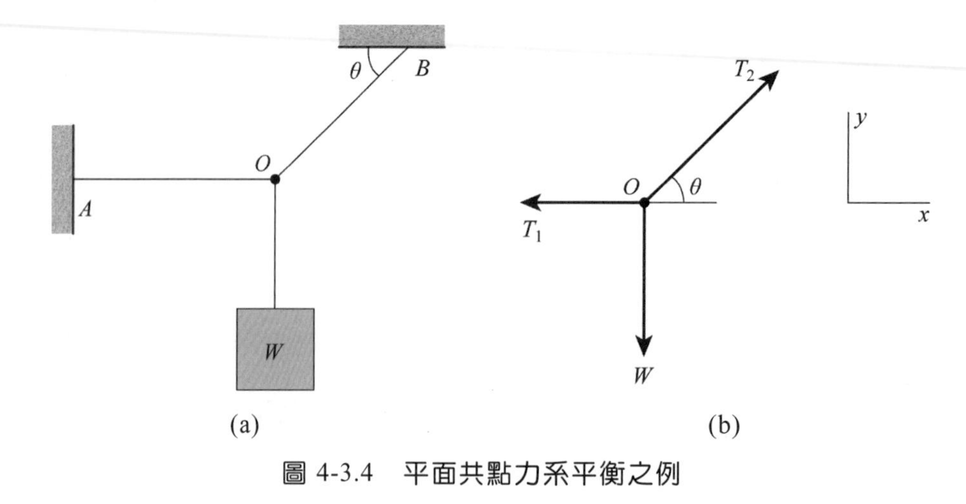

圖 4-3.4　平面共點力系平衡之例

解法一

(1) 研究對象：以 O 點作為研究對象，因為繩子的張力與該點的平衡有關。

(2) 自由體圖：如圖 4-3.4(b)所示。

(3) 列平衡方程：(如果先用 $\sum F_x = 0$，則 T_1 和 T_2 都會出現在此方程中，我們應盡量做到一個方程解一個未知數。)

$$\sum F_y = 0 : T_2 \sin\theta - W = 0,\quad T_2 = \frac{W}{\sin\theta}$$

$$\sum F_x = 0 : -T_1 + T_2 \cos\theta = 0,\quad T_1 = T_2 \cos\theta = \frac{W\cos\theta}{\sin\theta}$$

解法二

研究對象和自由體圖如前。O 點受的力為共點平衡力系，對任一點的力矩和應為零。今對 A 點取力矩，同時用正負號表示力矩的方向，因 T_1 通過 A 點，因而 T_1 不會出現在此方程中，這樣便可立即求得 T_2：

$$\sum M_A = 0 : T_2 \sin\theta \cdot (\overline{AO}) - W \cdot (\overline{AO}) = 0,\quad T_2 = \frac{W}{\sin\theta}$$

同理，對 B 點取力矩，可求得 T_1：

$$\sum M_B = 0 \;:\; W \cdot (\overline{BO} \cdot \cos\theta) - T_1 \cdot (\overline{BO} \cdot \sin\theta) = 0,\quad T_1 = \frac{W\cos\theta}{\sin\theta}$$

解法三

研究對象和自由體圖如前。由正弦定律，得

$$\frac{T_1}{\sin(90^\circ + \theta)} = \frac{T_2}{\sin 90^\circ} = \frac{W}{\sin(180^\circ - \theta)}$$

由此，得

$$T_1 = \frac{W\cos\theta}{\sin\theta},\quad T_2 = \frac{W}{\sin\theta}$$

例 4-3.2

200 kg 的圓柱用兩繩索 AB 及 AC 懸掛如圖 4-3.5(a)。水平力 $\mathbf{P}$ 垂直於牆面，使圓柱停留在圖示的位置。求 $\mathbf{P}$ 的大小和繩索中的張力。

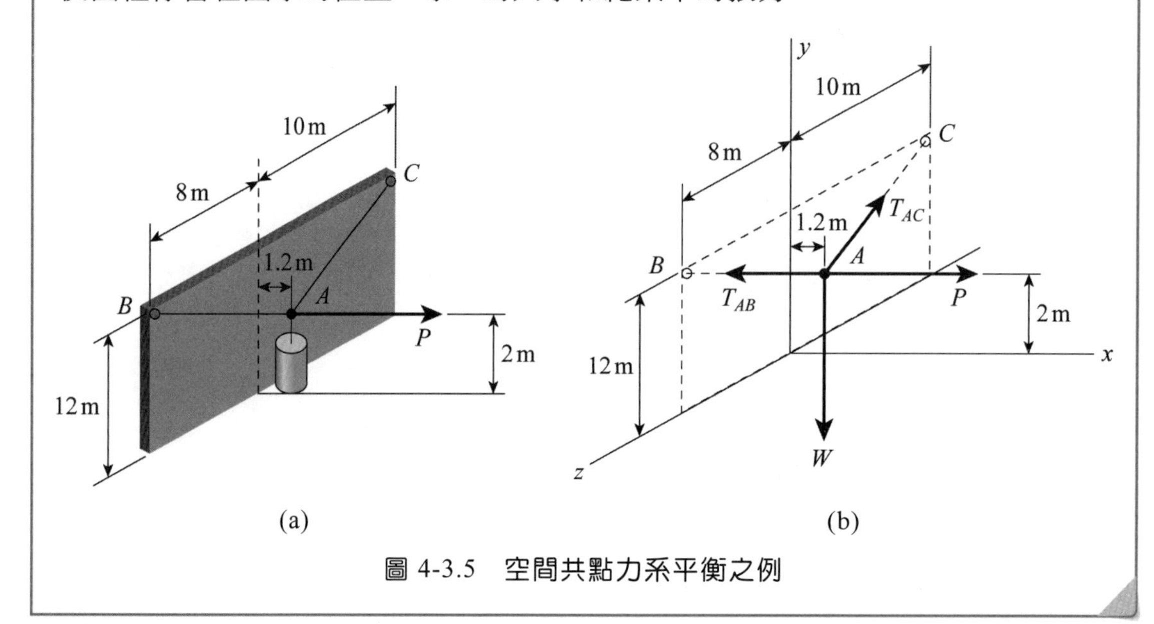

圖 4-3.5 空間共點力系平衡之例

解

(1) 研究對象：A 點。

(2) 自由體圖：如圖 4-3.5(b)所示。

(3) 平衡方程：為了列出平衡方程，首先必須求出各力的數學表達式，我們有

$$\mathbf{P} = P\mathbf{i}$$

$$\mathbf{W} = -mg\mathbf{j} = -(200\ \text{kg})(9.81\ \text{m/s}^2)\mathbf{j} = -(1962\ \text{N})\mathbf{j}$$

其中 $\mathbf{i}$、$\mathbf{j}$、$\mathbf{k}$ 分別為平行於 x 軸、y 軸及 z 軸的單位向量。令 $\mathbf{e}_{AB}$ 為平行於 AB 的單位向量，各點座標 $A(1.2, 2,0)$、$B(0,12,8)$、$C(0,12,-10)$，則

$$\overrightarrow{AB} = -(1.2\ \text{m})\mathbf{i} + (10\ \text{m})\mathbf{j} + (8\ \text{m})\mathbf{k}, \quad \overline{AB} = 12.86\ \text{m}$$

$$\mathbf{e}_{AB} = \frac{\overrightarrow{AB}}{\overline{AB}} = -0.0933\mathbf{i} + 0.778\mathbf{j} + 0.622\mathbf{k}$$

$$\mathbf{T}_{AB} = T_{AB}\mathbf{e}_{AB} = -0.0933T_{AB}\mathbf{i} + 0.778T_{AB}\mathbf{j} + 0.622T_{AB}\mathbf{k}$$

令 $\mathbf{e}_{AC}$ 為平行於 AC 的單位向量，則

$$\overrightarrow{AC} = -(1.2\text{ m})\mathbf{i} + (10\text{ m})\mathbf{j} - (10\text{ m})\mathbf{k}, \quad \overline{AC} = 14.19\text{ m}$$

$$\mathbf{e}_{AC} = \frac{\overrightarrow{AC}}{\overline{AC}} = -0.0846\mathbf{i} + 0.705\mathbf{j} - 0.705\mathbf{k}$$

$$\mathbf{T}_{AC} = T_{AC}\mathbf{e}_{AC} = -0.0846T_{AC}\mathbf{i} + 0.705T_{AC}\mathbf{j} - 0.705T_{AC}\mathbf{k}$$

現在可寫出平衡方程如下：

$$\sum F_x = 0: -0.0933T_{AB} - 0.0846T_{AC} + P = 0 \quad (1)$$

$$\sum F_y = 0: 0.778T_{AB} + 0.705T_{AC} - 1962 = 0 \quad (2)$$

$$\sum F_z = 0: 0.622T_{AB} - 0.705T_{AC} = 0 \quad (3)$$

將方程(2)和(3)相加，可得

$$T_{AB} = 1401\text{ N}$$

將 T_{AB} 代入方程(3)，可得

$$T_{AC} = 1236\text{ N}$$

再將 T_{AB} 、 T_{AC} 代入方程(1)，可得

$$P = 235\text{ N}$$

(一) 二力構件之平衡

作為共點平衡力系的特例，我們討論二力構件之平衡。一剛體，不論其形狀如何，若僅有兩點承受力的作用，則此剛體稱為**二力構件**(two-force member)。若二力構件處於平衡狀態，則其二力必定大小相等、方向相反，且其作用線沿兩作用點的連線。

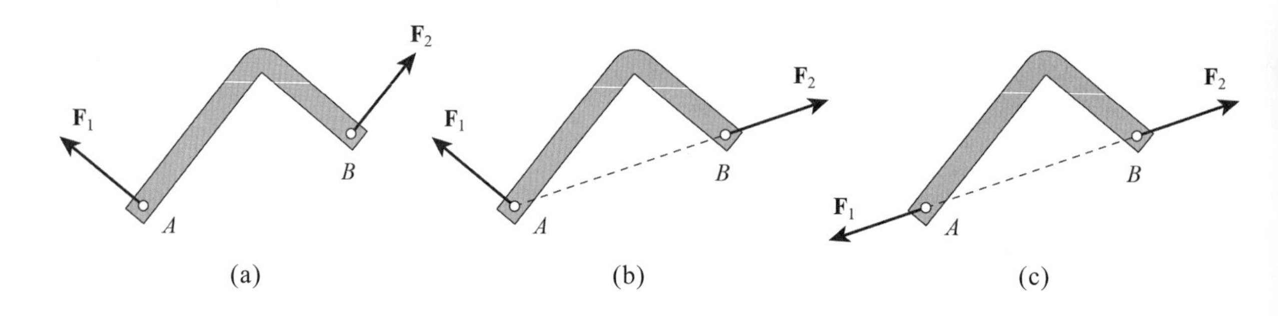

圖 4-3.6 二力構件

如圖 4-3.6(a)所示的角桿，僅在 A 與 B 兩點承受 $\mathbf{F}_1$ 與 $\mathbf{F}_2$ 兩作用力。若角桿處於平衡，則 $\mathbf{F}_1$ 與 $\mathbf{F}_2$ 對任一點的力矩之和必定為零。由 $\sum M_A = 0$，可知 $\mathbf{F}_2$ 必通過 A 點，如圖 4-3.6(b)所示。同理，由 $\sum M_B = 0$，可知 $\mathbf{F}_1$ 必通過 B 點，如圖 4-3.6(c)所示，即 $\mathbf{F}_1$ 與 $\mathbf{F}_2$ 都通過 A、B 兩點。又由 $\sum F_x = 0$ 或 $\sum F_y = 0$，即知 $\mathbf{F}_1$ 與 $\mathbf{F}_2$ 大小相等、方向相反。我們將會看到，在桁架、機構等的分析中，正確的識別二力構件，可以簡化某些問題的求解過程。

（二）三力構件之平衡

共點平衡力系的另一個例子，是三力構件之平衡。若一剛體只受三個力的作用，則此剛體稱為**三力構件**(three-force member)。若三力構件處於平衡，則此三力或者共面共點，或者共面平行。以下以平面力系作證明。

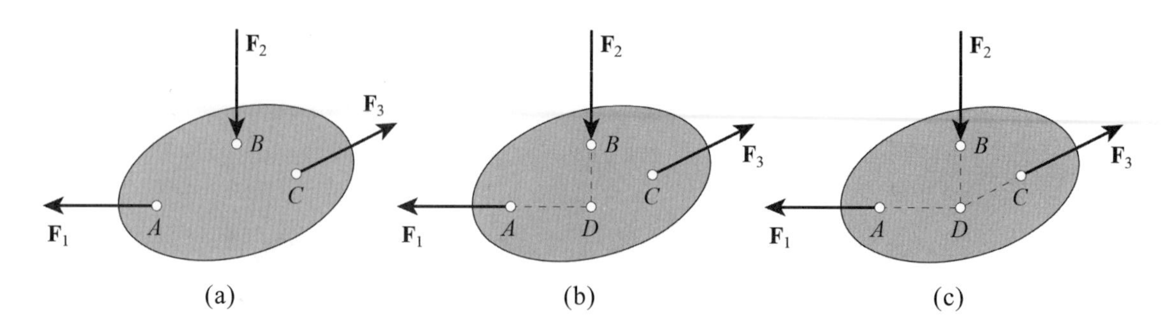

圖 4-3.7 三力構件

參閱圖 4-3.7(a)的剛體，僅受三力 $\mathbf{F}_1$、$\mathbf{F}_2$、$\mathbf{F}_3$ 的作用，其作用點分別為 A、B、C。若剛體處於平衡，則此三力對任一點的力矩和必為零。設 $\mathbf{F}_1$ 與 $\mathbf{F}_2$ 相交於 D 點，如圖 4-3.7(b)所示，則由 $\sum M_D = 0$，可知 $\mathbf{F}_3$ 必通過 D 點，如圖 4-3.7(c)所示。由此可

知，對一個平衡的三力構件，若其二力相交，則第三個力也必然通過同一交點。現假設 $\mathbf{F}_1$ 與 $\mathbf{F}_2$ 互相平行，則不妨取 x 軸與 $\mathbf{F}_1$（同時與 $\mathbf{F}_2$）垂直，於是由 $\sum F_x = 0$，可知 $\mathbf{F}_3$ 必垂直於 x 軸。亦即，$\mathbf{F}_1$、$\mathbf{F}_2$、$\mathbf{F}_3$ 都垂直於 x 軸，故此三力互相平行。

對空間力系亦可證明三力構件處於平衡，則此三力必共面共點，或共面平行。

對於三力構件的平衡問題，可遵循本章第一節中所述的一般步驟求解。但在許多問題中，可根據三力共點的性質，利用簡單的三角或幾何關係求解。下面我們來分析幾個實例。

例 4-3.3

如圖 4-3.8(a)示，在光滑的 U 型槽內放一長為 2ℓ 的均質桿 AB，求桿子平衡時，θ 角為若干。

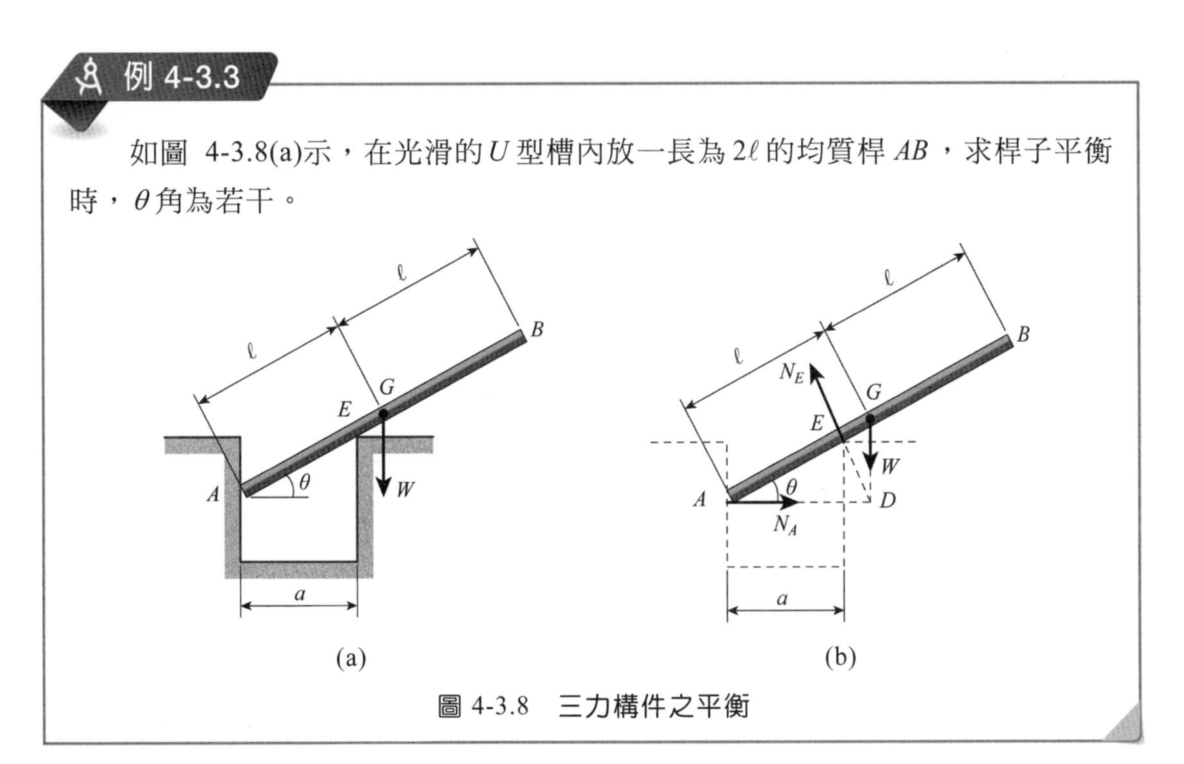

圖 4-3.8 三力構件之平衡

解法一

(1) 研究對象：AB 桿。

(2) 自由體圖：如圖 4-3.8(b)所示。由於 N_A 與 N_E 相交於 D，故重力 W 必通過 D 點。由幾何關係，我們有

$$\ell\cos\theta = \overline{AD}$$

$$\overline{AD}\cos\theta = \overline{AE}$$

$$\overline{AE}\cos\theta = a$$

以上三式相乘，即得

$$\cos^3\theta = \frac{a}{\ell},\quad \theta = \cos^{-1}(\sqrt[3]{\frac{a}{\ell}})$$

解法二

研究對象和自由體圖如前，由平衡方程得

$$\Sigma F_y = 0 : N_E \cos\theta = W$$

$$\Sigma M_A = 0 : N_E (\frac{a}{\cos\theta}) = W\ell\cos\theta$$

以上兩式相除，即得

$$\cos^3\theta = \frac{a}{\ell},\quad \theta = \cos^{-1}(\sqrt[3]{\frac{a}{\ell}})$$

例 4-3.4

一重為 W 的重物掛在支架上，如圖 4-3.9(a)所示，支架的重量可以略去不計，求支承 A 與 C 的反力。

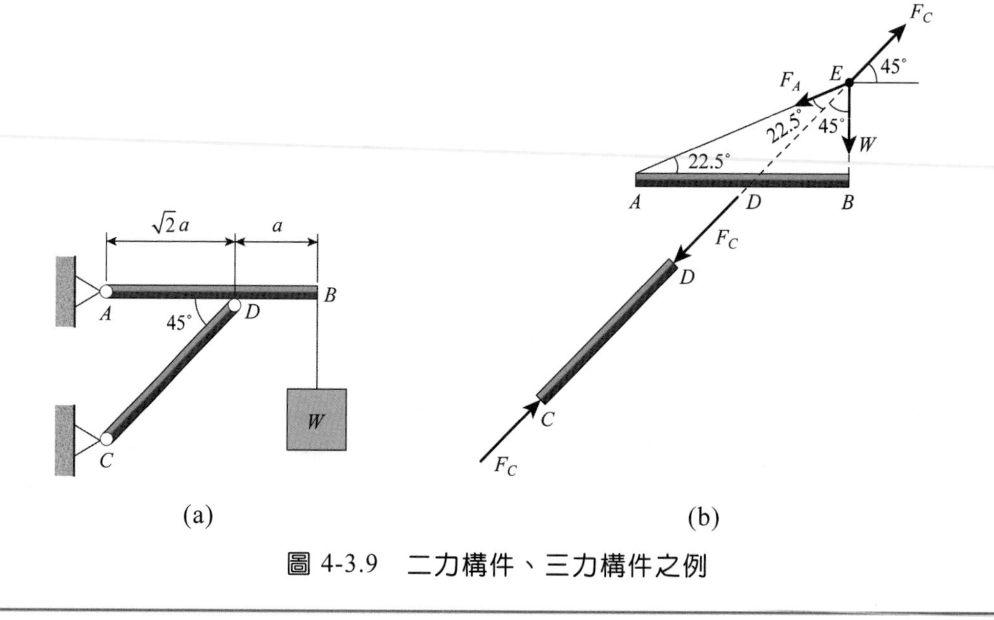

圖 4-3.9　二力構件、三力構件之例

解法一

(1) 研究對象：CD 桿與 AB 桿。

(2) 自由體圖：如圖 4-3.9(b)所示。注意到 CD 桿為二力構件，故支承 C 的反力 F_C 沿 CD 方向，AB 桿施於 CD 桿的力，其大小亦為 F_C，方向沿 DC。根據作用力與反作用力定律，CD 桿施於 AB 桿之力，其大小亦為 F_C，但方向沿 CD。AB 桿為三力構件，且處於平衡，因 F_C 與 W 相交於 E 點，故支承 A 的反力 F_A 必通過 E 點。

(3) 平衡方程：根據正弦定律，我們有

$$\frac{W}{\sin 157.5^\circ}=\frac{F_C}{\sin(45^\circ+22.5^\circ)}=\frac{F_A}{\sin(90^\circ+45^\circ)}$$

解之，得

$F_A=1.85W$，與水平方向成 22.5° 角，斜向左下方。

$F_C=2.41W$，與水平方向成 45° 角，斜向右上方。

解法二

(1) 研究對象：整個支架。

(2) 自由體圖：如圖 4-3.10 所示，注意到 CD 桿為二力構件，故支承的反力沿 CD 方向，A 點的支承反力可用 A_x，A_y 代表。

(3) 平衡方程：

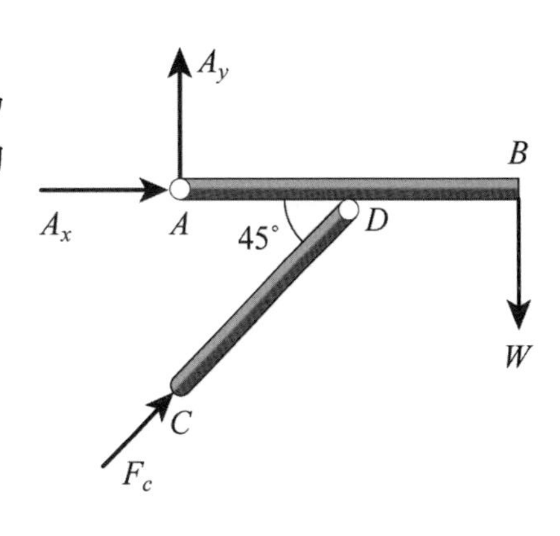

圖 4-3.10

$$\sum M_A=0: F_C\cos 45^\circ\cdot\overline{AC}-W(\overline{AB})=0$$

$$\frac{1}{\sqrt{2}}F_C\cdot\sqrt{2}a-W\left(\sqrt{2}a+a\right)=0$$

$$F_C=2.41W$$

$$\sum F_x=0: F_C\cos 45^\circ+A_x=0$$

$$A_x=-1.71W$$

$$\sum F_y = 0 ： F_C \sin 45° + A_y - W = 0 ， A_y = -0.71W$$

A點支承反力大小

$$F_A = \sqrt{A_x^2 + A_y^2} = 1.85W$$

方向角ϕ

$$， \phi = \cos^{-1}\frac{1.71W}{1.85W} = 22.5°$$

例 4-3.5

如圖 4-3.11(a)所示，一半徑為 R 光滑碗內，放有一長為 $3R$ 的均質桿 AB，求當桿子處於平衡時，θ 角應為若干？

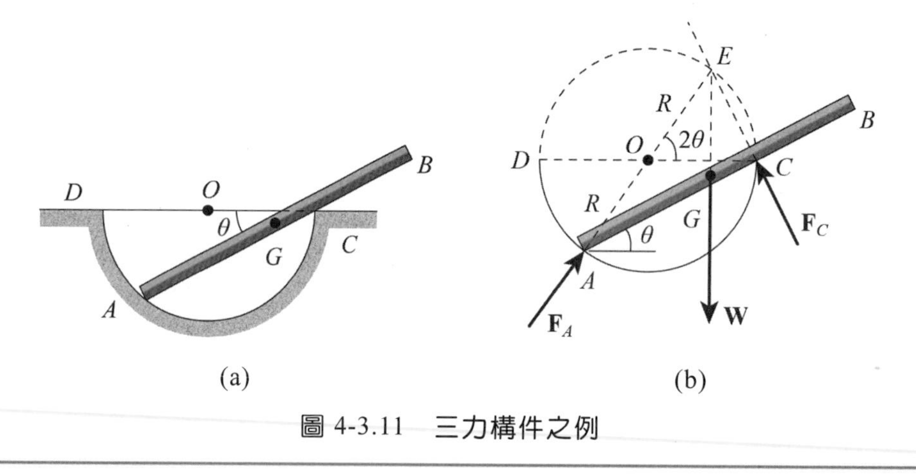

圖 4-3.11　三力構件之例

解

以 AB 桿為研究對象，此為三力構件。設 E 為反力 $\mathbf{F}_A$ 與反力 $\mathbf{F}_C$ 的交點，則重力 $\mathbf{W}$ 必通過此點。因 $\mathbf{F}_A$ 通過 O 點，而 $\mathbf{F}_C$ 垂直於 AB，故三角形 ACE 為圓內接直角三角形，即 E 在圓周上，且 $\overline{AE} = 2R$，$\angle DOA = \angle EOC = 2\theta$，如圖 4-3.11(b)所示。由幾何關係知 AE 和 AG 有同樣的水平投影，故

$$(\overline{AE})\cos 2\theta = (\overline{AG})\cos\theta,\ \ 2R\cos 2\theta = \frac{3R}{2}\cos\theta$$

因 $\cos 2\theta = 2\cos^2\theta - 1$，代入上式我們有

$$8\cos^2\theta - 3\cos\theta - 4 = 0$$

解之，得

$$\cos\theta = 0.919,\ \ \theta = 23.2°;\ \ \cos\theta = -0.544,\ \ \theta = 123.0°$$（捨去不要）

4-4 平面力系之平衡

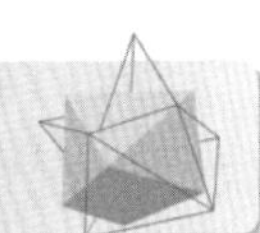

當所有作用力處於同一平面內時，此力系稱為平面力系或二維力系。對於平面力系，不妨取力系所在的平面為 xy 平面，於是下面三個平衡方程將自動滿足：

$$\sum F_z = 0,\ \ \sum M_x = 0,\ \ \sum M_y = 0 \tag{4-4.1}$$

由此可知，對一般的平面力系，其獨立的平衡方程最多只有三個，它們是

$$\sum F_x = 0,\ \ \sum F_y = 0,\ \ \sum M_z = 0 \tag{4-4.2a}$$

（注意：平面共點力系只有兩個獨立的平衡方程。）我們已經指出過，在列平衡方程時，座標軸的方向可以任意選取，力矩中心也可任意選取。因此對於平衡力系的平衡方程(4-4.2a)可以敘述為：力系在任意方向上的投影之和為零，力系對平面內任一點的力矩之和為零。又由於該力系處於同一平面內，對平面內任一點的力矩皆垂直於該平面，因此我們可用正、負來表示其方向。所以我們常常將以上平衡方程寫成下面的形式：

$$\sum F_x = 0,\ \ \sum F_y = 0,\ \ \sum M_A = 0 \tag{4-4.2b}$$

其中 A 為力系所在平面上任一點。

對於平面平衡力系，我們也可用其他替代形式的平衡方程。例如

$$\sum F_x = 0,\ \ \sum M_A = 0,\ \ \sum M_B = 0 \tag{4-4.3}$$

附加條件是，AB不與x軸垂直。

$$\sum M_A = 0, \ \sum M_B = 0, \ \sum M_C = 0 \tag{4-4.4}$$

附加條件是，A、B、C三點不在一直線上。

以上各種平衡方程及其附加條件都列在本章末的表 4-7.1 中。從實用的觀點來看，完全不必記住這些附加條件，在應用過程中，如果出現了 0=0 的恆等式，即表明此方程失效（自動滿足），應當改用其他的平衡方程。

有關平面力系的平衡問題，完全可以遵循本章第一節中所講的三個步驟求解。我們要再一次強調，平衡方程不一定要依順序使用。如果用某一平衡方程能解出某個未知數，就應當首先使用它。此外，應注意到，若將力矩中心選在多個未知力的交點上，可以減少方程中所包含的未知數，從而使求解過程得到簡化。

例 4-4.1

一重量不計的直桿AB在C處鉸接並在A點和控制繩索相連。如果在B點施以 500 N 的水平力，如圖 4-4.1(a)所示。求支座C的反力和繩索中的張力。

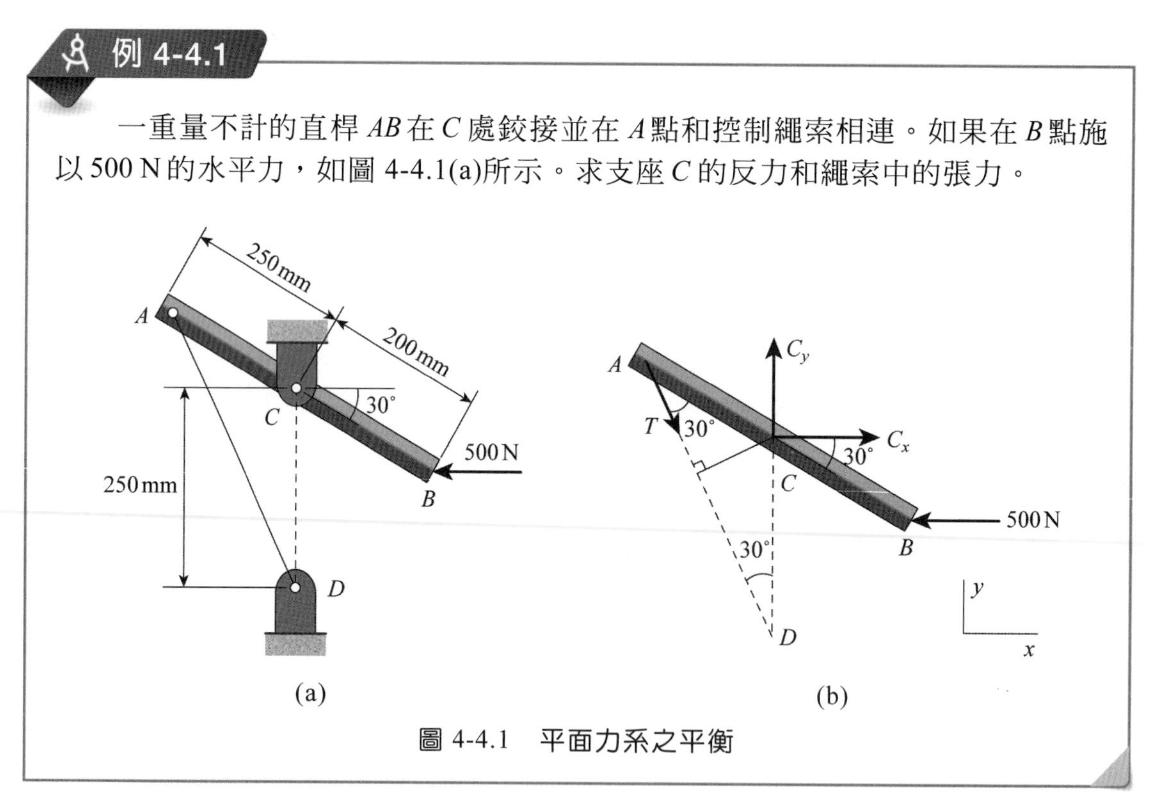

圖 4-4.1 平面力系之平衡

解

(1) 研究對象：桿AB。因三角形ACD為等腰三角形，$\angle ACD = 90° + 30° = 120°$，故$\angle CAD = \angle CDA = 30°$。

(2) 自由體圖：如圖 4-4.1(b)所示。支座 C 的反力有兩個分量 C_x 及 C_y；繩索的張力 T 沿 AD 方向。

(3) 平衡方程：首先以 C 為力矩中心，則 C_x 及 C_y 不會出現在此方程中，由此可解出張力 T

$$\sum M_C = 0 : T\cdot(250\sin 30°) - 500\cdot(200\sin 30°) = 0,\quad T = 400\text{ N}$$

$$\sum F_x = 0 : C_x - 500 + T\cos 60° = 0,\quad C_x - 500 + 400\cos 60° = 0,\quad C_x = 300\text{ N}$$

$$\sum F_y = 0 : C_y - T\sin 60° = 0,\quad C_y - 400\sin 60° = 0,\quad C_y = 346.4\text{ N}$$

例 4-4.2

長為 ℓ、重為 W 的均質桿 AB 用兩等長繩索 AC 及 BC 懸掛如圖 4-4.2(a)，桿上作用一力偶矩為 M 的力偶。求平衡時的 θ 角。

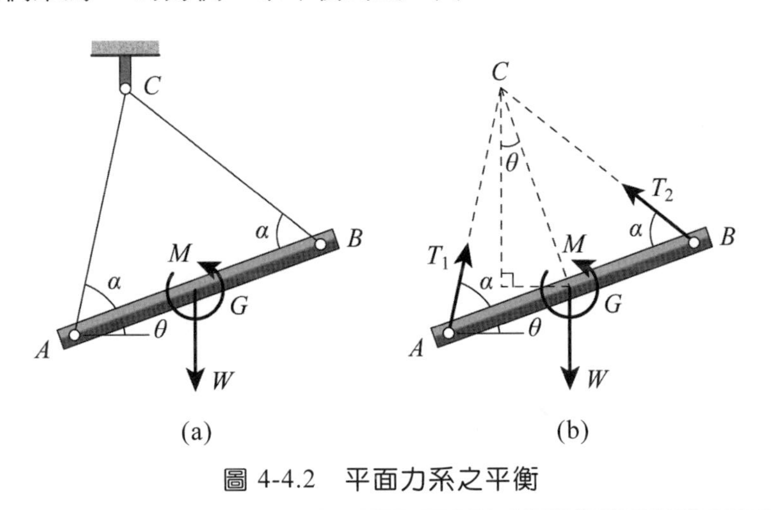

圖 4-4.2　平面力系之平衡

解

(1) 研究對象：桿 AB。因三角形 CAB 為等腰三角形，CG 垂直於 AB，且 $\overline{CG} = \dfrac{\ell}{2}\tan\alpha$。

(2) 自由體圖：如圖 4-4.2(b)所示，張力 T_1、T_2 通過 C 點。

(3) 平衡方程：以 C 為力矩中心，並注意到重力 W 的力臂為 $(\overline{CG}\sin\theta)$，我們有

$$\sum M_C = 0 : M - W(\overline{CG}\sin\theta) = 0, \quad M - W(\frac{\ell}{2}\tan\alpha \cdot \sin\theta) = 0$$

$$\sin\theta = \frac{2M}{W\ell\tan\alpha}, \quad \theta = \sin^{-1}(\frac{2M}{W\ell\tan\alpha})$$

（註：$\theta \le 90° - \alpha$ 以維持繩索 BC 處於拉緊狀態。）

例 4-4.3

一燈架如圖 4-4.3(a)所示。已知燈重 150 N，若桿重不計，所有的支承皆光滑。求支承 A 與 B 的反力。

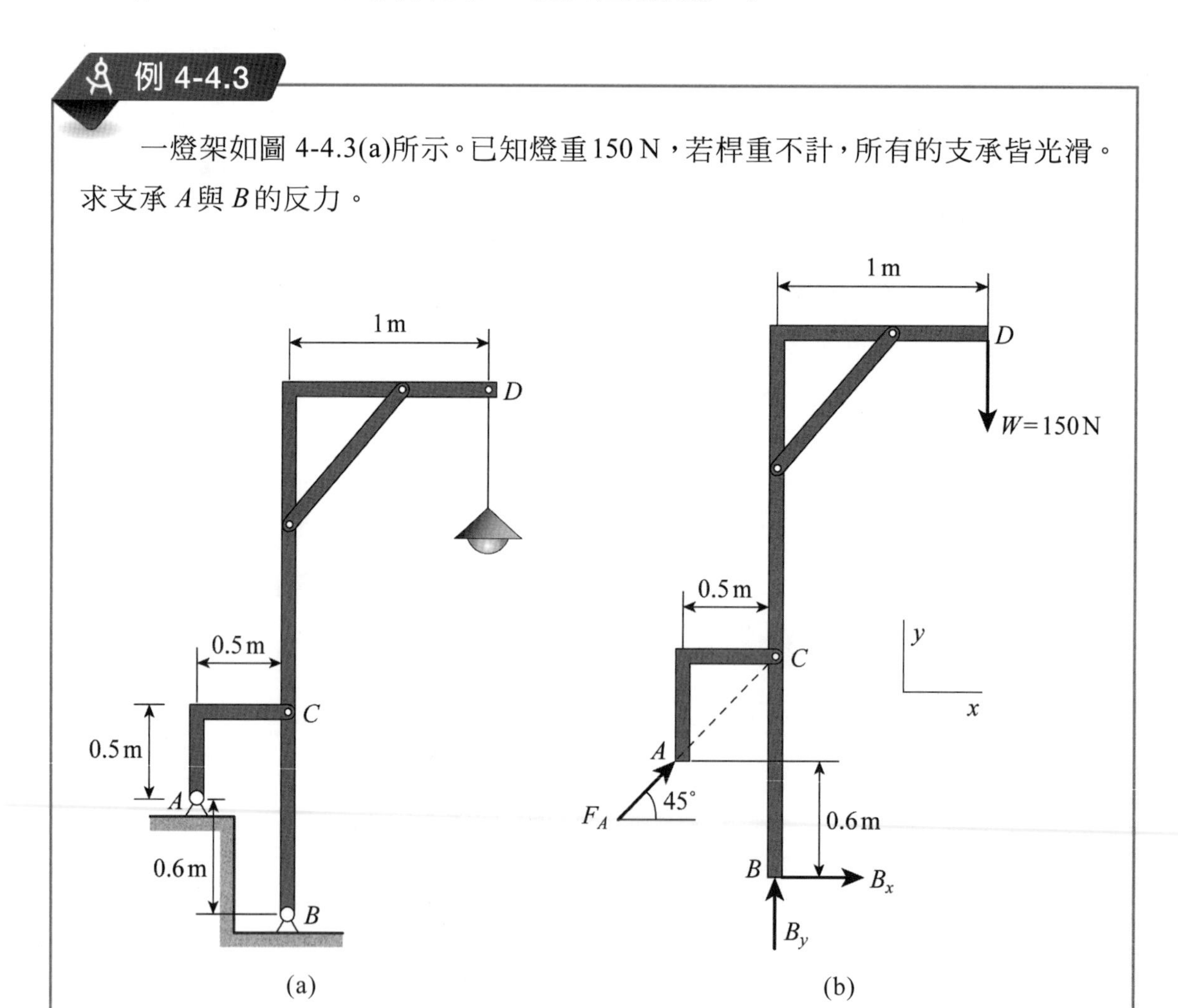

圖 4-4.3　平面力系之平衡

解

(1) 研究對象：整個燈架。

(2) 自由體圖：如圖 4-4.3(b)所示。注意到 AC 為二力構件，只在 A、C 兩點受力，故支承 A 的反力沿 AC 方向；而支承 B 的反力有兩個未知分量 B_x 及 B_y。

(3) 平衡方程：首先以 B 為力矩中心列平衡方程，因 B_x 和 B_y 通過 B 點，不會出現在此方程中，由此可先求得 F_A。

$$\sum M_B = 0 : -F_A \cos 45° \cdot (0.6) - F_A \sin 45° \cdot (0.5) - W \cdot (1) = 0$$

$$F_A = -192.8\text{N}$$

負號表示支承 A 的反力與圖示方向相反。

$$\sum F_x = 0 : B_x + F_A \cos 45° = 0,$$

$$B_x - 192.8 \cos 45° = 0, \quad B_x = 136.4\text{ N}$$

$$\sum F_y = 0 : B_y + F_A \sin 45° - W = 0$$

$$B_y - 192.8 \sin 45° - 150 = 0, \quad B_y = 286.3\text{ N}$$

例 4-4.4

一壓榨機的簡化模型如圖 4-4.4(a)所示：當在 B 施一水平力 P_1 時，則活塞 D 將給被壓物 E 施以壓力 P_2。設 $\overline{AC} = \overline{BC} = \ell$，$\angle CAB = \angle CBA = \alpha$，$CD \perp AB$，不考慮桿重與摩擦，求平衡時 P_1 與 P_2 之關係。

分析

此題屬平面力系的平衡問題。注意到 AC 與 BC 桿皆為二力構件。因此，支承 A 的反力 F_A 應沿 AC 方向；支承 B 處的反力 B_y 與 P_1 的合力應沿 BC 方向。此外，活塞 D 受兩水平支承反力 N_1 及 N_2。於是我們共有五個未知數：F_A、B_y、N_1、N_2、P_2。而平面力系獨立的平衡方程只有三個。此類問題稱為靜不定問題，意思是說，用靜力學平衡方程無法求出所有的未知數。但本題並沒有要求我們求出所有的支承反力，而只是要求 P_1 與 P_2 的關係。如果我們先以 BC 桿為研究對象，此二力構件處於平衡，自由體圖如圖 4-4.4(c)所示，由$\sum F_y = 0$，即可求出B_y。再以整體作為研究對象，自由體圖如圖 4-4.4(b)所示，以C為力矩中心列平衡方程，F_A及P_2皆通過C點，此外，B_y與P_1之合力亦通過C點，故這些力對C點的力矩和為零，由此可求出$N_1 = N_2$，此二力對A點的力矩和為零（因它們大小相等、方向相反）。因此若對A點用力矩平衡方程，即能求出B_y與P_2的關係。因B_y與P_1之關係已經求出，於是也就知道了P_1與P_2的關係。

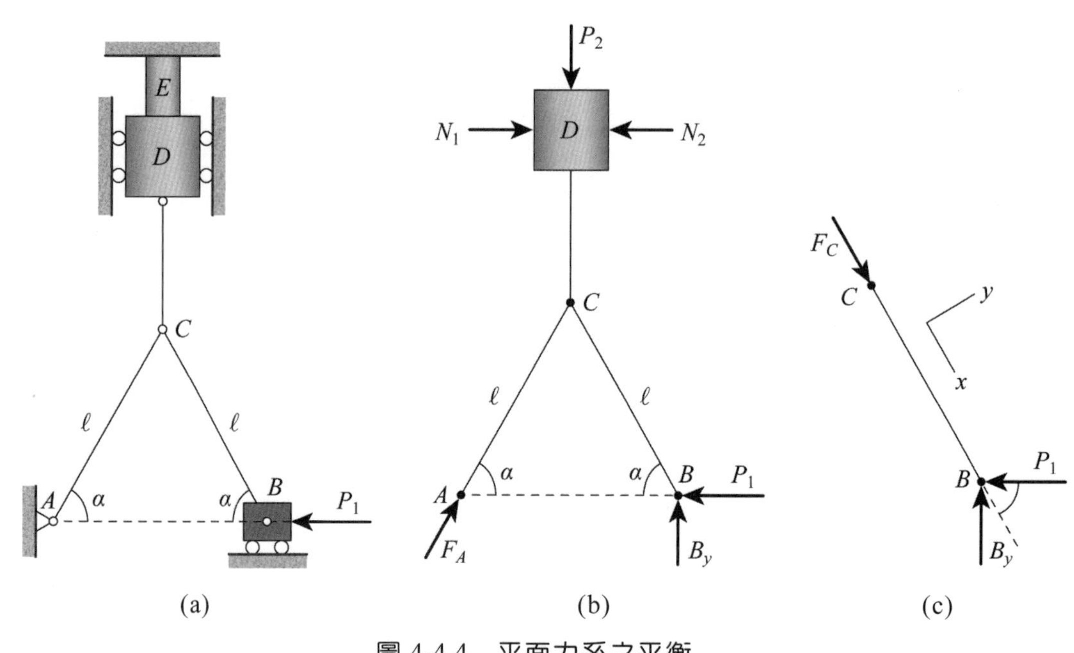

圖 4-4.4　平面力系之平衡

解

(1) 研究對象：BC桿和整體。

(2) 自由體圖：如圖 4-4.4(b)、(c)所示。注意到AC桿為二力構件，因此支承A的反力F_A應沿AC方向。BC桿亦為二力構件，C點的受力F_C應沿CB方向，同時B_y與P_1的合力應沿BC方向。

(3) 平衡方程：對BC桿，我們有

$$\sum F_y = 0 : B_y \cos\alpha - P_1 \sin\alpha = 0, \quad B_y = P_1 \tan\alpha$$

對整體，先以C為力矩中心列平衡方程，因F_A及P_2通過C點，B_y與P_1的合力通過C點，故這些力對C點的力矩和為零。於是我們有

$$\sum M_C = 0 : N_2 \cdot (\overline{DC}) - N_1 \cdot (\overline{DC}) = 0\text{，} \quad N_1 = N_2$$

再以 A 點為力矩中心列平衡方程。注意到 N_1 與 N_2 大小相等、方向相反，故此二力對 A 點的力矩和為零；此外，P_1 通過 A 點，對 A 點的力矩亦為零，因此我們有

$$\sum M_A = 0 : B_y(2\ell\cos\alpha) - P_2(\ell\cos\alpha) = 0\text{，} \quad P_2 = 2B_y$$

注意到 $B_y = P_1\tan\alpha$，最後我們得到

$$P_2 = 2P_1\tan\alpha$$

例 4-4.5

如圖 4-4.5 所示，無底的圓柱形空筒放在光滑水平面上，內放兩個大小相同的重球。設每個球重為 P，半徑為 r，圓筒的半徑為 R，重量為 W。若不計各接觸面的摩擦，不計圓筒的壁厚，求圓柱筒不致翻倒的最小重量。

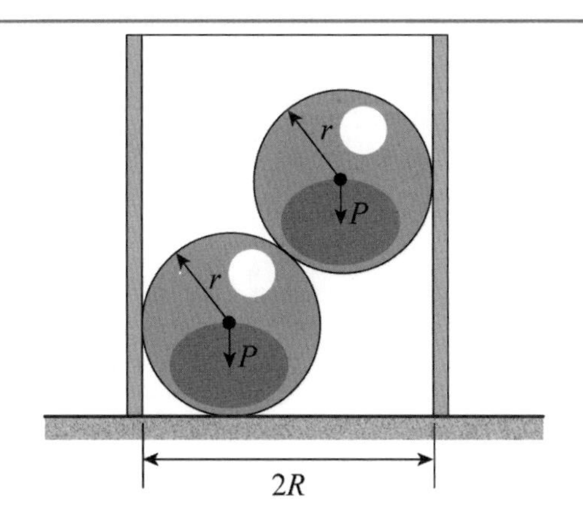

圖 4-4.5 例 4-4.5 之圖

解

(1) 研究對象：分別以兩球一起以及圓筒作為研究對象。

(2) 自由體圖：如圖 4-4.6(a)、(b)所示。

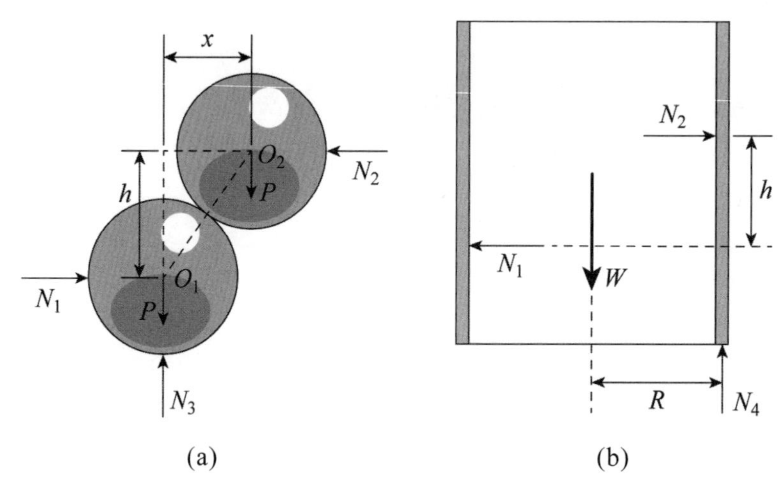

圖 4-4.6 自由體圖

(3) 平衡方程：考慮兩球的平衡

$$\sum F_x = 0: N_1 = N_2 = N$$

設兩球球心的水平距離為 x，垂直距離為 h，則有

$$x = 2(R - r) \tag{a}$$

對 O_1 點取矩，得

$$\sum M_{O_1} = 0: Nh = Px \tag{b}$$

將(a)式代入(b)式，得

$$Nh = 2P(R - r) \tag{c}$$

其次，考慮圓筒的平衡。當圓筒即將翻倒時，水平面對圓筒的反作用力為 N_4，作用在靠球 O_2 的一邊。

$$\sum F_y = 0: \ N_4 = W$$

為使圓筒不致翻倒，由 W 和 N_4 組成的力偶(WR)應大於或等於由 N_1 和 N_2 組成的力偶(Nh)，由此我們有

$$WR \geq Nh \tag{d}$$

將(c)式代入(d)式，求得

$$W \geq 2P(1 - r / \mathrm{R})$$

即，為使圓筒不致翻倒，其最小重量應為 $2P(1-r/R)$ 。

例 4-4.6

壓路機的碾輪重量為 $W = 20\ \mathrm{kN}$ ，半徑為 $r = 45\mathrm{cm}$ ，如圖 4-4.7(a)所示，如用一水平力 F 將此碾輪拉過 $h = 7\mathrm{cm}$ 的石塊，此力應為多大？

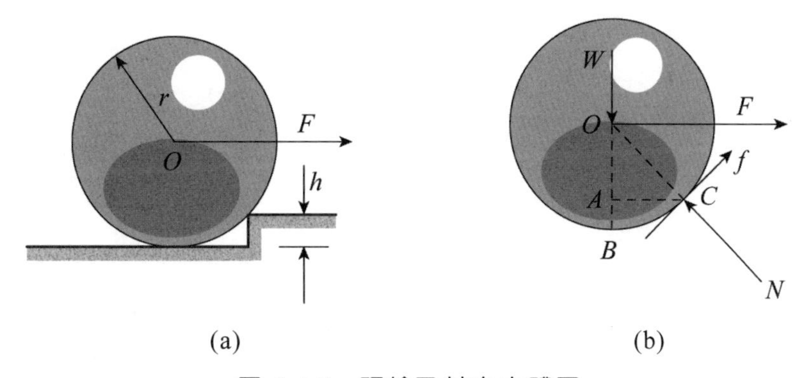

圖 4-4.7　碾輪及其自由體圖

解

(1) 研究對象：碾輪。

(2) 自由體圖：如圖 4-4.7(b)所示。
注意：當碾輪剛離開地面時，B 處的反力為零，只有 C 處有正向力 N 和摩擦力 f。

(3) 平衡方程。碾輪在其自身重力 W，拉力 F 以及反力作用下處於平衡，如圖 4-4.7(b)所示，

$$\overline{OA} = r - h$$

$$\overline{AC} = \sqrt{r^2 - \overline{OA}^2} = \sqrt{h(2r-h)}$$

依題意對 C 點取矩，應有

$$F \cdot \overline{OA} \geq W \cdot \overline{AC}$$

或

$$F(r-h) \geq W\sqrt{h(2r-h)}$$

由此，得

$$F \geq \frac{\sqrt{h(2r-h)}}{r-h} W = \frac{\sqrt{7(90-7)}}{45-7} \times 20 = 12.69(\text{kN})$$

例 4-4.7

兩個質量分別為 m_1 和 m_2 的 A 球及 B 球，用一根長為 $2b$ 的細桿連在一起，放置在光滑的圓形碗內，如圖 4-4.8 所示。設圓形碗的半徑為 R，球的尺寸及桿的質量可忽略不計。當系統處於平衡狀態時，求桿與水平線的夾角 α 之值。

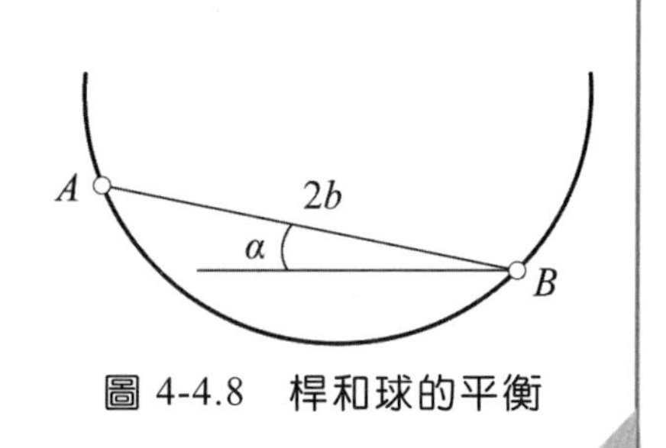

圖 4-4.8　桿和球的平衡

解

研究對象：兩個球和桿。
自由體圖：如圖 4-4.9 所示。
先作 OD 垂直 AB 並令 $\angle AOD=\beta$，由圖 4-4.9 可知

$$\tan\beta = \frac{b}{\sqrt{R^2 - b^2}} \quad (1)$$

其次作垂直線 OC，從圖中可知 $\angle AOC=\beta+\alpha$，$\angle BOC=\beta-\alpha$。因碗內表面光滑，所以反力 N_1 和 N_2 的方向指向圓心 O。對 O 點取矩，得

$$\sum M_O = 0 : m_1 g R \sin(\beta + \alpha) - m_2 g R \sin(\beta - \alpha) = 0 \tag{2}$$

即

$$m_1 \sin(\beta + \alpha) + m_2 \sin(\beta - \alpha) = 0 \tag{3}$$

注意到

$$\sin(\beta \pm \alpha) = \sin\beta\cos\alpha \pm \cos\beta\sin\alpha \tag{4}$$

(4)式代入(3)式整理後，得

$$\tan\alpha = \frac{m_2 - m_1}{m_1 + m_2}\tan\beta \tag{5}$$

將(5)式代入(1)式，得

$$\tan\alpha = \frac{(m_2 - m_1)b}{(m_1 + m_2)\sqrt{R^2 - b^2}}$$

即

$$\alpha = \tan^{-1}\frac{(m_2 - m_1)b}{(m_1 + m_2)\sqrt{R^2 - b^2}}$$

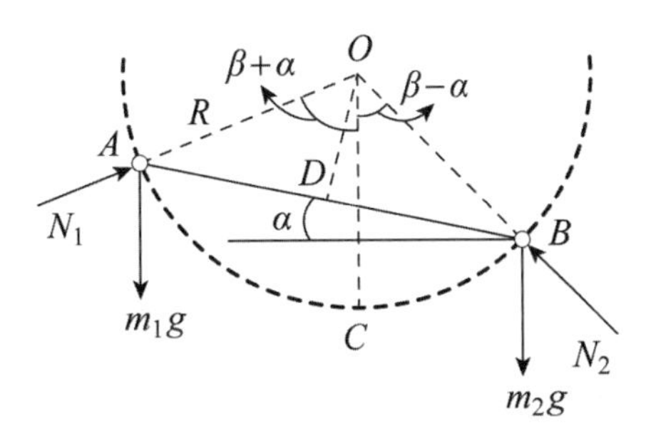

圖 4-4.9 桿和球的自由體圖

例 4-4.8

梯子由 AB 和 AC 在 A 處鉸接而成，又在 D 和 E 兩點用水平繩子連接，如圖 4-4.10 所示。梯子放在光滑水平面上，當體重為 P 的人站在梯子的 AC 邊離 C 的距離為 a 時，不考慮梯重，求繩子的拉力。

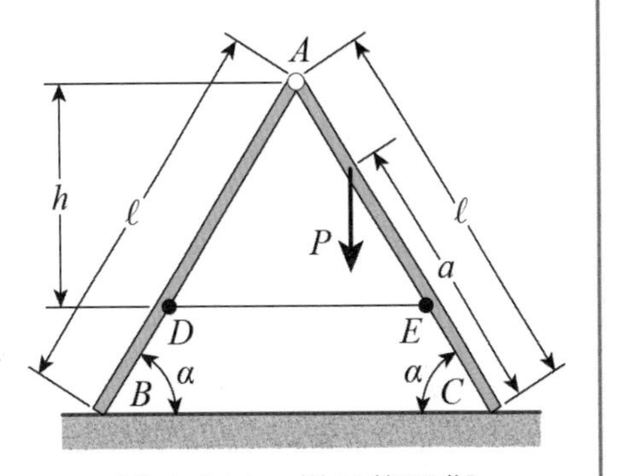

圖 4-4.10 梯子的平衡

解

先以整體為研究對象。此時，繩子的拉力為內力，自由體圖如圖 4-4.11(a)所示。對 C 點取矩，得力矩平衡方程：

$$\sum M_C = 0 \;：\; Pa\cos\alpha - N_B(2\ell)\cos\alpha = 0$$

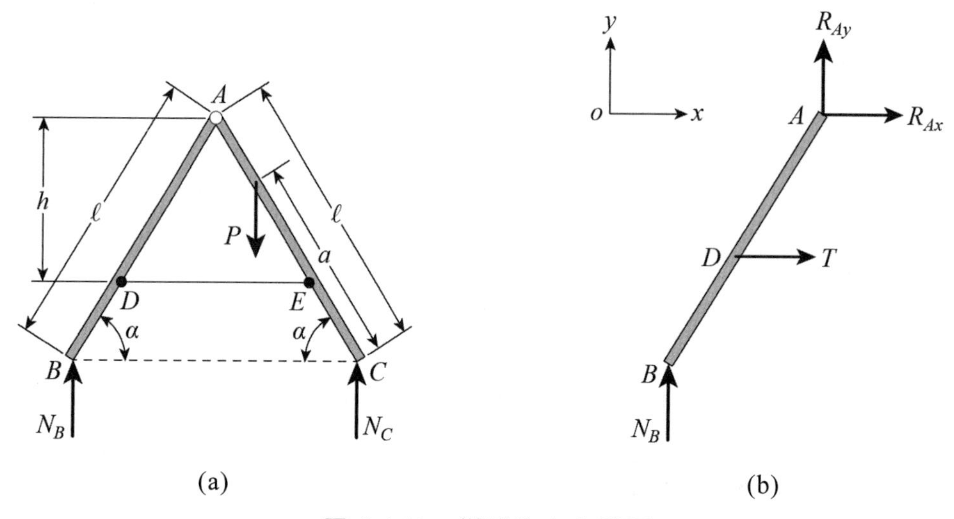

圖 4-4.11　梯子的自由體圖

由此得 B 處的反力

$$N_B = \frac{Pa}{2\ell}$$

再以 AB 為研究對象，自由體圖如圖 4-4.11(b)所示。對 A 點列力矩平衡方程（A 處的反力不會出現在方程裡），得

$$\sum M_A = 0 \;：\; Th - N_B\ell\cos\alpha = 0$$

由此得繩子的拉力

$$T = \frac{Pal\cos\alpha}{h(2\ell)} = \frac{Pa\cos\alpha}{2h}$$

例 4-4.9

邊長為 $2a$ 的正立方體重 W 緊靠擋塊 B 而靜止地放在光滑地面上。半徑為 R，重為 P 的圓柱體放在與水平面成 α 角度的光滑斜面上，且與立方體的側面接觸。設圖示平面為圓柱體和立方體的鉛直對稱面。求：(1)圓柱體對立方體的壓力；(2)為使立方體不會繞 B 點翻倒，立方體應有的最小重量。擋塊 B 的尺寸不計。

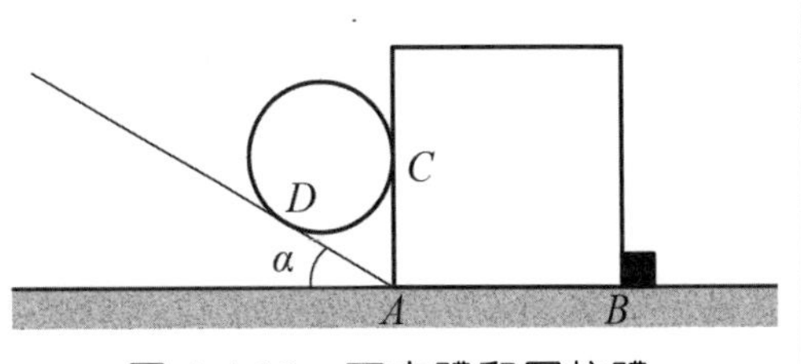

圖 4-4.12　正方體和圓柱體

解

先以圓柱體為研究對象，自由體圖如圖 4-4.13 所示。由平面力系的平衡方程有

$$\sum F_y = 0 \ : \ N_D \cos\alpha - P = 0 \ ; \ N_D = \frac{P}{\cos\alpha} \tag{1}$$

$$\sum F_x = 0 \ : \ N_D \sin\alpha - N_C = 0 \ ; \ N_C = P\tan\alpha \tag{2}$$

由圖 4-4.13 知，力 N_C 的作用線離地面的距離為

$$\overline{AC} = R\cot\left(\frac{\beta}{2}\right) = R\cot\left(45^\circ - \frac{\alpha}{2}\right) \tag{3}$$

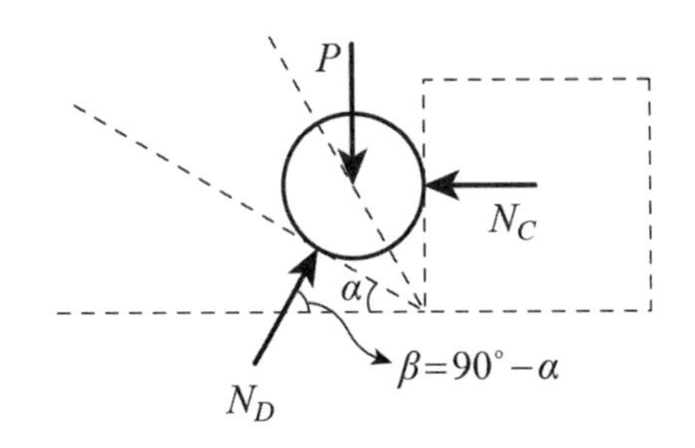

圖 4-4.13　圓柱體的自由體圖

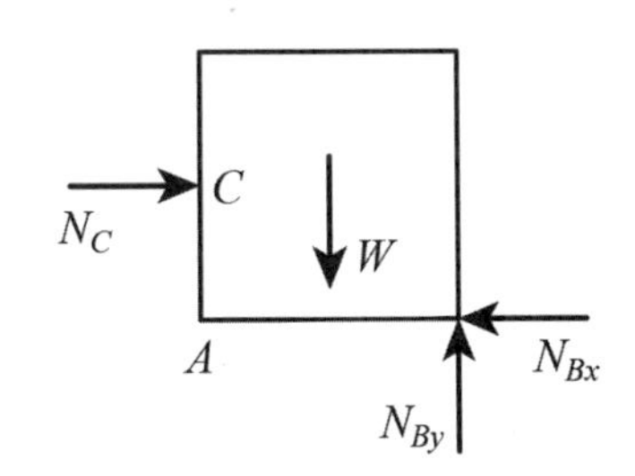

圖 4-4.14　正方體的自由體圖

再以正方體為研究對象，當它處於剛要側翻的臨界狀態時的自由體圖如圖 4-4.14 所示。對 B 點取力矩，列平衡方程，得

$$Wa = N_C(\overline{AC}) \tag{4}$$

將(2)和(3)式代入(4)式，得

$$W = \frac{PR\tan\alpha\cot\left(45^\circ - \dfrac{\alpha}{2}\right)}{a}$$

例 4-4.10

如圖 4-4.15 所示，重量各為 W_A 和 W_B 的兩個小滑輪用長為 L 的無重桿相連，滑輪可在圖示光滑斜面上自由滾動。求系統平衡時桿 AB 與水平面的的夾角。

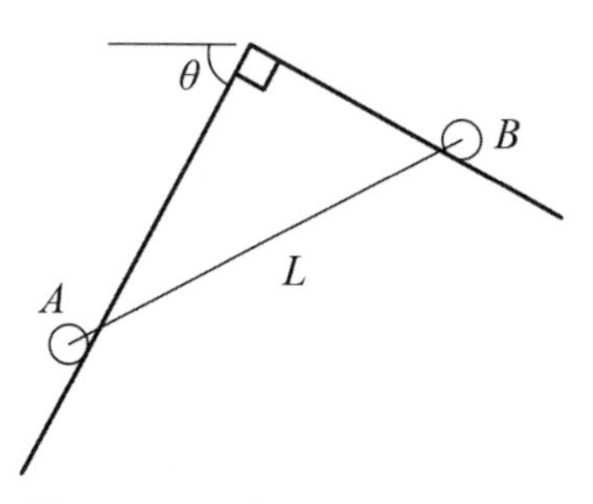

圖 4-4.15　斜面上的兩滑輪

解

以兩個小滑輪和無重桿一起作為研究對象， 自由體圖如圖 4-4.16 所示。如圖可知

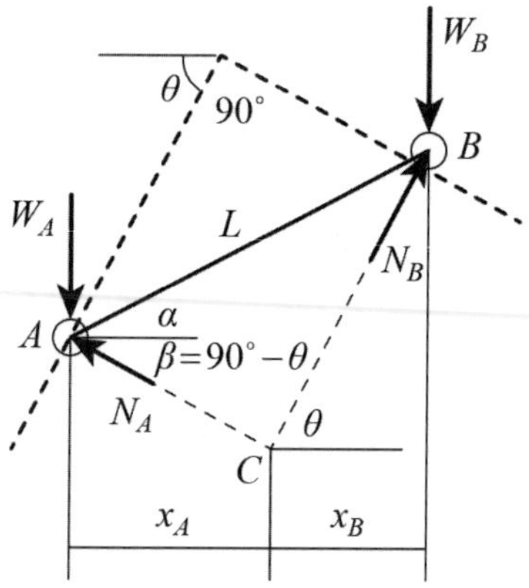

$$x_A = (\overline{AC})\cos\beta = L\cos(\alpha+\beta)\sin\theta \tag{1}$$

$$x_B = (\overline{BC})\cos\theta = L\sin(\alpha+\beta)\cos\theta \tag{2}$$

圖 4-4.16　滑輪的自由體圖

對 C 點取力矩，列平衡方程（未知反力不會出現在方程裡），得

$$W_A x_A = W_B x_B \tag{3}$$

將(1)和(2)式代入(3)式，得

$$W_A L\cos(\alpha+\beta)\cos\theta = W_B L\sin(\alpha+\beta)\cos\theta \tag{4}$$

即

$$\tan(\alpha+\beta) = \frac{W_A}{W_B}\tan\theta \tag{5}$$

注意到 $\beta = 90^\circ - \theta$，由(5)式可得

$$\tan(\alpha+90^\circ-\theta) = \frac{W_A}{W_B}\tan\theta$$

由此得

$$\alpha = \theta - 90^\circ + \tan^{-1}\left(\frac{W_A}{W_B}\tan\theta\right)$$

4-5 空間力系之平衡

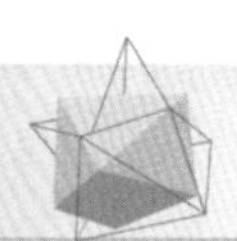

對於空間力系的平衡問題，亦應遵循第 4-1 節中所講的三個步驟：選研究對象，畫自由體圖，列平衡方程。唯一的區別，僅僅在於空間力系的平衡方程多一些而已，在一般情況下有六個：

$$\Sigma F_x = 0,\ \Sigma F_y = 0,\ \Sigma F_z = 0 \tag{4-5.1a}$$

$$\Sigma M_x = 0,\ \Sigma M_y = 0,\ \Sigma M_z = 0 \tag{4-5.1b}$$

和平面力系一樣，列平衡方程時座標軸的方向可以任意選定，但是，對於空間力系，在列力矩平衡方程時，有時很難看出各力對座標軸的力臂，在這種情況下，最好用向量形式來列平衡方程。其思路是這樣的：因為平衡力系向任一點簡化後，其合力 **R** 和合力矩 **M** 都為零，所以可按如下方法來列平衡方程：

1. 先寫出各個外力（包括主動力和反力）的直角座標分量表達式；
2. 求所有外力的向量和，並令其為零，這就是力平衡方程：

$$\sum \boldsymbol{F}_i = 0 \tag{4-5.2a}$$

3. 選取任一方便點，求所有外力對該點的力矩和，並令其為零，這就是力矩平衡方程：

$$\sum \mathbf{M}_i = 0 \tag{4-5.2b}$$

以上為向量方程。一向量為零，其各個分量必為零。於是在(4-5.2a、b)式中令**i**、**j**、**k**的係數為零，我們就得到六個純量方程。這六個純量方程和(4-5.1a、b)式完全一致。

對於某些特殊的空間力系，其獨立的平衡方程少於六個。例如，對空間共點力系，其獨立的平衡方程只有三個（見第 4-3 節）。對於空間平行力系，不妨取 x 軸與該力系平行，則由於 $\sum F_y = 0$，$\sum F_z = 0$，$\sum M_x = 0$ 三個方程會自動滿足，所以獨立的平衡方程只有三個。又如，若空間力系之各力與某一直線相交，不妨取 x 軸與該直線重合，則由於 $\sum M_x = 0$ 會自動滿足，故獨立的平衡方程只有五個。最後，若空間力系之各力處於彼此平行的平面內，則不妨取 x 軸與這些平面垂直，由於 $\sum F_x = 0$ 會自動滿足，其獨立的平衡方程只有五個。所有這些情形均列在本章末的表 4-7.1 中。

例 4-5.1

一規格為 5×8 m 且密度均勻的薄板重 270 N，利用位於 A 點的球窩支承及兩條纜索支撐，如圖 4-5.1(a)所示。求各纜索的張力及 A 點的反力。

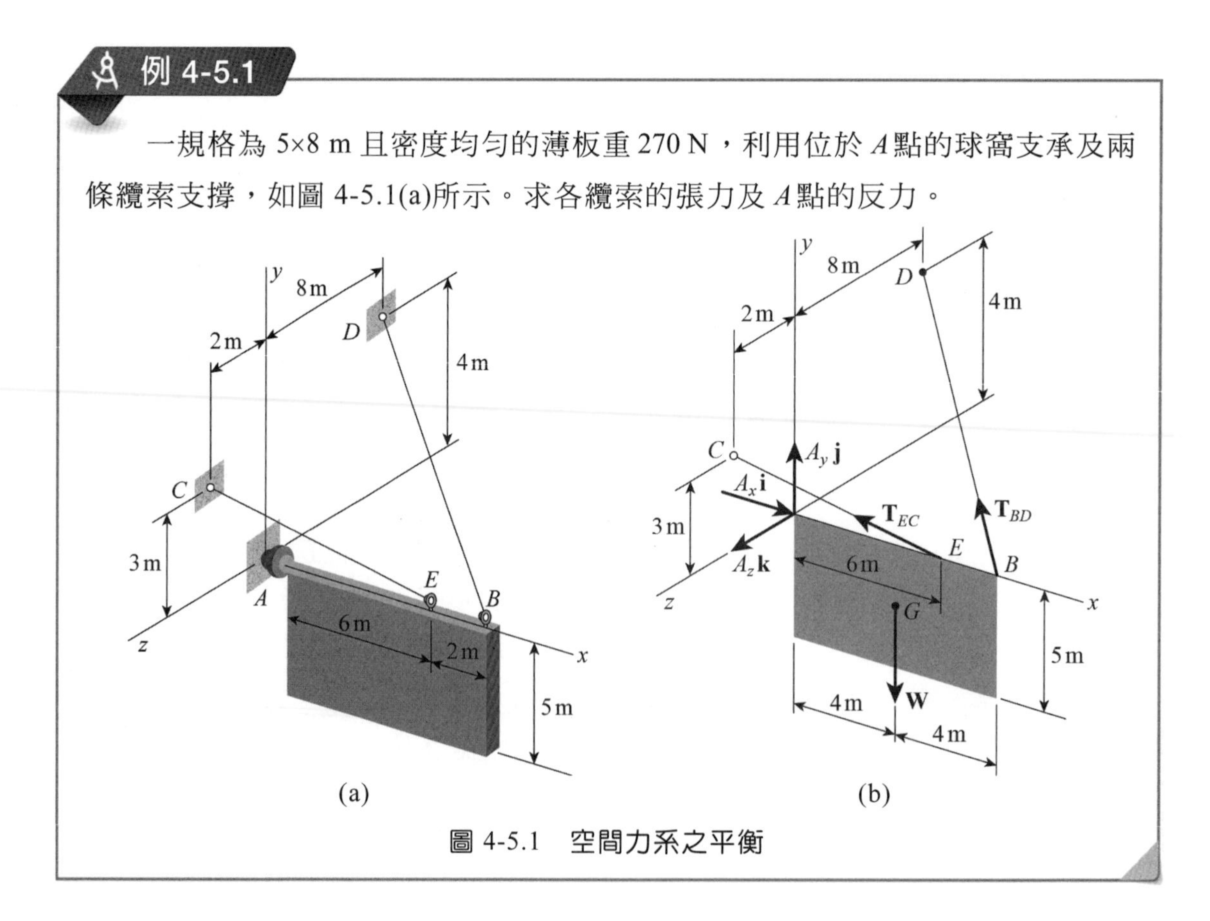

圖 4-5.1　空間力系之平衡

解

(1) 研究對象：薄板。

(2) 自由體圖：如圖 4-5.1(b)。

(3) 平衡方程：因各力對座標軸的力矩臂不易求得，用向量形式的平衡方程，先求出各力的直角座標分量表達式。從圖可知各點座標 $A(0,0,0)$、$B(8,0,0)$、$C(0,3,2)$、$D(0,4,-8)$、$E(6,0,0)$、$G(4,-2.5,0)$，由此得

$$\mathbf{r}_{BD} = -(8\text{ m})\mathbf{i} + (4\text{ m})\mathbf{j} - (8\text{ m})\mathbf{k}, \quad |\mathbf{r}_{BD}| = 12\text{ m}$$

$$\mathbf{r}_{EC} = -(6\text{ m})\mathbf{i} + (3\text{ m})\mathbf{j} + (2\text{ m})\mathbf{k}, \quad |\mathbf{r}_{EC}| = 7\text{ m}$$

故張力 $\mathbf{T}_{BD}$ 及 $\mathbf{T}_{EC}$ 可表示為

$$\mathbf{T}_{BD} = T_{BD}\mathbf{e}_{BD} = T_{BD}\left(\frac{\mathbf{r}_{BD}}{|\mathbf{r}_{BD}|}\right) = T_{BD}\left(-\frac{2}{3}\mathbf{i} + \frac{1}{3}\mathbf{j} - \frac{2}{3}\mathbf{k}\right)$$

$$\mathbf{T}_{EC} = T_{EC}\mathbf{e}_{EC} = T_{EC}\left(\frac{\mathbf{r}_{EC}}{|\mathbf{r}_{EC}|}\right) = T_{EC}\left(-\frac{6}{7}\mathbf{i} + \frac{3}{7}\mathbf{j} + \frac{2}{7}\mathbf{k}\right)$$

支承 A 的反力可表示為

$$\mathbf{F}_A = A_x\mathbf{i} + A_y\mathbf{j} + A_z\mathbf{k}$$

重力為

$$\mathbf{W} = -(270\text{ N})\mathbf{j}$$

由力的平衡方程 $\Sigma\mathbf{F}_i = 0$，得

$$A_x\mathbf{i} + A_y\mathbf{j} + A_z\mathbf{k} + \mathbf{T}_{BD} + \mathbf{T}_{EC} + \mathbf{W} = 0$$

整理後得

$$(A_x - \frac{2}{3}T_{BD} - \frac{6}{7}T_{EC})\mathbf{i} + (A_y + \frac{1}{3}T_{BD} + \frac{3}{7}T_{EC} - 270\text{ N})\mathbf{j}$$

$$+(A_z - \frac{2}{3}T_{BD} + \frac{2}{7}T_{EC})\mathbf{k} = 0 \tag{1}$$

現在以 A 點為力矩中心列力矩平衡方程（因 A 點的未知反力不會出現在此方程中）$\sum \mathbf{M}_A = 0$，得

$$(8\text{m})\mathbf{i} \times T_{BD}(-\frac{2}{3}\mathbf{i} + -\frac{1}{3}\mathbf{j} - \frac{2}{3}\mathbf{k}) + (6\text{ m})\mathbf{i} \times T_{EC}(-\frac{6}{7}\mathbf{i} + \frac{3}{7}\mathbf{j} + \frac{2}{7}\mathbf{k}) + (4\text{m})\mathbf{i} \times (-270\text{N})\mathbf{j} = 0$$

整理上式，得

$$(5.333T_{BD} - 1.714T_{EC})\mathbf{j} + (2.667T_{BD} + 2.571T_{EC} - 1080)\mathbf{k} = 0 \tag{2}$$

令(2)式中 $\mathbf{j}$ 與 $\mathbf{k}$ 的係數為零，即得兩個純量方程，由此可解出 T_{BD} 與 T_{EC}：

$$T_{BD} = 101.3\text{ N},\quad T_{EC} = 315\text{ N}$$

再令(1)式中 $\mathbf{i}$、$\mathbf{j}$、$\mathbf{k}$ 的係數為零，可再得三個純量方程，進而解出 A_x、A_y 與 A_z：

$$A_x = 338\text{ N},\quad A_y = 101.2\text{ N},\quad A_z = -22.5\text{ N}$$

即 A 點的反力可表示為

$$\mathbf{F}_A = (338\text{ N})\mathbf{i} + (101.2\text{ N})\mathbf{j} - (22.5\text{ N})\mathbf{k}$$

例 4-5.2

一鉸盤用來提升120 lb的物體，如圖 4-5.2(a)所示，圖中的長度單位為 in。不計鉸盤的重量，求

(1) 為了維持鉸盤的平衡需加在 C 處的鉛垂力 P 為若干？

(2) 支承 A 及 B 的反力，假設軸承 B 處不存在軸向推力。

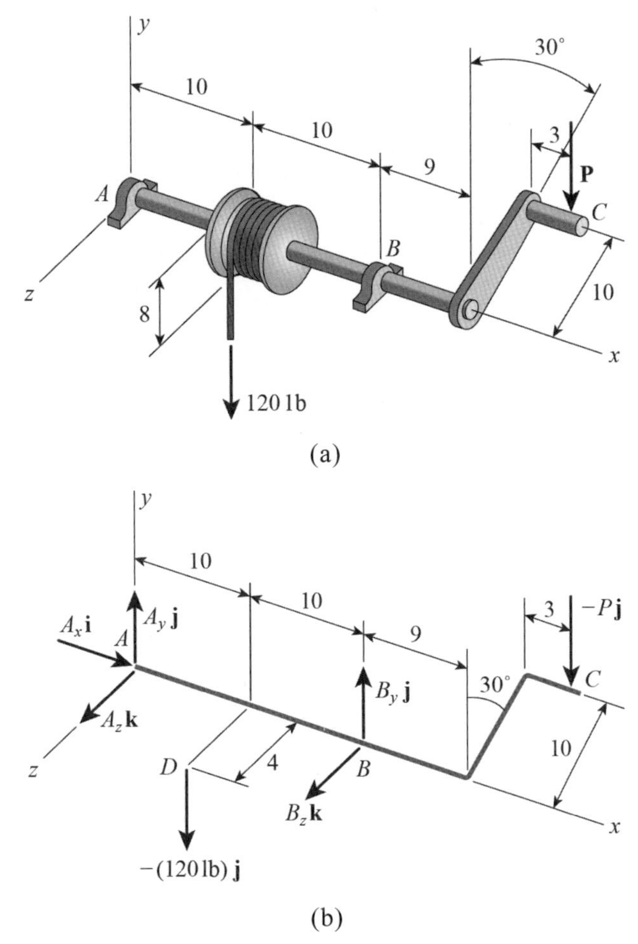

圖 4-5.2　鉸盤的平衡

解

(1) 研究對象：鉸盤。

(2) 自由體圖：如圖 4-5.2(b)，A處有三個反力，B處有兩個反力，加上未知的力 $\mathbf{P}$（方向已知），共有六個未知數，但空間力系有六個平衡方程，故系統為靜定。

(3) 平衡方程：為了方便列平衡方程，先求出各力的直角座標分量表達式，及其作用點的位置向量如下：

$$\mathbf{A} = A_x\mathbf{i} + A_y\mathbf{j} + A_z\mathbf{k}\,,\quad \mathbf{r}_A = 0$$

$$\mathbf{B} = B_y\mathbf{j} + B_z\mathbf{k}\,,\quad \mathbf{r}_B = (20\text{ in})\mathbf{i}$$

$$\mathbf{P} = -P\mathbf{j}，\ \mathbf{r}_C = (32\text{ in})\mathbf{i} + (10\text{ in})\cos 30°\mathbf{j} - (10\text{ in})\sin 30°\mathbf{k}$$

$$= (32\text{ in})\mathbf{i} + (8.66\text{ in})\mathbf{j} - (5\text{ in})\mathbf{k}$$

$$\mathbf{W} = -120\text{ lb}\mathbf{j}，\ \mathbf{r}_D = (10\text{ in})\mathbf{i} + (4\text{ in})\mathbf{k}$$

以 A 為力矩中心，列力矩平衡方程，

$$\sum \mathbf{M}_A = 0: (10\mathbf{i} + 4\mathbf{k}) \times (-120\mathbf{j}) + (20\mathbf{i}) \times (B_y\mathbf{j} + B_z\mathbf{k}) + (32\mathbf{i} + 8.66\mathbf{j} - 5\mathbf{k}) \times (-P\mathbf{j}) = 0$$

整理上式，得

$$(480 - 5P)\mathbf{i} - 20B_z\mathbf{j} + (20B_y - 1200 - 32P)\mathbf{k} = 0$$

令上式中 $\mathbf{i}$、$\mathbf{j}$、$\mathbf{k}$ 的係數為零，得

$$\mathbf{i}: 480 - 5P = 0，\ P = 96.0(\text{lb})$$

$$\mathbf{j}: -20B_z = 0，\ B_z = 0$$

$$\mathbf{k}: 20B_y - 1200 - 32(96.0) = 0，\ B_y = 213.6(\text{lb})$$

再列力平衡方程。因為我們已經有了各力的直角座標分量表達式，故可直接用純量方程

$$\sum F_x = 0: A_x = 0$$

$$\sum F_y = 0: A_y + B_y - P - 120 = 0，\ A_y = 2.40(\text{lb})$$

$$\sum F_z = 0: A_z + B_z = 0，\ A_z = -B_z = 0$$

答案是：

$$\mathbf{P} = -(96.0\text{ lb})\mathbf{j}$$

$$\mathbf{A} = A_x\mathbf{i} + A_y\mathbf{j} + A_z\mathbf{k} = (2.40\text{ lb})\mathbf{j}$$

$$\mathbf{B} = B_y\mathbf{j} + B_z\mathbf{k} = (213.6\text{ lb})\mathbf{j}$$

註：使用平衡方程時，力和長度的單位不一定要化成標準單位。只要保證力和長度各自使用相同的單位即可。

例 4-5.3

如圖 4-5.3 所示，三圓盤 A、B 和 C 的半徑分別為 15cm、10cm 和 5cm。在這三圓盤的邊緣上各施加力偶，組成力偶的力的大小分別為 10 牛頓，20 牛頓和未知力 P。軸 OA，OB，和 OC 在同一平面內，且 $\angle AOB = 90^\circ$。求能使該系統平衡的力 P 和角 $\alpha = \angle BOC$。（設不計圓盤和桿的重量）

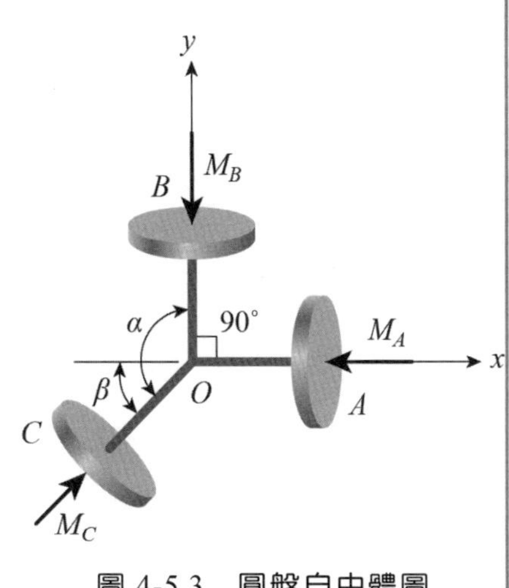

圖 4-5.3　圓盤自由體圖

解

以整體作為研究對象，自由體圖如圖 4-5.3 所示，其中各圓盤上的力偶分別用力偶矩向量 M_A，M_B 和 M_C 表示，其大小分別為

$$M_A = 2r_A \times 10 = 2\times 15\times 10 = 300\text{N}\cdot\text{cm}$$

$$M_B = 2r_B \times 20 = 2\times 10\times 20 = 400\text{N}\cdot\text{cm}$$

$$M_C = 2r_C \times P = 2\times 5\times P = 10P\text{N}\cdot\text{cm}$$

取如圖 4-5.3 所示的座標系，列空間力系的平衡方程如下：

$$\sum M_O = 0：(M_C\cos\beta - M_A)\mathbf{i} + (M_C\sin\beta - M_B)\mathbf{j} = 0$$

即

$$M_C\cos\beta - M_A = 0 \tag{1}$$

$$M_C\sin\beta - M_B = 0 \tag{2}$$

由(1)和(2)式得

$$M_C^2 = M_A^2 + M_B^2$$

$$M_C = \left[M_A^2 + M_B^2 \right]^{1/2} = \left[300^2 + 400^2 \right]^{1/2} = 500\text{N} \cdot \text{cm}$$

故

$$P = \frac{M_C}{10} = 50\text{N}$$

由(1)和(2)式還可得到

$$\tan\beta = \frac{M_B}{M_A} = \frac{4}{3} \;;\; \beta = 53.13^\circ$$

$$\alpha = 90^\circ + \beta = 143.13^\circ$$

4-6 拘束與靜定

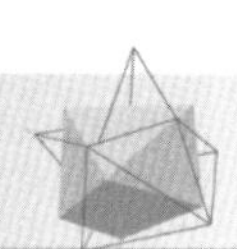

平衡方程是剛體平衡的充分必要條件，而這些方程能否求解又與剛體所受的拘束有關。於是我們面臨兩個問題：一是拘束的適當性問題，二是平衡方程的可解性問題。前者係指拘束是否能夠保證剛體在任意負荷下都能固定不動？而後者係指由平衡方程能否解出所有的未知反力？本節將討論這些問題。

(一) 平衡方程的可解性

我們知道，受平面力系作用的剛體，其平衡方程最多只有三個；受空間力系作用的剛體，其平衡方程最多只有六個。將未知反力的數目(n_R)和獨立的平衡方程數目(n_E)相比較，不外有以下兩種情形發生：

1. $n_R = n_E$，即未知反力的數目和獨立的平衡方程數目相等。在這種情形下，未知反力可由平衡方程唯一確定，我們說未知反力是**靜定的**(statically determinate)。

2. $n_R > n_E$，即未知反力的數目超過了獨立平衡方程的數目。在這種情形下，光靠平衡方程將無法確定所有的未知反力（不排除可解出部分反力），我們說反力是**靜不定的**(statically indeterminate)。例如，第 4 節中的例 4-4.4 就屬這種情形。

也許讀者會認為還有第三種情形，即 $n_R < n_E$。在靜力學中這是不可能的。為此考察圖 4-6.1(a)所示的直桿，其自由體圖如圖 4-6.1(b)所示。未知反力有兩個：N_A 及 N_B（即 $n_R = 2$），表面上看，我們似乎有三個平衡方程可用。但實際上，由於 $\sum F_y = 0$ 和 $\sum M_A = 0$ 都將變成 $0 = 0$ 的恆等式（自動滿足），因此獨立的平衡方程只有一個($n_E = 1$)，即一個方程不能求解兩個未知反力，故它們是靜不定的。為了求出靜不定的反力，我們必須考慮桿子的變形條件（這相當於補充一個方程），但此種方法已不屬靜力學的領域，將留待材料力學中討論。

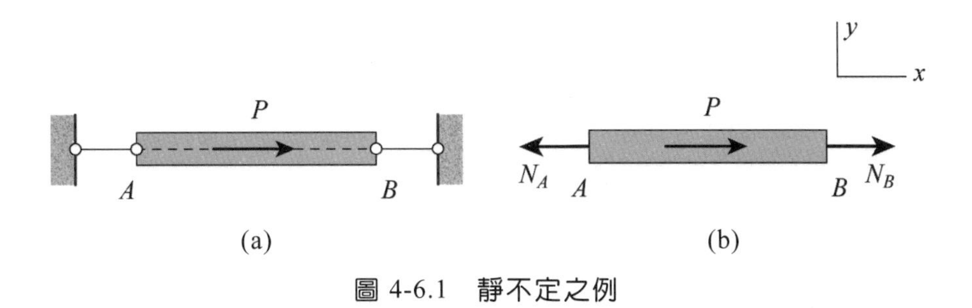

圖 4-6.1　靜不定之例

$$\sum F_x = 0 : P + N_B - N_A = 0$$

如果將圖 4-6.1(a)中的主動力 P 改為沿著 y 軸方向，如圖 4-6.2(a)所示，桿子的自由體圖示於圖 4-6.2(b)中，這時剛體不可能維持平衡，因為 $\sum F_y = P \neq 0$，亦即平衡方程 $\sum F_y = 0$ 不能得到滿足。

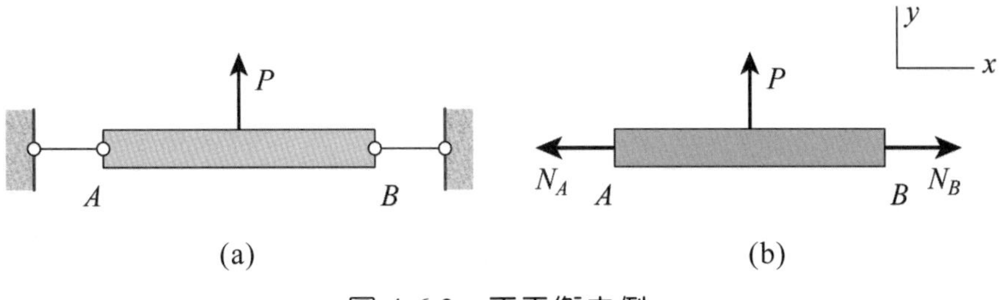

圖 4-6.2　不平衡之例

（二）拘束的適當性

所謂拘束的適當性，係指拘束能否保證剛體在一般負荷作用下固定不動（平衡）。如果能保證這一點，則進一步的問題是，拘束是否恰到好處（不多也不少），還是有**多餘拘束**(redundant constraint)存在？為此我們將拘束進行分類列於表 4-6.1 中，現分別解釋如下。為了敘述方便，我們用 n_R 代表未知反力數目，而用 N_E（不是 n_E！）代表最多可能的平衡方程數目。例如，對平面力系，$N_E=3$；對空間力系，$N_E=6$。

1. **適當拘束**($n_R=N_E=n_E$)：此類拘束能保證剛體在任何負荷作用下固定不動，且所有反力是靜定的。換言之，拘束不多也不少，正好可以維持剛體在任何負荷下的平衡。

表 4-6.1　拘束的分類

（n_R：反力數目；N_E最多可能的平衡方程數目；n_E：獨立的平衡方程數目。）

拘束	n_R、N_E、n_E係	固定否	靜定否	例
適當拘束	$n_R=N_E$ $n_R=n_E$	固定	靜定	(1) $n_R=N_E$　$n_R=n_E$
不適當拘束	$n_R \geq N_E$ $n_R > n_E$	固定	靜不定	(2) $n_R>N_E$
		不固定	靜不定	(3) $n_R=N_E$　$n_R>n_E$
部分拘束	$n_R<N_E$ $n_R \geq n_E$	不固定	靜定	(4) $n_R<N_E$　$n_R=n_E$
		不固定	靜不定	(5) $n_R<N_E$　$n_R>n_E$

2. **不適當拘束**($n_R \geq N_E$ ，$n_R > n_E$)：此類拘束係指從靜力學平衡的觀點來看，有些拘束安排不適當，變成了多餘拘束，因此反力是靜不定的。不適當拘束分兩種形式。第一種形式($n_R = N_E$ ，$n_R > n_E$)，可用圖 4-6.3 來說明，反力有三個($n_R = 3$)，雖然平面力系最多的平衡方程也有三個($N_E = 3$)，但由於$\Sigma F_x = 0$變成了$0 = 0$的恆等式，故獨立的平衡方程只有兩個($n_E = 2$)。兩個方程不能求解三個未知數，故反力是靜不定的。此外，此類拘束不能使剛體完全固定，例如，將圖 4-6.3 中的主動力 **P** 改為水平方向，則剛體不可能處於平衡（因$\Sigma F_x \neq 0$）。所以此類拘束亦可稱為「不完全固定不適當拘束」。

第二種形式的不適當拘束($n_R > N_E$)，可用圖 4-6.4 來說明。反力有四個($n_R = 4$)，而平面力系的平衡方程最多只有三個($N_E = 3$)，故反力是靜不定的。此類拘束可使剛體完全固定，故此類拘束亦可稱為「完全固定不適當拘束」。

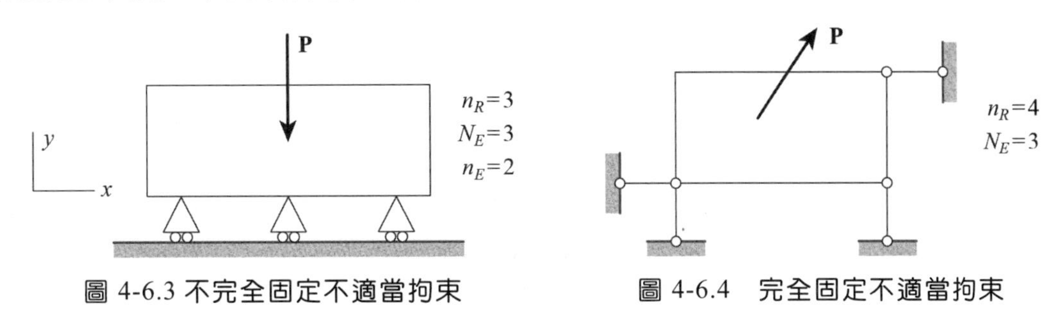

圖 4-6.3 不完全固定不適當拘束　　圖 4-6.4　完全固定不適當拘束

以上分析表明，「不適當拘束」和「多餘拘束」是同義語，亦即，不適當拘束，也可稱為多餘拘束。

3. **部分拘束**($n_R < N_E$ ，$n_R \geq n_E$)：此類拘束係指拘束不夠，因此不能保證剛體在一般負荷下固定不動，其反力可以是靜定的，也可以是靜不定的。這兩種形式的**部分拘束**(partially constrained)分別示於圖 4-6.5(a)與(b)中。顯然，若將圖 4-6.5 中的主動力 **P** 改為水平方向，則剛體不可能維持平衡（因$\Sigma F_x \neq 0$）。

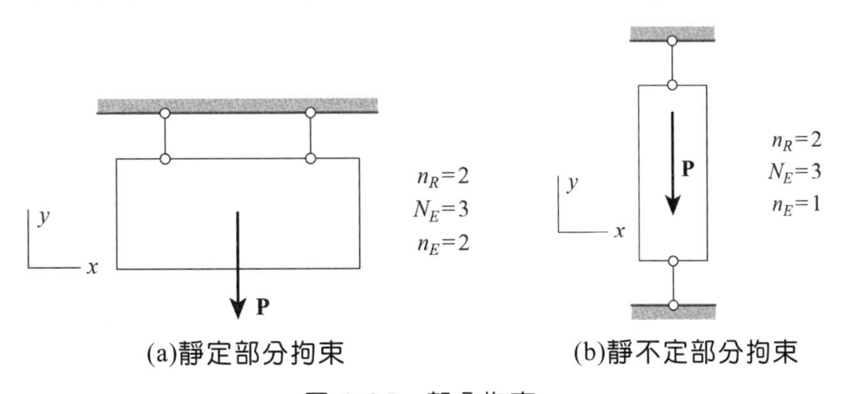

(a)靜定部分拘束　　(b)靜不定部分拘束

圖 4-6.5　部分拘束

很容易將「部分拘束」和前面講的「不完全固定不適當拘束」相混淆。雖然兩者都不能使剛體完全固定，但應注意，對前者的 $n_R < N_E$ ，而對後者 $n_R = N_E$ 。

在工程設計中，有些結構必須設計成多餘拘束的形式，這主要是從安全的角度而不是只從平衡的角度考慮問題。例如橋樑，從靜力平衡的角度，只須將其設計成如圖 4-6.6(a)的簡支樑形式。但當跨度及負荷較大時，橋樑就再也不能視為剛體，而會發生變形。若將橋樑設計成圖 4-6.6(b)的形式，當橋樑發生變形時，多餘的支承就會產生阻止作用，這樣橋樑才不致破壞。此外，如汽車或機器，必須設計成部分拘束的形式。若將它們設計成完全固定的形式，一點也動不了，那麼這種汽車或機器也就沒有任何用處了。

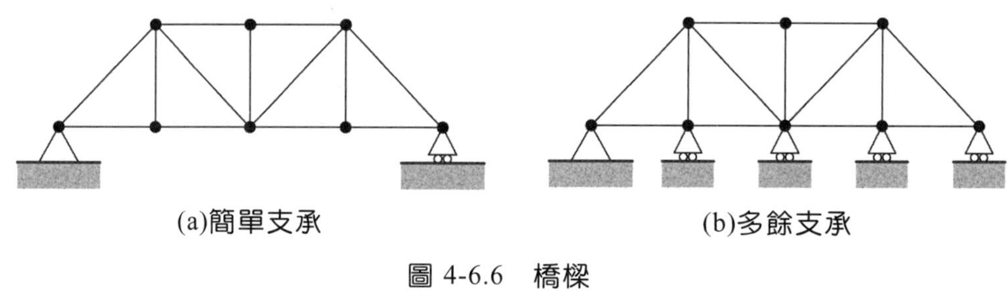

圖 4-6.6　橋樑

(三) 拘束是否適當的判定

對於拘束是否適當的問題，可用解析法，但此法超出本書的範圍，不予討論。這裡只根據力學的基本概念，提出一些直觀的判定方法。

首先應明瞭，拘束是經由反力來維持剛體的平衡的。如果我們將拘束反力構成的力系稱為**拘束力系**，則顯然，拘束力系應該是一般力系而不是某種特殊力系，才能保證剛體在任何負荷下維持平衡。否則，如果拘束力系只是某種特殊力系，如共點力系、共線力系、平行力系等，則不可能保證剛體在任何負荷作用下維持平衡。例如圖 4-6.5(a)，拘束力系是一平行力系，當主動力 **P** 與之平行時，剛體才能平衡；而當主動力與之垂直時，則顯然剛體不可能平衡，由此可見，此種拘束絕對不是適當拘束。同樣對圖 4-6.5(b)，拘束力系是一共線力系，當主動力與之垂直時，剛體不可能平衡。

根據以上的分析可知，要使剛體完全固定，則拘束力系必須滿足下列各條件：

1. 拘束力系不能是共線力系；
2. 拘束力系不能是共點力系；

3. 拘束力系不能是平行力系；

對於三維剛體，除了以上條件外，還應加上以下兩條件：

4. 拘束力系之各力不能和同一直線相交；

5. 拘束力系之各力不能處於互相平行的平面內。

若拘束力系不滿足以上條件，則剛體就不是完全固定的。檢查以上各條件後，再清點反力的數目(n_R)，最後和 N_E、n_E 比較，則不難確定拘束的類別，從而知道拘束是否適當。表 4-6.2 列舉了一些例子供參考。

例 4-6.1

一均質三角形薄板 *ABC* 懸掛如圖 4-6.7 所示，*A* 為球窩支承，*DC* 為軟繩。試問：三角板是否完全固定，拘束屬何種類型？

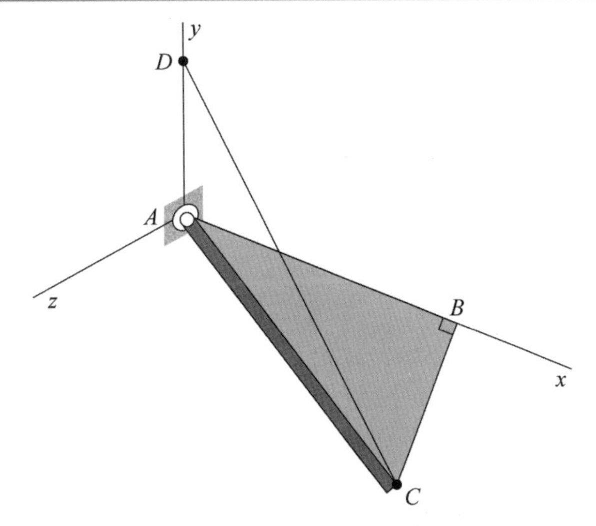

圖 4-6.7 一懸掛的三角板

解

不完全固定，因拘束力系之各力相交於同一直線 *AC*（也相交於同一直線 *AD*）。反力有四個($n_R = 4$)：A_x、A_y、A_z、T_{CD}。空間力系平衡方程最多有六個($N_E = 6$)。因 $n_R < N_E$，故為部分拘束。當外加主動力不與 *AC* 相交時，此三角板將繞 *AC* 旋轉（因 $\sum M_{AC} \neq 0$）。同樣，當外加主動力不與 *AD* 相交時，此三角板將繞 *AD* 旋轉（因 $\sum M_{AD} \neq 0$）。

表 4-6.2　由拘束力系判定拘束的適當性

拘束力系	平面	空間
一般拘束力系	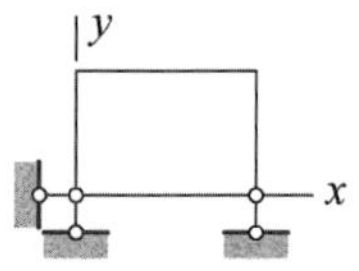 適當拘束 固定 靜定	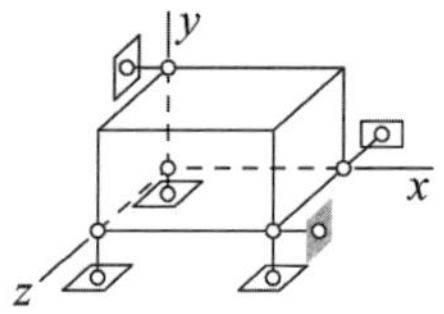 適當拘束 固定 靜定
一般拘束力系	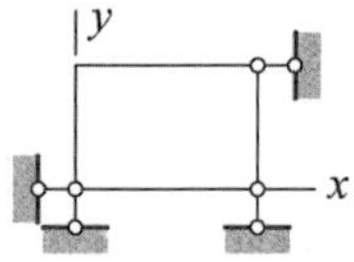 不適當拘束 固定 靜不定	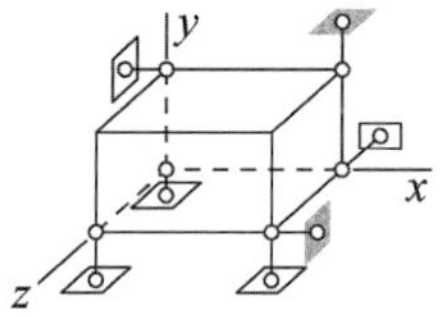 不適當拘束 固定 靜不定
共點拘束力系	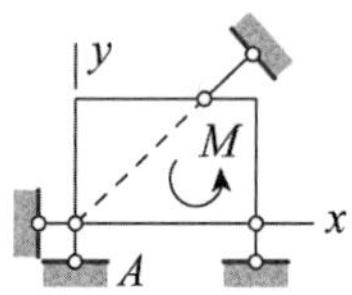 不適當拘束 不固定 $(\sum M_A \neq 0)$ 靜不定	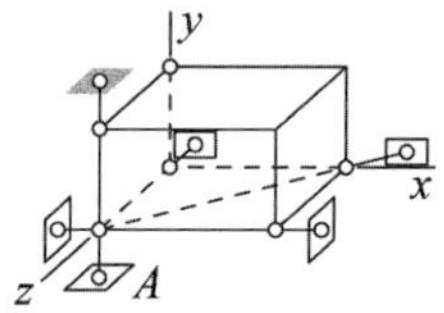 不適當拘束 不固定$(\sum M_A \neq 0)$ 靜不定
共線拘束力系	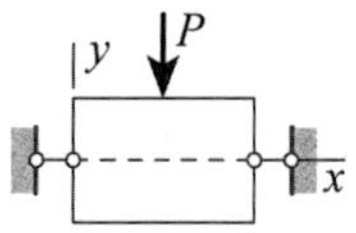 部分拘束 不固定$(\sum F_y \neq 0)$ 靜不定	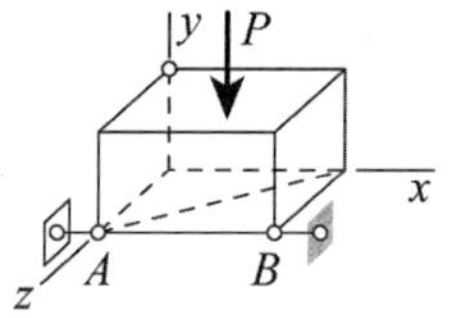 部分拘束 不固定$(\sum F_y \neq 0)$ 靜不定
平行拘束力系	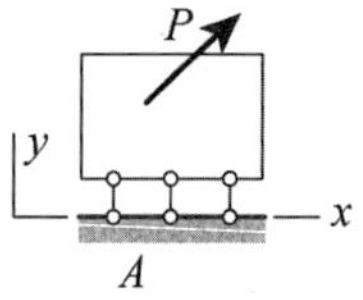 不適當拘束 不固定$(\sum F_x \neq 0)$ 靜不定	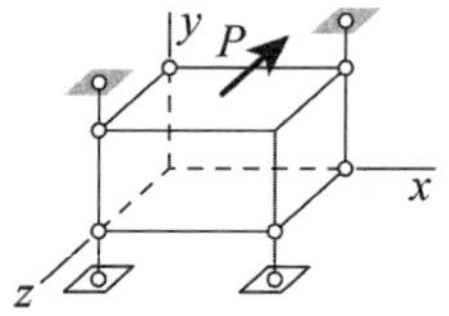 部分拘束 不固定$(\sum F_x \neq 0)$ 靜不定
空間拘束力系交於同一直線	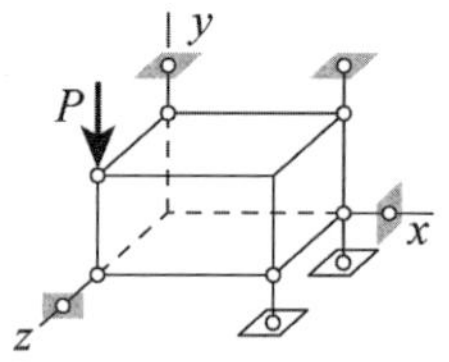	部分拘束 不固定$(\sum M_x \neq 0)$ 靜不定
空間拘束力系處於互相平行平面內	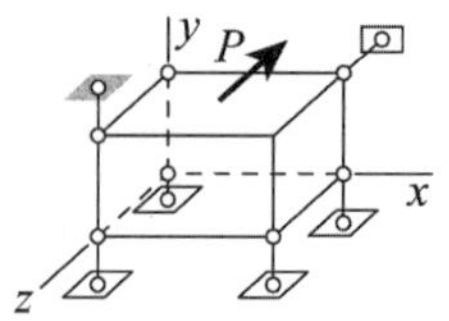	不適當拘束 不固定$(\sum F_x \neq 0)$ 靜不定

4-7 結 語

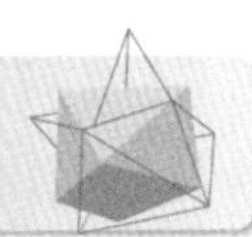

本章討論力系的平衡問題，這是靜力學的主要內容。現將重點小結如下：

有關平衡問題可分為兩大類：(1)已知平衡求未知力；(2)判定拘束是否適當以及平衡方程的可解性。

解決平衡問題的依據是平衡方程，它們是剛體平衡的充分必要條件。平面力系獨立的平衡方程有三個；空間力系獨立的平衡方程有六個。

表 4-7.1 平衡方程

力系	n_E	平衡方程	附加條件
共線於 x 軸	1	$\sum F_x = 0$	
平面力系共點於 O	2	$\sum F_x = 0$, $\sum F_y = 0$	
		$\sum F_x = 0$, $\sum M_A = 0$	OA 不與 x 軸垂直
		$\sum M_A = 0$, $\sum M_B = 0$	A、O、B 不共線
平面力系 平行於 x 軸	2	$\sum F_x = 0$, $\sum M_A = 0$	
		$\sum M_A = 0$, $\sum M_B = 0$	AB 不與 x 軸平行
平面力系 一般力系	3	$\sum F_x = 0$, $\sum F_y = 0$, $\sum M_A = 0$	
		$\sum F_x = 0$, $\sum M_A = 0$, $\sum M_B = 0$	AB 不與 x 軸垂直
		$\sum M_A = 0$, $\sum M_B = 0$, $\sum M_C = 0$	A、B、C 不共線
空間力系 共點於 O	3	$\sum F_x = 0$, $\sum F_y = 0$, $\sum F_z = 0$	
		$\sum F_x = 0$, $\sum M_A = 0$, $\sum M_B = 0$	AB 不與 x 軸垂直
		$\sum M_A = 0$, $\sum M_B = 0$, $\sum M_C = 0$	A、B、C 不共線
空間平行力系	3	$\sum F_x = 0$, $\sum M_y = 0$, $\sum M_z = 0$	力平行於 x 軸
空間力系 與 x 軸相交	5	$\sum F_x = 0$, $\sum F_y = 0$, $\sum F_z = 0$, $\sum M_y = 0$, $\sum M_z = 0$	
空間力系 一般力系	6	$\sum F_x = 0$, $\sum F_y = 0$, $\sum F_z = 0$ $\sum M_x = 0$, $\sum M_y = 0$, $\sum M_z = 0$	

已知平衡求未知力的問題，應按以下步驟求解：

(1) 選研究對象；

(2) 畫自由體圖；

(3) 列平衡方程。

在列平衡方程時，座標軸的方向及力矩中心的位置可以任意選定。這是因為，當剛體處於平衡時，作用在剛體上的力系無論向何處簡化，其合力和合力矩都必須為零。

平衡方程有多種替代形式，但有些要附加一定的條件，它們列於表 4-7.1 中。在解決這一類問題時，可以完全不管這些條件，若在使用過程中，出現了 0=0 的恆等式，則改用其他的方程。

判定拘束是否適當以及平衡方程的可解性問題，首先應分析拘束力系。(1)拘束力系必須是一般力系才能抵消外加的一般主動力系，而達到剛體的平衡；(2)如果拘束力系只是某種特殊力系（如共點、公線、平行力系等），則不可能保証剛體在任何載荷下固定不動。表 4-6.2 列出了一些特殊拘束的例子。在解決此類問題時，n_R，N_R 和 n_E 三個指標起作重要作用，可參閱表 4-6.1。不過，這類問題不是重點，讀者不必花太多力氣。

思考題

1. 剛體受三力且處於平衡狀態，則此三力必共面？此三力必共點？

2. 圖 t4.1 所示的力偶 M 與力 F 不能互相平衡，為什麼所示的滑輪能保持靜止呢？

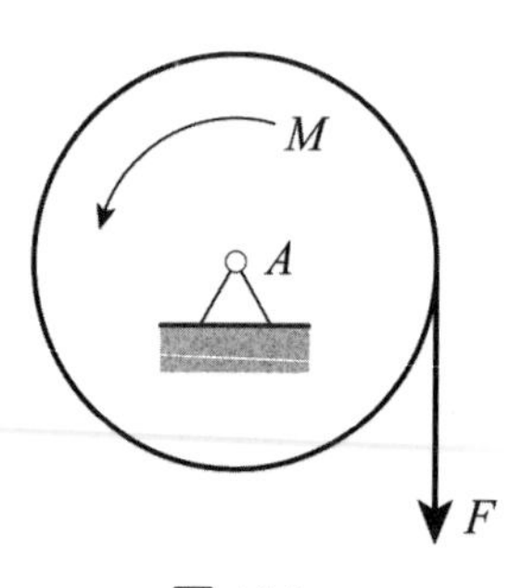

圖 t4.1

3. 力偶能用一個力來平衡，此敘述正確與否？

4. 判斷下列敘述正確與否？

   (A) 任意空間力系一定可等效於一個力及一個力偶。

   (B) 任意空間力系一定可用兩個力偶來和它等效。

   (C) 任意空間力系一定可用兩個力來和它等效。

5. 在一空間力系所在的空間建一直角座標系，如圖 t4.2 所示，其中 A、B、C 三點分別位於三個座標軸上，其位置可以任意選定。此力系的平衡條件是否可用以下六個力矩方程表示？

$$\sum M_{AC}=0,\ \sum M_{AB}=0,\ \sum M_{BC}=0$$
$$\sum M_{Ox}=0,\ \sum M_{Oy}=0,\ \sum M_{Oz}=0$$

其中$\sum M_{AC}=0$表示力系對 AC 軸的矩，餘類推。

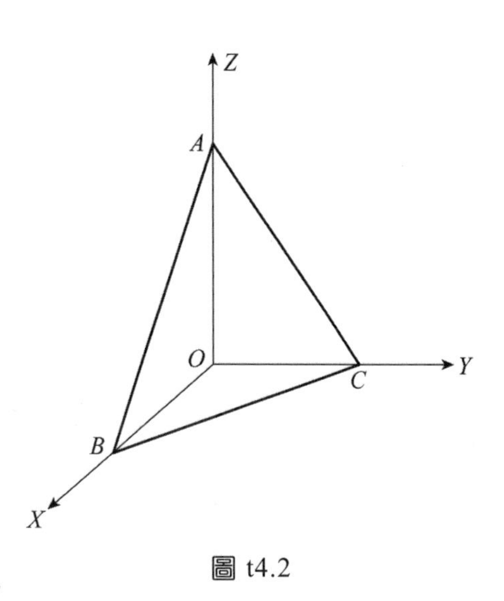

圖 t4.2

6. 空間任意力系向三個互相垂直的平面投影，得三個平面任意力系，而每個平面任意力系有三個平衡方程，由此可得九個平衡方程。為什麼獨立的平衡方程只有六個？

7. 在圖 t4.3 所示的三鉸拱的 BC 上分別作用一力偶 M（見圖(a)）或一力 F（見圖(b)）。當求支承反力時能否將力偶 M 或力 F 分別移到 AC 上？

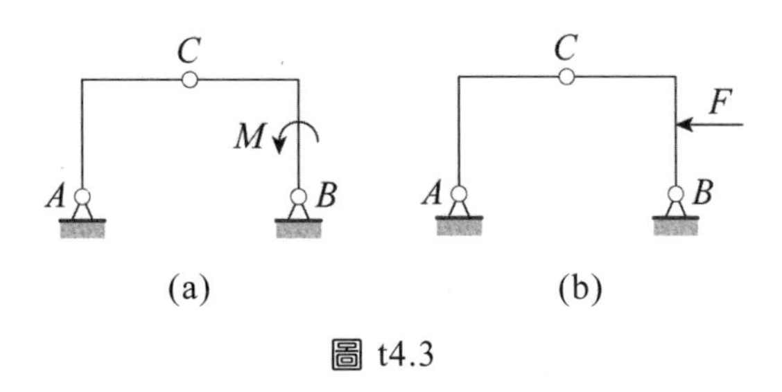

圖 t4.3

8. 圖 t4.4 中哪些是靜定的？哪些是靜不定的？

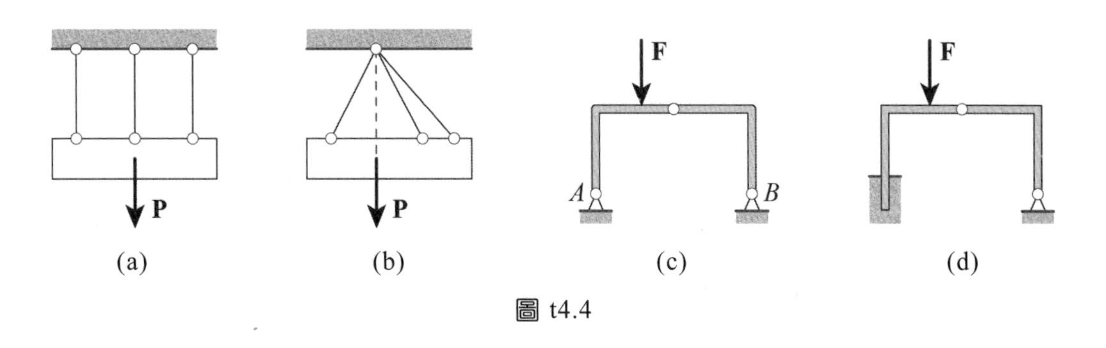

圖 t4.4

9. 一正方形剛體方板用 12 根二力桿支承，如圖 t4.5 所示。桿的支承反力是靜定的嗎？

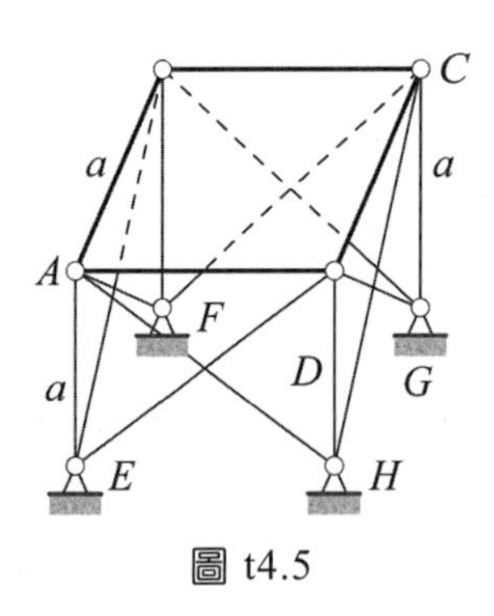

圖 t4.5

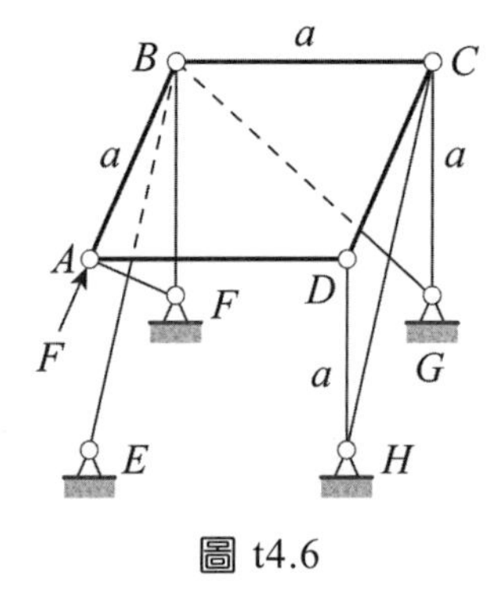

圖 t4.6

10. 從上題中拆去若干二力桿，如圖 t4.6 所示。當一水平力 F 沿 AB 方向作用在方板 $ABCD$ 上時，不計方板的重量，如何求各桿的內力。

習 題

EXERCISE

4.1 畫自由體圖（G 為質心）。

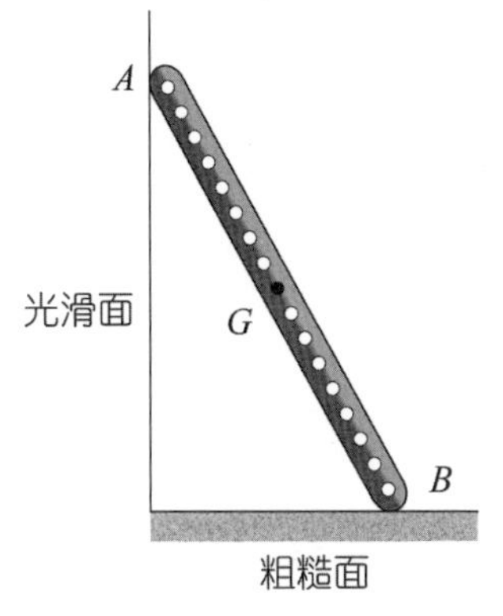

(a)梯子

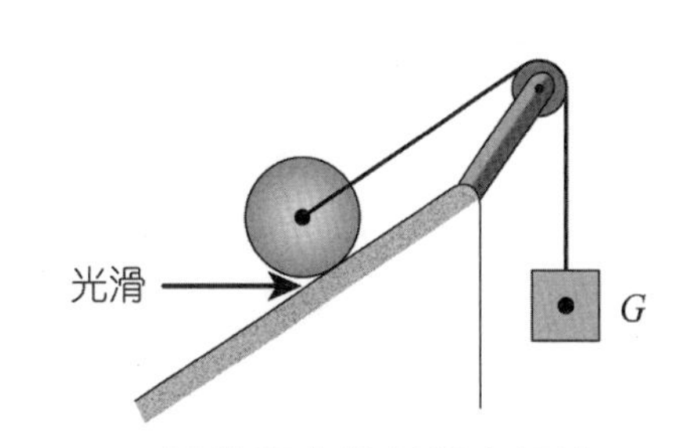

(b)圓柱和方塊用繩索相連

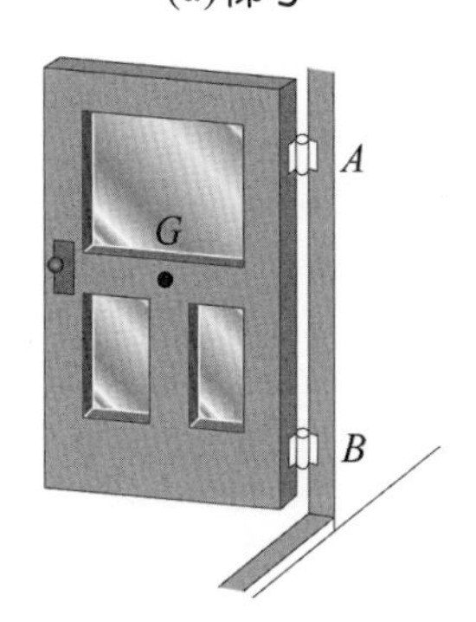

(c)門用兩鉸支承，並設 A 處無軸向推力

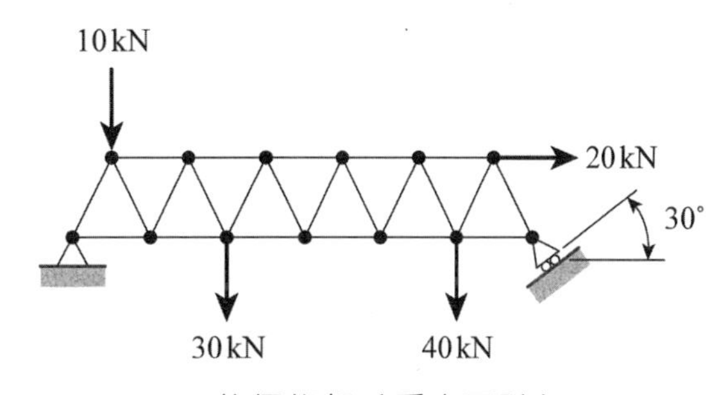

(d)整個桁架（重力不計）

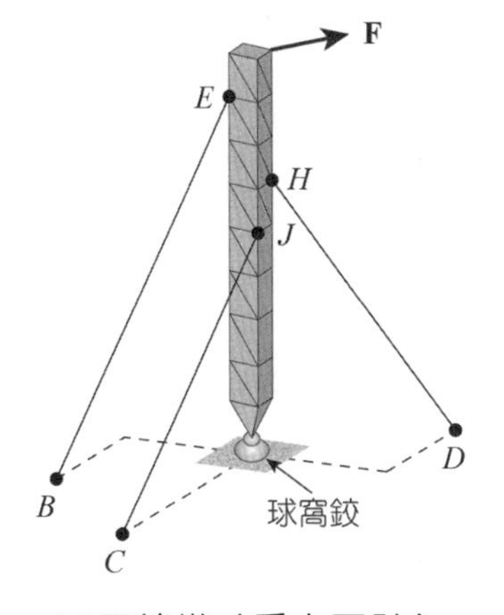

(e)天線塔（重力不計）

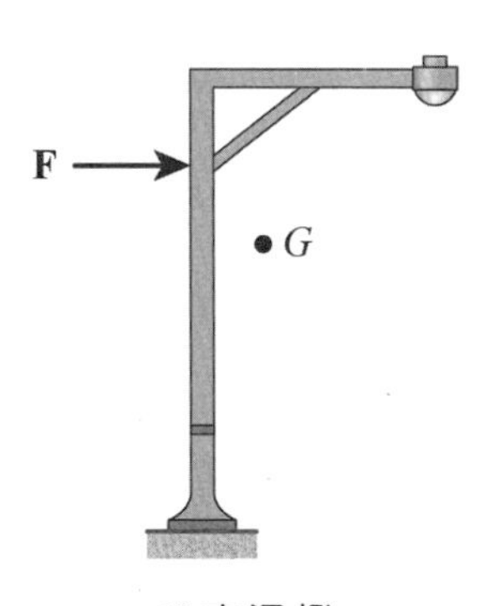

(f)交通燈

圖 P4.1

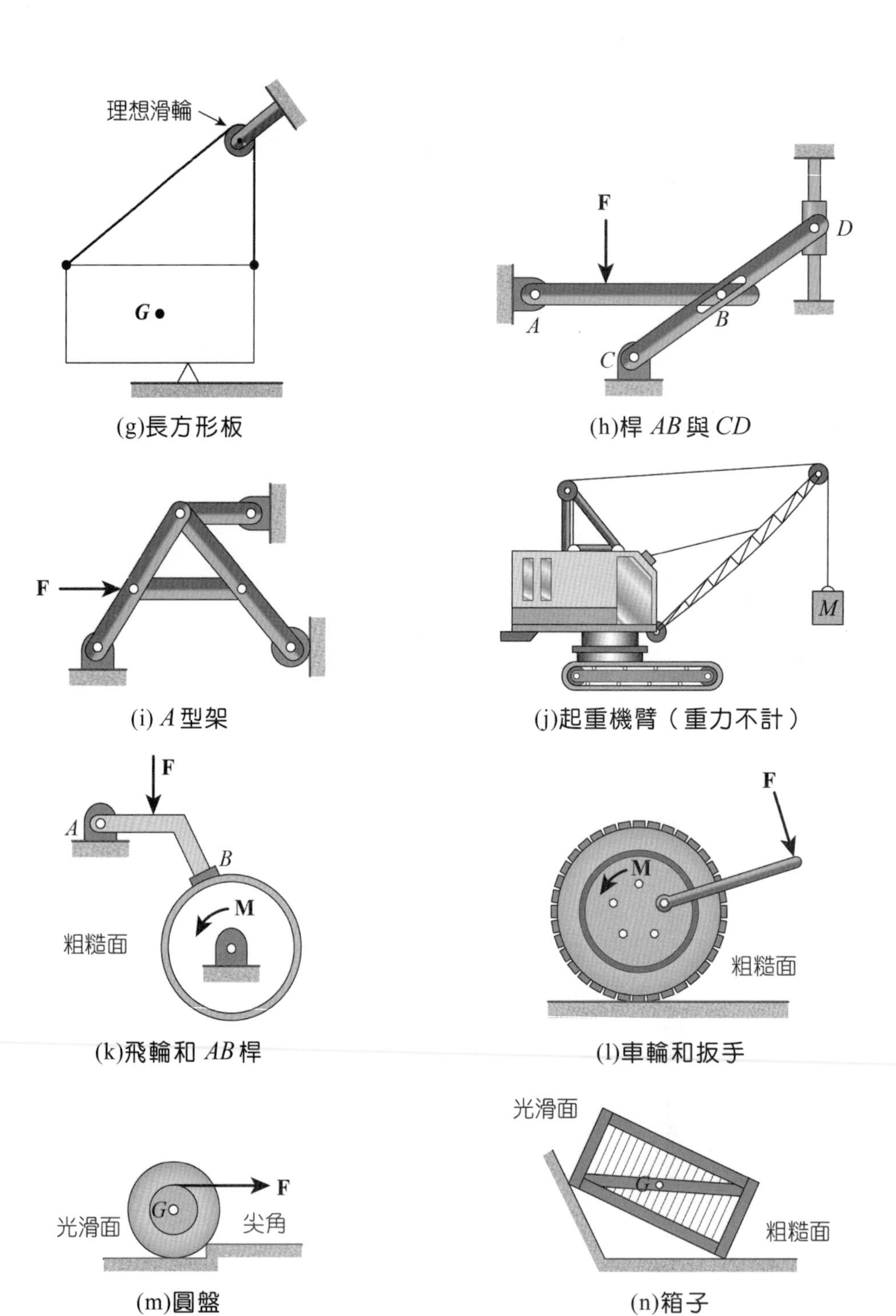

(g)長方形板

(h)桿 *AB* 與 *CD*

(i) *A* 型架

(j)起重機臂（重力不計）

(k)飛輪和 *AB* 桿

(l)車輪和扳手

(m)圓盤

(n)箱子

圖 P4.1（續）

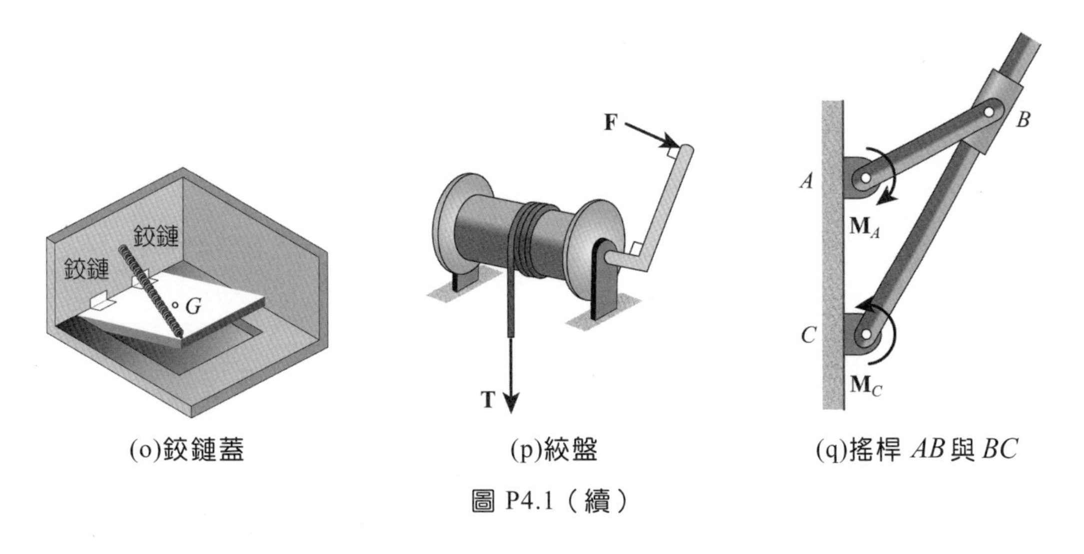

(o)鉸鏈蓋　(p)絞盤　(q)搖桿 AB 與 BC

圖 P4.1（續）

4.2～4.4　三繩索繫於 C 點並加上負載，求 AC 及 BC 繩上的張力。

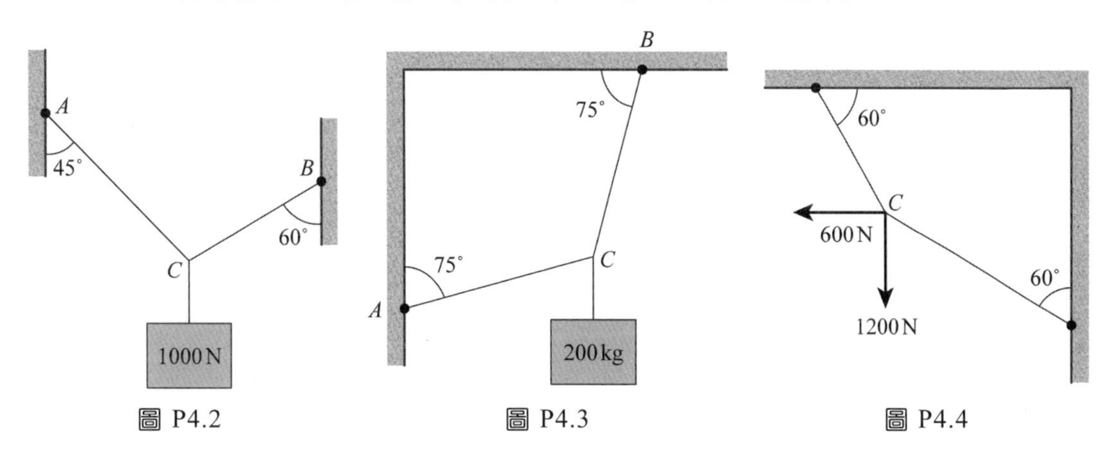

圖 P4.2　圖 P4.3　圖 P4.4

4.5　求支承反力。

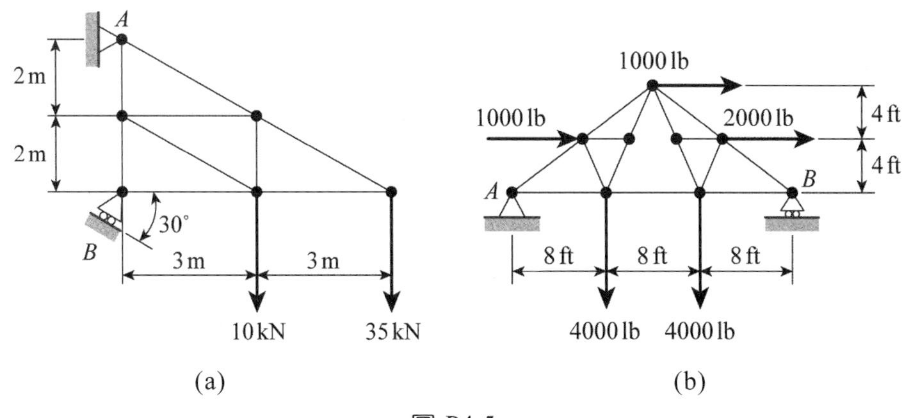

(a)　(b)

圖 P4.5

4.6 求作用在三角桿上的支承反力。

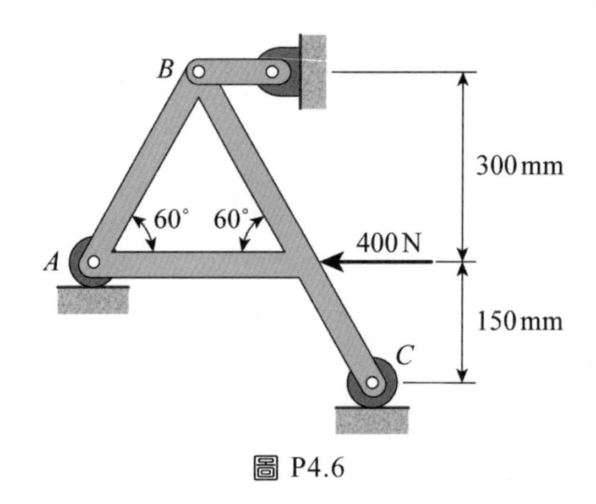

圖 P4.6

4.7 力 **P** 加於曲桿 *AD* 上，求支承反力。

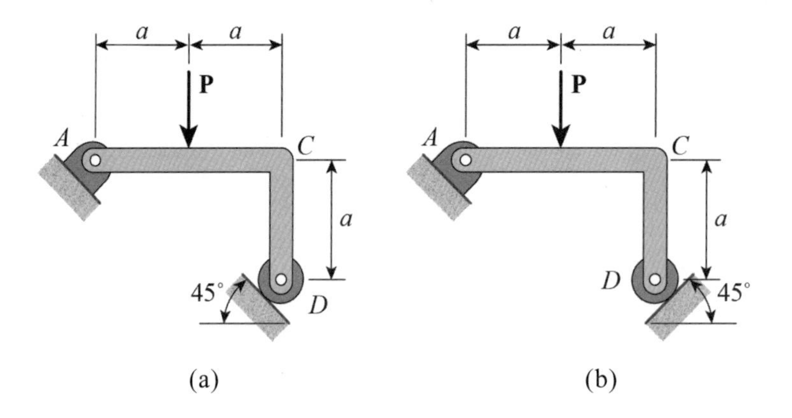

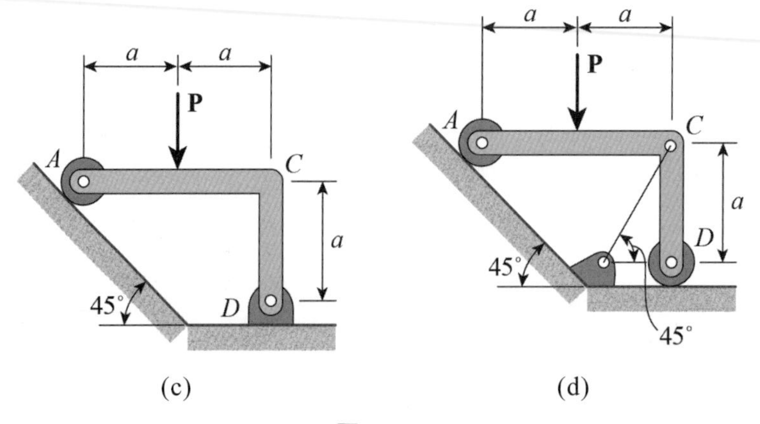

圖 P4.7

4.8～4.9 長 L 的均質桿於圖示的位置保持平衡，設所有表面光滑，求 θ 角為若干？（提示：三力構件。）

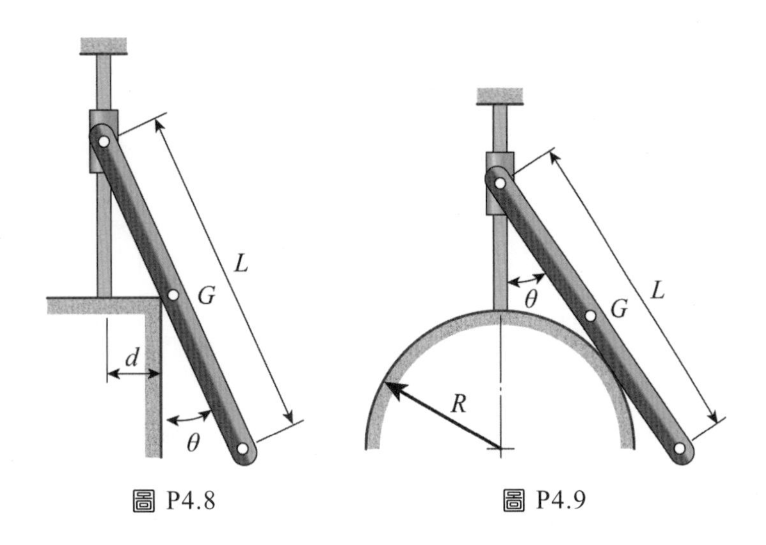

圖 P4.8　　圖 P4.9

4.10 質量為 20 kg 的輪胎與光滑地面和尖銳障礙物相接觸。如在扳手上加力 $F=20\text{N}$，求障礙物作用在輪胎上的力。（提示：將 F 分解為鉛直分量和水平分量，對輪胎中心取力矩。）

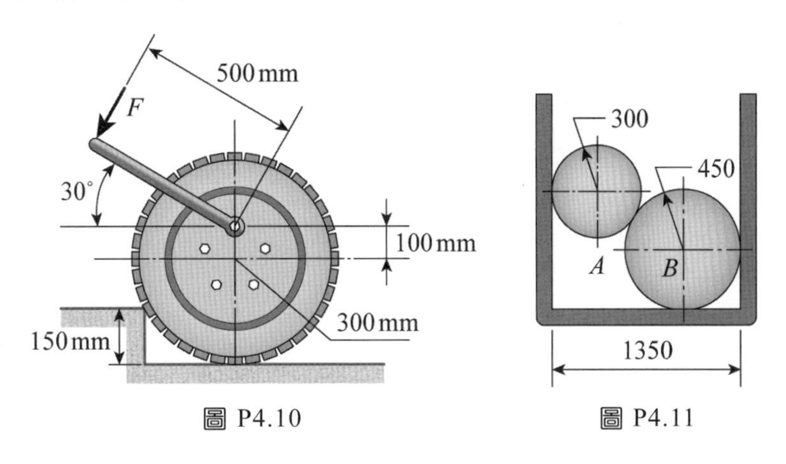

圖 P4.10　　圖 P4.11

4.11 質量為 50 kg、半徑為 300 mm 的圓柱 A 和質量為 100 kg、半徑為 450 mm 的圓柱 B 放在圖示容器內。設所有面都是光滑的，求兩圓柱間的作用力及每個圓柱作用在容器壁上的力。

4.12～4.13 求維持平衡的張力 T。滑輪質量不計(4.12～4.18)。

4.14　質量為 70 kg 的工人坐在質量為 10 kg 的工作板上抓住繩索的自由端而維持平衡。求繩索中的張力以及工人和工作板之間的作用力。（提示：分別以工人和工作板為研究對象，畫自由體圖。）

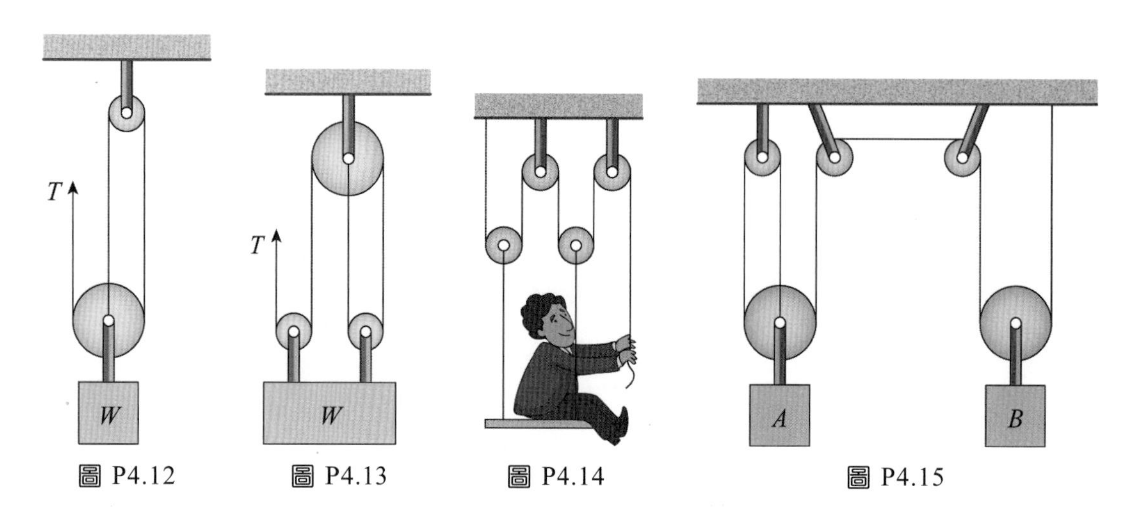

圖 P4.12　圖 P4.13　圖 P4.14　圖 P4.15

4.15　物體 A 的質量為 15 kg，系統處於平衡，求物體 B 的質量。

4.16～4.17　已知物體 A 的質量為 8 kg，兩斜面均光滑，系統處於平衡，求物體 B 的質量。（提示：將重力沿斜面方向和與之垂直方向正交分解。）

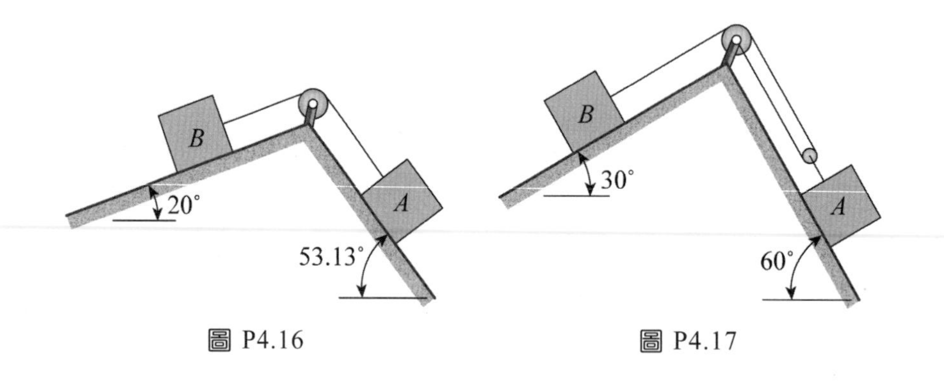

圖 P4.16　圖 P4.17

4.18　正方形重物 W 置於傾角為 α 的斜面上，繩索繫於 A 點跨過小滑輪 E 與重物 P 相連。設 AE 處於水平位置且斜面足夠粗糙以致重物 W 不會下滑，證明：當 $P > \dfrac{W}{2}(1+\tan\alpha)$ 時，重物 W 會被拉翻。（提示：考慮作用在 W 上的力對 B 點的力矩。）

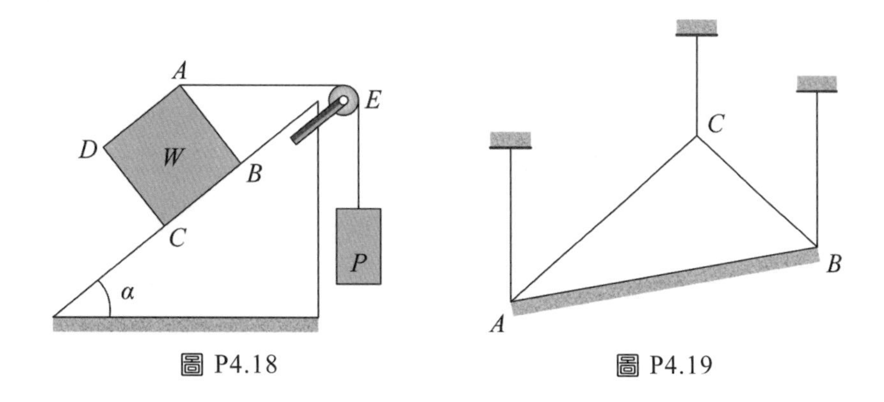

圖 P4.18　　圖 P4.19

4.19　重為 W 的一均質三角板被三根繩索懸掛於水平位置，設三根繩索處於鉛垂位置，證明每繩索中的張力均為 $\frac{1}{3}W$。（提示：對三角形的每邊取力矩。）

4.20　一鉸盤由軸承 C 與 D 水平支承，假定軸承 D 處無軸向推力，求系統平衡時的張力 T，以及軸承 C 和 D 的反力。（提示：參閱例 4-5.2。）

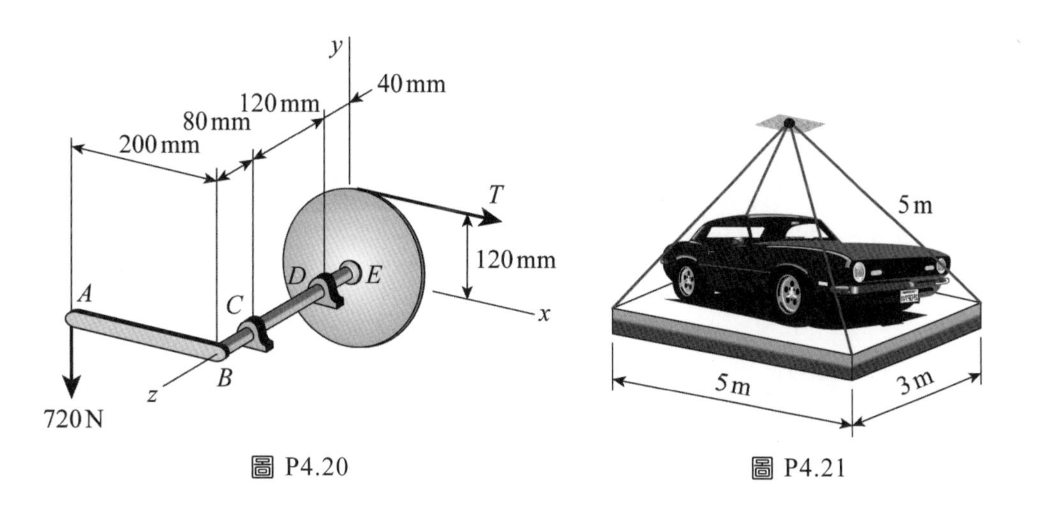

圖 P4.20　　圖 P4.21

4.21　重 3000 N 的汽車被懸在重量不計的平台上。四根繩索長度相等，由對稱性知每根繩索中的張力相等，求此張力。（提示：$\sum F_z = 0$）

4.22　質量為 5 kg 的剛性直桿的兩端 A 和 B 被球窩鉸連接於無重的套筒上，而套筒可在光滑的固定桿上自由滑動。為了維持直桿的平衡，加在套筒 A 上的水平力 F 應為若干？設 $d = 1\text{m}$，桿長 1.5 m。（提示：以直桿 AB 和質量不計的套筒一起作為研究對象。）

4.23 重 5000 N 的長方形廣告牌懸掛如圖所示，假設 U 型支承 A 和 B 在鉛垂方向不產生反力，廣告牌的重心在其幾何中心上。求繩的張力和支承 A 與 B 的反力。（提示：參閱例 4-5.1。）

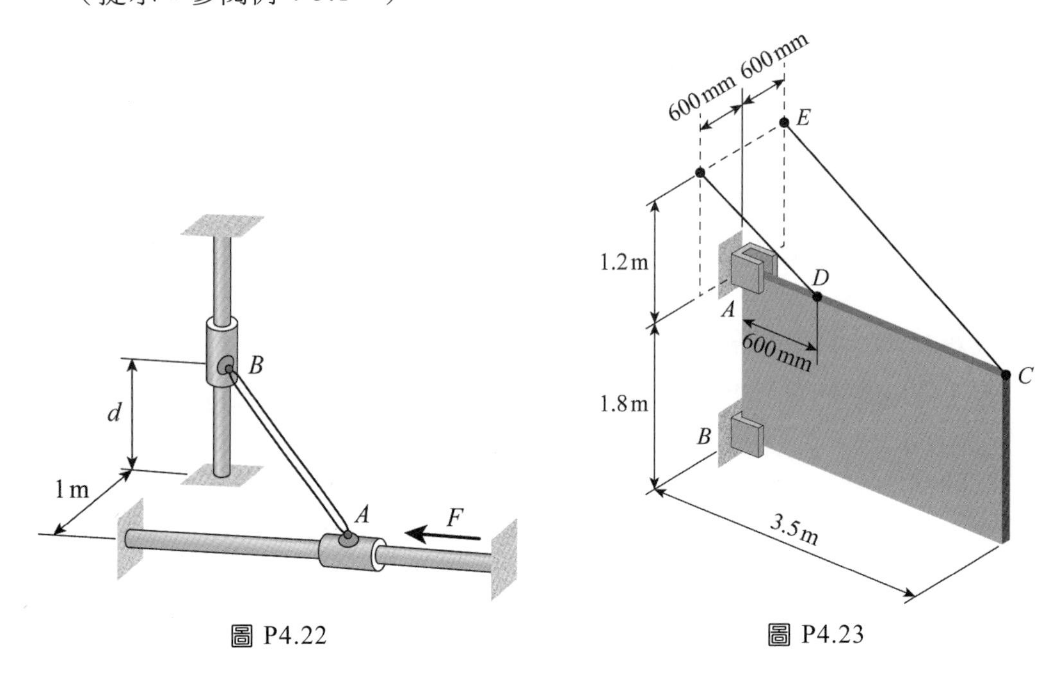

圖 P4.22

圖 P4.23

4.24 一方塊重 W，利用作用在楔上的水平力 P，可沿導槽上升或下降，如圖所示。假設所有接觸面光滑，試求方塊平衡時，P 為若干？（提示：此題為靜不定，但 P 與 W 之關係可求出。）

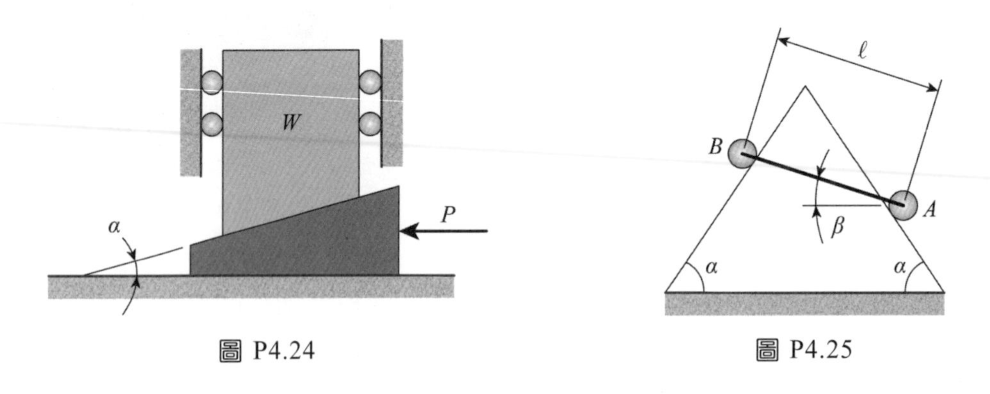

圖 P4.24

圖 P4.25

4.25 質量分別為 m_A 及 m_B 的滾子用一長為 ℓ 的直桿相連，放在光滑的等腰三角形斜面上，桿的質量不計，已知平衡時的角 β，證明：兩滾子的質量比為 $\frac{m_A}{m_B}=\frac{\cos(\alpha-\beta)}{\cos(\alpha+\beta)}$。（提示：以兩滾子和直桿組成的系統為研究對象。）

4.26 質量分別為 m_A 及 m_B 的兩小圓環套在大圓環上，再用細線將兩小圓環相連，而將大圓環掛在天花板上。已知平衡時，連線 AB 與水平成 β 角，兩小環對大圓環中心所張的圓心角為 2α。試證：兩小環質量之比為 $\dfrac{m_A}{m_B}=\dfrac{\sin(\alpha-\beta)}{\sin(\alpha+\beta)}$。（提示：此題有多種解法，可將 A、B 及連線一起作為研究對象，對 O 點取力矩。）

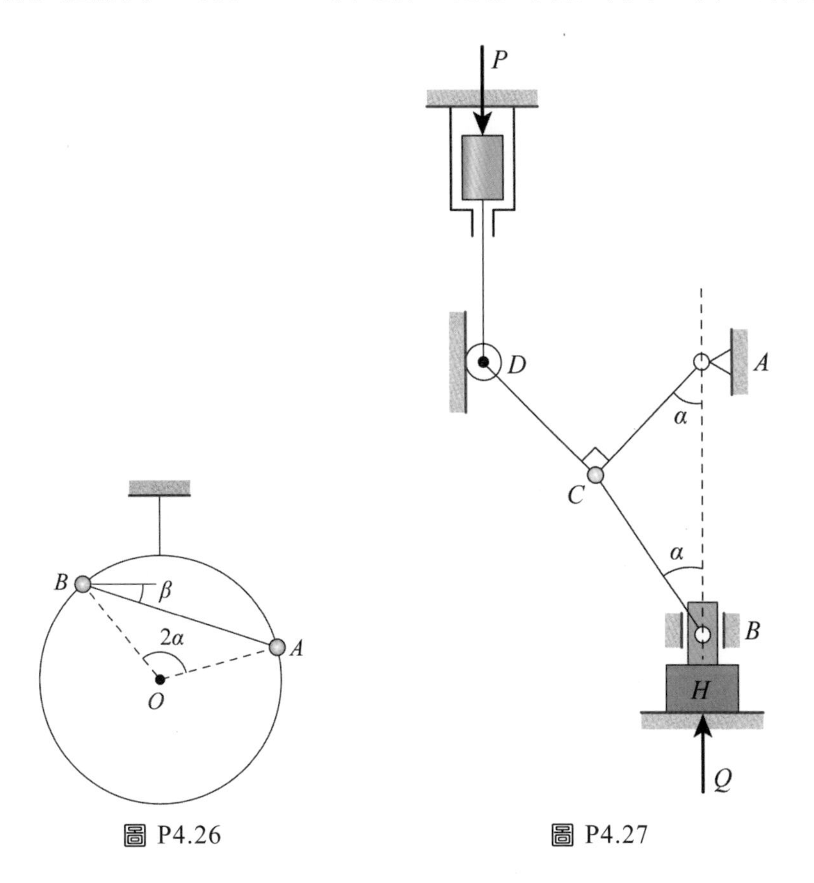

圖 P4.26　　圖 P4.27

4.27 一壓榨機構如圖所示，已知 $AC=BC$ 且平衡時恰好 $AC\perp CD$，各桿質量不計，求壓力 P 與 Q 之關係。（提示：分別考慮 C 點、D 點及方塊 H 的平衡。）

CHAPTER

05

結構分析

5-1 引　言

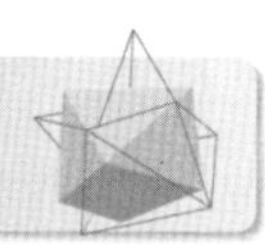

結構係指由若干構件相連接而成的組合體，用以支承負荷或傳遞力。由於結構具有重量輕而強度高的特點，所以它在工程中獲得廣泛應用。結構分析的目的，在於了解個別構件的受力情形，以便設計時選取合適的材料與尺寸；或者用以校核一結構是否安全。

工程中常用的結構有三種：(1)桁架(truss)；(2)構架(frame)；(3)機構(mechanism)。三者的主要區別及實例如表 5.1.1 所示。

進行結構分析的主要依據是平衡方程。凡是用平衡方程能求出所有未知力的結構稱為靜定結構，否則稱為靜不定結構或超靜定結構。對於超靜定結構，必須應用材料力學的知識補充足夠的方程，才能獲得完整解答。本章只討論靜定結構的分析方法。

表 5-1.1　三種常見的結構

型式	拘束情形	特點	例子
桁架	完全拘束	所有構件均為二力直桿	P, A, B
構架	完全拘束	至少含有一個多力構件	*ABC* 為多力構件 P, A, B, C, D
機構	部分拘束	含有可動構件；至少含有一個多力構件	*OA* 為多力構件，也是可動構件 A, M, O, P

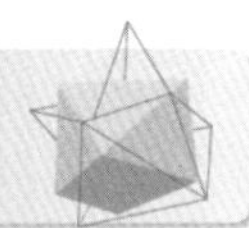

5-2 平面桁架

(一) 定義

若桁架的所有構件及其所受全部負荷（載荷）均在同一平面內，此類桁架稱為**平面桁架**(plane truss)。

平面桁架通常用於屋頂及橋樑等結構，其構件可為工型樑、槽型鋼、角鋼、金屬桿等，將各構件的端點以焊接、鉚接、大螺栓或光滑銷連結在一起。圖 5-2.1 為以光滑銷連接而成的平面桁架。圖 5-2.2 為另一種平面桁架，其各桿端部以螺栓固定在一牽板上。

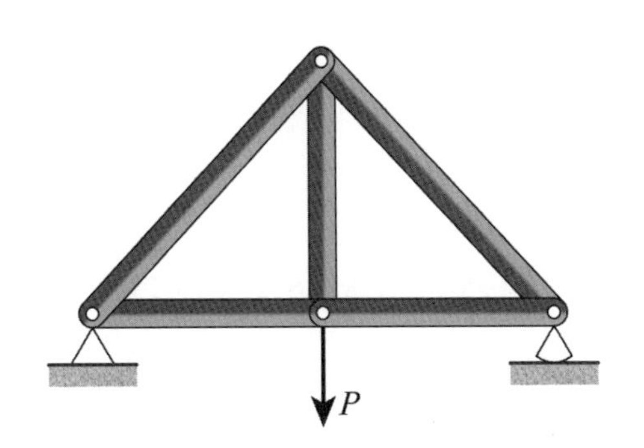

圖 5-2.1 銷連接平面桁架

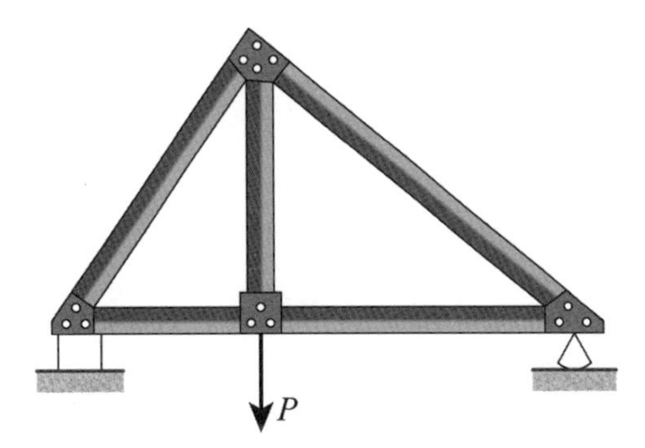

圖 5-2.2 螺栓連接平面桁架

(二) 基本假設

為了簡化桁架的分析過程，通常做如下假設：

1. 各構件兩端，無論採用何種方式連接，均視為以光滑銷釘連接。
2. 所有外力（負荷）只作用在接點上。（若構件中間部分承受有分布載荷，則按平均分配到兩端。）
3. 每一構件的本身的重量不計。（若要考慮構件的重量，則按平均分配到兩端。）
4. 每一構件視為剛體，不考慮變形。

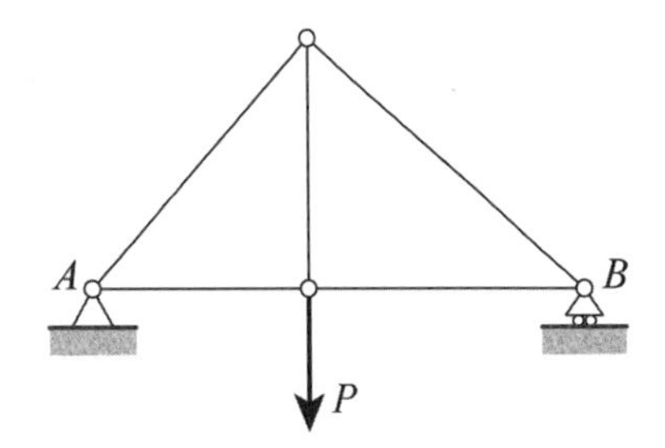

圖 5-2.3 平面桁架的簡化模型

以上假設可總結成一句話：**平面桁架的每一構件均視為剛性二力桿**。經驗證明，對工程中大多數平面桁架，在這些假設下所得的計算結果與實際情形非常相符，所以通常採用這些假設。因此，圖 5-2.1 和圖 5-2.2 所示的桁架，可用簡化圖 5-2.3 來代替。

（三）平面簡單桁架

顯然，由三個構件連接而成的三角形是最基本的平面桁架。為了保證結構具有剛性，以後每增加一個接點，必須增加兩個構件。由此而形成的桁架稱為**簡單桁架**(simple truss)。若所有的構件均在同一平面內，則稱為**平面簡單桁架**(plane simple truss)。

若一平面簡單桁架有 j 個接點，則在原三角形上增加的接點數為 $j-3$，增加的構件數為 $2(j-3)$。因此，若以 n 代表構件的總數，則有

$$n=3+2(j-3) \quad \text{或} \quad n=2j-3 \tag{5-2.1}$$

方程(5-2.1)是平面簡單桁架成為剛性靜定結構的**必要條件**。若 $n<2j-3$，則該桁架是非剛性的，或者說是不穩定的，若有載荷加在其接點上，此桁架勢必塌下來。（實際上，這種結構是機構。）若 $n>2j-3$，則該桁架是超剛性結構（有多餘構件），因而是靜不定結構。以上幾種情形示於圖 5-2.4。

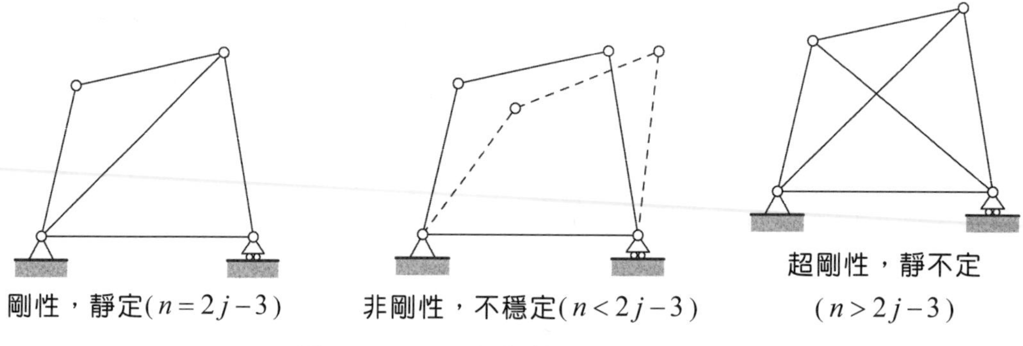

圖 5-2.4 平面桁架的剛性與靜定

值得注意的是，方程(5-2.1)是平面桁架成為剛性靜定結構的必要條件，而不是充分條件。例如圖 5-2.5 所示的結構，雖然也滿足方程(5-2.1)，但它不是剛性結構。事實上，若在 C 點加一垂直載荷，該結構必塌下來。

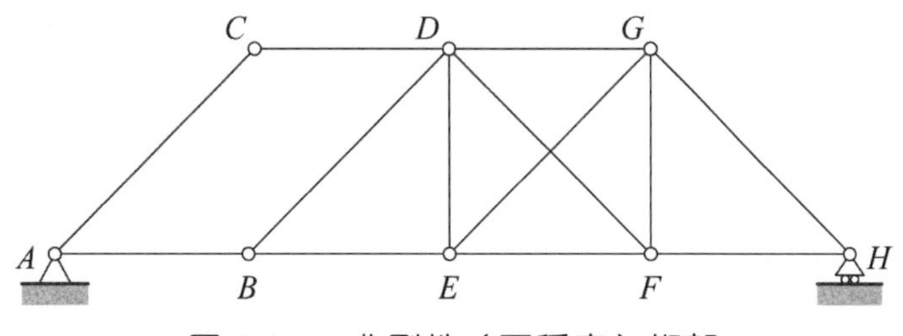

圖 5-2.5 非剛性（不穩定）桁架

5-3 接點法

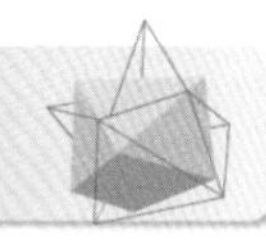

接點法(method of joints)是將桁架中連接在同一接點的所有桿件切斷，將桿對接點的作用以力代替之。然後將接點作為研究對象單獨取出畫自由體圖。這樣每個接點為平面共點力系，有兩個獨立的平衡方程式，可解兩個未知力。因此以接點法分析構件的內力時，每一接點的未知力不得超過二個。若欲求桁架中某一構件的內力時，須從未知力僅有二個之接點開始。

用接點法求內力通常按下列步驟進行：

1. 將整個桁架視為一剛體，畫自由體圖，用平衡方程式求出支承反力。
2. 從未知力僅有兩個的接點開始，以接點作為研究對象畫自由體圖。先假定未知力為**拉力**(tension)，即力向量箭頭離開接點。用平衡方程式求出未知內力。若求得結果為正值，表明原假定正確，標以「拉力」二字或英文 T。若求得結果為負值，表明該桿受**壓力**(compression)，標以「壓力」二字或英文 C。不必去修改原來的自由體圖。接點與桿件之受力分析可參考圖 5-3.1。

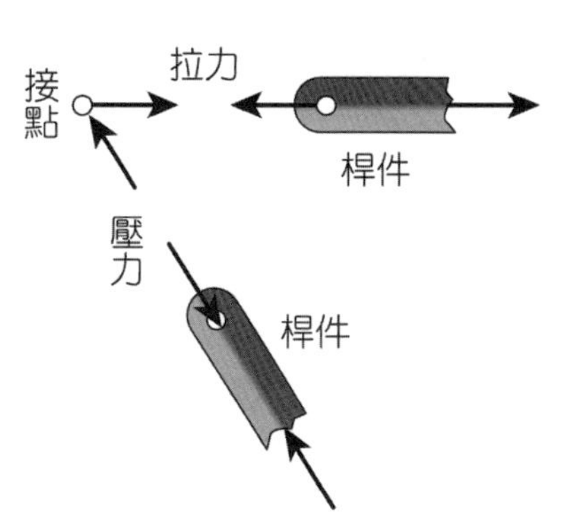

圖 5-3.1 接點與桿件之受力分析

3. 取與以前分析過的接點的相鄰接點為研究對象（當然只能含兩個未知力），重複以上步驟。注意：凡是桿的內力已知（或已經求出），若為拉力，則其向量箭頭離開接點；若為壓力，則其力向量箭頭指向接點。這樣可減少運算錯誤。

   用平衡方程式時，應力求一個方程式解一個未知數。所以先用 $\Sigma F_x = 0$，還是先用 $\Sigma F_y = 0$，是有講究的。下面經由一個例題來說明這種方法。

例 5-3.1

用接點法求各桿的內力。(見圖 5-3.2)

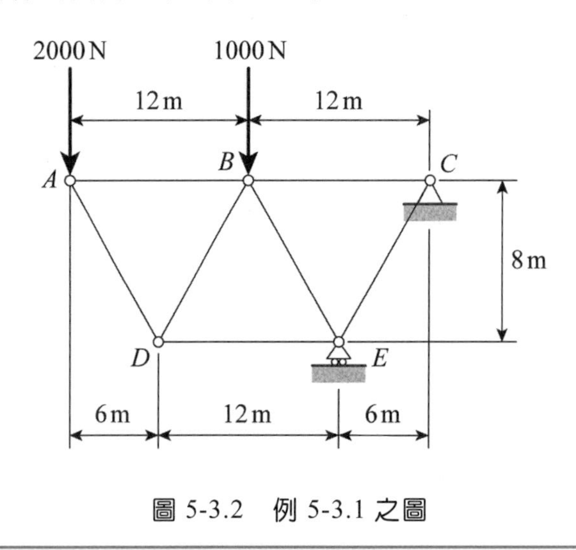

圖 5-3.2 例 5-3.1 之圖

解

(1) 以整個桁架作為研究對象,求支承反力(見圖 5-3.3(a))

$$\sum M_C = 0 : 2000 \times 24 + 1000 \times 12 - E(6) = 0$$

$$E = 10{,}000 \text{ N}(\uparrow)$$

(注意:一個方程式解一個未知力。)

$$\sum F_x = 0 : C_x = 0$$

$$\sum F_y = 0 : -2000 - 1000 + 10{,}000 + C_y = 0, \quad C_y = -7000 \text{ N}(\downarrow)$$

(2) 接點 A(見圖 5-3.3(b))

$$\sum F_y = 0 : -2000 - F_{AD}(\frac{4}{5}) = 0$$

$$F_{AD} = -2500 \text{ N}\text{(壓力)}$$

$$\sum F_x = 0 : F_{AB} + F_{AD}(\frac{3}{5}) = 0$$

$$F_{AB} = 1500\text{ N}（拉力）$$

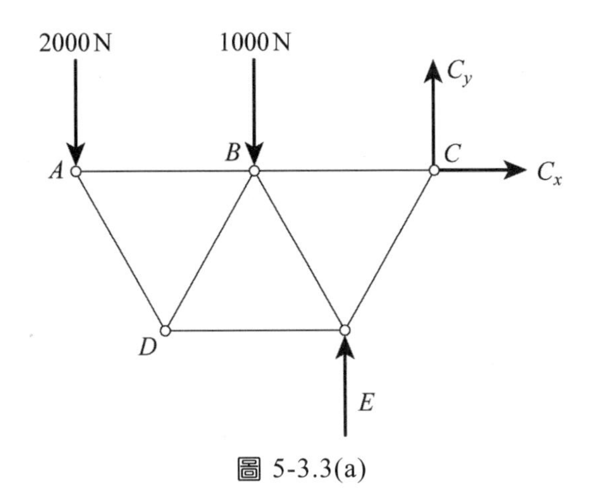

圖 5-3.3(a)

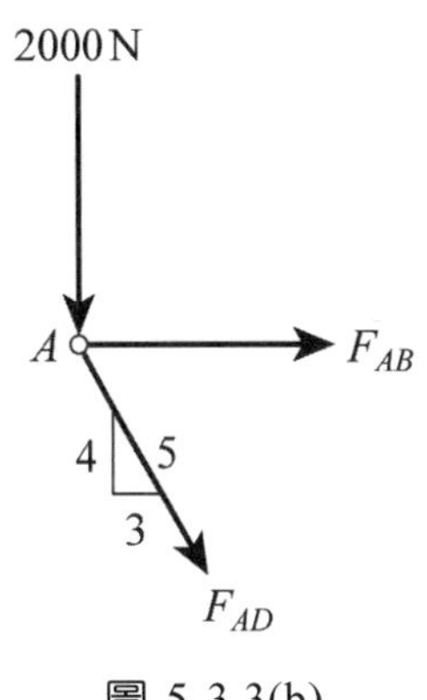

圖 5-3.3(b)

(3) 接點 D（見圖 5-3.3(c)）

（注意：前面已求出 F_{AD} 為壓力，故力向量箭頭指向接點。）

$$\sum F_y = 0 : F_{DB}(\frac{4}{5}) - 2500(\frac{4}{5}) = 0$$

$$F_{DB} = 2500\text{ N}（拉力）$$

$$\sum F_x = 0 : F_{DE} + F_{DB}(\frac{3}{5}) + 2500(\frac{3}{5}) = 0$$

$$F_{DE} = -3000\text{ N}（壓力）$$

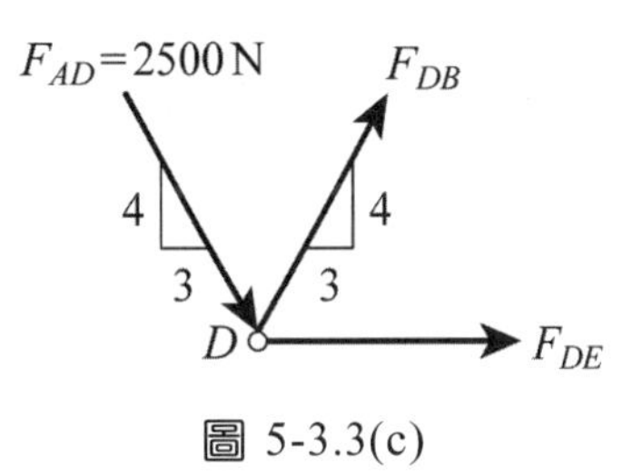

圖 5-3.3(c)

(4) 接點 B（見圖 5-3.3(d)）

$$\sum F_y = 0 : -1000 - 2500(\frac{4}{5}) - F_{BE}(\frac{4}{5}) = 0$$

$$F_{BE} = -3750\text{ N}（壓力）$$

$$\sum F_x = 0 : F_{BC} - 1500 + F_{BE}(\frac{3}{5}) - 2500(\frac{3}{5}) = 0$$

$$F_{BC} = 52050\text{ N}（拉力）$$

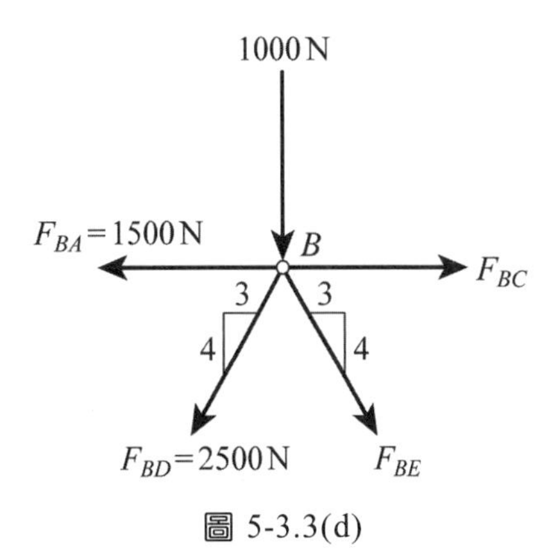

圖 5-3.3(d)

(5) 接點 E（見圖 5-3.3(e)）

$$\sum F_x = 0 : F_{EC}(\frac{3}{5}) + 3000 + 3750(\frac{3}{5}) = 0$$

$$F_{EC} = -8750\text{N}（壓力）$$

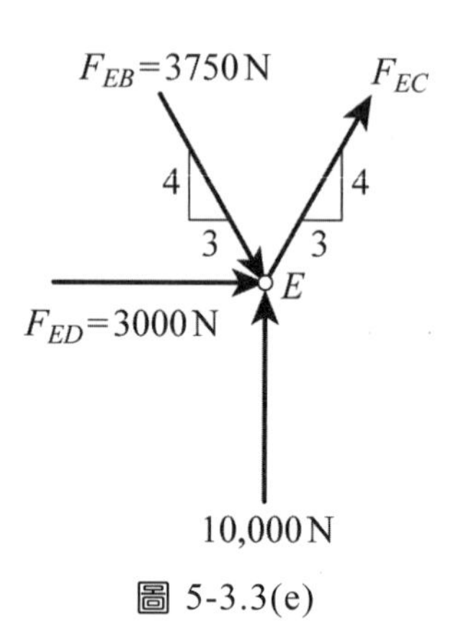

圖 5-3.3(e)

至此，各桿內力已全部求出。也可以對接點 C 作同樣分析，用以檢查以上結果。（請讀者自行檢驗之。）計算結果列於表 5-3.1，其中正值表拉力，負值表壓力。

表 5-3.1　圖 5-3.2 所示桁架中各桿的內力

桿	*AB*	*AD*	*DB*	*BE*	*DE*	*BC*	*EC*
內力(N)	1500	−2500	2500	−3750	−3000	5250	−8750

在某些情況下，桁架中常有些桿件不受力，稱為**零力構件**(zero-force member)。判斷這些零力構件後可使分析簡化。圖 5-3.4 所示為兩種最常見的零力構件，在無負載的情況下，圖 5-3.4(a)中 1、2 桿成一直線，第 3 桿與 1、2 桿成一角度，並在同一個接點 A 上（稱為 T 型接點），此時 3 桿為零力構件；對圖 5-3.4(b)1、2 桿成一個角度，在接點 B 上（稱 V 型接點），則 1、2 桿皆為零力構件。例如圖 5-3.5(a)之桁架中 CE 桿及圖 5-3.5(b)之桁架中 AB、 AC 桿皆為零力構件。

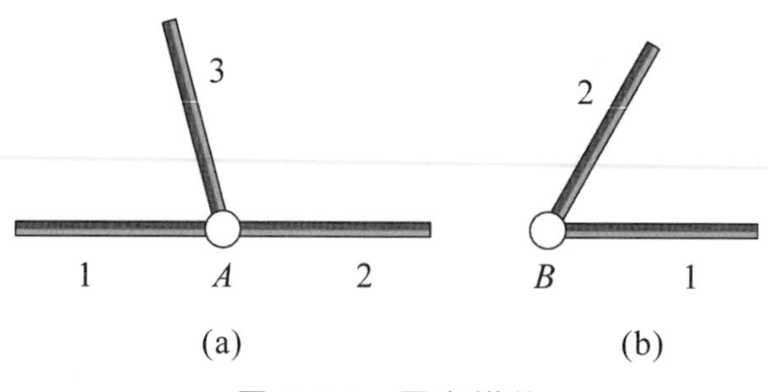

圖 5-3.4　零力構件

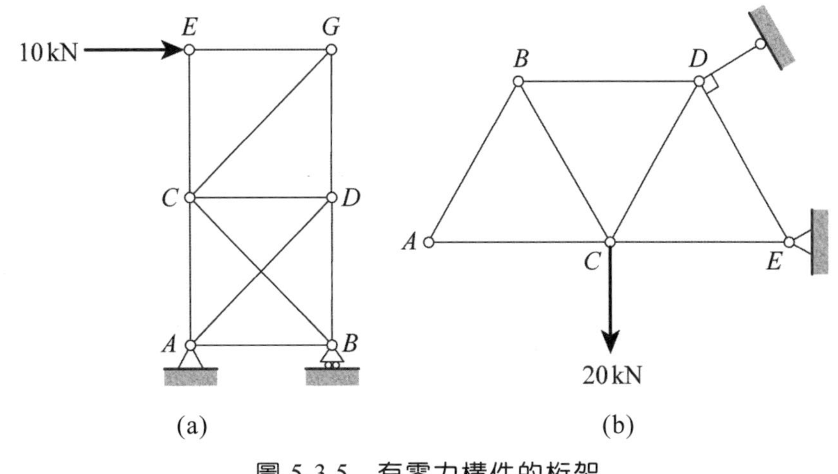

圖 5-3.5 有零力構件的桁架

5-4 剖面法

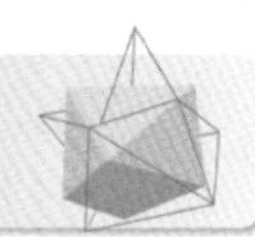

如果要決定桁架中所有構件的內力，則接點法是行之有效的。但是，有時候我們只需要知道其中一根或少數構件的內力。這時，如果應用接點法，則勢必一個接點一個接點依次計算，直至選到所欲求的桿件為止。顯然，這樣做的效率是不高的。在這種情況下，**剖面法**(method of sections)更為有效。

剖面法係將桁架從所欲求內力之桿件處用一假想剖面切開，將桁架一分為二；然後任取一半作為研究對象，用平衡方程式求解所需之未知內力。值得注意的是，這屬於平面力系，最多只有三個獨立的平衡方程式可供應用。因此，用剖面法，一次最多只能求出三個未知力。那麼，我們要問：是不是應用剖面法時，被切的未知力桿件不得超過三個呢？其實並不一定。有時，雖然被切的桿件多於三個，但是除了欲求的未知力外，其餘未知力全部通過某一點，則顯然，對該點應用力矩方程式就可求出所需之未知力（見例 5-4.1）。

剖面法通常按下列步驟進行：

1. 以整個桁架為研究對象，畫自由體圖，用平衡方程式求支承反力。
2. 用一假想剖面將桁架切開，但剖面必須通過所欲求內力的桿件，剖面不要通過接點。
3. 任取一半作為研究對象，畫自由體圖。在自由體圖中，先假定未知內力為拉力，然後用平衡方程式求解。如果最後求出的未知力為正值，表明此桿受拉力，標以

「拉力」二字；若為負值，表明此桿受壓力，標以「壓力」二字。不必回頭去修改自由體圖。

最後提醒讀者注意：用剖面法時，剖面的選取是很有講究的。並不是任意用一剖面通過所欲求之未知力桿件均能成功。必須經過一定的練習，方可熟能生巧。

例 5-4.1

用剖面法求 DE 桿之內力。（見圖 5-4.1）

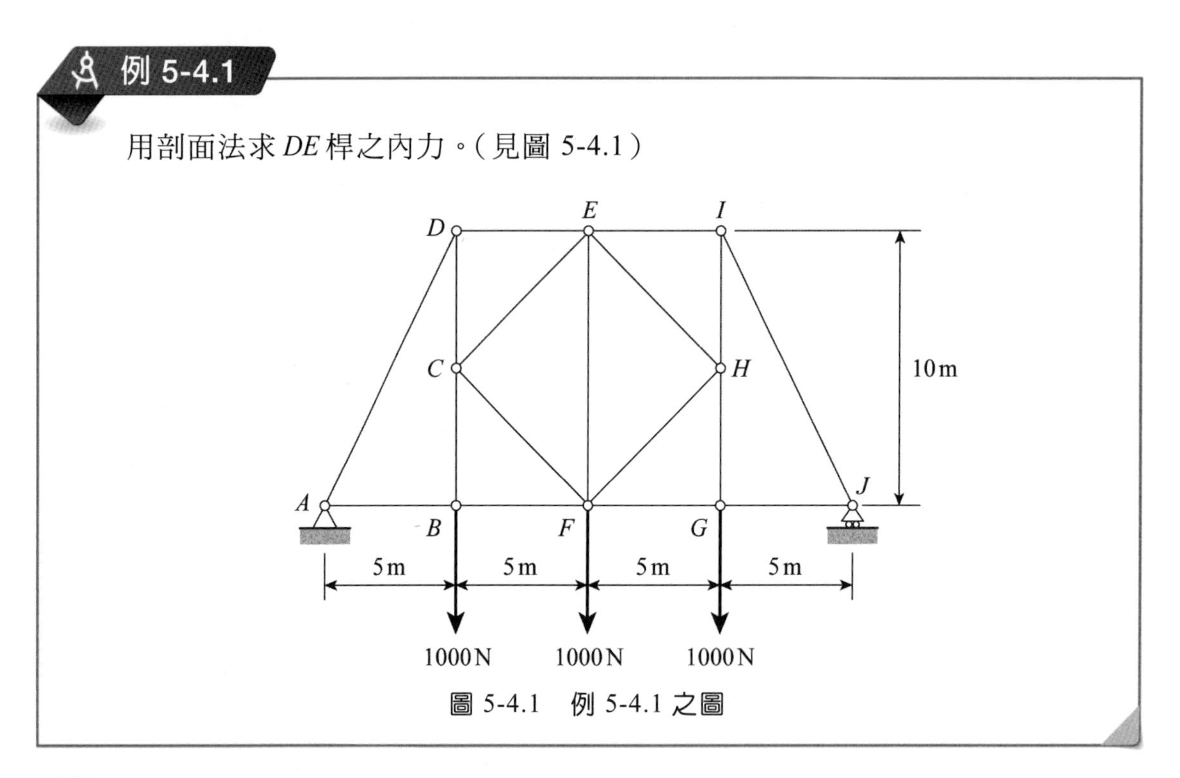

圖 5-4.1　例 5-4.1 之圖

解

(1) 以整個桁架為研究對象，畫自由體圖如圖 5-4.2 所示。

$$\sum M_A = 0: F_J(20) - 1000(5) - 1000(10) - 1000(15) = 0$$

$$F_J = 1500\ \text{N}(\uparrow)$$

$$\sum F_x = 0: A_x = 0$$

$$\sum F_y = 0: A_y - 1000 - 1000 - 1000 + 1500 = 0$$

$$A_y = 1500\ \text{N}(\uparrow)$$

(2) 選取剖面。如果選取剖面如圖 5-4.3(a)所示，剖面切開四個構件，這些構件的未知內力構成平面非共點力系。對平面力系，最多只有三個獨立的平衡方程式可用，故無法求解。今選取剖面如圖 5-4.3(b)所示。雖然，此時剖面也切開四個構件，但除了未知力 F_{DE} 外，其餘未知力全部通過接點 B，故對接點 B 用力矩方程式即可求出 F_{DE}。

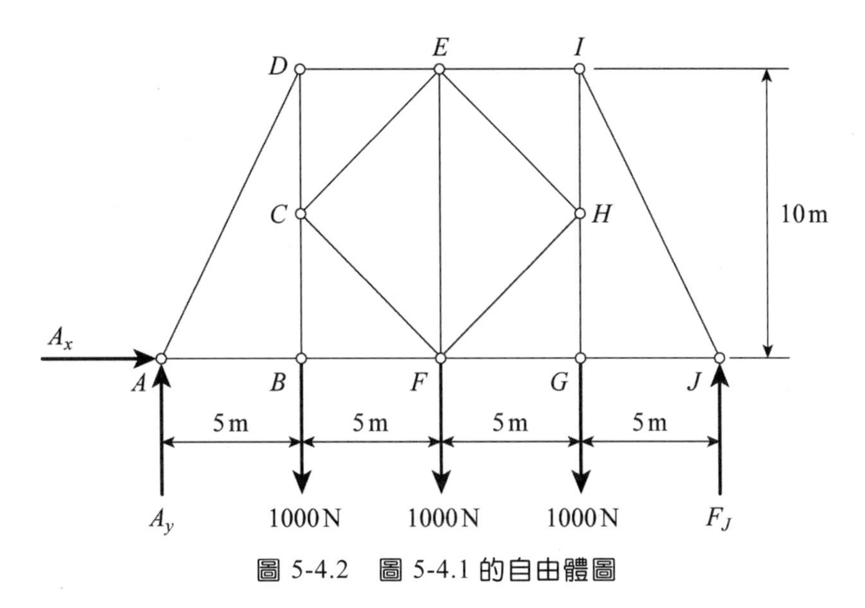

圖 5-4.2　圖 5-4.1 的自由體圖

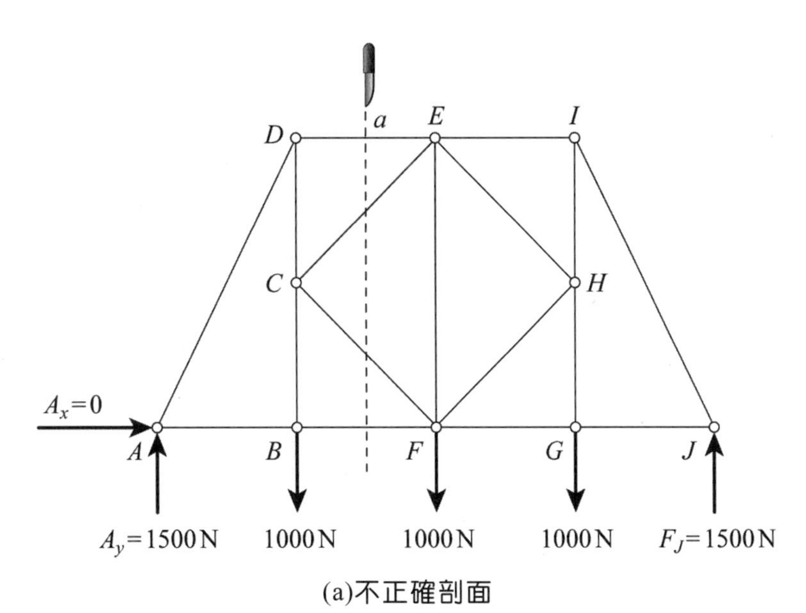

(a)不正確剖面

圖 5-4.3　例 5-4.1 剖面的選取

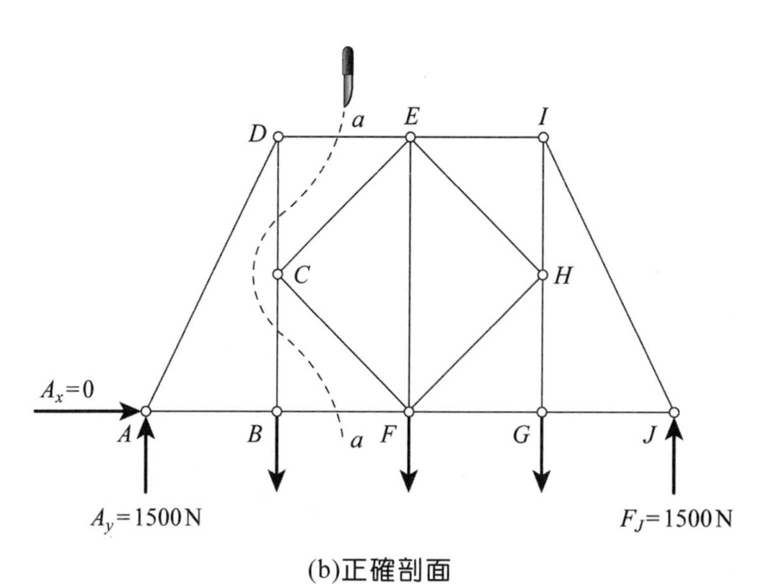

(b)正確剖面

圖 5-4.3　例 5-4.1 剖面的選取

取左半部分為研究對象，自由體圖如圖 5-4.4 所示。

$$\sum M_B = 0 : 1500(5) + F_{DE}(10) = 0, \quad F_{DE} = -750\text{ N}$$（壓力）

有時候，第一步（以整體作為研究對象求支承反力）並不一定需要，下面的例題就是一例。

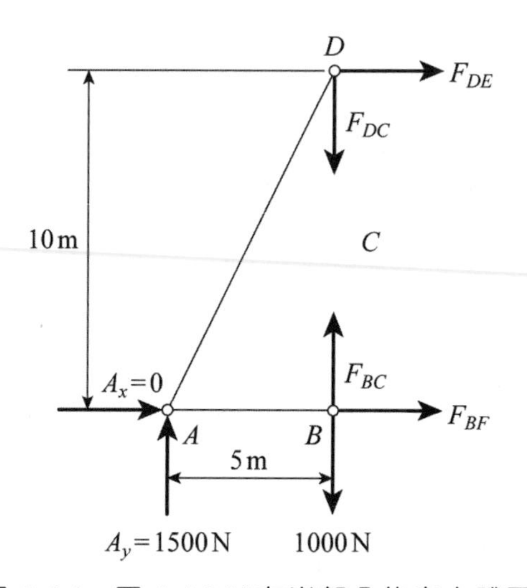

圖 5-4.4　圖 5-4.3(b)左半部分的自由體圖

例 5-4.2

求圖 5-4.5 所示桁架中桿 2 和 3 的內力。

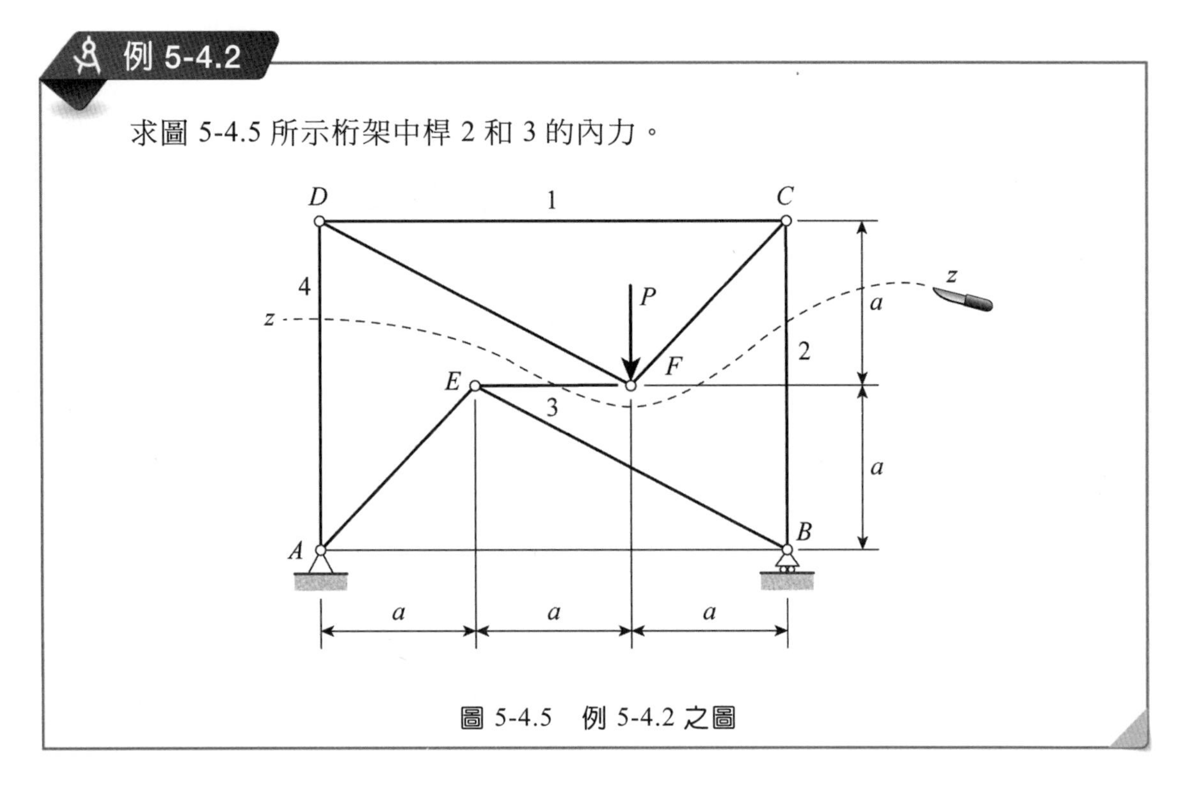

圖 5-4.5　例 5-4.2 之圖

解

以 $z-z$ 為剖面，然後取上半部分為研究對象，其自由體圖如圖 5-4.6 所示。

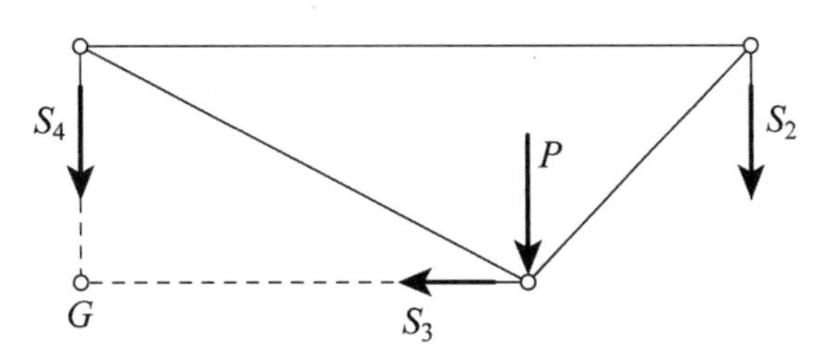

圖 5-4.6　圖 5-4.5 上半部的分離體圖

$\sum F_x = 0 : S_3 = 0$（零力構件）

$\sum M_D = 0 : P(2a) + S_2(3a) = 0$

$S_2 = -\dfrac{2}{3}P$（壓力）

（註：請讀者試求桿 1 的內力。）

例 5-4.3

正三角形桁架 ABC 內含另一個小正三角形桁架 DEF，如圖 5-4.7 所示，求 AB 桿的內力？

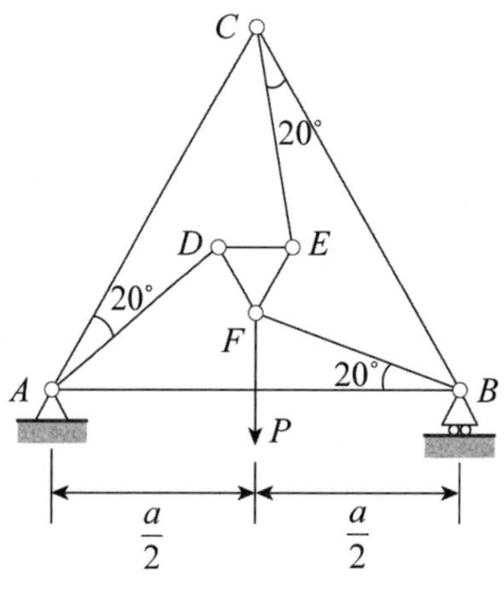

圖 5-4.7　例 5-4.3 之圖

解

以小三角形桁架 DEF 為研究對象，畫出其自由體圖，如圖 5-4.8(a)所示，其中 S_1、S_2、S_3 分別為 CE、AD、BF 桿的作用力。

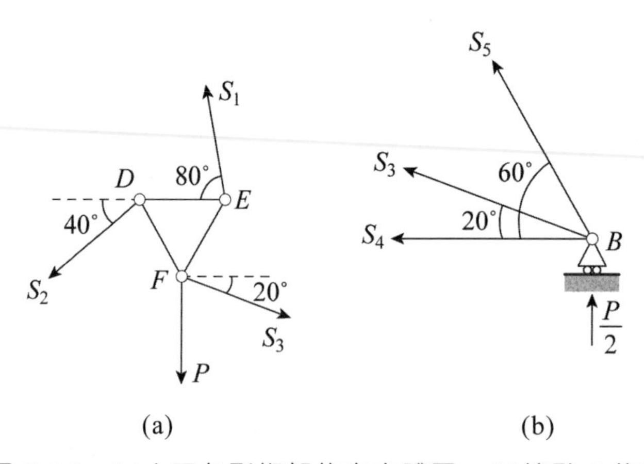

圖 5-4.8　(a)小三角形桁架的自由體圖；(b)接點 B 的自由體圖

由水平和垂直方向的力平衡，得

$$\sum F_x = 0: -S_1\cos 80^0 - S_2\cos 40^0 + S_3\cos 20^0 = 0 \tag{1}$$

$$\sum F_y = 0: S_1\sin 80^0 - S_2\sin 40^0 - S_3\sin 20^0 - P = 0 \tag{2}$$

令小三角形桁架的邊長為 b，對 F 點取矩，可得

$$\sum M_F = 0:$$

$$\begin{aligned}&(S_1\sin 80^0)(b\sin 30^0) + (S_1\cos 80^0)(b\cos 30^0) + \\ &(S_2\sin 40^0)(b\sin 30^0) + (S_2\cos 40^0)(b\cos 30^0) = 0\end{aligned} \tag{3}$$

代入相關數據後，方程(1)、(2)、(3)可寫成

$$-0.174S_1 - 0.766S_2 + 0.940S_3 = 0 \tag{4}$$

$$0.985S_1 - 0.643S_2 - 0.342S_3 = P \tag{5}$$

$$0.643S_1 + 0.985S_2 = 0 \tag{6}$$

聯立求解方程(4)、(5)、(6)，得

$S_1 = 0.657P$（拉）；$S_2 = -0.429P$（壓）；$S_3 = -0.228P$（壓）

以整個桁架為研究對象，很容易得到作用於 B 的支承反力為 $P/2$。再以接點 B 為研究對象畫出其自由體圖如圖 5-4.8(b)所示，其中 S_4、S_5 分別為 AB 和 BC 桿的內力。由水平和垂直方向的力平衡得

$$\sum F_x = 0: -S_4 - S_3\cos 20^0 - S_5\cos 60^0 = 0 \tag{7}$$

$$\sum F_y = 0: S_3\sin 20^0 + S_5\sin 60^0 + 0.5P = 0 \tag{8}$$

將 S_3 之值代入方程(7)，並聯立解方程(7)和(8)，得

$S_4 = 0.458P$（拉）；$S_5 = -0.487P$（壓）

即 AB 桿受到 $0.458P$ 的拉力。

5-5 構架和機構

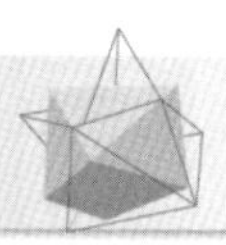

構架和機構是指含有**多力構件**(multiforce member)的結構。構架是一種剛性結構，它是用來支承外加負荷的；而機構則含有可動構件，它是用來將一組給定的外力（「輸入力」）傳遞並修正為另一組外力（「輸出力」）。例如圖 5-5.1 所示的曲柄滑塊機構，它能將 *OA* 上的力矩 *M*（輸入力）轉變為滑塊 *B* 處的推力（輸出力）。為了使機構處於平衡，必須在 *B* 處加一個與輸出力大小相等、方向相反的外力 *P*（「反輸出力」）。在靜力學中，我們只考慮「輸入力」和「反輸出力」之間的平衡關係，所以機構和構架的分析方法，並無原則上的區別，都是靜力學平衡問題。

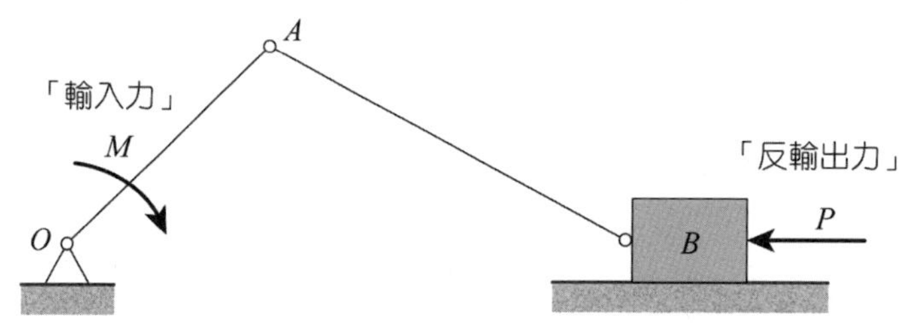

圖 5-5.1 曲柄滑塊機構的平衡（「輸入力」和「反輸出力」互相平衡）

由於構架和機構都含有多力構件，這些力將不會沿著構件的軸線方向。因此，接點法和剖面法都不適用。為了求得構架或機構中各構件的受力情形，常按如下步驟進行：「**由整體求支承反力，逐個拆散求內力**」，現解釋如下：

1. 以整體為研究對象，畫自由體圖，列平衡方程，求支承反力。

   當然，對有些結構，只靠這第一步還不足以求出所有未知反力。例如圖 5-5.2(a) 所示的構架，未知反力有四個：A_x、A_y、B_x、B_y。而平衡方程只有三個，故不能求出全部未知反力。但不管怎樣，我們已有了三個方程。

2. 將結構拆散，對每個構件畫自由體圖。此時必須注意，在兩構件的連接點處，其受力（內力）必須遵守如下原則：大小相等、方向相反、作用線相同。*BC* 桿和 *AC* 桿在 *C* 點處的受力 C_x 及 C_y 應如圖 5-5.3 所示。然後列平衡方程。一共有六個未知力：A_x、A_y、B_x、B_y、C_x、C_y。因為前面第一步已列出三個平衡方程，所以再列三個平衡方程就足夠了。若以 *BC* 桿為研究對象，我們可列出三個平衡方程，從而可解出所有的未知力來。對 *AC* 桿也可列三個平衡方程，一般來說，這已不必要了，但我們可用這三個平衡方程來檢驗計算結果。

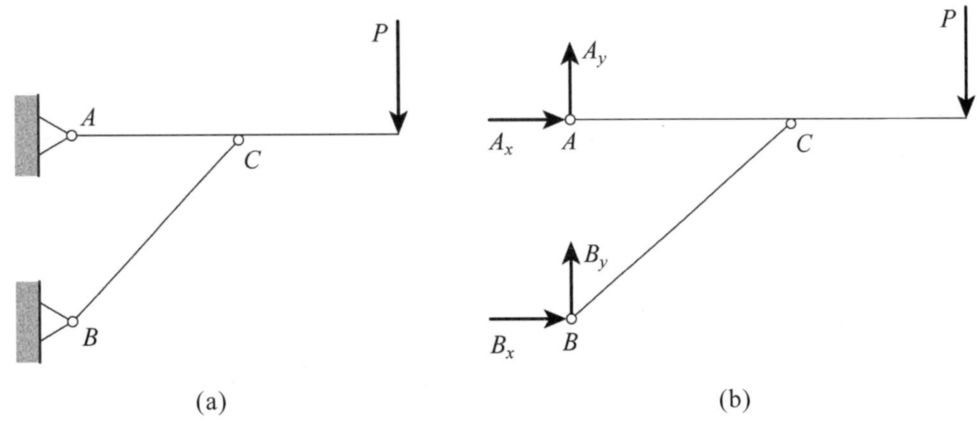

圖 5-5.2 構架(a)及其自由體圖(b)

3. 求解聯立方程，求得所有的未知力。

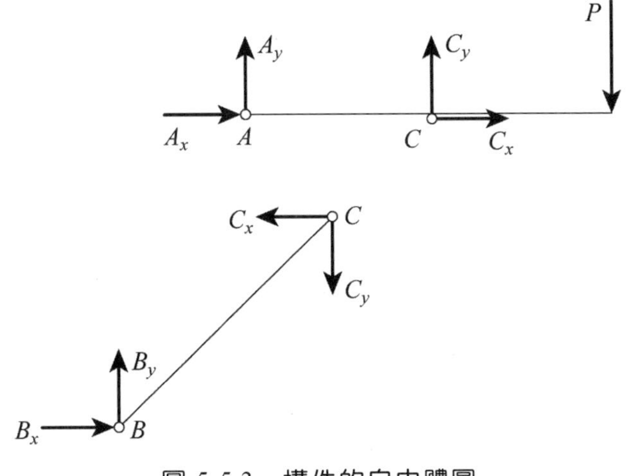

圖 5-5.3 構件的自由體圖

以上是進行構架和機構分析的一般步驟。在具體問題中還有很多技巧，下面兩點應予注意：

(1) 首先應分析結構中是否含有二力構件。例如圖 5-5.2 所示的構架，其中 BC 桿為二力構件，其受力（B_x 和 B_y 的合力）必沿著 B、C 兩點的連線方向，所以圖 5-5.2(b)可改為圖 5-5.4(b)。這樣，將未知力由原來的四個減為三個，因此第一步便可求出所有的未知支承反力。

(2) 在列平衡方程時，若能選取適當的力矩中心並用力矩方程式，對求解過程有很大幫助。一般來說，力矩中心應選在多數未知力通過的點。例如對圖 5-5.4(b)，使用 $\sum M_A = 0$，便可立即求出 N_B。

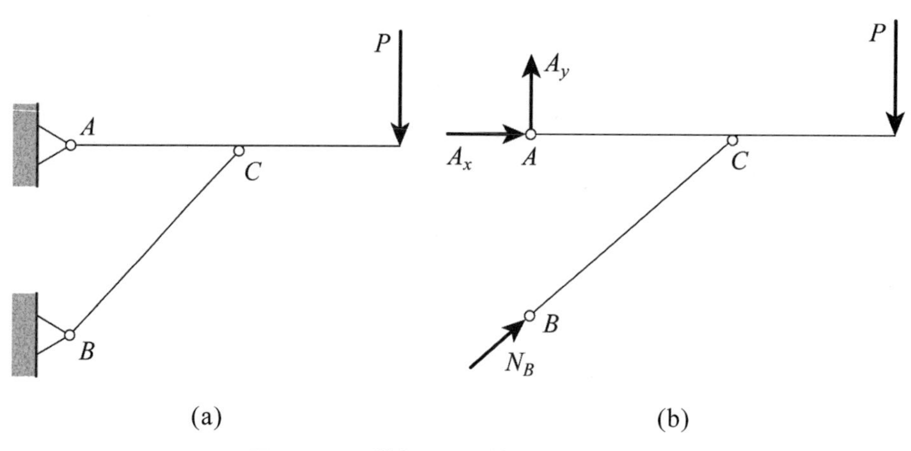

圖 5-5.4 構架(a)及其自由體圖(b)

例 5-5.1

一構架如圖 5-5.5(a)所示，求 A 、 B 兩處的支承反力。

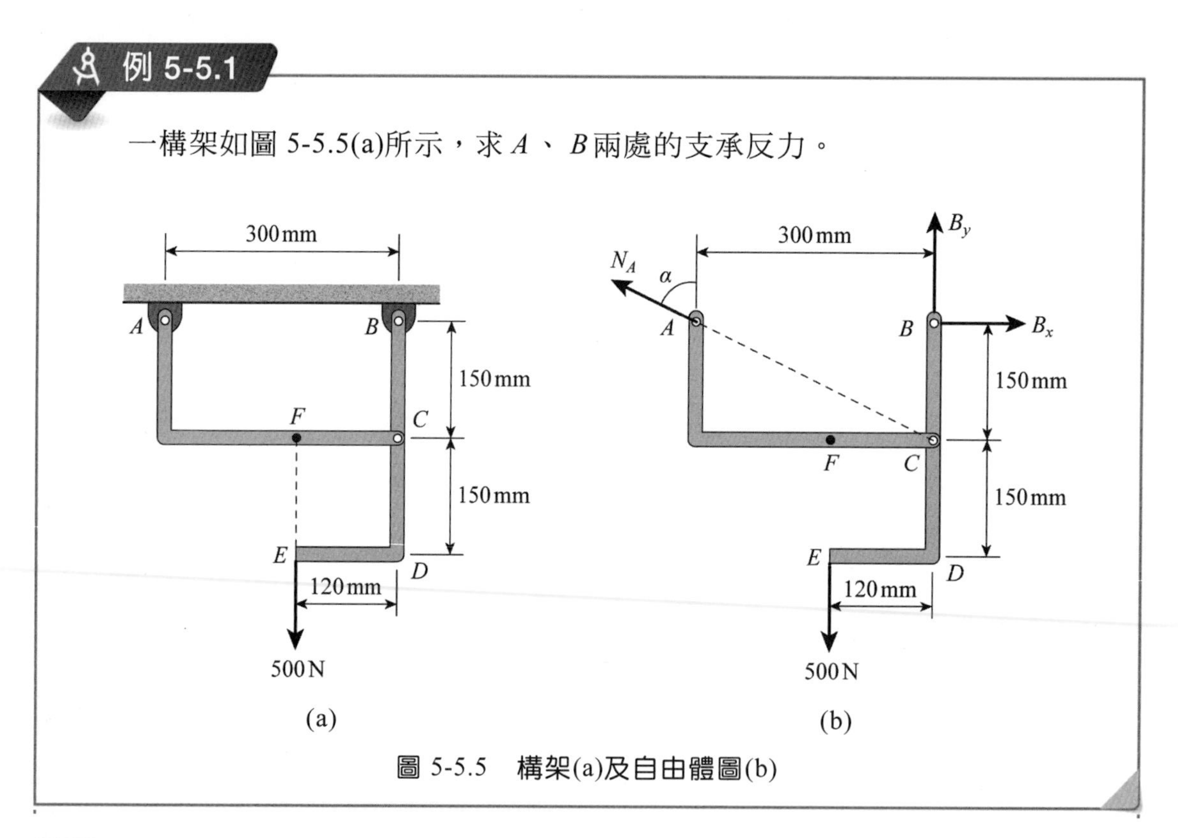

圖 5-5.5 構架(a)及自由體圖(b)

解

注意到 AC 為二力構件，可畫自由體圖，如圖 5-5.5(b)所示。

$$\Sigma M_B = 0 : 500 \times (120) - N_A(\cos\alpha)(300) = 0$$

其中

$$\cos\alpha = \frac{150}{\sqrt{150^2 + 300^2}} = 0.4472$$

解得

$$N_A = \frac{500(120)}{300(\cos\alpha)} = 447.2\ \text{N}$$

$$\sum F_y = 0 : B_y + N_A\cos\alpha - 500 = 0\,,\quad B_y = 300\ \text{N}$$

$$\sum F_x = 0 : B_x - N_A\sin\alpha = 0$$

$$\sin\alpha = \frac{300}{\sqrt{150^2 + 300^2}} = 0.894$$

$$B_x = 400\ \text{N}$$

（問題：如果 500 N 的力不是加在 E 點，而改為加在 F 點，應怎樣求解 A、B 兩處的支承反力？）

例 5-5.2

一大小為 2.4 kN 的力 P 施於引擎的活塞上，如圖 5-5.6(a)所示，試求力偶矩 M 為何值時方可使系統處於平衡。

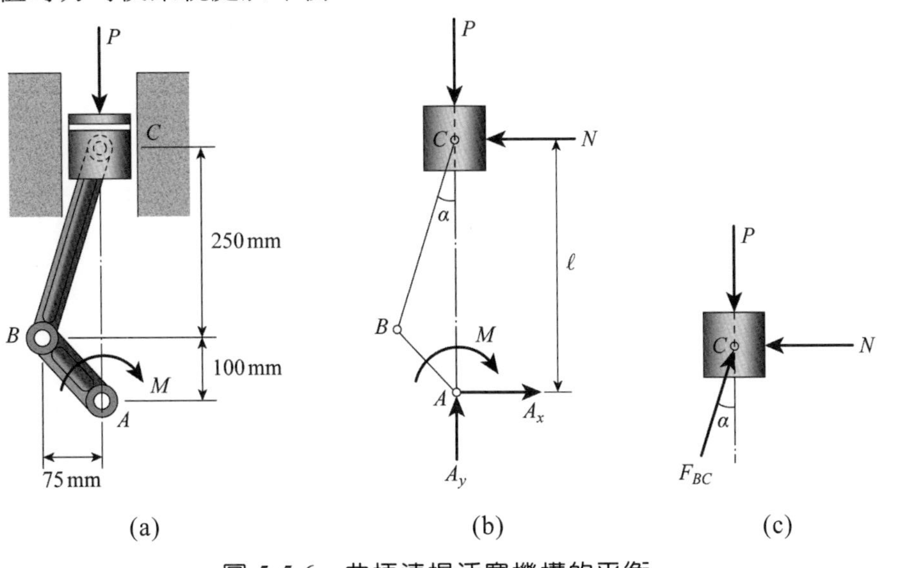

圖 5-5.6 曲柄連桿活塞機構的平衡

解

以整體為研究對象，自由體圖如圖 5-5.6(b)所示。

$$\sum M_A = 0 : N\ell - M = 0,\quad N = \frac{M}{\ell} \tag{1}$$

再以活塞為研究對象，自由體圖如 5-5.6(c)所示，注意 BC 為二力桿，故 F_{BC} 沿 BC 方向。

$$\sum F_x = 0 : F_{BC}\sin\alpha = N \tag{2}$$

$$\sum F_y = 0 : F_{BC}\cos\alpha = P \tag{3}$$

以上兩式相除，得

$$N = P\tan\alpha \tag{4}$$

將(4)代入(1)，得

$$M = P\ell\tan\alpha$$

注意到（見圖 5-5.6(a)）：

$$P = 2.4\,\text{kN},\quad \ell = 350\text{mm},\quad \tan\alpha = \frac{75}{250}$$

最後求得

$$M = 252\ \text{N}\cdot\text{m}$$

5-6 撓性繩索

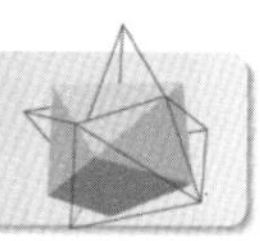

繩索在工程中獲得廣泛應用，例如吊橋、輸配電線等都是繩索的例子。如果繩索本身的重量不計，又不受垂直於繩子方向的力的作用，則繩索的形狀是直線。在有些問題中，繩索受到橫向力的作用，如重力或者外加載荷的作用，繩索就不再是直的，而是彎的。在工程分析中，通常假設繩索是柔軟的（不能抵抗彎矩）且是不可伸長的，即繩索中的張力總是沿著繩索的切線方向。這種繩索稱為**撓性繩索**(flexible cable)。當然這只是實際繩索的一個理想化模型。

(一) 基本方程

設繩索受到分布載荷的作用，我們希望求出繩索的形狀，最大張力發生在何處，以及最大張力是多少。本節將建立撓性繩索的基本微分方程，這將是回答以上問題的出發點。

考慮一受分布載荷作用的撓性繩索，其 A、B 兩點是固定的，如圖 5-6.1(a)所示。取繩索的最低點 O 為座標原點，x 軸水平向右，y 軸垂直向上。設 $D(x,y)$ 是繩索上任一點，D 處繩內的張力 $T=T(x)$ 是 x 的函數。取 OD 段為研究對象，自由體圖如圖 5-6.1(b)所示。O 點處的張力是水平的，大小為 T_o，而 T 沿 D 處的切線方向。設 OD 段分布載荷的合力為 W（方向向下）。由平衡方程，得

$$\sum F_y = 0 \text{：} T\sin\theta = W \tag{5-6.1}$$

$$\sum F_x = 0 \text{：} T\cos\theta = T_o \tag{5-6.2}$$

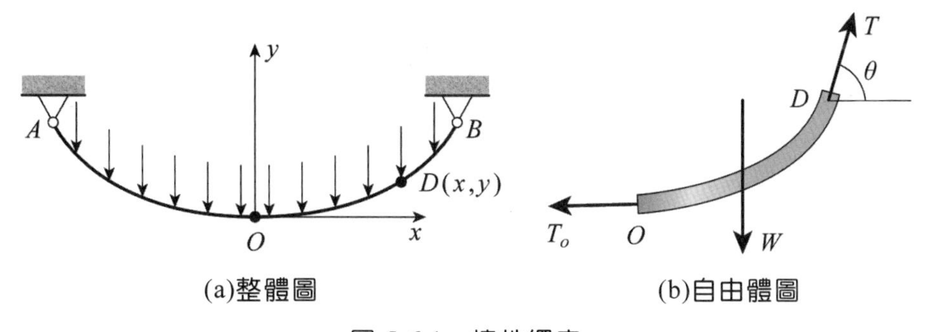

圖 5-6.1 撓性繩索

以上兩式相除，並注意到 $\tan\theta = dy/dx$，得

$$\frac{dy}{dx} = \frac{W}{T_o} \tag{5-6.3}$$

將(5-6.1)和(5-6.2)式分別平方後再相加，得

$$T=\sqrt{T_o^2+W^2} \tag{5-6.4}$$

方程(5-6.3)和(5-6.4)是分析撓性繩索的基本方程。以下兩節可以看成是基本方程的應用。

(二) 拋物線繩索

如果繩索所受的載荷沿水平方向是均勻分布的，則繩索將成拋物線形式，故稱為**拋物線繩索**(parabolic cable)。例如，在吊橋中，路面經由等距離鋼絲而懸掛在繩索上，而繩索本身的重量較之路面而言可以略去不計，這便是拋物線繩索的例子（見圖 5-6.2）。

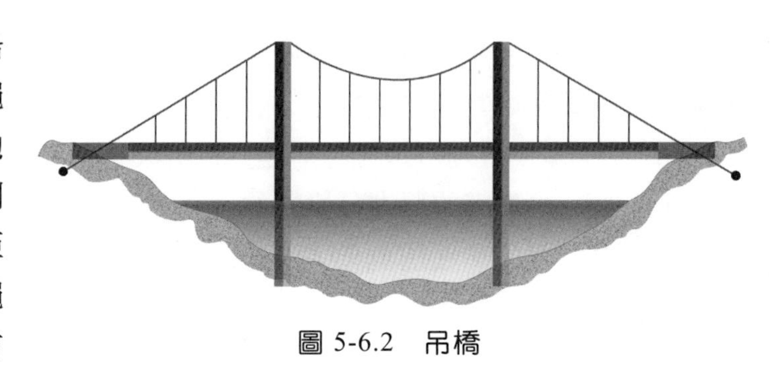

圖 5-6.2 吊橋

因為繩索所受的載荷沿水平方向均勻分布，故可設 $W=\mu x$，其中 μ 是單位水平距離上的載荷，其單位為 N/m。這樣方程(5-6.3)變成

$$\frac{dy}{dx}=\frac{\mu x}{T_o} \tag{5-6.5}$$

積分後，得

$$y=\frac{\mu x^2}{2T_o}+C \tag{5-6.6}$$

由選的座標系（見圖 5-6.3），當 $x=0$ 時，$y=0$，故 $C=0$。於是繩索的形狀可用下面的方程表示：

$$y=\frac{\mu x^2}{2T_o} \tag{5-6.7}$$

可見繩索的形狀確實為拋物線。當 $x=-a$ 時，$y=h_A$，代入上式得

$$T_o=\frac{\mu a^2}{2h_A} \tag{5-6.8}$$

同理，當 $x=b$ 時，$y=h_B$，得

$$T_o=\frac{\mu b^2}{2h_B} \tag{5-6.9}$$

方程(5-6.8)和(5-6.9)表明，a、h_A、b 及 h_B 彼此之間並不是獨立的，它們之間有如下關係

$$\frac{a^2}{h_A}=\frac{b^2}{h_B} \tag{5-6.10}$$

現在考慮繩中的張力。由方程(5-6.4)得

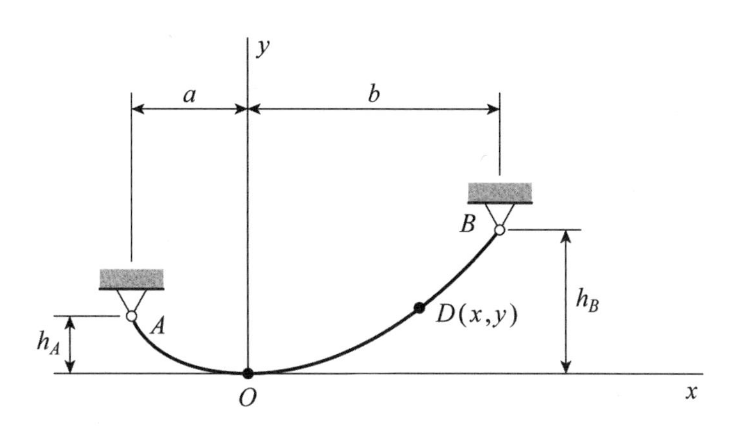

圖 5-6.3 撓性繩索及座標系

$$T=\sqrt{T_o^2+W^2}=\sqrt{T_o^2+\mu^2x^2} \tag{5-6.11}$$

可見最低處的張力 T_o 是最小的。A、B 兩點的張力，可將 $x=-a$ 及 $x=b$ 代入上式求得

$$T_A=\mu a\sqrt{1+\frac{a^2}{4h_A^2}}, \quad T_B=\mu b\sqrt{1+\frac{b^2}{4h_B^2}} \tag{5-6.12}$$

如果 $a > b$，則最大張力發生在 A 點；反之，若 $a < b$，則最大張力發生在 B 點。從最低點到固定點 B 的繩索長度 S_B 可按下式求得

$$S_B = \int_0^B ds = \int_0^b \sqrt{1 + (\frac{dy}{dx})^2}\, dx \tag{5-6.13}$$

其中

$$y = \frac{\mu x^2}{2T_o}$$

微分(5-6.7)式，再代入(5-6.13)式，並利用二項式展開定理

$$(1 + \varepsilon x)^n = 1 + n(\varepsilon x) + \frac{n(n-1)}{2!}(\varepsilon x)^2 + \frac{n(n-1)(n-2)}{3!}(\varepsilon x)^3 + \cdots$$

得

$$\begin{aligned} S_B &= \int_o^b (1 + \frac{\mu^2 x^2}{2T_o} - \frac{\mu^4 x^4}{8T_o^4} + \cdots) dx \\ &= b + \frac{\mu^2 b^3}{6T_o^2} - \frac{\mu^4 b^5}{40T_o^4} + \cdots \end{aligned}$$

又從(5-6.9)式，$\frac{\mu}{T_o} = \frac{2h_B}{b^2}$，代入上式得

$$S_B \doteqdot b + \frac{2h_B^2}{3b} - \frac{2h_B^4}{5b^3} + \cdots \tag{5-6.14}$$

同理

$$S_A \doteqdot a + \frac{2h_A^2}{3a} - \frac{2h_A^4}{5a^3} + \cdots \tag{5-6.15}$$

故繩索的總長度為 $S = S_A + S_B$。對很多實際問題，$h_A << a$，且 $h_B << b$，故(5-6.14)與(5-6.15)式取前三項應可得到相當精確的近似值。

(三)懸索

如果繩索所受的載荷沿其弧長均勻分布，則繩索的形狀將是懸鏈線，故稱為**懸鏈索**(catenary cable)。例如，一均勻撓性繩索固定於兩支承間，若繩索僅承受本身的重量而無其他載荷便是這類例子。

下面來說明，為什麼在這種情況下，繩索的形狀是懸鏈線。仍取如圖 5-6.3 所示的座標系。因載荷沿弧長均勻分布，因此作用在 OD 段上的總載荷 W 可表示為

$$W = \mu S = \mu \int_0^x \sqrt{1 + (\frac{dy}{dx})^2}\, dx \tag{5-6.16}$$

其中 μ 為單位弧長上的載荷，其單位為 N/m。於是方程(5-6.3)變成

$$\frac{dy}{dx} = \frac{\mu}{T_o} \int_o^x \sqrt{1 + (\frac{dy}{dx})^2}\, dx \tag{5-6.17}$$

兩邊取微分，得

$$\frac{dy'}{dx} = \frac{\mu}{T_0} \sqrt{1 + y'^2}\ ,\quad (y' = \frac{dy}{dx}) \tag{5-6.18}$$

或

$$\frac{dy'}{\sqrt{1 + y'^2}} = \frac{\mu}{T_o} dx$$

積分之

$$\int_o^{y'} \frac{dy'}{\sqrt{1 + y'^2}} = \int_0^x \frac{\mu}{T_o} dx$$

得

$$\sinh^{-1}(\frac{dy}{dx}) = \frac{\mu x}{T_o}$$

或

$$\frac{dy}{dx}=\sinh(\frac{\mu x}{T_o}) \tag{5-6.19}$$

再積分（利用邊界條件：$x=0$時，$y=0$）得

$$y=\frac{T_o}{\mu}\left[\cosh\left(\frac{\mu x}{T_o}\right)-1\right] \tag{5-6.20}$$

上式為懸鏈線方程。由方程(5-6.3)和(5-6.19)，可得 OD 段上的總載荷為

$$W=T_o\frac{dy}{dx}=T_o\sinh(\frac{\mu x}{T_o}) \tag{5-6.21}$$

於是 D 處的張力 T 可表示為

$$T=\sqrt{T_o^2+W^2}=T_o\cosh(\frac{\mu x}{\mu}) \tag{5-6.22}$$

從方程(5-6.20)中解出 $\cosh(\frac{\mu x}{T_o})$，再代入(5-6.22)式，可得 T 以 y 為函數的表示式：

$$T=T_o+\mu y \tag{5-6.23}$$

至於 OD 段繩索的長度 S 可以這樣來求得：因為 $W=\mu S$，利用(5-6.21)式，可得

$$S=\frac{T_o}{\mu}\sinh(\frac{\mu x}{T_o}) \tag{5-6.24}$$

此外，利用公式

$$\cosh^2 x-\sinh^2 x=1 \tag{5-6.25}$$

從(5-6.20)和(5-6.24)式，可得另一重要關係式：

$$(y+\frac{T_o}{\mu})^2-S^2=(\frac{T_o}{\mu})^2 \tag{5-6.26}$$

例 5-6.1

一吊橋如圖 5-6.4(a)所示，求繩索中的最大、最小張力。

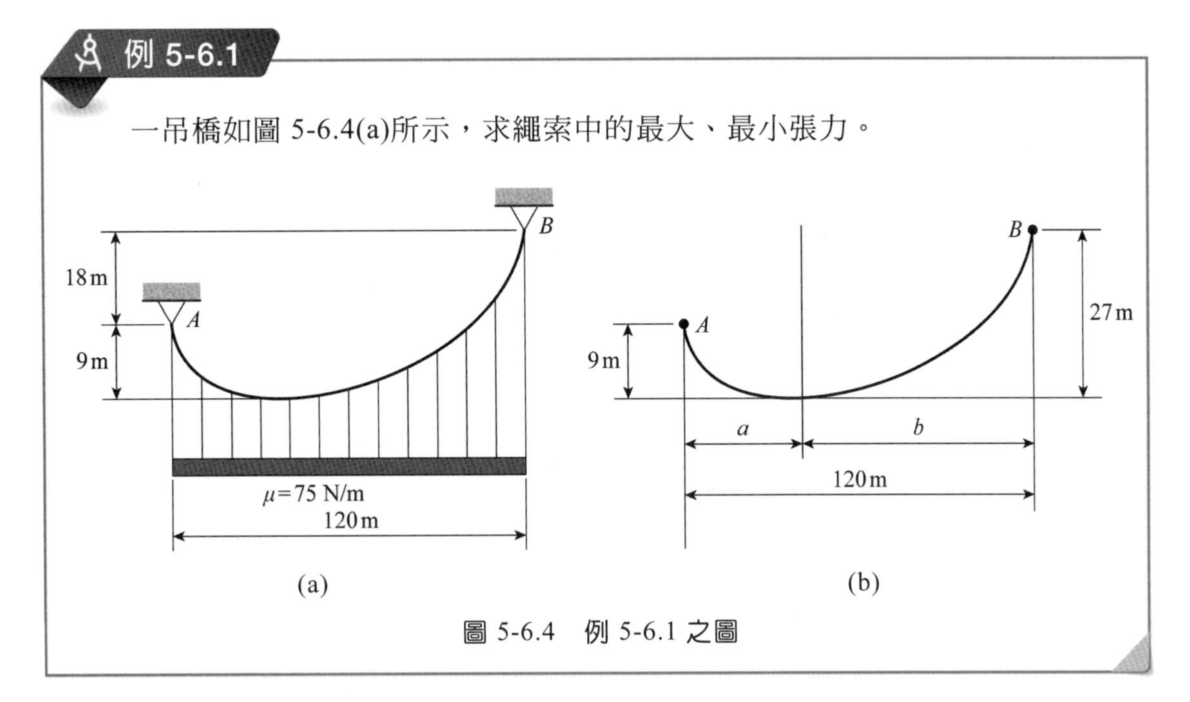

圖 5-6.4　例 5-6.1 之圖

解

因為載荷沿水平方向均勻分布，故繩索呈拋物線形狀。

$$a+b=120\text{ m},\quad h_A=9\text{ m},\quad h_B=27\text{ m}$$

對 A 點：$y_A=\dfrac{\mu x_A^2}{2T_o},\quad 9=\dfrac{\mu(b-120)^2}{2T_o}$　(1)

對 B 點：$y_B=\dfrac{\mu x_B^2}{2T_o},\quad 27=\dfrac{\mu b^2}{2T_o}$　(2)

以上兩式相除，得

$$\frac{1}{3}=\frac{(b-120)^2}{b^2}$$

$$2b^2-720b+43200=0,\quad b=76.08(\text{m})$$

再由(2)式，得

$$27=\frac{75(76.08)^2}{2T_o}$$

所以

$$T_{\min}=T_o=8038(\text{N})$$

最大張力發生在 B 點，故

$$T_{\max}=\sqrt{T_o^2+\mu^2x_B^2}=\sqrt{8038^2+(75)^2(76.08)^2}=9860(\text{N})$$

例 5-6.2

一重為 40 kg 的砝碼掛在纜索的一端上，該索通過 A 處的小滑輪並固定在 B 處。已知 $L=15\text{ m}$，$h=5\text{ m}$。求：(1)繩中最大張大；(2) A 到 B 段繩的總長；(3) AB 段單位繩長的重量。

解

(1) $T_m=mg=40\times9.81=392.4(\text{N})$

由對稱性，$T_A=T_B=T_m=392.4(\text{N})$

(2) $y_B=\dfrac{T_o}{\mu}\left[\cosh\dfrac{\mu x_B}{T_o}-1\right]$

令 $\dfrac{T_o}{\mu}=C$，則上式變成

$$y_B=C\cosh(\frac{x_B}{C})-C$$

代入數值後，得

$$5=C\cosh(\frac{7.5}{C})-C$$

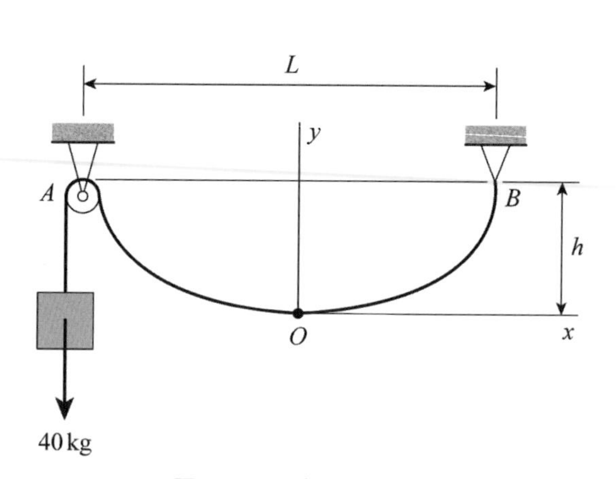

圖 5-6.5　例 5-6.2 圖

或

$$\cosh\frac{7.5}{C}=\frac{5}{C}+1$$

用試探法求得

$$C=6.3175(\mathrm{m})$$

於是

$$S_B=\frac{T_o}{\mu}\sinh\frac{\mu x_B}{T_o}=C\sinh\frac{x_B}{C}=6.3175\sinh\frac{7.5}{6.3175}=9.39(\mathrm{m})$$

故繩的總長為

$$S=2S_B=2(9.39)=18.75(\mathrm{m})$$

(3) $T_m=T_o+\mu y_B=\mu\left[\dfrac{T_o}{\mu}+y_B\right]=\mu[C+y_B]$

代入數值後，得

$$392.4=\mu[6.3175+5],\quad \mu=34.67(\mathrm{N/m})$$

5-7 結　語

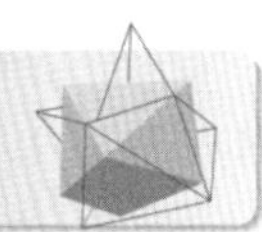

本章討論結構分析，就是對靜定結構，根據平衡方程求出未知力。此外，本章還討論了兩種撓性繩索。現小結如下：

結構分三種（見表 5-1.1）：(1)桁架；(2)構架；(3)機構。

平面桁架的每根桿均為剛性二力桿。根據平衡方程求未知力時可用接點法或剖面法。接點法通常按如下步驟進行：

1. 以整個桁架為研究對象，用平衡方程求支承反力；
2. 以接點為研究對象，畫自由體圖，從未知力只有兩個的接點開始，用平衡方程求桿的內力；
3. 取與前面分析過的接點相鄰的接點為研究對象，求其他桿的內力。

剖面法是用一假想剖面，將桁架一分為二（其切開處含有欲求內力之桿件），然後取其一半作研究對象，用平衡方程求解未知力。這一方法技巧性很強，並非隨便用一剖面就能成功，需做一定練習，方可熟能生巧。

構架和機構一般都含有多力構件，接點法和剖面法都不適用，必須遵循：「由整體求支承反力，逐個拆散求內力」的方法。為使求解過程簡化，應注意兩點：(1)分析結構中是否有「二力構件」；(2)列力的平衡方程時，取與多個未知力相垂直的方向作為投影軸；(3)列力矩平衡方程時，選多個未知力通過的點作為力矩中心，（見例 5-5.1）。

考慮撓性繩索問題時應注意兩點：(1)其張力總是沿著繩索的切線方向；(2)描述撓性繩索的微分方程，可應用一小段繩索的平衡方程而得到，其結果如方程（5-6.3）所示。

如果撓性繩索所受的載荷沿水平方向是均勻的，則繩索為拋物線；

如果撓性繩索所受的載荷沿其弧長方向是均勻的，則繩索為懸索。

思考題

1. 桁架的零力構件受力為零，故零力構件就是多餘的桿件？
2. 如何直接用觀察法判斷桁架中的桿件為零力構件？
3. 桁架中的零力構件受力為零，為什麼又不能去掉？
4. 圖 t5.1 中哪些桿的內力必為零。
5. 不必求出支承反力，如何求出圖 t5.2 所示的桁架各桿內力？

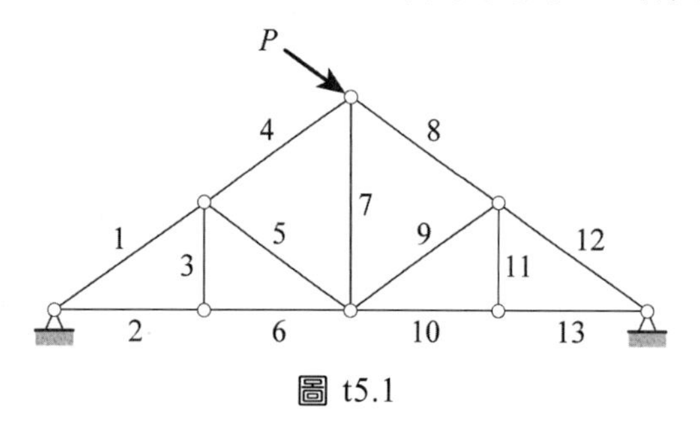

圖 t5.1

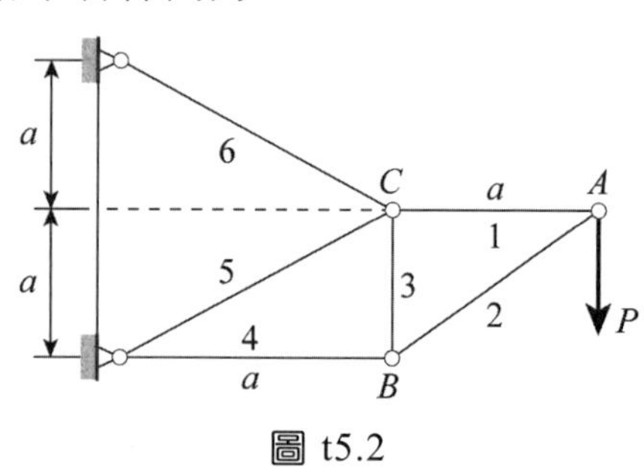

圖 t5.2

習 題 EXERCISE

5.1～5.2　求桁架中各桿的內力。

5.3　圖示 $\overline{AB}=\overline{BC}=\overline{CD}=\overline{AD}$，求各桿內力。

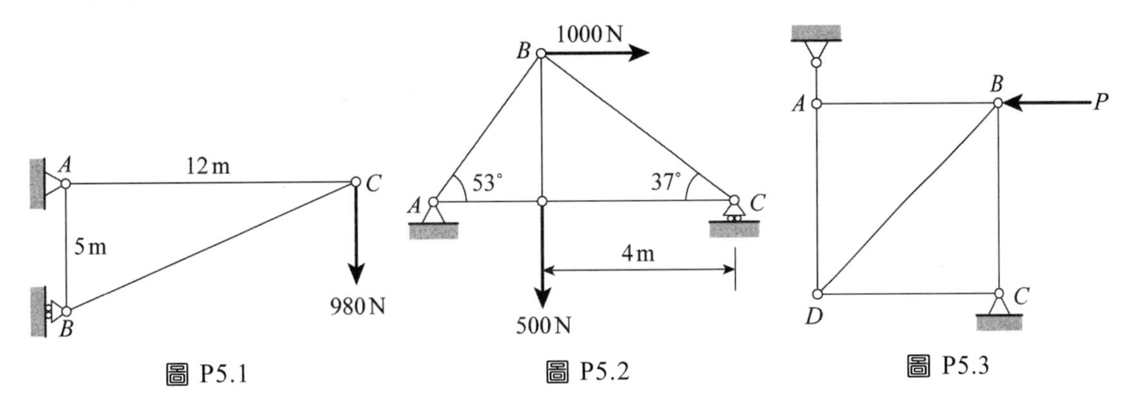

圖 P5.1　　圖 P5.2　　圖 P5.3

5.4　已知各桿的長度皆為 5 m，求各桿的內力。

5.5　求平面桁架中各桿的內力。

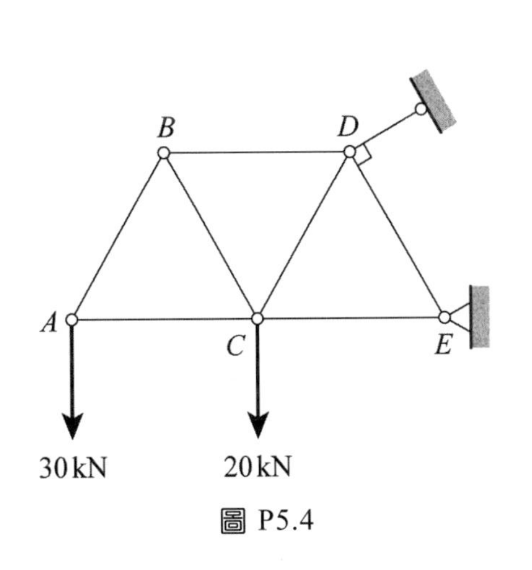

圖 P5.4

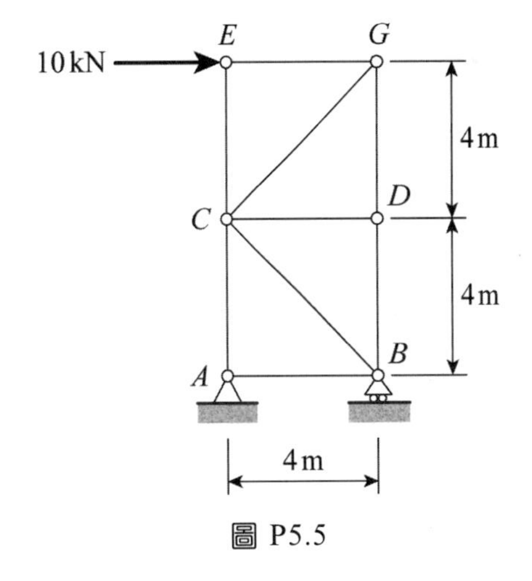

圖 P5.5

5.6 起重機桁架如圖所示，負載 $P_1 = 2.5P$， $P_2 = 2P$， $P_3 = P$，求各桿的內力。

5.7 桁架由七根均質、等長的桿件組成，且各桿件所構成的三角形均為正三角形。設每一桿件重 1.78 kN，求各桿件的內力。

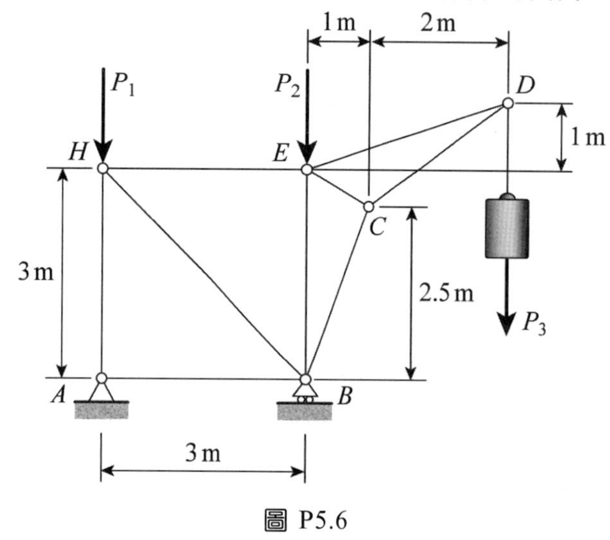

圖 P5.6

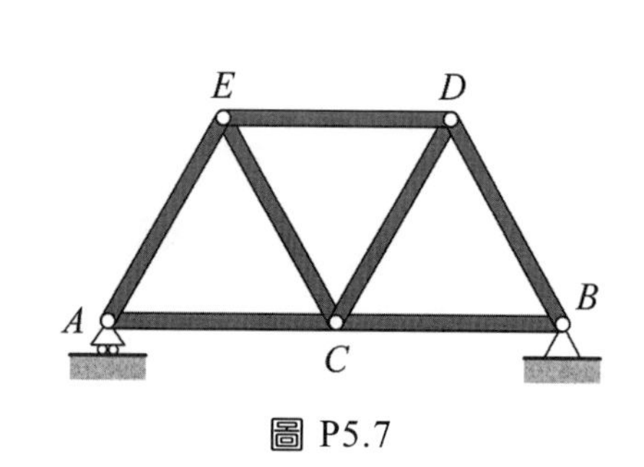

圖 P5.7

5.8 求桁架中 AB、BH 及 EH 桿的內力。

5.9 求桁架中 CH、CG 及 AC 三桿的內力。

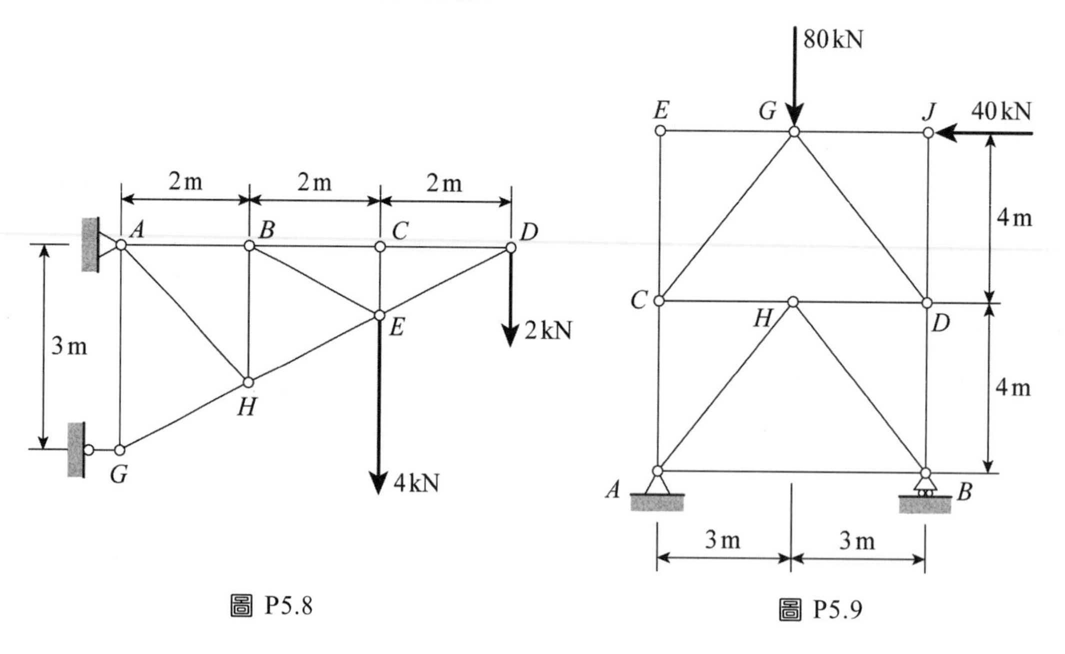

圖 P5.8

圖 P5.9

5.10 求桁架中 BC 、 BG 及 EG 桿的內力。

5.11 求桁架中 DH 、 CD 及 CH 三桿的內力。

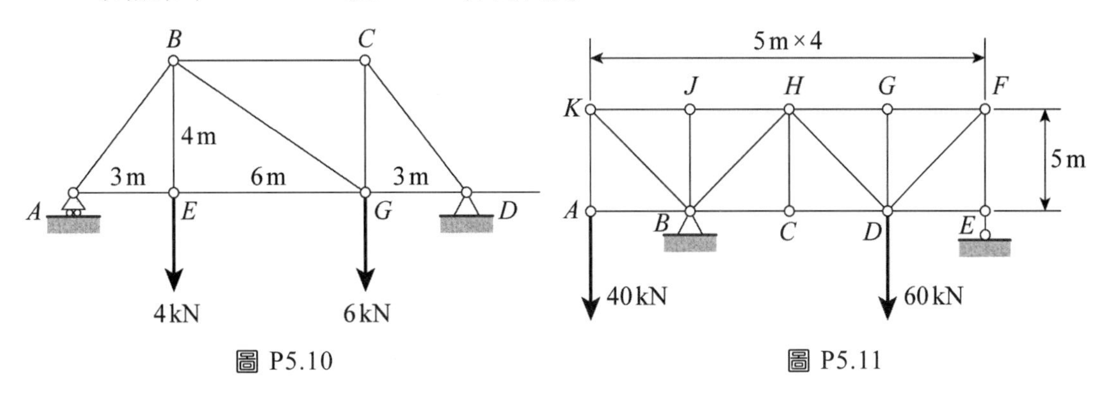

圖 P5.10

圖 P5.11

5.12 起重機桁架如圖所示，試求圖中 CD 、 CE 及 AE 桿的內力。

5.13 光滑圓盤半徑為 0.5 m、重 20 N 銷接於 D 點。假設其餘桿件的重量不計，求 A、B 、 C 三點的水平與垂直分力大小。

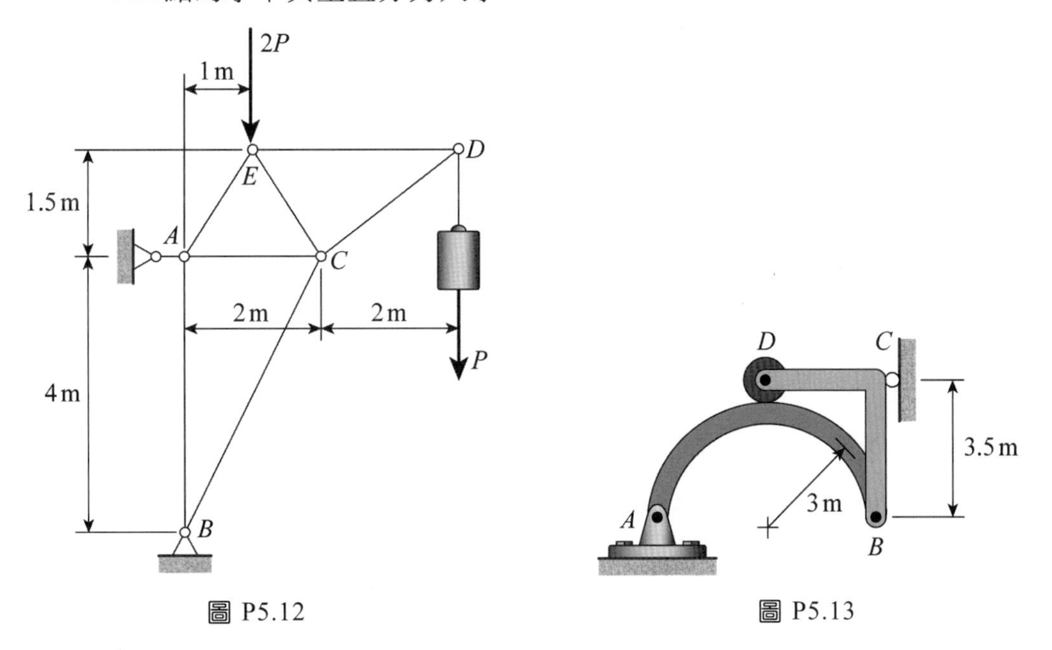

圖 P5.12

圖 P5.13

5.14 求圖示構架中各構件上之接點的水平與垂直分力的大小。

5.15 一凳子由 AB 、 BC 、 AD 三桿鉸接而成，放於光滑的地面上。當 AB 桿有一力 F 作用時，求鉸鏈 E 處銷子與銷孔間的作用力。

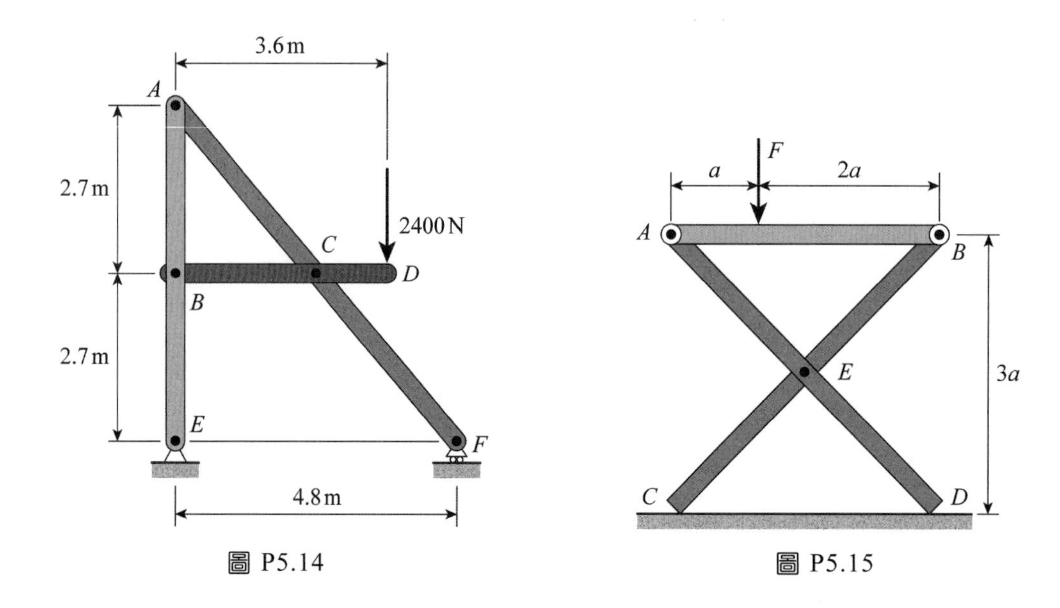

圖 P5.14　　圖 P5.15

5.16 如圖所示一折疊凳，放於光滑的地面上。桿 AB 與桿 CD 呈水平，桿 BDG 平行桿 ACE。其中 AC 桿的 E 端略嵌入 DH 桿的中點，以固定折凳。設力 P 垂直用於 CD 的中點，$\overline{AB}=\overline{CD}=4a$，不計桿重，求構件 ACE 所受的力。

5.17 圖示為一活塞曲柄連桿機構。在圖示的位置，活塞上有 4000 N 的水平力 F 作用，曲柄 OA 重 20 N，連桿 AB 重 40 N，不計摩擦，問在曲柄上應加多大的力偶 M，才能使機構平衡。

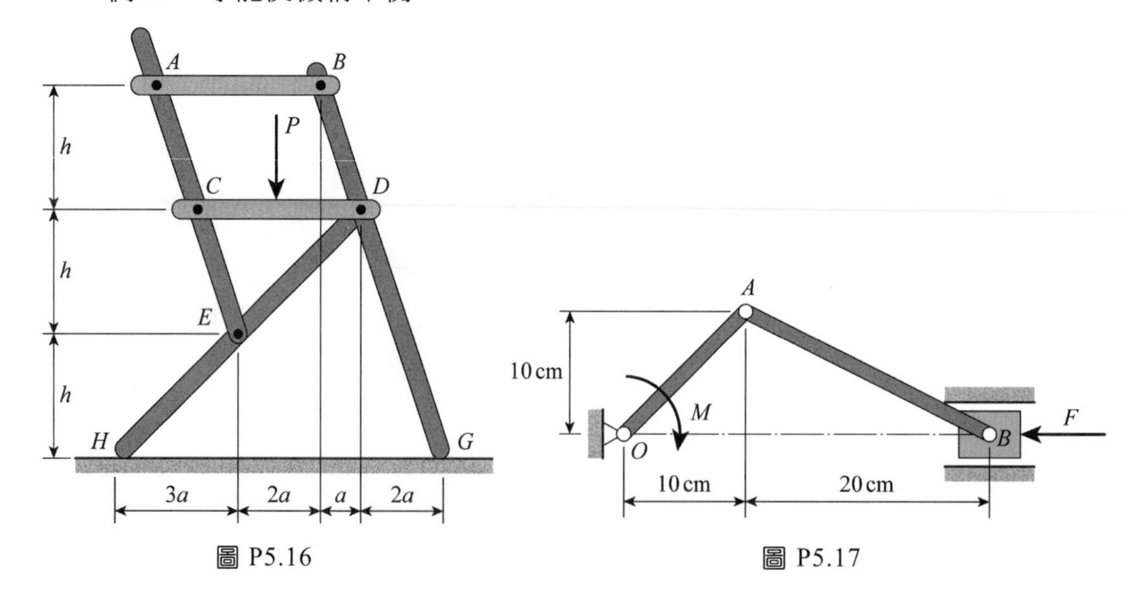

圖 P5.16　　圖 P5.17

5.18 利用一個液壓升台來舉起一個質量為 1000 kg 的板條箱，它包含了一個平台和施予相等力至兩個相同連桿的液壓汽缸（圖中只顯示一個連桿及一個汽缸）。構件 *EDB* 和 *CG* 長度均為 $2a$，而構件 *AD* 以插銷連於 *EDB* 的中點。如果板條箱放置於平台上，其一半重量由圖示系統所支撐，圖中 $\theta=60°$，$a=0.7$ m，$L=3.20$ m，試決定各汽缸在舉起板條箱時所施的力，並證明所得結果與距離 d 無關。

5.19 圖示為一剪線鉗。當手施 $P=150$ N於鉗子時，求鉗中之線所受的力。

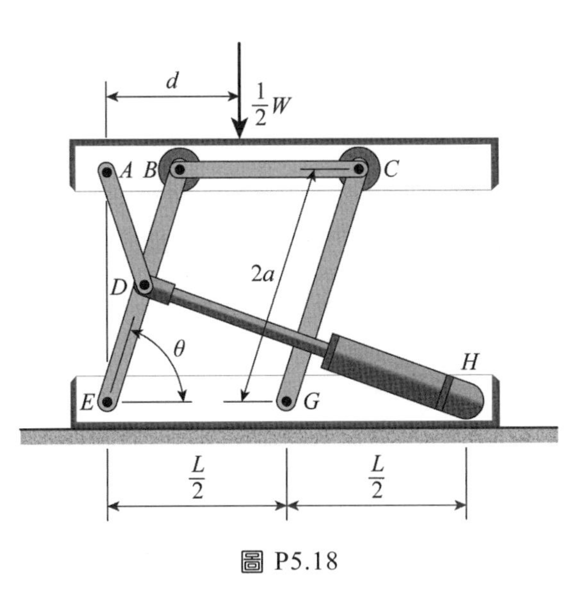

圖 P5.18

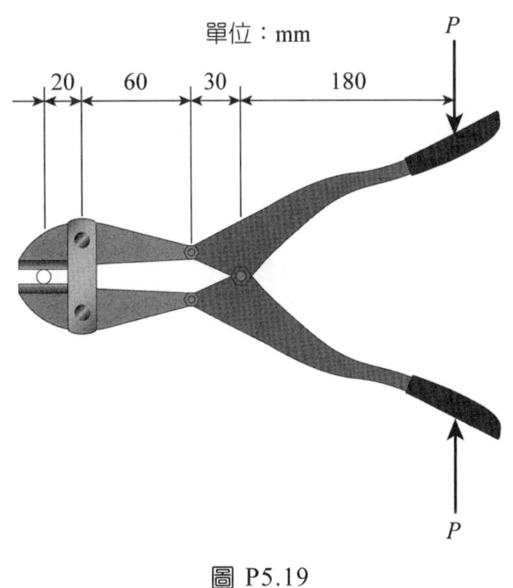

圖 P5.19

5.20 電線修理車利用臂 *ABC* 將工人提昇至適當的高度，如圖所示。就圖中的伸展情況，1400 lb 之臂其重心位於 *G* 點。工人、桶子和連於桶子的設備共重 450 lb，且其重心位於 *C*。在圖示位置時 $\theta=35°$，求所用單一汽缸施於 *B* 之力。

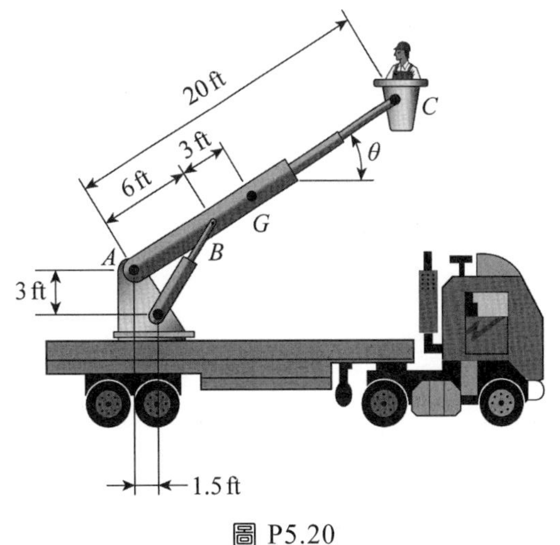

圖 P5.20

5.21 一繩索承受 50 N/m 的分布載荷，如圖所示。已知繩索的最低點 B，低於 C 點 10 m。求(a) B 點距 A 點的水平距離；(b)繩中最大張力。

5.22 一撓性繩索經過一個無摩擦的小滑輪 B，如圖所示。若此繩索需施張力 $T = 53$ kN，恰可使 $\alpha = 0°$，試求此繩索每米的質量？

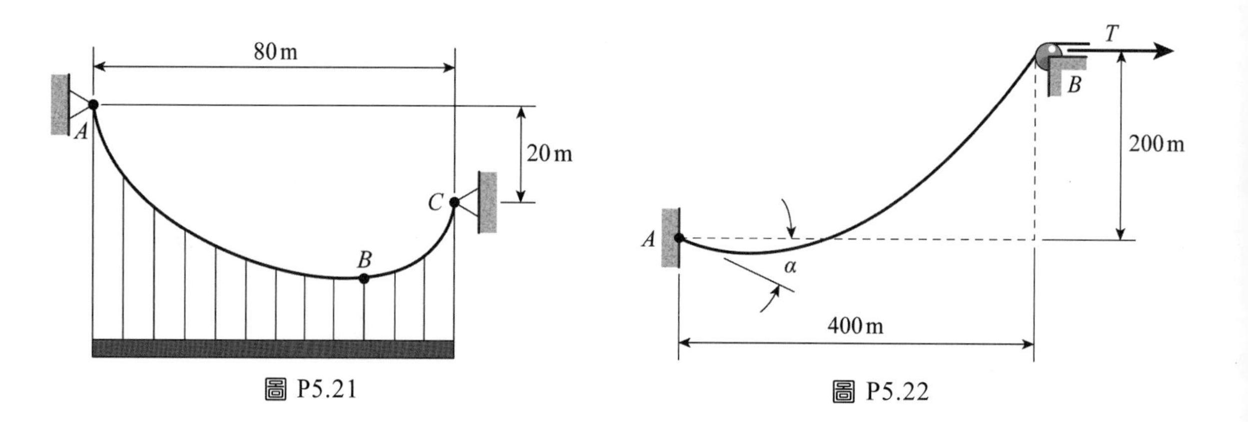

圖 P5.21　　圖 P5.22

CHAPTER

06 摩　擦

6-1 簡 介

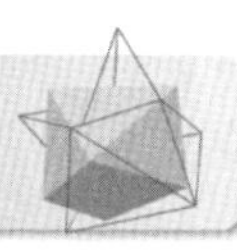

當兩個相接觸的物體有相對滑動，或有相對滑動的趨勢時，兩物體的接觸面上會產生阻礙兩物體作相對滑動或滑動趨勢之力，此力稱為**摩擦力**(friction force)。摩擦力的起因，主要是由於互相接觸之物體的表面多多少少是凹凸不平的，在這凹凸不平犬牙交錯的地方，會產生阻力來阻礙物體相互滑動。事實上，摩擦理論非常複雜，它涉及接觸面的局部彈塑性變形。在應用力學中，我們不去深入研究摩擦力產生的理論，而只討論摩擦力所引起的力學現象。

摩擦在實際工程與日常生活中極為重要。因摩擦阻礙運動、消耗能量、磨損機件，故在某些機件（例如，軸承、齒輪等）中成了不利之因素，此時常需要潤滑劑使摩擦減至最小。然而，許多機件卻需要摩擦效應以發揮其功能（例如，離合器、制動器、摩擦輪等）。車輛的行駛與停止、人的行走皆有賴摩擦力才得以實現。

摩擦通常可分為**乾摩擦**(dry friction)和**流體摩擦**(fluid friction)。乾摩擦又稱**庫倫摩擦**(Coulomb friction)，它是兩接觸物體間沒有潤滑劑時的摩擦。流體摩擦是指兩物體滑動面之間有液體潤滑劑存在時所產生的摩擦，其摩擦力取決於流體層的相對速度與黏滯性等性質，這屬於流體力學研究的範圍。本章僅討論乾摩擦和其所產生的摩擦力的性質，並應用在螺旋、皮帶等機件上。最後也簡單地介紹滾動阻力。

6-2 摩擦力與乾摩擦定律

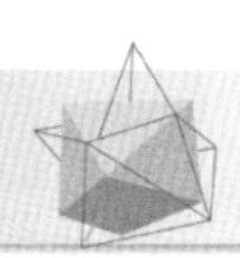

研究摩擦最重要的是了解摩擦力的性質。我們知道摩擦力阻礙兩個接觸物體的相對滑動，所以摩擦力的方向與相對滑動的方向或趨勢相反且與接觸面或接觸點相切。至於摩擦力的大小，則需視物體的運動狀況而定。

假設一個物體重 W，重心為 G，靜止於一粗糙平面上，如圖 6-2.1(a)所示。此時物體相對於平面無滑動的趨勢，即物體與平面間無摩擦，物體所受的重力 $\mathbf{W}$ 與正向力 $\mathbf{N}$ 大小相等、方向相反。再假設一水平力 $\mathbf{P}$ 施於此物體上，但物體未滑動，如圖 6-2.1(b)所示。此時物體雖未滑動，但有往右滑動的趨勢，所以摩擦力 $\mathbf{f}$ 的方向朝左，以阻礙物體往右滑動；其大小由平衡條件得知 $f = P$，此時的摩擦力稱為**靜摩擦力**(static friction force)。正向力 $\mathbf{N}$ 的大小仍等於 W，但作用點偏右，原因是平面作用於物體底部的力為分布力，物體右半部所受的力較左半部大，所以此分布力之合力 **N** 的位置偏右，以防止物體旋轉而傾倒。也就是說，對 G 正下方的點 A 取矩必須滿足 $Nd = Ph$。當水平力 **P** 的值繼續增加，為了保持平衡，摩擦力 **f** 亦隨之增大，直到物體即將要滑動時，摩擦力達到極限值，稱為最大靜摩擦力 $\mathbf{f}_s$，此時物體處於即將要滑動的臨界狀態，如圖 6-2.1(c)所示。當力 **P** 大於 $\mathbf{f}_s$ 時，平衡被破壞，物體開始滑動，此時摩擦力為定值稱為**動摩擦力**(kinetic friction force) $\mathbf{f}_k$，如圖 6-2.1(d)所示。

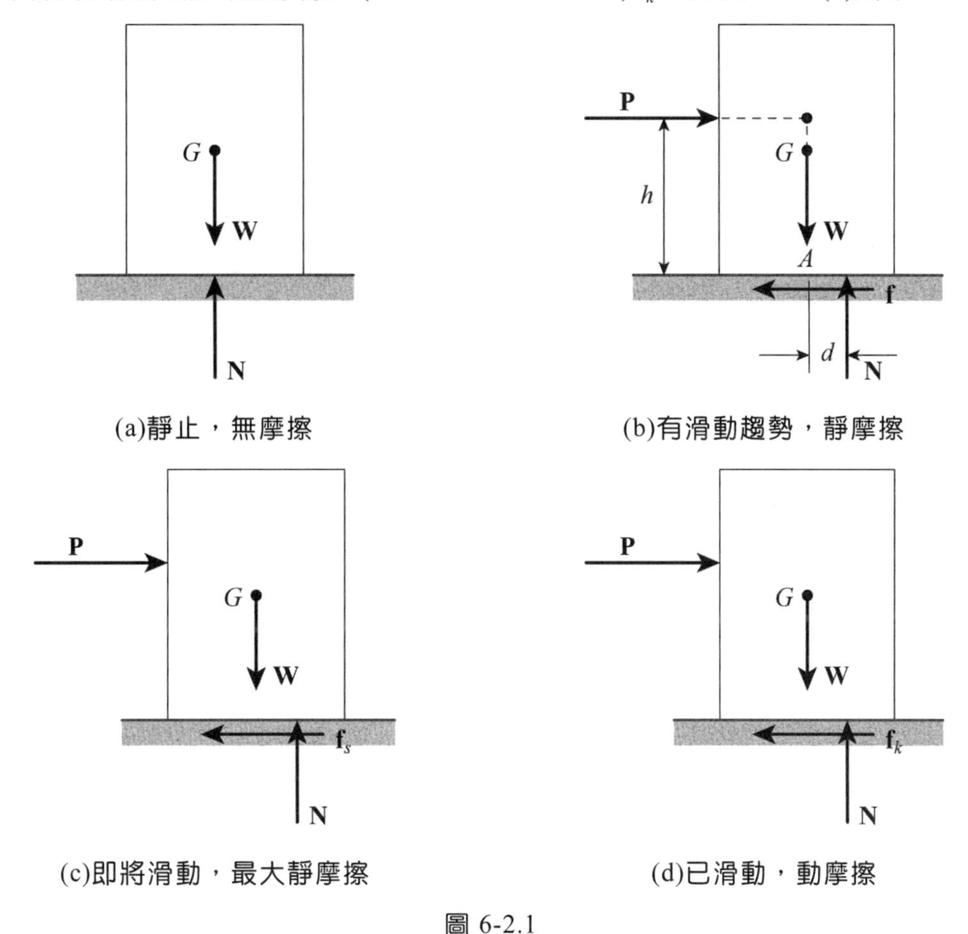

(a)靜止，無摩擦
(b)有滑動趨勢，靜摩擦
(c)即將滑動，最大靜摩擦
(d)已滑動，動摩擦

圖 6-2.1

根據庫倫(C. A. Coulomb)及許多學者的研究，得出**乾摩擦定律**(law of dry friction)，其敘述如下：

1. 摩擦力的大小與接觸面積的大小無關。
2. 最大靜摩擦力 $\mathbf{f}_s$ 及動摩擦力 $\mathbf{f}_k$ 大小與正向力 **N** 的大小成正比，即

$$f_s = \mu_s N \tag{6-2.1}$$

$$f_k = \mu_k N \tag{6-2.2}$$

其中 μ_s 稱為**靜摩擦係數**(coefficient of static friction)，μ_k 稱為**動摩擦係數**(coefficient of kinetic friction)。

3. μ_s 和 μ_k 之值，依據接觸面的材質和表面狀況而定，通常 $\mu_s > \mu_k$。

4. 除非相對速度極大，可認為動摩擦力與相對速度無關。

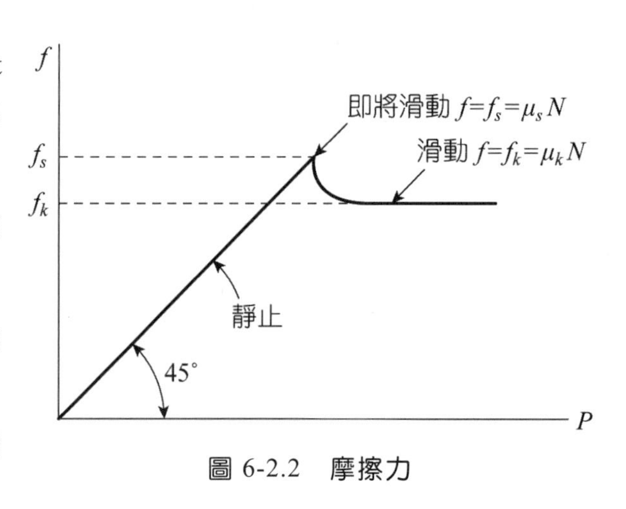

圖 6-2.2　摩擦力

表 6-2.1 所示為常見物質乾接觸面的靜摩擦係數 μ_s。

根據上面的敘述及乾摩擦定律，當一水平力 **P** 作用於靜止的物體，如圖 6-2.1(a)、(b)、(c)、(d)所示時，摩擦力的大小 f 與 P 的關係，可用圖 6-2.2 表示。

注意：當我們提到摩擦係數 μ，而沒有特別區分靜摩擦係數 μ_s 或動摩擦係數 μ_k 時，μ 可視題意代表 μ_s 或 μ_k。

表 6-2.1　乾接觸面的靜摩擦係數

接觸材料	靜摩擦係數	接觸材料	靜摩擦係數
金屬與金屬	0.2～1.2	木材與皮革	0.25～0.5
金屬與石材	0.3～0.7	泥土與泥土	0.2～1.0
金屬與皮革	0.3～0.6	橡皮與水泥	0.6～0.9
金屬與木材	0.2～0.6	橡皮與冰	0.05～0.2
石材與石材	0.4～0.65		

摩擦力的重要性質可歸納如下：

(1) 摩擦力的方向與物體相對滑動的趨勢或方向相反。

(2) 摩擦力是被動力，它不會主動產生，其大小依據物體的運動狀況而定。在物體未相對滑動前，其大小由平衡條件決定；當物體即將相對滑動時，其值等於最大靜摩擦力的大小，即 $f = f_s = \mu_s N$；物體滑動時，摩擦力等於動摩擦力，即 $f = f_k = \mu_k N$。

(3) 摩擦力遵守牛頓第三定律。例如圖 6-2.3(a)所示，力 P 作用於重 W 的物體。此時地面對物體的摩擦力向左，物體對地面的摩擦力向右，如圖 6-2.3(b)所示。

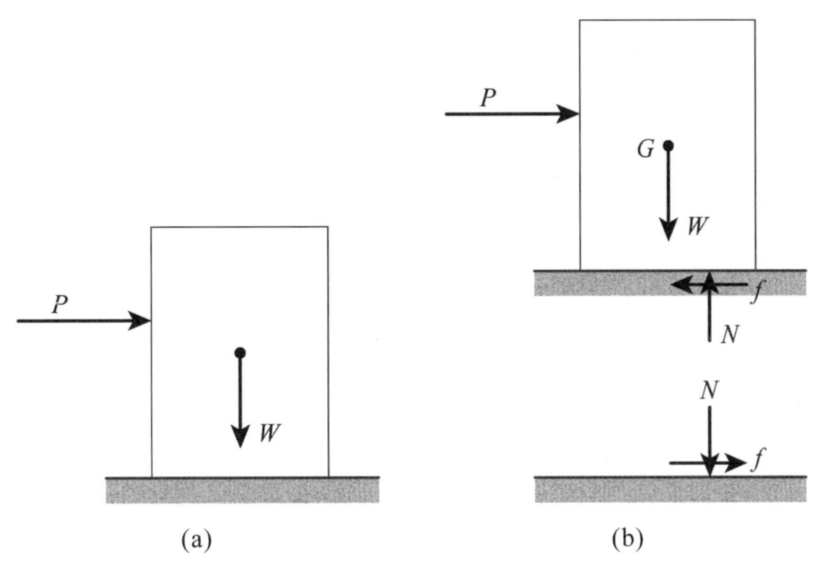

圖 6-2.3 摩擦力的方向

例 6-2.1

汽車能夠在道路上行進是依靠輪胎與地面間的摩擦力。今有一前輪驅動的汽車，前後輪分別承受 W_1 與 W_2 之重量，如圖 6-2.4 所示，假設輪胎與地面不變形，試分析前後輪受力情形。

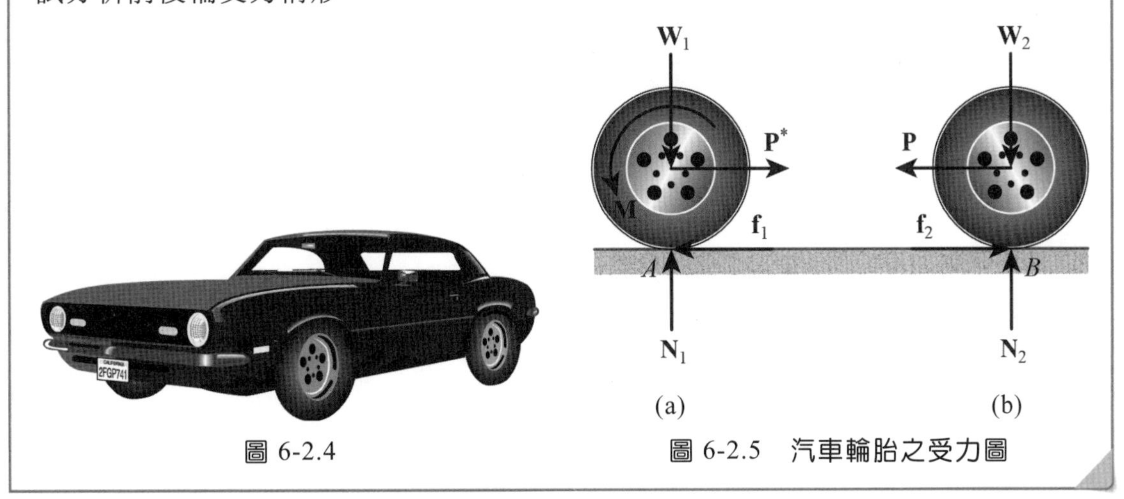

圖 6-2.4

圖 6-2.5 汽車輪胎之受力圖

解

前輪驅動的汽車，引擎輸出的扭矩 **M** 帶動前輪旋轉，假設沒有摩擦，前輪將繞輪軸旋轉，與地面接觸點 A 的運動方向向右。今有摩擦，所以 A 點相對於地面有向右滑動的趨勢，因此作用於前輪的摩擦力 $\mathbf{f}_1$ 向左，如圖 6-2.5(a)所示，由於 $\mathbf{f}_1$ 的推動，汽車才能前進。

汽車後輪的輪軸受到車體向前的拉力 **P** 的作用，假設沒有摩擦，後輪相對於地面將向前滑動，與地面接觸點 B 的運動方向朝左。今有摩擦，所以作用在後輪的摩擦力 $\mathbf{f}_2$ 方向向右，如圖 6-2.5(b)所示。由於 $\mathbf{f}_2$ 對輪心的力矩，使後輪向前滾動。

例 6-2.2

如圖 6-2.6 所示，半徑為 R 的半圓柱體重 P，其重心 C 到圓心 O 的距離為 $a = 4R/3\pi$。半圓柱體與地面的摩擦係數為 μ，求半圓柱體剛被拉動時所偏過的角度 θ。

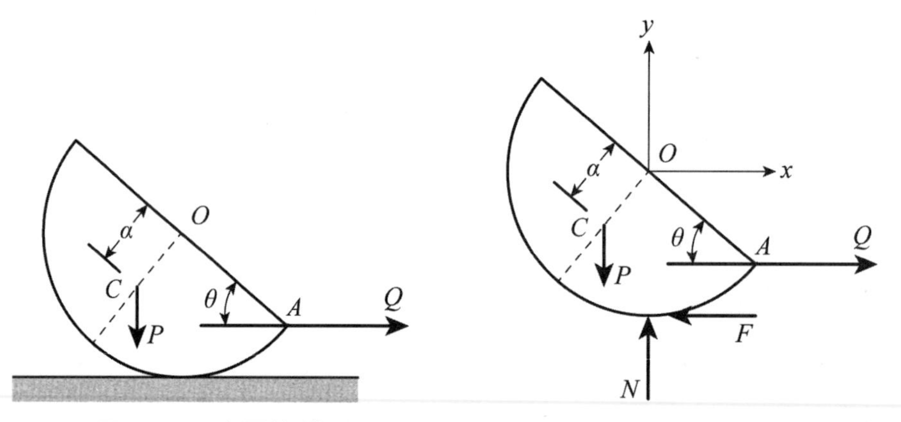

圖 6-2.6 半圓柱體　　圖 6-2.7 半圓柱體的自由體圖

解

以半圓柱體為研究對象，自由體圖如圖 6-2.7 所示，其中 N 和 F 分別是地面對半圓柱的正向反力和摩擦力。建立如圖所示的座標系，根據平面力系的平衡方程，得

$$\sum F_x = 0 ：Q - F = 0 ；Q = F \quad (1)$$

$$\sum F_y = 0 ：-P + N = 0 ；N = P \quad (2)$$

$$\sum M_O = 0 ：QR\sin\theta + Pa\sin\theta - FR = 0 \quad (3)$$

當半圓柱體剛被拉動時，應有

$$F = \mu N \quad (4)$$

將以上(1)、(2)和(4)式代入(3)式，得

$$\mu PR\sin\theta + P\frac{4R}{3\pi}\sin\theta - \mu PR = 0$$

$$3\pi\mu\sin\theta + 4\sin\theta - 3\pi\mu = 0$$

$$\sin\theta = \frac{3\pi\mu}{4 + 3\pi\mu}$$

6-3 摩擦角與摩擦錐

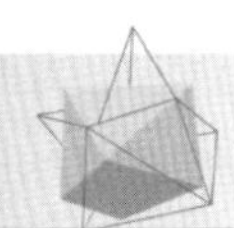

(一) 摩擦角

如同上節所述，假設一物體重 W 靜止於摩擦係數為 μ_s 的粗糙平面上，一水平力 **P** 施於物體上，此時粗糙平面作用於物體上有摩擦力 **f** 及正向力 **N**，此兩力可用一合力 **R** 來取代。設此時 **R** 與 **N** 的夾角為 ϕ，如圖 6-3.1(a)所示。當 **P** 之值繼續增加，f 及 ϕ 也隨之增加，當物體達到即將要滑動的臨界狀態時，此時摩擦力達到最大靜摩擦力 $\mathbf{f}_s$，角度 ϕ 亦達到極大值 ϕ_s，稱為**靜摩擦角**(angle of static friction)，如圖 6-3.1(b)所示。ϕ_s 與 μ_s 有如下的關係：

$$\tan\phi_s = \frac{f_s}{N} = \frac{\mu_s N}{N} = \mu_s \quad (6\text{-}3.1)$$

即靜摩擦角的正切值等於靜摩擦係數。

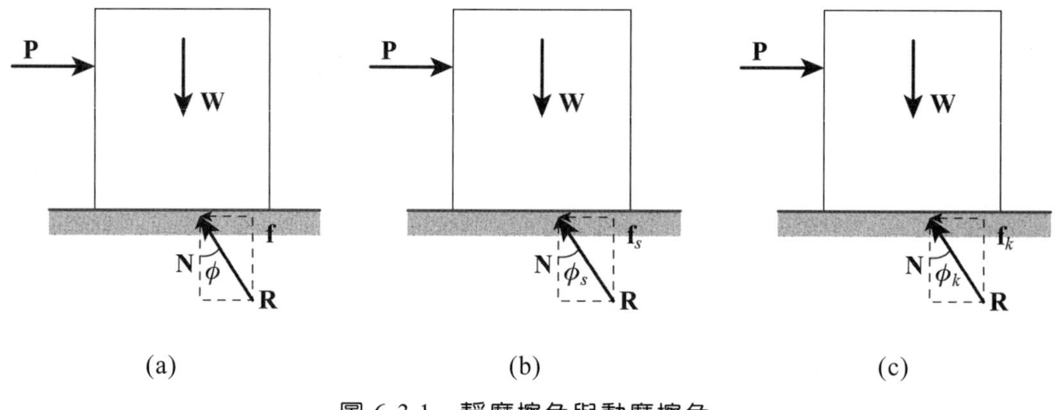

圖 6-3.1 靜摩擦角與動摩擦角

當 **P** 之值再加大，物體開始滑動，摩擦力為 $\mathbf{f}_k$ ，此時 **R** 與 **N** 的夾角 ϕ_k ，稱為**動摩擦角**(angle of kinetic friction)，如圖 6-3.1(c)所示。ϕ_k 與 μ_k 的關係如下：

$$\tan\phi_k = \frac{f_k}{N} = \frac{\mu_k N}{N} = \mu_k \tag{6-3.2}$$

即動摩擦角的正切值等於動摩擦係數。

根據公式(6-3.1)，我們可以應用實驗法來測定靜摩擦係數。如圖 6-3.2(a)所示，首先把要測定的材料做成滑塊與斜平面，表面保持乾燥與清潔，然後將滑塊放在斜平面上，逐漸增加傾斜角 θ ，當滑塊即將下滑時 θ 之角度 θ_s 稱為**靜止角**(angle of repose)。此時靜摩擦角 ϕ_s 與靜止角 θ_s 相等，如圖 6-3.2(b)所示。由公式(6-3.1)可得

$$\mu_s = \tan\phi_s = \tan\theta_s \tag{6-3.3}$$

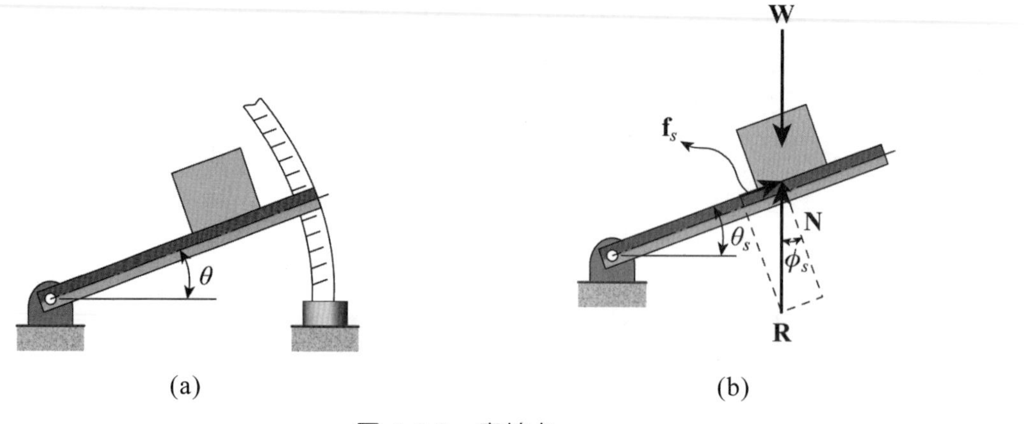

圖 6-3.2 摩擦角

(二) 摩擦錐

如圖 6-3.1(b)所示，將 **P** 改變方向，那麼，對於每一個方向都有一個對應的極限值 **R** 使物體保持平衡，這些合力 **R** 的作用線組成一個頂角為 $2\phi_s$ 的圓錐面，稱為**靜摩擦錐**(cone of static friction)，如圖 6-3.3 所示。

靜摩擦錐具有重要的物理意義，即作用於物體的主動力（重力、外力等）的合力 **S**，不論其大小如何，只要其作用線位於靜摩擦錐內，支承面上總是能夠產生相應的拘束力 **R** 使物體保持靜止，這種現象稱為**自鎖**(self-locking)，如圖 6-3.4 所示。自鎖在工程中應用非常廣，例如設計螺旋千斤頂時，螺紋角必須小於內、外螺紋之間的摩擦角，重物舉起後才不會自行落下。另外，許多夾具也用到自鎖的概念。但是有時候我們也要防止自鎖現象發生，這時可由減少摩擦係數（即減少摩擦角）來完成。

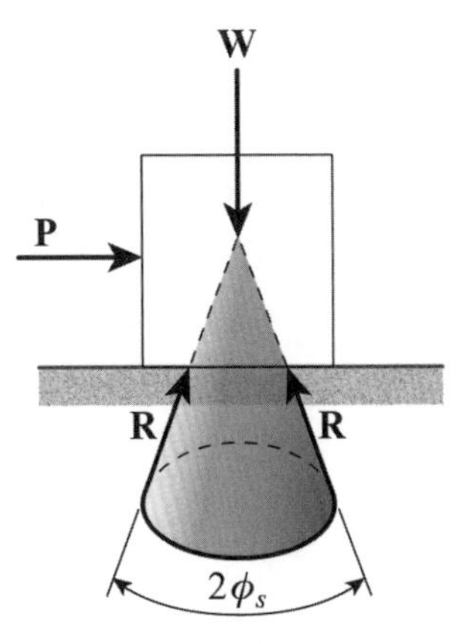

圖 6-3.3　靜摩擦錐

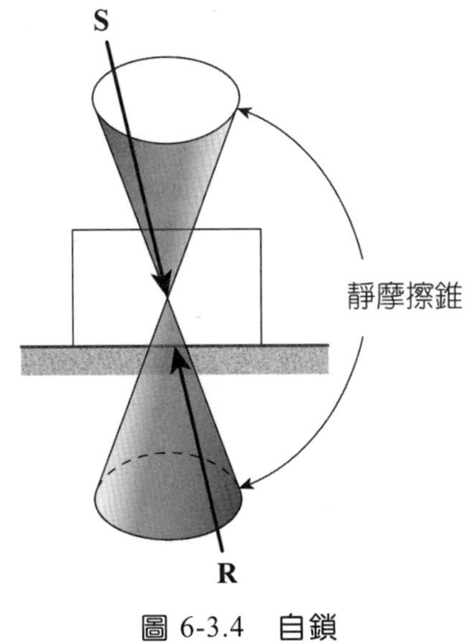

圖 6-3.4　自鎖

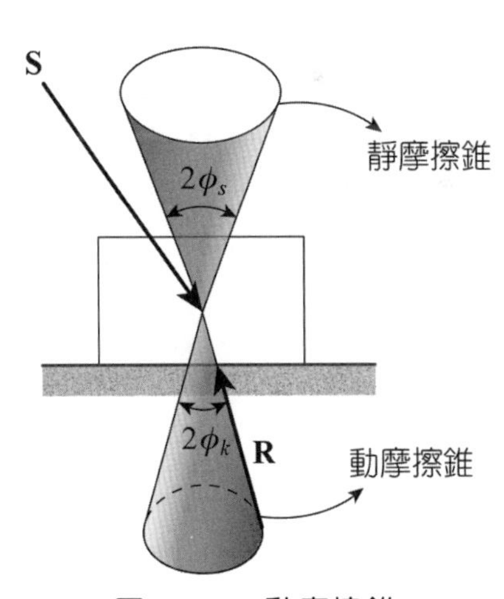

圖 6-3.5　動摩擦錐

類似靜摩擦錐的概念，物體滑動後正向力 **N** 及動摩擦力 $\mathbf{f}_k$ 的合力 **R** 亦形成一個夾角為 $2\phi_k$ 的錐面，稱為**動摩擦錐**(cone of kinetic friction)，不同的是物體滑動後 **R** 的大小為定值，所以其作用線必位於此錐面上，如圖 6-3.5 所示。

6-4 摩擦力之有關問題

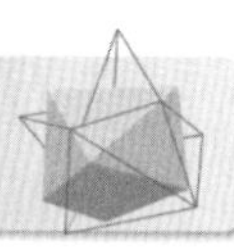

為了有效率地研究摩擦，我們可將摩擦問題大致分為下列三類：

1. 物體受外力後，如何判斷此物體相對於接觸之物為靜止、即將滑動或已經滑動。此類問題的解法，可先假設物體保持靜止，應用平衡條件求出摩擦力 **f** 及正向力 **N**，由 $f_s = \mu_s N$ 求出最大靜摩擦力。再比較 f 及 f_s，如果 $f < f_s$，則物體為靜止，摩擦力的大小為 f；如果 $f = f_s$，物體即將滑動；如果 $f > f_s$，物體已滑動，摩擦力之值為 f_k。有關此類問題，請參考例題 6-4.1。

2. 物體受外力後，先滑動或先傾倒？在 6-2 節中（見圖 6-2.1(a)、(b)、(c)）我們已知一物體受水平力 **P** 作用，當 **P** 之值逐漸增加，摩擦力 **f** 的大小及正向力 **N** 之偏移距離亦隨之增加。但是，這兩個值皆有極限：當 f 達到 f_s 時物體即將滑動；當 **N** 的作用線移到物體底部角落時，物體即將傾倒。一般來說，這兩種狀況不會同時發生。因此，解決此類問題時，可先假設一種狀況（先滑動或先傾倒），然後將所得的結果與極限值比較，如果小於極限值，則假設合理。反之，則假設不合理，可以再假設另一種狀況，重新計算。有關此類問題，請參考例題 6-4.2。

3. 物體受外力及摩擦力作用而處於平衡狀態，欲求外力的範圍或其它條件，使物體的平衡不致被破壞。解此類問題必須根據題目的要求，對可能存在的平衡極限狀態，畫出不同的自由體圖，求出不同的平衡條件，如此可得物體保持平衡所需滿足的條件。有關此類問題，請參考例題 6-4.3。

上述的分類只是為了方便解決問題。欲解摩擦的有關問題，最主要的關鍵在對摩擦力的方向、大小及其性質作徹底的了解，並靈活運用。

例 6-4.1

圖 6-4.1(a)所示的靜止滑塊重 $W = 100$ 牛頓，滑塊與地面的靜摩擦係數 $\mu_s = 0.5$，動摩擦係數 $\mu_k = 0.4$，求下列各種 P 值時物體所受摩擦力的大小和物體的運動狀況：(a)40 牛頓；(b)90 牛頓；(c)100 牛頓；(d)120 牛頓。

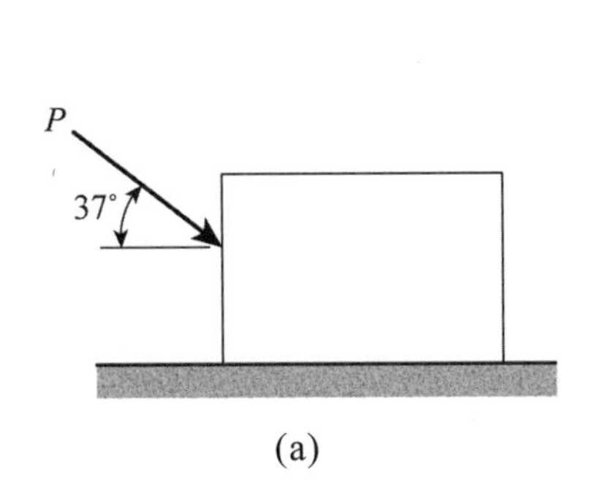

(a)

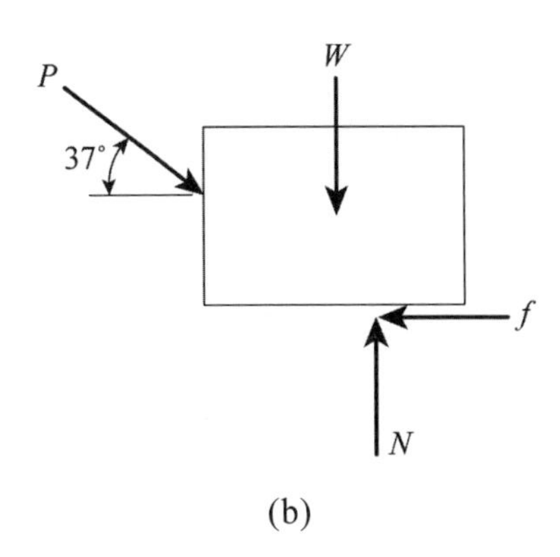

(b)

圖 6-4.1

解

以滑塊為研究對象，畫出其自由體圖，如圖 6-4.1(b)所示。滑塊相對於地面有向右滑動的趨勢，故摩擦力方向朝左。因為滑塊在垂直方向無運動，所以

$$\sum F_y = 0 : N = P\sin 37° + W = 0.6P + W$$

設滑塊平衡時摩擦力的大小為 f ，於是我們有

$$\sum F_x = 0 : f = P\cos 37° = 0.8P$$

依據乾摩擦定律：

$$f_s = \mu_s N = (0.5)(0.6P + W) = 0.3P + 0.5W$$

$$f_k = \mu_k N = (0.4)(0.6P + W) = 0.24P + 0.4W$$

(a) $P = 40$ 牛頓

$f = 0.8P = 32$ 牛頓

$N = 0.6P + W = (0.6)(40) + 100 = 124$ 牛頓

$f_s = \mu_s N = (0.5)(124) = 62$ 牛頓

因 $f < f_s$ ，所以滑塊保持靜止，摩擦力之值為 $f = 32$ 牛頓。

(b) $P = 90$ 牛頓

$f = (0.8)(90) = 72$ 牛頓

$N = (0.6)(90) + 100 = 154$ 牛頓

$f_s = (0.5)(154) = 77$ 牛頓

$f_k = (0.4)(154) = 61.6$ 牛頓

雖然 $f > f_k$ ，但 $f < f_s$ ，所以滑塊仍然靜止，摩擦力的大小為 $f = 72$ 牛頓。

(c) $P = 100$ 牛頓

$f = (0.8)(100) = 80$ 牛頓

$N = (0.6)(100) + 100 = 160$ 牛頓

$f_s = (0.5)(160) = 80$ 牛頓

因 $f = f_s$ ，所以滑塊即將滑動，摩擦力之值為 $f_s = 80$ 牛頓。

(d) $P = 120$ 牛頓

$f = (0.8)(120) = 96$ 牛頓

$N = (0.6)(120) + 100 = 172$ 牛頓

$f_s = (0.5)(172) = 86$ 牛頓

$f_k = (0.4)(172) = 68.8$ 牛頓

因 $f > f_s$ ，所以滑塊滑動，摩擦力的大小為 $f_k = 68.8$ 牛頓。

例 6-4.2

物體重 $W = 300$ N 靜止於靜摩擦係數 $\mu_s = 0.5$ 的平面上。設物體底面長 4 m。一水平力 **P** 作用於物體上，如圖 6-4.2(a)所示。當 P 值逐漸增加時，物體先滑動或先傾倒？並求臨界狀態之 P 值？

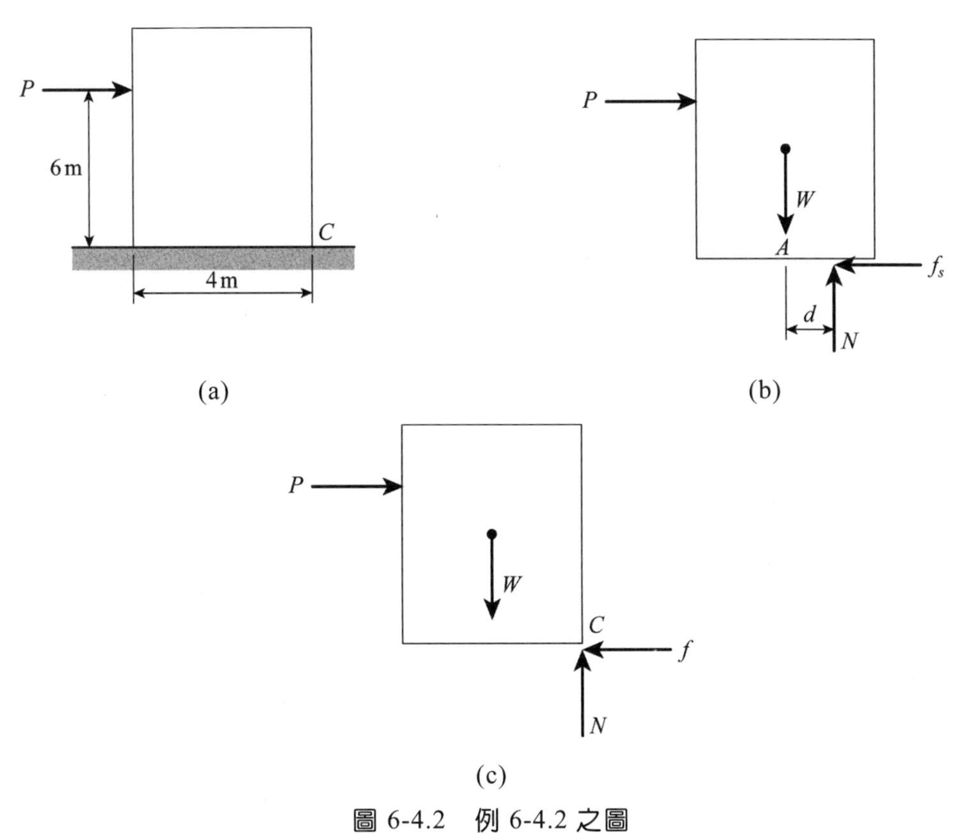

圖 6-4.2　例 6-4.2 之圖

解

假設物體先滑動，其臨界狀態的自由體圖如圖 6-4.2(b)所示。由平衡條件和乾摩擦定律，得

$$\sum F_x = 0 : P = f_s = \mu_s N \tag{1}$$

$$\sum F_y = 0 : N - W = 0 \text{，} N = W = 300 \tag{2}$$

$$\sum M_A = 0 : Nd - 6P = 0 \tag{3}$$

其中 A 為重心正下方底面之點。從方程(1)、(2)、(3)得

$$d = \frac{6P}{N} = \frac{6\mu_s N}{N} = (6)(0.5) = 3$$

因 $d=3\,\text{m}$ 已經超過物體的邊界，故假設不合理。所以物體先傾倒，其臨界狀態的自由體圖如圖 6-4.2(c)所示。由平衡條件，得

$$\sum F_x = 0 : P - f = 0,\ \ P = f \tag{4}$$

$$\sum F_y = 0 : N - W = 0,\ \ N = W = 300\ \text{N} \tag{5}$$

$$\sum M_C = 0 : 2W - 6P = 0,\ \ P = 100\ \text{N} \tag{6}$$

故 $P=100\ \text{N}$ 時，物體即將傾倒。

例 6-4.3

在斜面上放重 $W=100\ \text{N}$ 的物體，一力 P 平行斜面作用在物體上，如圖 6-4.3(a)所示。已知 $\theta=60°$，物體與斜面間的靜摩擦角 $\phi_s=30°$，求欲使物體靜止於斜面上時，P 的範圍？

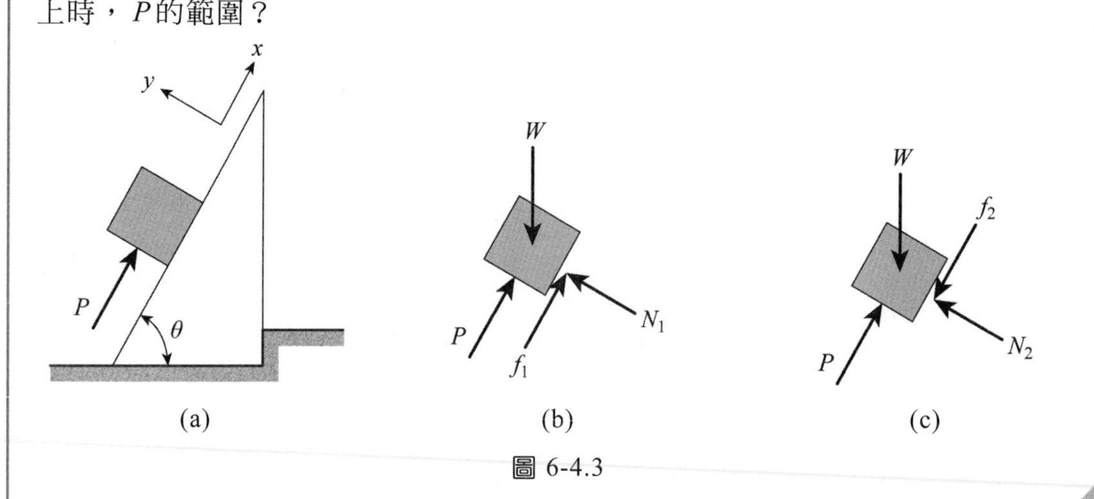

圖 6-4.3

解

物體在 P 的作用下，有下面兩種滑動趨勢：

(a) 當 P 較小時，物體有往下滑動的趨勢，此時摩擦力朝上。以物體為研究對象，其自由體圖如圖 6-4.3(b)所示。因物體靜止，列出平衡方程：

$$\sum F_x = 0 : P + f_1 - W\sin\theta = 0,\ \ P + f_1 - 100\sin 60° = 0 \tag{1}$$

$$\sum F_y = 0 : N_1 - W\cos\theta = 0,\ \ N_1 - 100\cos 60° = 0,\ \ N_1 = 50\ \text{N}$$

摩擦力必須滿足

$$f_1 \le \mu_s N_1 = \tan\phi_s N_1,\quad f_1 \le (\tan 30°)(50) = 28.87\ \text{N} \tag{2}$$

由方程(1)、(2)得

$$P \ge 57.74\ \text{N} \tag{3}$$

(b) 當 P 較大時，物體有向上滑動的趨勢，此時摩擦力朝下。以物體為研究對象，其自由體圖如圖 6-4.3(c)所示。由平衡方程及乾摩擦定律，得

$$\sum F_x = 0: P - f_2 - W\sin\theta = 0,\quad P - f_2 - 100\sin 60° = 0 \tag{4}$$

$$\sum F_y = 0: N_2 - W\cos\theta = 0,\quad N_2 - (100)\cos 60° = 0,\quad N_2 = 50\ \text{N}$$

$$f_2 \le \mu_s N_2,\quad f_2 \le (\tan 30°)(50) = 28.87\ \text{N} \tag{5}$$

由方程(4)、(5)得

$$P \le 115.46\ \text{N} \tag{6}$$

比較(3)及(6)之 P 值，得 P 的範圍如下：

$$57.74\ \text{N} \le P \le 115.46\ \text{N}$$

在解摩擦平衡問題時經常遇到解不等式的問題，為了避免求解不等式的麻煩，通常只需考慮物體處於即將滑動的臨界狀態，此時摩擦力達到最大值 $f_s = \mu_s N$，再根據問題的狀況，判斷求得的未知量（此例題是 P）是最大值或最小值，然後再寫成未知量變化的範圍。

例 6-4.4

一重 200N 的梯子 AB 長 ℓ，靠於牆壁上，如圖 6-4.4(a)所示。設梯子與牆面間的靜摩擦係數 $\mu_A = 0.4$，$\theta = 53°$，今有一重 700 N 的人沿梯而上，問梯子與地面的靜摩擦係數 μ_B 應多大，人才能安全到達梯頂。

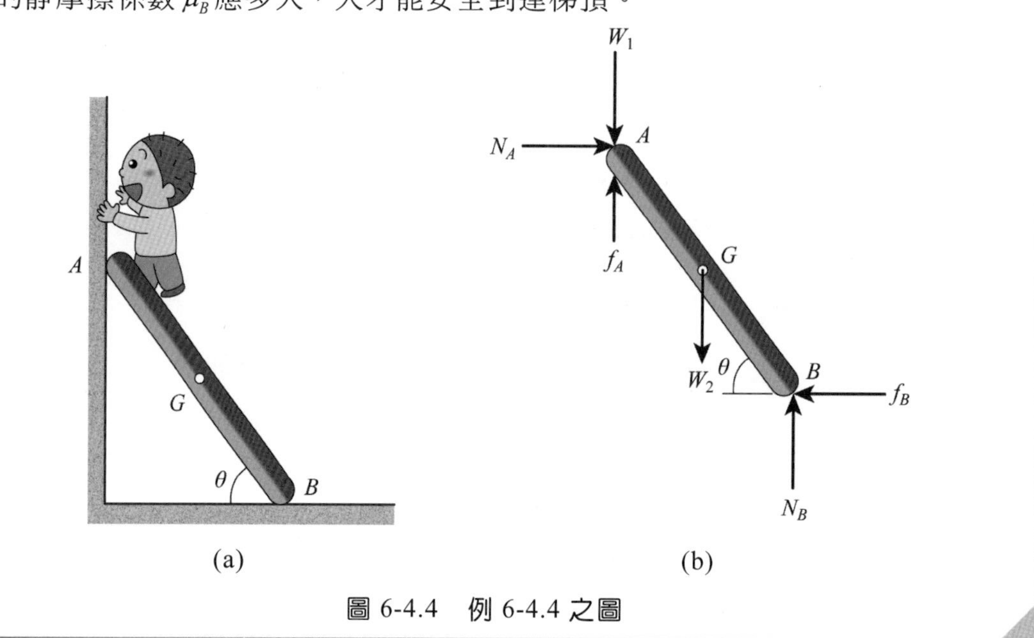

圖 6-4.4 例 6-4.4 之圖

解

當人到達梯頂時，以梯子 AB 為研究對象，畫出其自由體圖如圖 6-4.4(b)所示。由於梯子的 A 端有向下滑動之趨勢，所以摩擦力 f_A 向上；梯子的 B 端有向右滑動的趨勢，所以摩擦力 f_B 向左。圖中人重 $W_1 = 700\text{ N}$，梯子重 $W_2 = 200\text{ N}$。

設人到達梯頂時，梯子處於即將滑動的狀態。由乾摩擦定律：

$$f_A = \mu_A N_A \tag{1}$$

$$f_B = \mu_B N_B \tag{2}$$

梯子處於平衡狀態，列平衡方程：

$$\sum F_x = 0 : N_A - f_B = 0 \tag{3}$$

$$\sum F_y = 0 : N_B + f_A - W_1 - W_2 = 0 \tag{4}$$

$$\sum M_B = 0 : W_1 \ell \cos\theta + W_2 \frac{\ell}{2} \cos\theta - N_A \ell \sin\theta - f_A \ell \cos\theta = 0 \tag{5}$$

以上有五個方程式，可以解 f_A 、 f_B 、 N_A 、 N_B 及 μ_B 五個未知數。將方程(1)代入(5)中，可得

$$N_A = \frac{(W_1 + W_2/2)\cos\theta}{\mu_A \cos\theta + \sin\theta} = \frac{2W_1 + W_2}{2(\mu_A + \tan\theta)} = \frac{2(700) + 200}{2(0.4 + 4/3)} = 461.54 \text{ N}$$

將 N_A 代入方程(3)，可得

$$f_B = 461.54 \text{ N}$$

由方程(2)及(4)，可得

$$N_B = W_1 + W_2 - \mu_A N_A = 700 + 200 - (0.4)(461.54) = 715.38 \text{ N}$$

將 N_B 代入方程(2)，可得

$$\mu_B = \frac{f_B}{N_B} = \frac{461.54}{715.38} = 0.645$$

上面所求得的摩擦係數是梯子即將滑動的臨界值，因此只要梯子與地面之間的靜摩擦係數大於或等於 0.645，人便可以安全到達梯頂。

例 6-4.5

三個滑塊 A 、 B 、 C 重量分別為 300 N，100 N，200 N。各接觸面間的靜摩擦係數如圖 6-4.5(a)所示，試求水平力 P 所能達到的最大值而各接觸面之間沒有滑動發生。(假設滑塊足夠寬不會傾倒)

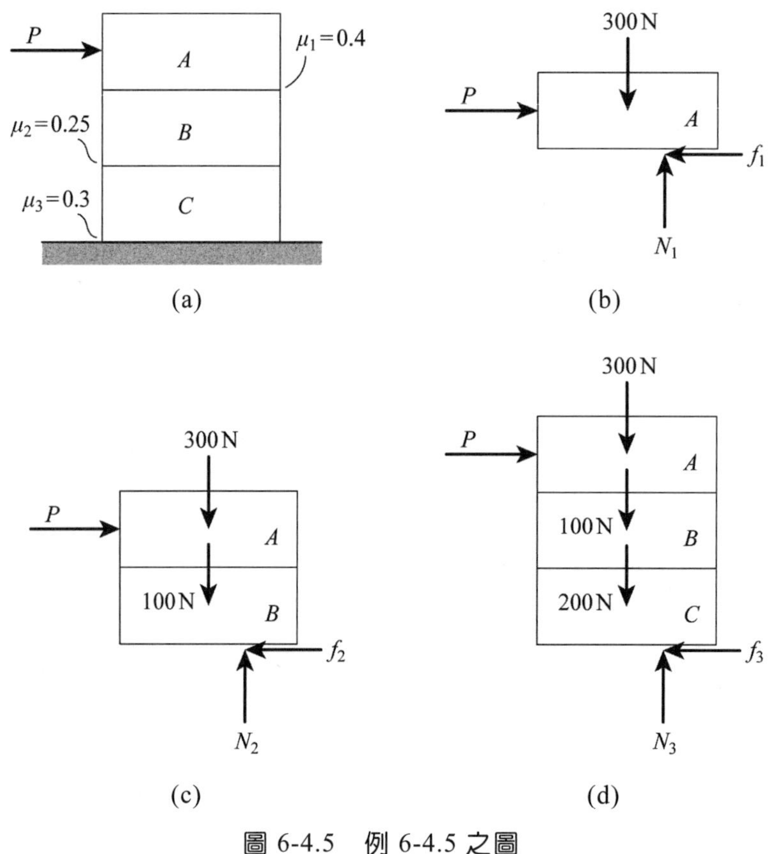

圖 6-4.5　例 6-4.5 之圖

解

此題有三種情況需要考慮：

(a) A 即將滑動，B、C 靜止：

以 A 為研究對象，其自由體圖如圖 6-4.5(b)所示。由平衡方程及乾摩擦定律，可得

$$\sum F_y = 0: N_1 - 300 = 0, \quad N_1 = 300\text{ N}$$

$$f_1 = f_{1s} = \mu_1 N_1 = (0.4)(300) = 120\text{ N}$$

$$\sum F_x = 0: P - f_1 = 0, \quad P = 120\text{ N}$$

(b) A、B 即將一起滑動（將 A 和 B 視同一個物體），C 靜止：

以 A 、 B 為研究對象，其自由體圖如圖 6-4.5(c)所示。由平衡方程及乾摩擦定律，可得

$$\sum F_y = 0 : N_2 - 300 - 100 = 0 , \quad N_2 = 400 \text{ N}$$

$$f_2 = f_{2s} = \mu_2 N_2 = (0.25)(400) = 100 \text{ N}$$

$$\sum F_x = 0 : P - f_2 = 0 , \quad P = 100 \text{ N}$$

(c) A 、 B 、 C 即將一起滑動（ A 、 B 、 C 視為一體）：

以 A 、 B 、 C 為研究對象，其自由體圖如圖 6-4.5(d)所示。由平衡方程及乾摩擦定律，可得

$$\sum F_y = 0 : N_3 - 300 - 200 - 100 = 0 , \quad N_3 = 600 \text{ N}$$

$$f_3 = f_{3s} = \mu_3 N_3 = (0.3)(600) = 180 \text{ N}$$

$$\sum F_x = 0 : P - f_3 = 0 , \quad P = 180 \text{ N}$$

比較(a)、(b)、(c)中的 P 值，可知使任何接觸面之間無滑動發生時 P 允許的最大值為 100 N 。

例 6-4.6

物體 A 重 2000 N，圓柱 B 重 1500 N，半徑為 0.3 m，各接觸面、線之間的摩擦係數如圖 6-4.6(a)所示。欲使 B 達到即將動的臨界狀態，求力偶矩 M 的大小。

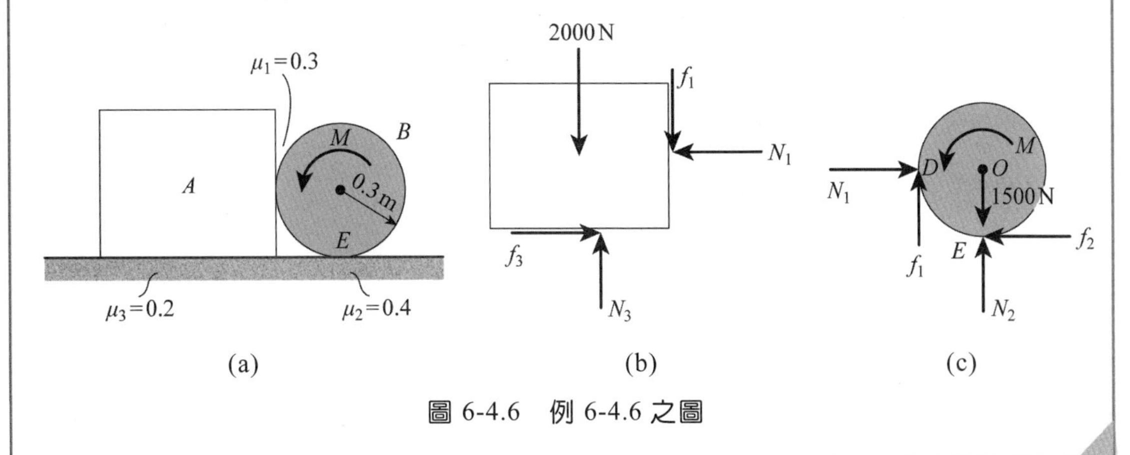

圖 6-4.6 例 6-4.6 之圖

解

圓柱 B 達到臨界狀態時，有下列兩種情況：

(a) 物體 A 靜止不動，圓柱 B 即將原處旋轉：

各以 A、B 為研究對象，其自由體圖如圖 6-4.6(b)、(c)所示。對 B 而言，在 D 點 B 相對於 A 有往下滑動的趨勢，故摩擦力 f_1 向上；在 E 點 B 相對於地面有往右滑動的趨勢，故摩擦力 f_2 朝左。由圓柱 B 的平衡方程，得

$$\sum F_x = 0 : N_1 - f_2 = 0 \text{ ， } N_1 = f_2 \tag{1}$$

$$\sum F_y = 0 : f_1 + N_2 = 1500 \tag{2}$$

$$\sum M_O = 0 : M - 0.3 f_1 - 0.3 f_2 = 0 \tag{3}$$

圓柱 B 必須在 D、E 兩點達到臨界狀態才有可能在原處旋轉，因此

$$f_1 = \mu_1 N_1 = 0.3 N_1 \tag{4}$$

$$f_2 = \mu_2 N_2 = 0.4 N_2 \tag{5}$$

由方程(1)至(5)可解得

$$N_1 = 535.7\text{ N},\quad N_2 = 1339.3\text{ N},\quad f_1 = 160.7\text{ N},\quad f_2 = 535.7\text{ N}$$

$$M = 208.9\text{ N}\cdot\text{m}$$

此時必須驗證假設是否合理。由物體 A 的平衡方程得

$$\sum F_x = 0 : f_3 - N_1 = 0,\quad f_3 - 535.7 = 0,\quad f_3 = 535.7\text{ N}$$

$$\sum F_y = 0 : N_3 - f_1 - 2000 = 0,\quad N_3 - 160.7 - 2000 = 0,\quad N_3 = 2160.7\text{ N}$$

$$\mu_3 N_3 = (0.2)(2160.7) = 432.14\text{ N}$$

$f_3 > \mu_3 N_3$，所以假設不合理。

(b) 物體 A 即將滑動，圓柱 B 即將滾動：

各以 A 、 B 為研究對象，其自由體圖仍然與圖 6-4.6(b)、(c)相同。由物體的平衡方程及乾摩擦定律，得

$$\sum F_x = 0 : f_3 - N_1 = 0 \tag{6}$$

$$\sum F_y = 0 : N_3 - f_1 - 2000 = 0 \tag{7}$$

$$f_3 = \mu_3 N_3 , \quad f_3 = 0.2\ N_3 \tag{8}$$

圓柱 B 的平衡方程仍然與方程(1)、(2)、(3)相同。此時 D 點達到臨界摩擦值，E 點則不一定，因此

$$f_1 = \mu_1 N_1 = 0.3 N_1 \tag{9}$$

$$f_2 \le \mu_2 N_2 = 0.4 N_2 \tag{10}$$

由方程(6)至(8)得

$$N_1 = f_3 = (0.2)(2000 + f_1) = 400 + 0.2 f_1 \tag{11}$$

由方程(1)及(9)得

$$f_1 = 0.3 f_2 \tag{12}$$

由方程(1)、(11)、(12)得

$$400 + 0.2 f_1 = (1/0.3) f_1 , \quad f_1 = 127.7\ \text{N}$$

依次可解得

$$f_2 = 425.6\ \text{N} , \quad f_3 = 425.6\ \text{N} , \quad N_1 = 425.6\ \text{N} , \quad N_2 = 1372.3\ \text{N}$$

$$N_3 = 2127.7\ \text{N} , \quad M = 166\ \text{N} \cdot \text{m}$$

驗證方程(10)得 $f_2 \le \mu_2 N_2$ ，所以假設合理，因此所需的力矩值為 $166\ \text{N} \cdot \text{m}$ 。

例 6-4.7

圖 6-4.7(a)所示為一楔(wedge)裝置。楔 A 上有一水平力 P 用以升高重 W 的物體 C。設所有的接觸面間的摩擦角均為 ϕ，物體 A 與 B 的重量可忽略，求楔即將被推動時 P 的大小。

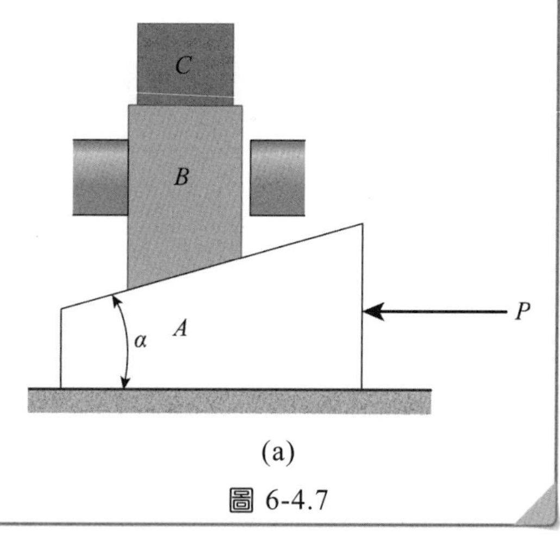

(a)

圖 6-4.7

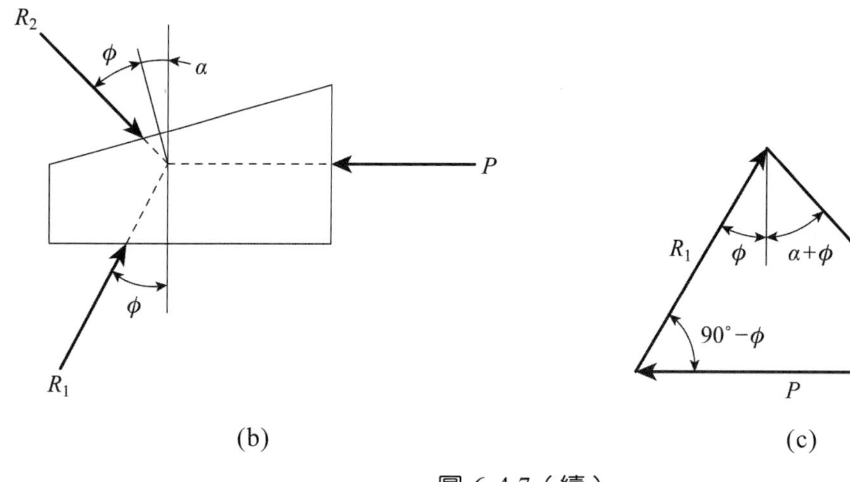

(b) (c)

圖 6-4.7（續）

解

首先以物體 A 為研究對象。當 A 即將被推動時，摩擦力及正向力的合力與正向力方向成摩擦角 ϕ。由於物體 A 的重量忽略不計，因此作用在楔 A 上的三個力必共點（三力構件），其自由體圖如圖 6-4.7(b)所示。由圖 6-4.7(c)所示的力三角形，可得

$$\frac{P}{\sin(\alpha+2\phi)}=\frac{R_2}{\sin(90°-\phi)}$$

$$P=\frac{\sin(\alpha+2\phi)}{\cos\phi}R_2 \tag{1}$$

再以楔 B 與重物 C 為研究對象，其自由體圖如圖 6-4.8(a)所示，圖中 R_2' 為 R_2 的反作用力。由 6-4.8(b)所示的力三角形可得

$$\frac{R_2'}{\sin(90^\circ+\phi)}=\frac{W}{\sin(90^\circ-\alpha-2\phi)}$$

$$R_2'=\frac{\cos\phi}{\cos(\alpha+2\phi)}W \tag{2}$$

因為 $R_2'=R_2$，從(1)、(2)式可得

$$P=\frac{\sin(\alpha+2\phi)}{\cos(\alpha+2\phi)}W=W\tan(\alpha+2\phi)$$

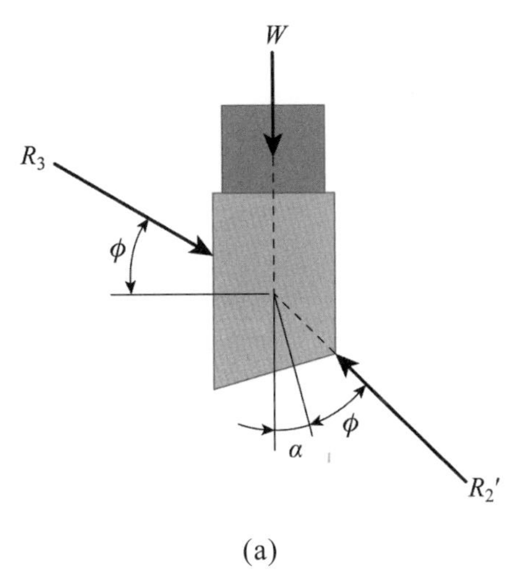

(a)

$\alpha+\phi$ W R_2' $90^\circ-\alpha-2\phi$ $90^\circ+\phi$ R_3

(b)

圖 6-4.8

例 6-4.8

一長為 $2b$ 的均質桿置於兩個互相垂直的傾斜面上，如圖 6-4.9 所示。設桿與斜面間的摩擦係數為 $\mu=\tan\phi$，ϕ 為靜摩擦角。令 θ 為 AB 桿與 AO 斜面的夾角，當桿處於平衡狀態時，求 θ 角的範圍。

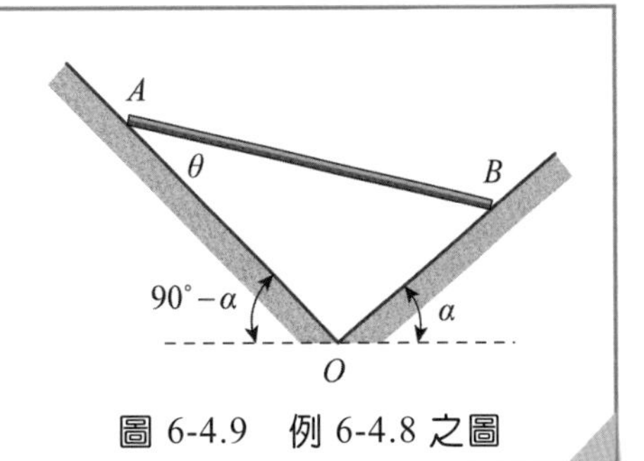

圖 6-4.9　例 6-4.8 之圖

解

以 AB 桿為研究對象，考慮以下兩種情況：

情況一

B 點即將往下滑動，摩擦力為 μN_2，此時 θ 趨於它的平衡最小值，自由體圖如圖 6-4.10 所示。圖中的 $mg\sin\alpha$ 與 $mg\cos\alpha$ 分別為重力 mg 在 x、y 方向的分量，故以虛線表示。

平衡方程為

$$\sum F_x = 0: \quad N_1 + \mu N_2 - mg\sin\alpha = 0 \tag{1}$$

$$\sum F_y = 0: \quad -\mu N_1 + N_2 - mg\cos\alpha = 0 \tag{2}$$

$$\sum M_O = 0: \quad N_2(2b\sin\theta) - mg\cos\alpha(b\sin\theta) + mg\sin\alpha(b\cos\theta) - N_1(2b\cos\theta) = 0 \tag{3}$$

從方程(1)和(2)，得

$$N_1 = \frac{\sin\alpha - \mu\cos\alpha}{1+\mu^2}mg \tag{4}$$

$$N_2 = \frac{\cos\alpha + \mu\sin\alpha}{1+\mu}mg \tag{5}$$

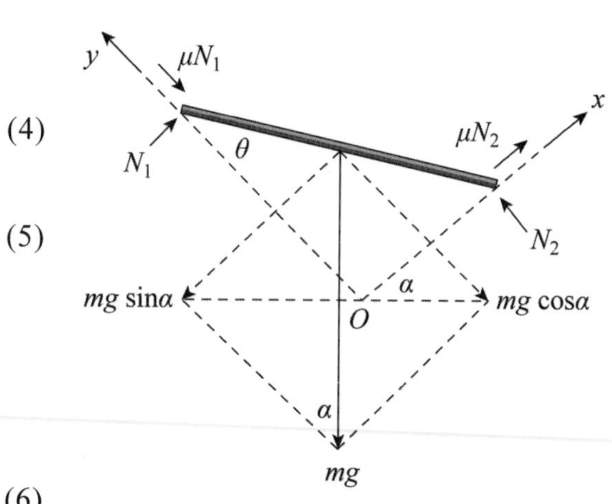

圖 6-4.10　B 點即將往下滑動的自由體圖

將(4)和(5)式代入(3)式，可得

$$\tan\theta = \frac{\tan\alpha - \dfrac{2\mu}{1-\mu^2}}{1+\tan\alpha\dfrac{2\mu}{1-\mu^2}} \tag{6}$$

注意到

$$\frac{2\mu}{1-\mu^2} = \frac{2\tan\phi}{1-\tan^2\phi} = \tan 2\phi \tag{7}$$

將(7)式代入(6)式，得

$$\tan\theta = \frac{\tan\alpha - \tan(2\phi)}{1 + \tan\alpha\tan(2\phi)} = \tan(\alpha - 2\phi) \tag{8}$$

即為了保持桿的平衡，θ 角必須滿足

$$\theta \ge (\alpha - 2\phi) \tag{9}$$

情況二

B 點即將往上滑動，θ 角趨於它的平衡最大值，自由體圖如圖 6-4.11 所示。平衡方程為

$$\sum F_x = 0:\quad N_1 - \mu N_2 - mg\sin\alpha = 0 \tag{10}$$

$$\sum F_y = 0:\quad \mu N_1 + N_2 - mg\cos\alpha = 0 \tag{11}$$

$$\sum M_o = 0:\quad N_2(2b\sin\theta) - mg\cos\alpha(b\sin\theta) + mg\sin\alpha(b\cos\theta) - N_1(2b\cos\theta) = 0 \tag{12}$$

比較情況一和情況二的平衡方程，不同地方為含 μ 的項符號改變。因此對情況二，我們可以將方程(6)中含 μ 的項的符號改變，而得到

$$\tan\theta = \frac{\tan\alpha + \dfrac{2\mu}{1-\mu^2}}{1 - \tan\alpha\dfrac{2\mu}{1-\mu^2}} \tag{13}$$

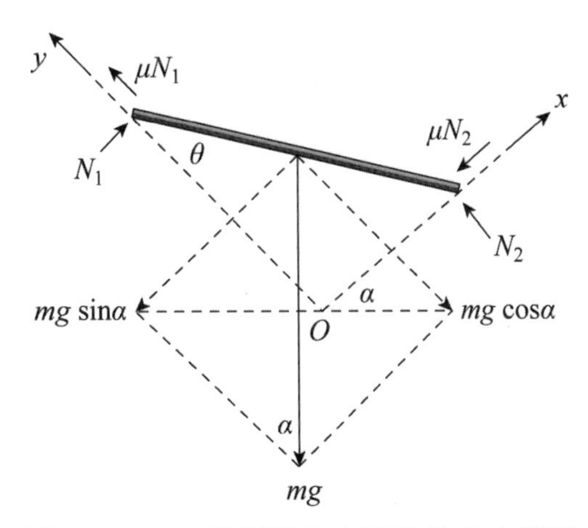

圖 6-4.11 B 點即將往上滑動的自由體圖

應用(7)式，並將其代入(13)式，得

$$\tan\theta = \frac{\tan\alpha + \tan(2\phi)}{1 - \tan\alpha\tan(2\phi)} = \tan(\alpha + 2\phi) \tag{14}$$

因此，為了保持平衡，θ 角必須滿足

$$\theta \leq (\alpha + 2\phi) \tag{15}$$

從方程(9)和(15)可知 AB 桿平衡時，θ 角的範圍為

$$(\alpha - 2\phi) \leq \theta \leq (\alpha + 2\phi) \tag{16}$$

6-5 皮帶摩擦

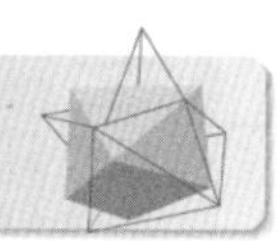

在機械動力的傳送中，常以撓性皮帶套於帶輪的輪緣上，利用其間的摩擦力以傳達動力。例如，皮帶輪、汽車中的風扇皮帶等。常用的皮帶有**平皮帶**(flat belt)和 **V 型皮帶**(V belt)。本節討論這兩類皮帶所受的張力與摩擦係數之間的關係。

(一) 平皮帶

考慮一理想撓性皮帶套於表面粗糙的帶輪上，設接觸面間的靜摩擦係數為 μ_s，皮帶與輪的接觸角度為 β（弳度）。設皮帶即將滑動時緊邊的拉力為 T_1，鬆邊的拉力為 T_2，如圖 6-5.1(a)所示。取圖中的微小皮帶元素，其自由體圖如圖 6-5.1(b)所示，其中 dN 為正向力，df 為摩擦力。因為皮帶為理想撓性，所以自由體圖中沒有剪力出現。由切線方向、法線方向的平衡方程及乾摩擦定律，可得

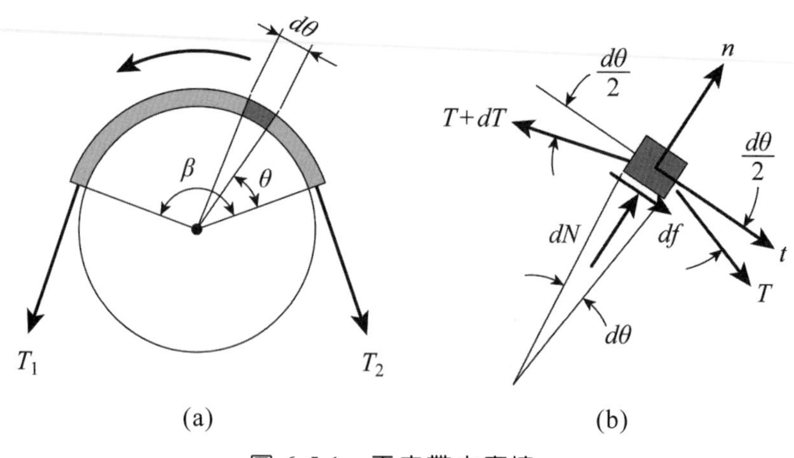

圖 6-5.1 平皮帶之摩擦

$$\sum F_t = 0 : T\cos\frac{d\theta}{2} - (T+dT)\cos\frac{d\theta}{2} + df = 0 \tag{6-5.1}$$

$$\sum F_n = 0 : dN - T\sin\frac{d\theta}{2} - (T+dT)\sin\frac{d\theta}{2} = 0 \tag{6-5.2}$$

$$df = \mu_s dN \tag{6-5.3}$$

因為 $d\theta \approx 0$，故 $\cos\frac{d\theta}{2} \approx 1$， $\sin\frac{d\theta}{2} \approx \frac{d\theta}{2}$ ，且二階微分項 $dT \cdot \sin\frac{d\theta}{2}$ 可忽略不計，應用上述的近似值和(6-5.3)式，(6-5.1)與(6-5.2)式可簡化成

$$dT = \mu_s dN \tag{6-5.4}$$

$$dN = Td\theta \tag{6-5.5}$$

從(6-5.4)與(6-5.5)兩式中消去 dN ，得

$$\frac{dT}{T} = \mu_s d\theta \tag{6-5.6}$$

依據圖 6-5.1(a)取積分上下限，對(6-5.6)式積分，可得

$$\int_{T_2}^{T_1} \frac{dT}{T} = \int_0^{\beta} \mu_s d\theta \tag{6-5.7}$$

即

$$\frac{T_1}{T_2} = e^{\mu_s \beta} \tag{6-5.8}$$

(6-5.8)式為皮帶即將滑動時，緊邊與鬆邊的張力關係式。皮帶滑動後此關係式變成

$$\frac{T_1}{T_2} = e^{\mu_k \beta} \tag{6-5.9}$$

在此應強調：

1. 使用(6-5.8)式時，β 必須以弳度為單位。

2. 圖 6-5.1(a)中，如果皮帶即將往 T_2 方向滑動，則 $T_2/T_1 = e^{\mu_s\beta}$，或者 $T_1/T_2 = e^{-\mu_s\beta}$。因此皮帶的平衡條件為 $e^{-\mu_s\beta} \le T_1/T_2 \le e^{\mu_s\beta}$。

3. 對繩索也可應用皮平帶之公式。

（二）V 型皮帶

對於夾角為 α 的 V 型皮帶，摩擦產生於皮帶的兩側而非底部，如圖 6-5.2(a)所示。取圖中的微小皮帶元素，皮帶即將滑動時其自由體圖如圖 6-5.2(b)所示。由平衡條件及乾摩擦定律，得

$$\sum F_y = 0 : (T+dT)\cos\frac{d\theta}{2} - T\cos\frac{d\theta}{2} - 2df = 0 \tag{6-5.10}$$

$$\sum F_z = 0 : 2(dN)\sin\frac{\alpha}{2} - (T+dT)\sin\frac{d\theta}{2} - T\sin\frac{d\theta}{2} = 0 \tag{6-5.11}$$

$$df = \mu_s dN \tag{6-5.12}$$

類似於平皮帶的受力分析，$\cos\dfrac{d\theta}{2} \approx 1$，$\sin\dfrac{d\theta}{2} \approx \dfrac{d\theta}{2}$，且忽略二階微分項，(6-5.10)至(6-5.12)式可化簡成

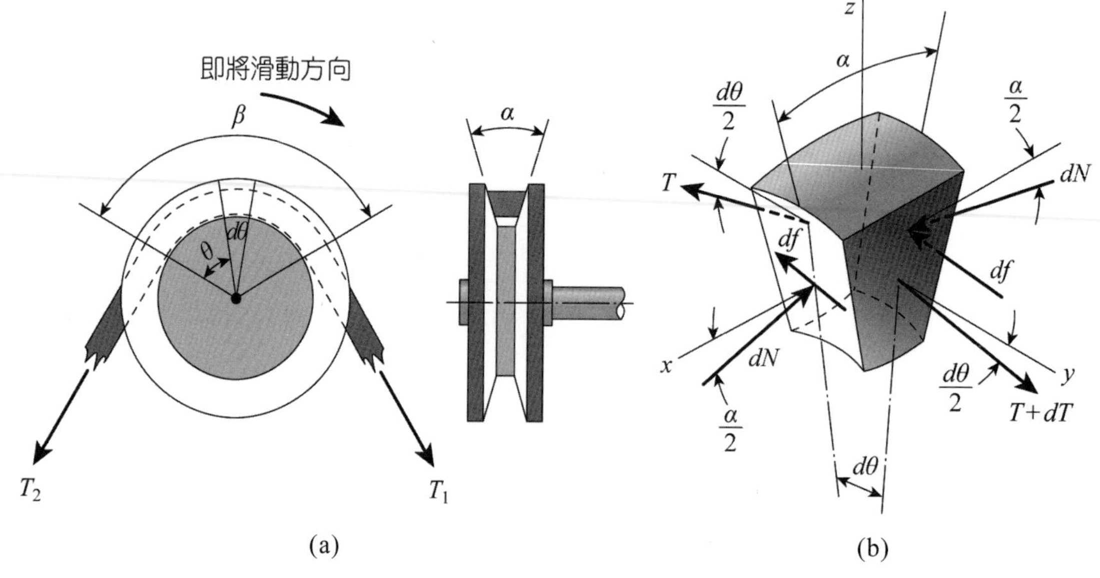

圖 6-5.2　V 型皮帶的摩擦

$$dT = 2\mu_s dN \tag{6-5.13}$$

$$2dN\sin\frac{\alpha}{2} = Td\theta \tag{6-5.14}$$

即

$$\frac{dT}{T} = \frac{\mu_s d\theta}{\sin(\alpha/2)} \tag{6-5.15}$$

將(6-5.15)式兩邊積分，得

$$\int_{T_2}^{T_1}\frac{dT}{T} = \int_0^{\beta}\frac{\mu_s}{\sin(\alpha/2)}d\theta$$

即

$$\frac{T_1}{T_2} = e^{\mu_s\beta/\sin(\alpha/2)} \tag{6-5.16}$$

(6-5.16)式為 V 型皮帶即將滑動時，緊邊與鬆邊的張力關係式。

例 6-5.1

已知重 600 N 的人坐在一水平桿上，其中 $\alpha = 50°$ 如圖 6-5.3(a)所示。設繩子與圓柱的靜摩擦係數 $\mu_s = 0.6$，繩子與桿的重量可忽略不計。試求人坐在桿子的範圍而能使桿子保持水平？

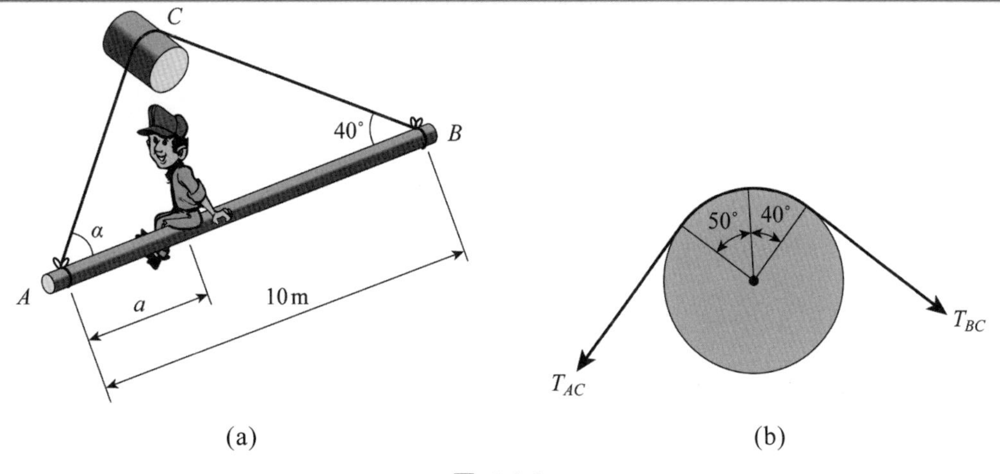

圖 6-5.3

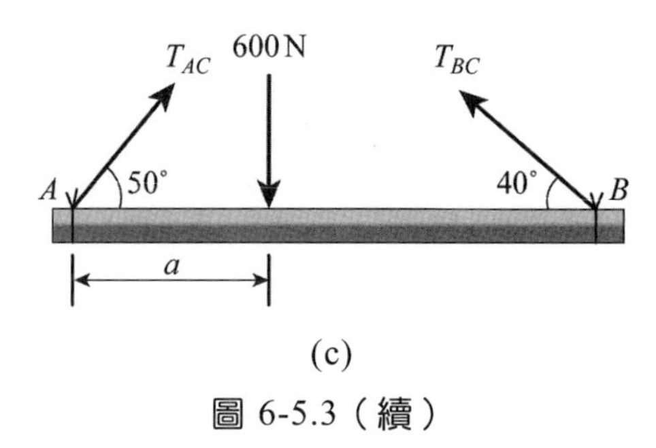

(c)

圖 6-5.3（續）

解

以圓柱及繩子為研究對象，其自由體圖如圖 6-5.3(b)所示。接觸角

$$\beta = 50° + 40° = 90° \quad 或 \quad \beta = \frac{\pi}{2}(\text{rad})$$

(a) 設桿即將往 A 點傾斜，從(6-5.8)式，可得

$$\frac{T_{AC}}{T_{BC}} = e^{\mu_s \beta} = e^{(0.6)(\pi/2)}, \quad T_{AC} = 2.57\, T_{BC} \tag{1}$$

以桿為研究對象，其自由體圖如圖 6-5.3(c)所示。由平衡條件得

$$\sum F_y = 0: T_{AC} \sin 50° + T_{BC} \sin 40° = 600 \tag{2}$$

$$\sum M_A = 0: (T_{BC} \sin 40°)(10) - 600a = 0 \tag{3}$$

從方程(1)、(2)、(3)得

$$T_{BC} = 230\ \text{N}, \quad T_{AC} = 591\ \text{N}, \quad a = 2.46\ \text{m}$$

(b)設桿即將往 B 點傾斜，則

$$\frac{T_{BC}}{T_{AC}} = e^{\mu_s \beta} = e^{(0.6)(\pi/2)}, \quad T_{BC} = 2.57\, T_{AC} \tag{4}$$

以桿為研究對象，其自由體圖和圖 6-5.3(c)相同。由平衡條件知其平衡方程和方程(2)、(3)相同。由方程(2)、(3)、(4)可解得

$T_{Bc} = 638\ \text{N}$，$T_{AC} = 248\ \text{N}$，$a = 6.83\ \text{m}$

故平衡範圍 $2.46\ \text{m} \le a \le 6.83\ \text{m}$。

6-6 螺旋摩擦

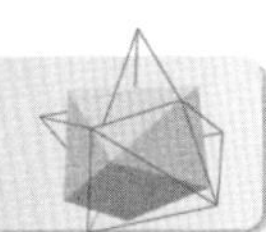

螺旋可以看作繞在一圓柱體上的傾斜面，**導程角**(lead angle)相當於斜面的傾斜角，與螺旋配合的螺帽相當於斜面上的滑塊，因此分析螺旋受力時可用斜面與滑塊來代替。螺旋包括方螺紋、V 型螺紋、梯形螺紋等。為了分析簡便，我們只討論方螺紋。考慮平均半徑 r、節距 P、導程 L、導程角 $\alpha = \tan^{-1}(L/2\pi r)$、摩擦角 ϕ_s 的方螺紋上有承受軸向負荷 W 的螺帽，欲以切線力 F 使負荷沿 W 的反方向移動，如圖 6-6.1(a)所示。其受力分析如圖 6-6.1(b)所示。由平衡方程，得

$$\sum F_x = 0: F - R\sin(\alpha + \phi_s) = 0$$

$$\sum F_y = 0: R\cos(\alpha + \phi_s) - W = 0$$

消去 R，得

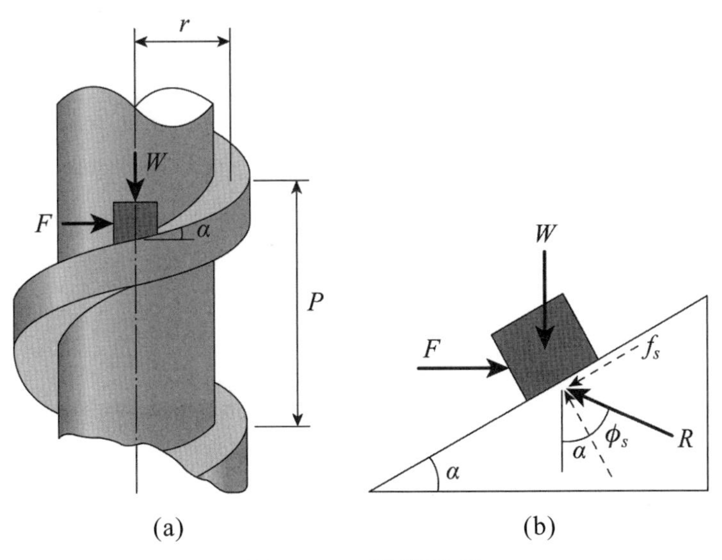

圖 6-6.1　螺旋摩擦

$$F = W \tan(\alpha + \phi_s) \quad (6\text{-}6.1)$$

應用(6-6.1)式，可得欲舉起重 W 之物體所需施加於方螺紋千斤頂的扭矩 M（見圖 6-6.2）：

$$M = Fr = Wr \tan(\alpha + \phi_s) \quad (6\text{-}6.2)$$

依據前節所述的摩擦錐概念，導程角 α 小於摩擦角 ϕ_s 時，螺紋會產生自鎖現象，此時扭矩 M 移開後，千斤頂也不會自然下降。欲使自鎖的螺紋下降，所需的扭矩 M（見圖 6-6.3）為：

$$M = Wr \tan(\phi_s - \alpha) \quad (6\text{-}6.3)$$

如果 $\alpha > \phi_s$，此時若不施加扭矩 M 於千斤頂上，螺紋會自然下降。欲不使螺紋下降，所需的扭矩 M（見圖 6-6.4）：

$$M = Wr \tan(\alpha - \phi_s) \quad (6\text{-}6.4)$$

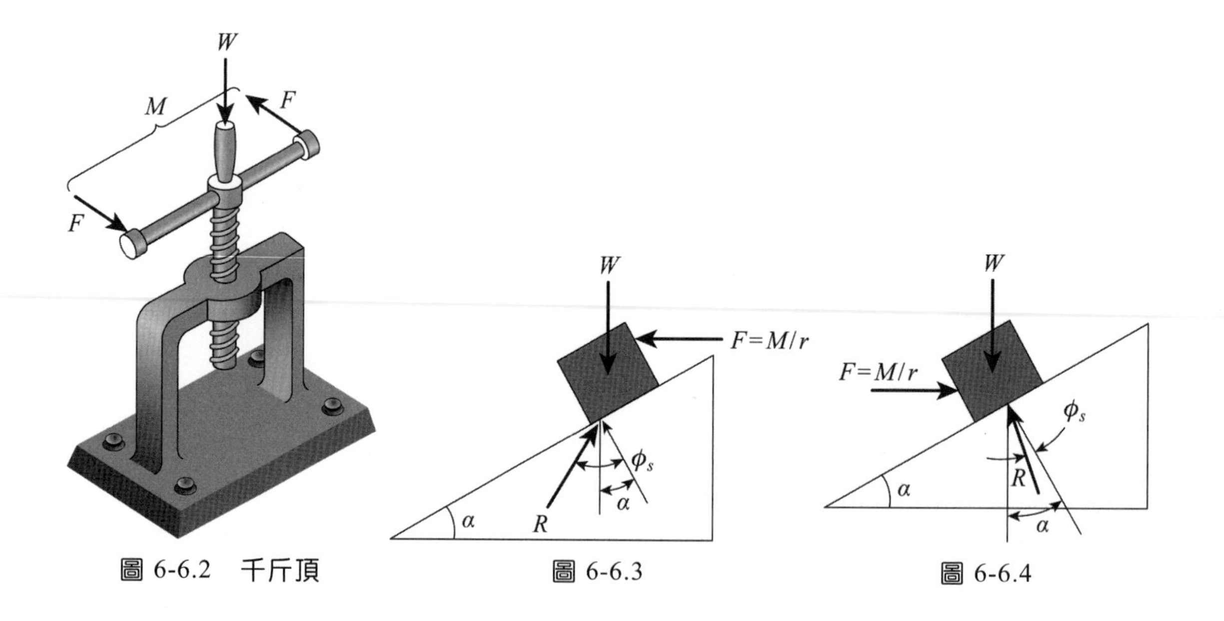

圖 6-6.2 千斤頂　圖 6-6.3　圖 6-6.4

例 6-6.1

如圖 6-6.2 所示的單線螺紋千斤頂的螺紋平均半徑 $r = 20\text{ mm}$，節距 $P = 8\text{ mm}$，螺紋間摩擦係數 $\mu_s = 0.3$，欲舉起重 $W = 2000\text{ N}$ 的物體所需的扭矩 M 多少？欲使物體下降所需的扭矩多大？

解

導程 $L = nP = P = 8\text{ mm}\ (n = 1)$

導程角 $\alpha = \tan^{-1}(\dfrac{L}{2\pi r}) = \tan^{-1}(\dfrac{8}{40\pi}) = 3.64°$

摩擦角 $\phi_s = \tan^{-1}\mu_s = 16.7°$

螺紋平均半徑 $r = 20\text{ mm} = 0.02\text{ m}$

應用(6-6.2)式，可得欲舉起物體所需的扭矩

$$M = Wr\tan(\alpha + \phi_s) = (2000)(0.02)\tan(3.64° + 16.7°) = 14.83\text{ N}\cdot\text{m}$$

應用(6-6.3)式，可得下降物體所需的扭矩

$$M = Wr\tan(\phi_s - \alpha) = (2000)(0.02)\tan(16.7° - 3.64°) = 9.28\text{ N}\cdot\text{m}$$

6-7 滾動阻力

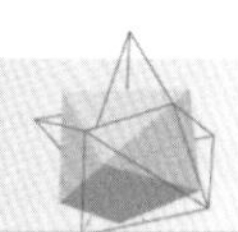

當搬運放在地面上的重物時，很難推得動。如果在重物之下放些圓木，要推動此物就容易多了。這說明了滾動比滑動所受的阻力小很多。

設有一個半徑為 r 的圓柱體重 W，靜止於有摩擦的地面上，一水平力 P 作用於圓柱上，圓柱與地面接觸點 A 受到正向力 N 及摩擦力 f 作用，如圖 6-7.1(a)所示。如果圓柱與地面皆為剛性，只要極小的水平力 P，P 對 A 點的力矩不等於零，圓柱就不能平衡而滾動。這說明了地面對滾動毫無阻礙，但實際上並不是如此。大家都知道，推圓柱（或推車）時，必須加點力後，圓柱（或車輛）才能滾動。這說明了

地面對圓柱有**滾動阻力**(rolling resistance)。產生滾動阻力的原因是圓柱與地面都不是剛性的，圓柱與地面接觸處會有局部變形，接觸的地方不再是一點，而是一塊小面積。當圓柱受推力 P 作用時，圓柱除了有滾動趨勢外，還有滑動趨勢，地面對圓柱產生的阻力不均勻地分布在接觸面上，如圖 6-7.1(b)所示。可將此分布阻力看成作用在圓柱對稱平面中的平面力系。此力系對 A 點化簡的結果，可得作用在 A 點之合力 R 及一力偶矩 M_f 之力偶，此阻礙物體滾動之力偶稱為滾動阻力偶，如圖 6-7.1(c)所示。R 可進一步化簡成正向力 N 及滑動摩擦力 f，如圖 6-7.1(d)所示。當圓柱處於平衡狀態時，我們有三個平衡方程可以求出 N、f 及 M_f。即

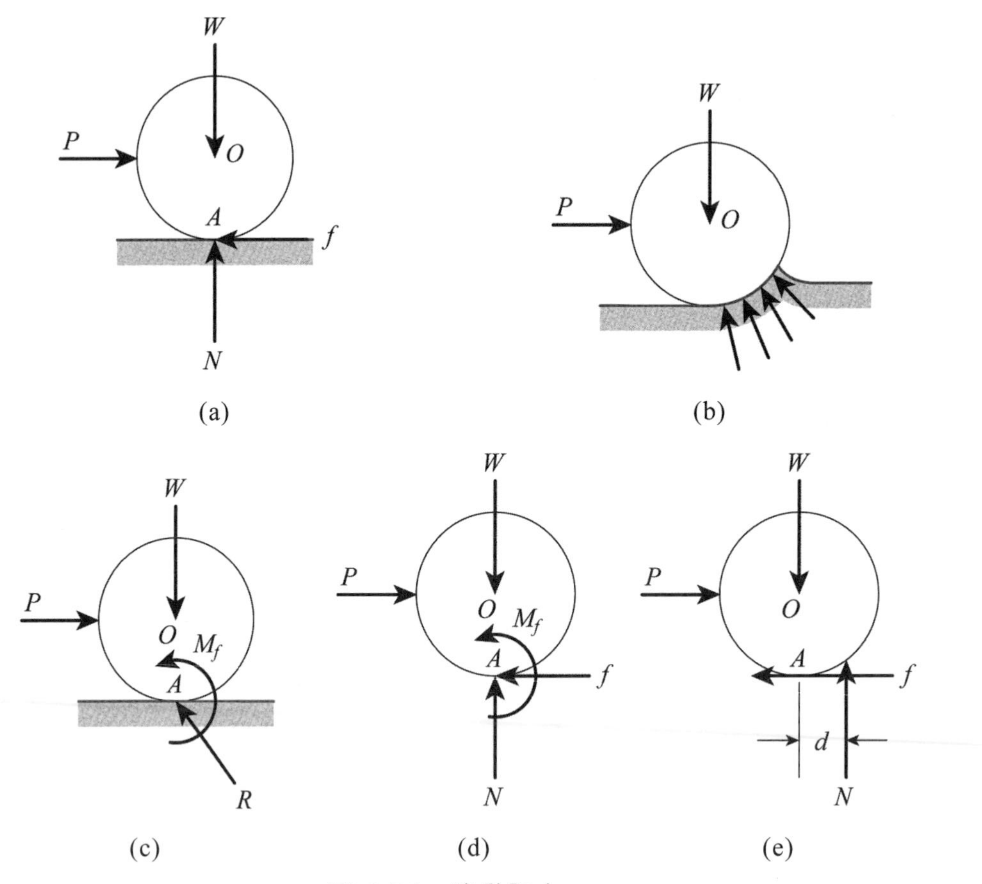

圖 6-7.1 滾動阻力

$$\sum F_x = 0 : f = P \quad (6\text{-}7.1)$$

$$\sum F_y = 0 : N = W \quad (6\text{-}7.2)$$

$$\sum M_A = 0 : M_f = Pr \quad (6\text{-}7.3)$$

當 P 逐漸增大時，f 及 M_f 也隨之增大，但都有極限值。當 M_f 達到極大值 $M_{f\max}$ 時，圓柱即將要滾動；當 f 達到最大靜摩擦力 f_s 時，圓柱即將要滑動。通常，圓柱與地面間有足夠大的摩擦係數，使圓柱在滾動前不致產生滑動。也就是說，滾動阻力偶矩 M_f 達到它的極限值 $M_{f\max}$ 時，摩擦力值 f 還未達到極限值 f_s，此時的滾動稱為**純滾動**(rolling without slipping)。

經實驗證明，滾動阻力偶矩 M_f 之極限值與正向力 N 的大小成正比，即

$$M_{f\max} = \delta N \tag{6-7.4}$$

式中 δ 稱為**滾動摩擦係數**(coefficient of rolling friction)，由公式(6-7.4)，可知 δ 的因次為長度。

圖 6-7.1(d)可化成圖 6-7.1(e)，此時 N 偏移了距離 d。當 M_f 達到 $M_{f\max}$ 時，N 之偏移量即為滾動摩擦係數 δ，即 $d=\delta$。換句話說，圓柱即將滾動時，正向力 N 從輪心正下方一點 A 向滾動方向移動了 δ 距離。滾動摩擦係數 δ 與材料硬度關係很大，材料硬些，變形小，δ 也會小些。反之，材料軟，接觸變形大，δ 也大些。所以輪胎氣壓要夠，以減少滾動阻力。常見的滾動摩擦係數，如表 6-7.1 所示。

表 6-7.1 滾動摩擦係數

滾輪材料	接觸面材料	δ(mm)
充氣輪胎	水泥路面	1.0～1.6
充氣輪胎	光滑路面	0.5～0.7
鋼	鋼	0.17～0.42
鋼	木材	1.4～2.7

設圖 6-7.1(a)中使圓柱即將滾動的推力 P 的大小為 P_1，使圓柱即將滑動的大小為 P_2，則

$$M_{f\max} = P_1 r = \delta N$$

$$P_2 = f_s = \mu_s N$$

$$N = W$$

所以

$$P_1 = \frac{\delta}{r} W \tag{6-7.5}$$

$$P_2 = \mu_s W \tag{6-7.6}$$

一般說來 $\frac{\delta}{r} \ll \mu_s$，所以 $P_1 \ll P_2$，即滾動先發生。

在此應強調：滾動阻力的產生是由於接觸面的變形，而摩擦力的產生是由於切線方向的阻力。因此，兩者的物理解釋是完全不同的。

例 6-7.1

圖 6-7.2 所示的圓柱體半徑 $r = 400\,\text{mm}$、重 $W = 1000\,\text{N}$，與地面的靜摩擦係數 $\mu_s = 0.3$，滾動摩擦係數 $\delta = 2.5\,\text{mm}$，分別求使圓柱滾動及滑動所需的水平力 P 之大小？

解

設使圓柱即將滾動的水平力 P 大小為 P_1。根據方程(6-7.5)得

$$P_1 = \frac{\delta W}{r} = \frac{(2.5)(1000)}{400} = 6.25\,\text{N}$$

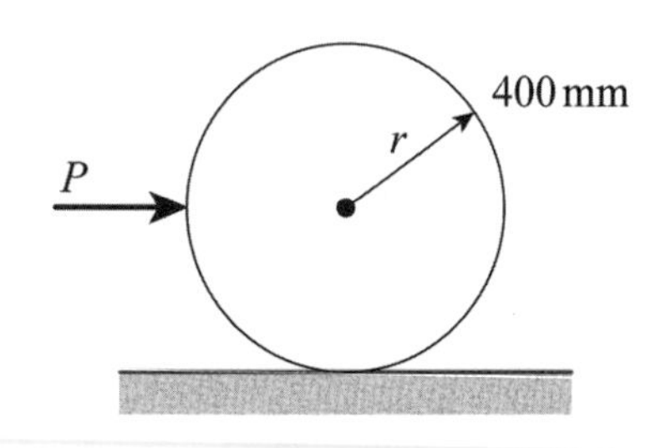

圖 6-7.2

設使圓柱即將滑動的水平力 P 之大小為 P_2。根據方程(6-7.6)得

$$P_2 = f_s = \mu_s N = \mu_s W = (0.3)(1000) = 300\,\text{N}$$

所以當 $P > 6.25\,\text{N}$ 時物體開始滾動；當 $P > 300\,\text{N}$ 時物體開始滑動。

$$\frac{P_2}{P_1} = \frac{300}{6.25} = 48$$

所以使物體開始滑動所需之力，是使物體開始滾動之力的 48 倍。

例 6-7.2

一半徑為 r 重為 W 的圓柱受到水平力 P 的作用，並且 P 的作用線經過圓柱的中心 O。設圓柱與地面的滾動摩擦係數為 δ。問水平力 P 使圓柱只滾動而不滑動時，圓柱與地面的滑動摩擦係數 μ 應滿足何種條件？

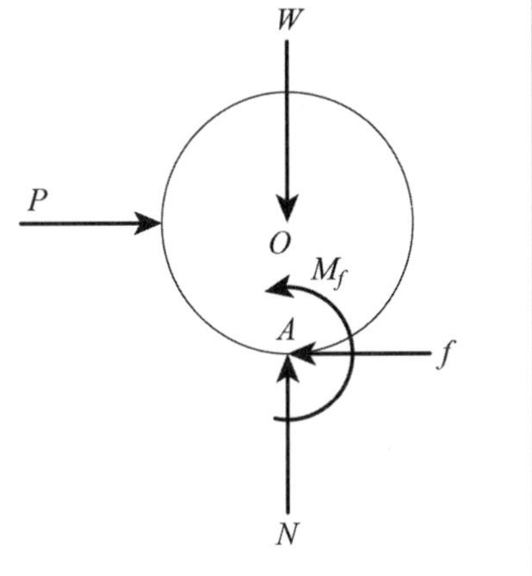

圖 6-7.3　圓柱體的自由體圖

解

以圓柱為研究對象，自由體圖如圖 6-7.3 所示，其中 f 為靜滑動摩擦力，M_f 為滾動阻力偶矩，N 為正向反力。由平面力系平衡方程可得

$$\sum F_x = 0 \text{：} f = P$$

$$\sum F_y = 0 \text{：} N = W$$

$$\sum M_A = 0 \text{：} M_f = rP$$

由此得

$$f = P = \frac{M_f}{r} \tag{1}$$

當圓柱只滾動而不滑動時，必須滿足以下條件：

$$f \le f_{\max} = \mu N \text{；} M_f = \delta N \tag{2}$$

由(1)和(2)式，可得

$$\mu N \geq f = \frac{M_f}{r} = \frac{\delta N}{r}$$

由此，得滑動摩擦係數 μ 應滿足的條件

$$\mu \geq \frac{\delta}{r}$$

6-8 結　語

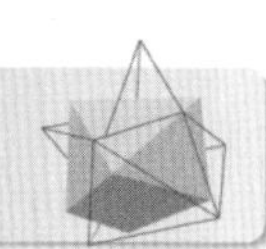

本章討論與摩擦力有關的問題。當兩個相接觸的物體有相對滑動或者有相對滑動趨勢時，兩物體之間便會產生摩擦力。摩擦力總是成對出現，其大小相等、方向相反、作用線相同、分別作用在相接觸的兩個物體上。

1. 摩擦力的方向和相對滑動方向相反；其大小取決於兩物體之間的正向力和摩擦係數：
   a. 靜摩擦力：$f_s = \mu_s N$（μ_s：靜摩擦係數；N：正向力）；
   b. 動摩擦力：$f_k = \mu_k N$（μ_k：動摩擦係數；N：正向力）。
2. 摩擦角是指摩擦力和正向力的合力與正向力之間的夾角。摩擦角的正切值等於摩擦係數。由靜摩擦力和正向力定義的摩擦角稱為靜摩擦角。
3. 以正向力作用線為中心軸，頂點夾角為兩倍最大靜摩擦角的圓錐稱為靜摩擦錐。當主動力的作用線位於靜摩擦錐內時，則無論主動力多大，物體都將保持靜止，此種現象稱為自鎖。
4. 和靜摩擦錐類似，頂點夾角等於二倍動摩擦角的圓錐稱為動摩擦錐。當物體滑動後，摩擦力和正向力的合力作用線必位於此錐面上。
5. 求解與摩擦力有關的問題，通常按以下步驟進行：
   a. 根據相對滑動趨勢確定摩擦力的方向；
   b. 判斷物體是先滑還是先傾倒（見例 6-4.2）；
   c. 對平衡問題，用平衡方程求解（見例 6-4.3）。

6. 平皮帶摩擦問題涉及四個參數：緊邊拉力 T_1，鬆邊拉力 T_2，接觸角 β，摩擦係數 μ。V 型皮帶摩擦問題還涉及到第五個參數：V 型皮帶的夾角 α。取一小段位於皮帶輪上的皮帶為研究對象，用平衡方程即可求得以上參數之間的關係：
   a. 平皮帶：見（6-5.9）式；
   b. V 型皮帶：見（6-5.16）式。
7. 螺旋摩擦問題可轉換成斜面上滑塊的摩擦問題：螺旋的導程角相當於斜面的傾斜角；螺帽相當於斜面上的滑塊。
8. 滾動摩擦阻力和滑動摩擦阻力的概念是完全不同的。滾動摩擦阻力是指阻礙物體滾動的阻力偶矩，其大小等於正向力和滾動摩擦係數的乘積。滾動摩擦係數具有長度的因次（見表 6-7.1）。

思考題

1. 最大靜摩擦力的大小 $f_{\max} = \mu W$，其中 W 為物體的重量，此方程對嗎？
2. 設一滑塊靜止於水平面上，今在時刻 $t = 0$ 水平力 P 作用於滑塊上，經 t_1 時間後滑塊開始運動，再經 Δt 時間至時刻 t_2 時，滑塊作等速直線運動，畫出力 P 隨時間 t 的可能變化曲線圖。
3. 圖 t6.1 所示為相同的兩個滑塊放置在粗糙水平面上，今施加兩個大小相同但方向不同的力 P 於滑塊上，欲使滑塊滑動，試問哪種方式較省力？

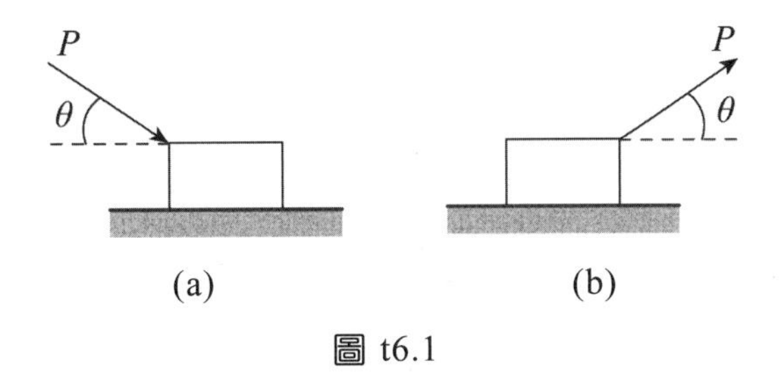

圖 t6.1

4. 圖 t6.2 所示的滑塊 A 和 B 置放於粗糙水平面上，設水平面與 A 間最大靜摩擦力為 f_1，A 與 B 間的最大靜摩擦力為 f_2。今施一水平力 P 於 B 上，求下列三種情形時，A 與 B 如何運動？

   (A) $f_2 < P < f_1$;(B) $P < f_2 < f_1$;(C) $f_1 < P < f_2$ 。

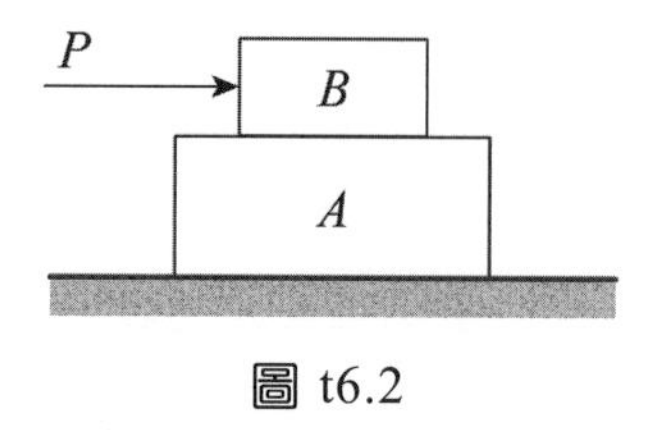

圖 t6.2

5. 如圖 t6.3 所示，重 W 的物體放置於水平面上，已知物體與地面間的摩擦角為 ϕ，而力 P 施於摩擦錐外，為何物體不動？

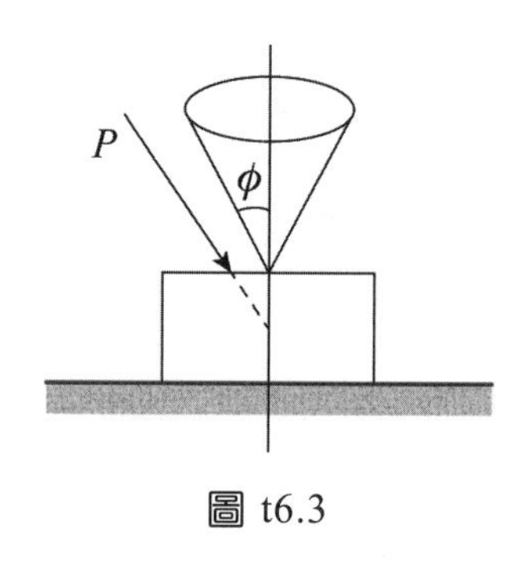

圖 t6.3

6. (A)均質剛體圓盤在水平面上作純滾動時，圓盤與水平面間的摩擦力是否等於動摩擦力？(B)若此均質圓盤除了滾動外還有滑動，則摩擦力大小為何？

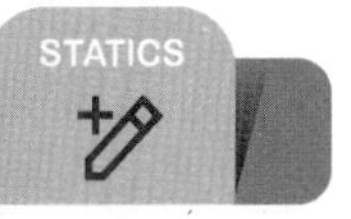

習題 EXERCISE

6.1 圖 P6.1(a)、(b)所示分別為重 W 的滑塊的兩種受力情形。設滑塊與平面之靜摩擦係數為 μ_s，試問圖中物體即將滑動的力 P_1與 P_2 是否相等？為什麼？

6.2 已知物體重 200N，其與斜面之靜摩擦係數為 0.4，求防止物體下滑所需的最小力 P？

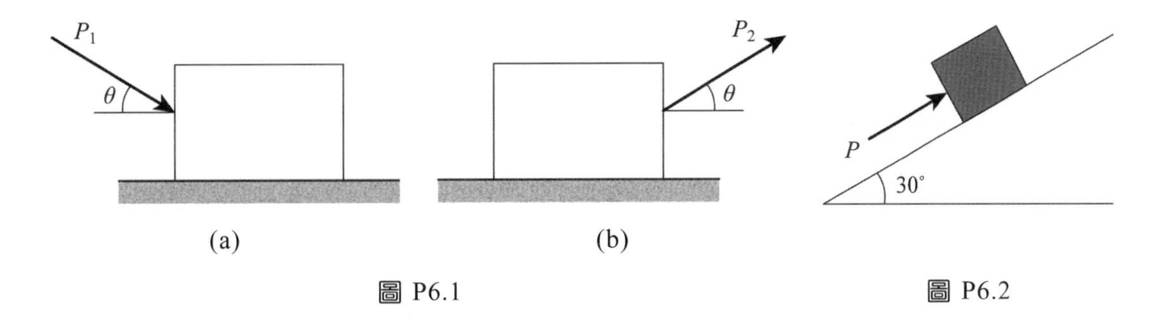

圖 P6.1　　圖 P6.2

6.3 用一水平力 P 拉重 500 N 的衣櫥，設衣櫥與地面間的靜摩擦係數 $\mu_s = 0.4$。當 P 逐漸增大時，問衣櫥是先滑動或先傾倒？

6.4 夾鉗夾住鋼棒，當鉗口的張角為 20° 時，求使鋼棒與夾鉗間不致打滑的最小靜摩擦係數。

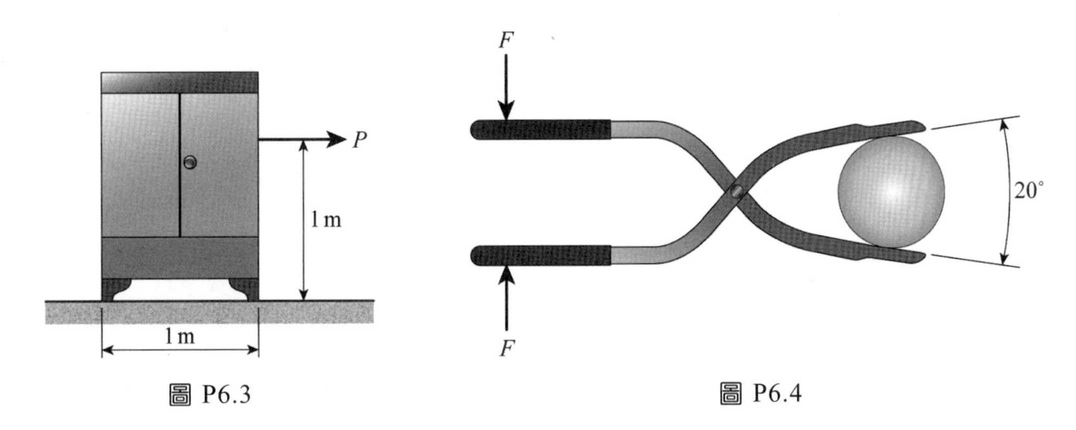

圖 P6.3　　圖 P6.4

6.5　已知物體 A 及 B 的重量均為 100 N，若各接觸面的摩擦係數均為 0.2，求物體 B 開始下滑時的 θ 角。

6.6　質量為 100 kg 的物體放在傾斜角為 $15°$ 的斜面上，若物體與斜面間的靜摩擦係數與動摩擦係數分別為 0.3 與 0.2，求(a)當 $P = 200$ N 時摩擦力的大小；(b)物體即將滑動時力 P 的大小；(c)當 $P = 0$ 時，物體會不會下滑？

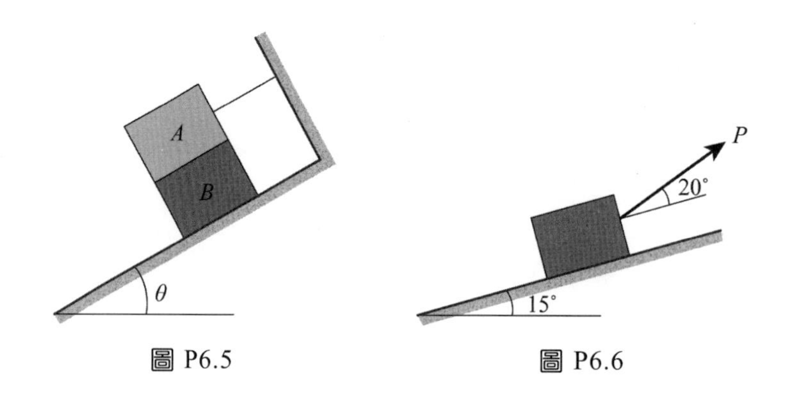

圖 P6.5　　圖 P6.6

6.7　重為 200 N 的梯子 AB 靠在牆上，梯長為 ℓ，其與水平面交角 $\theta = 60°$，已知各接觸面間的摩擦係數均為 0.25，今有一重 650 N 的人沿梯而上，問人所能達到最高點 C 與 B 點的距離 d 是多少？

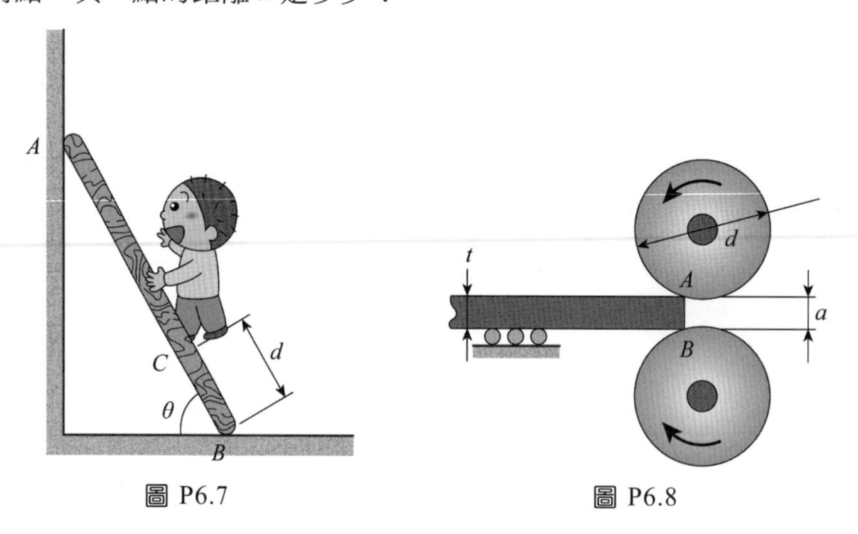

圖 P6.7　　圖 P6.8

6.8　軋鋼機的兩個滾輪，其直徑均為 $d = 500$ mm，滾輪間的間隙為 $a = 5$ mm，兩輪的旋轉方向相反。已知燒紅的鋼板與滾輪之間的靜摩擦係數 $\mu_s = 0.1$，滾軋時靠摩擦力將鋼板帶入滾輪，試問此軋鋼機所能滾軋鋼板的最大厚度t是多少？（提示：作用在鋼板A、B處的摩擦力與正向力的合力必須水平向右，才能使鋼板進入滾輪。）

6.9 在半徑為r、重W的輪子上作用一力偶M。若接觸處的摩擦係數均為μ_s，求平衡時力偶矩的最大值。

6.10 三個大小相同、重量相等的圓柱疊起來。設各接觸處的摩擦係數均相等，求圓柱保持平衡所需的最小摩擦係數。

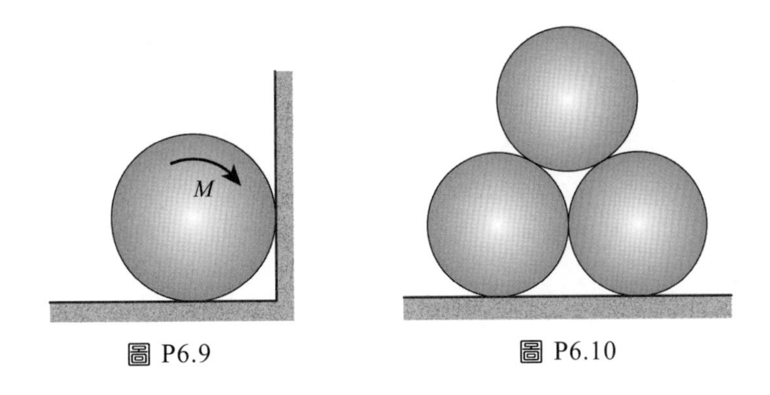

圖 P6.9　　圖 P6.10

6.11 兩個重量均為W的物體A和B，用鉸鏈和直桿連接。物體A和B分別與垂直面和水平面接觸，當$\theta = 45°$時，物體開始滑動。假設各接觸面間的摩擦係數相等，並且不計桿重，求摩擦係數μ。

6.12 質量 30 kg，直徑 900 mm 的輪子，求(a)使輪子越過 90 mm 高度的障礙物所需的力矩；(b)輪子不打滑時，輪子與障礙物間的最小摩擦係數。

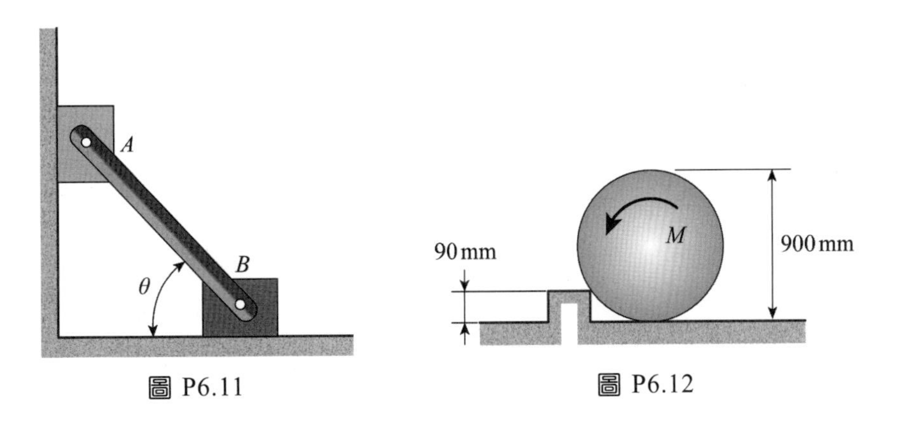

圖 P6.11　　圖 P6.12

6.13 均質桿 AB 位於兩互相垂直的平面上，已知桿與各接觸面間的靜摩擦係數為 0.4，$\alpha = 45°$，求平衡時 θ 值的範圍。

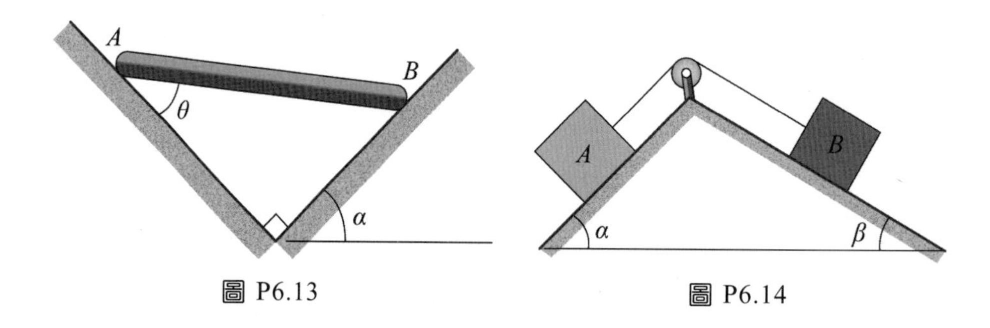

圖 P6.13

圖 P6.14

6.14 物體 A 重 W_1，物體 B 重 W_2，用細繩相連，跨過無摩擦的滑輪，放在傾斜角為 α 與 β 的斜面上。設 A 與 B 和斜面間的摩擦角為 ϕ，且 ϕ 小於 α 與 β。求平衡時 W_1 與 W_2 的比值範圍。

6.15 可移動支架置於直徑 3 cm 的管子上。設管子和架子間的靜摩擦係數為 0.25，求支撐負載 W 而不下滑的最小距離 x。

6.16 參考例題 6-4.7，設 $\alpha = 8°$，$\phi_s = 19.3°$，物體 C 重 400 N，求(a)使物體上升；(b)使物體下降，所需之力 P。

6.17 楔 A 重 50 N，物體 B 重 200 N，求 B 即將上升時，水平力 P 的大小。

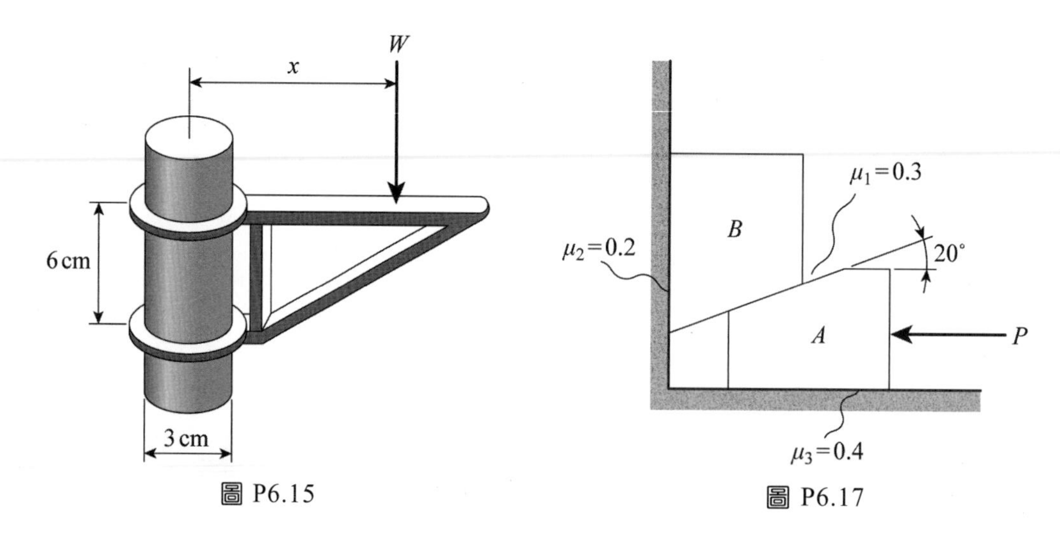

圖 P6.15

圖 P6.17

6.18 均質物體重 20 N，靜置於可調節傾斜角 θ 的平板上，物體與平板之靜摩擦係數為 0.55。當 θ 由 0° 逐漸增加時，試問物體先滑動或先傾倒。

6.19 一重 100 N、高 200 mm、底面直徑為 100 mm 的均質正圓錐放在一傾斜 30° 的斜面上，錐體與斜面間的摩擦係數為 0.5。求使圓錐體在斜面上保持靜止時所需作用於圓錐頂點的水平力 P 的最大值與最小值。（提示：圓錐體的重心與底面中心的距離為錐體高的 1/4）。

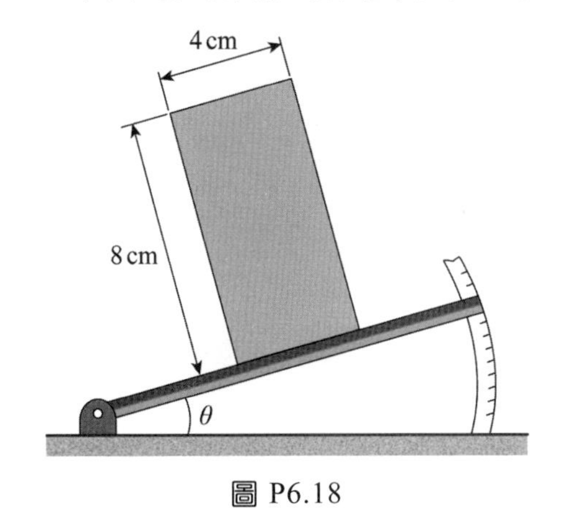

圖 P6.18

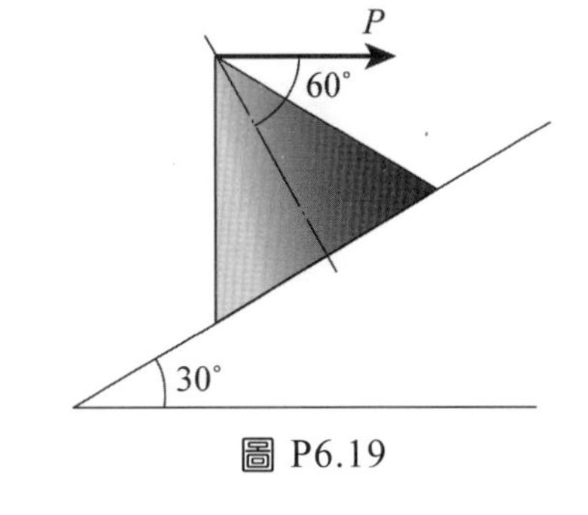

圖 P6.19

6.20 重 50 N 的方塊放在傾斜的粗糙面上，斜面的 AD 邊與 BC 平行，方塊與斜面的摩擦係數為 0.6。若在方塊上施一水平力 P 與 BC 邊平行，此力由零逐漸增加，當方塊開始運動時求(a)力 P 之大小；(b)方塊滑動的方向與 AB 邊的夾角 θ。

6.21 重 180 lb 的冰箱靜置於靜摩擦係數 $\mu_s = 0.25$ 之地板，某人用手施水平力於冰箱。求欲推動冰箱所需的最小力？若此人體重 150 lb，則地板與鞋子間的最小靜摩擦係數為多少？

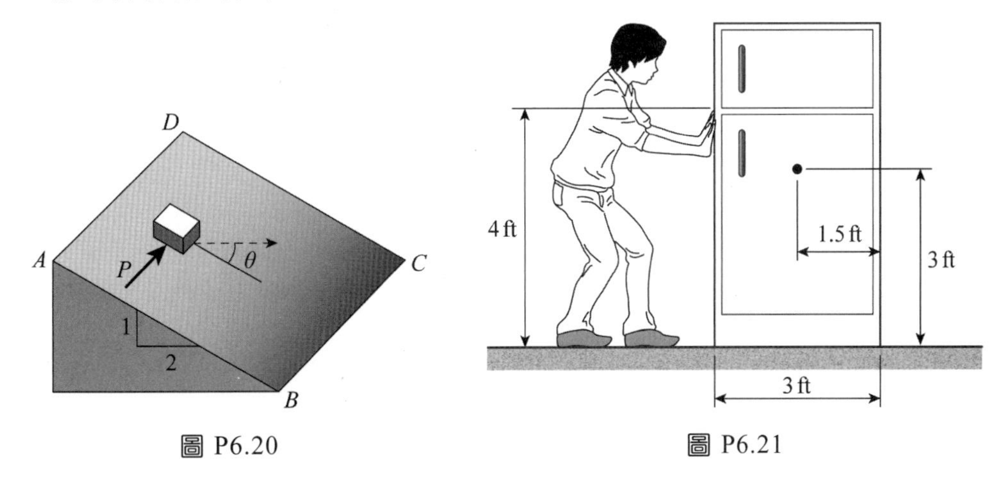

圖 P6.20 圖 P6.21

6.22 某人想用雙手水平地夾一疊書，他在書的兩端加 $F=225$ N 之力，如圖所示。假設每本書的質量均為 0.95 kg，手與書之間的摩擦係數為 0.45，書與書之間摩擦係數為 0.40，求雙手所能支撐的最多書數。

6.23 繩索 $ABCD$ 繞過兩根圓管如圖所示，已知繩索與圓管間的靜摩擦係數為 0.25，求(a)保持平衡不動所需的最小質量 m；(b)繩索 BC 的張力。

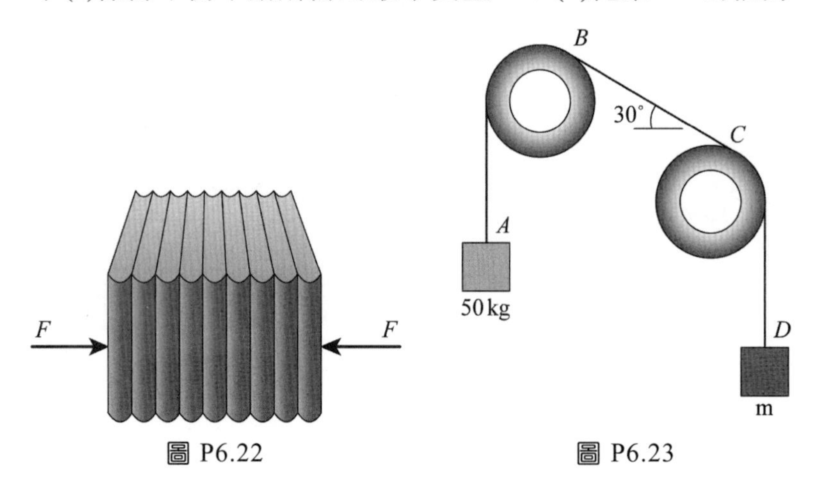

圖 P6.22　　圖 P6.23

6.24 馬達 B 的扭矩經由皮帶傳給皮帶輪 A，如果皮帶的最大容許張力為 3 kN。求(a) B 輪能輸出的最大扭矩；(b)如果馬達的扭矩繼續增加，是 A 輪還是 B 輪要打滑？設摩擦係數 $\mu_s=0.25$， $\mu_k=0.2$ 。

6.25 如圖所示繩子位於同一水平面的三個圓柱之間，其中兩個圓柱不動，一個圓柱緩慢轉動。已知圓柱與繩子之間的靜摩擦係數為 0.25，動摩擦係數為 0.2，圓柱 A、B、C 直徑皆為 100 mm。求在下列情況下所能提升的最大質量 m。(a)只有圓柱 A 轉動；(b)只有圓柱 B 轉動；(c)只有圓柱 C 轉動。

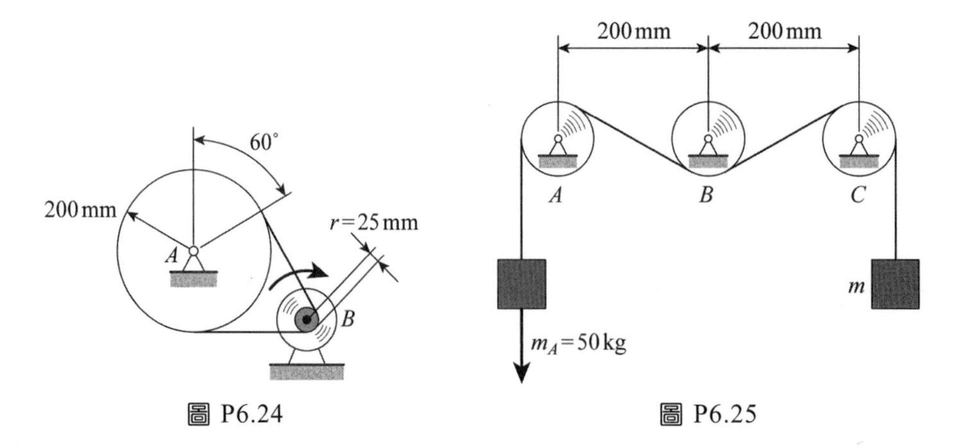

圖 P6.24　　圖 P6.25

6.26 C形夾具中單線方螺紋平均半徑 10 mm、導程 3 mm、靜摩擦係數 $\mu_s = 0.35$，此C形夾具受到轉矩 $M = 8\,\mathrm{N \cdot m}$ 的作用，求此夾具對平板 A 的夾持力的大小？如欲使夾持力為 50 N，則必須施多大轉矩 M 於把手處？

6.27 螺旋扣中螺紋的螺矩為 2 mm，方形螺紋的平均半徑為 5 mm，若螺紋與扣之間的靜摩擦係數為 0.25，欲使螺旋扣拉緊時產生 2000 N 的張力，所需施加的轉矩 M 為何？又此螺旋扣是否成自鎖狀態？

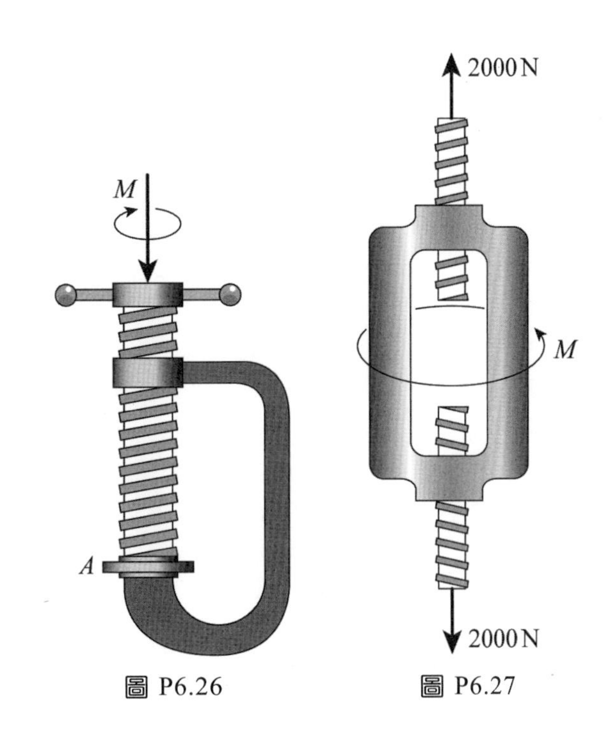

圖 P6.26　　圖 P6.27

6.28 半徑為 R 的輪，在其頂點 A 作用一水平力 P。若輪與平面間的滑動摩擦係數為 μ、滾動摩擦係數為 δ，問水平力 P 使輪只滾動而不滑動時，摩擦係數 μ 必須滿足什麼條件？

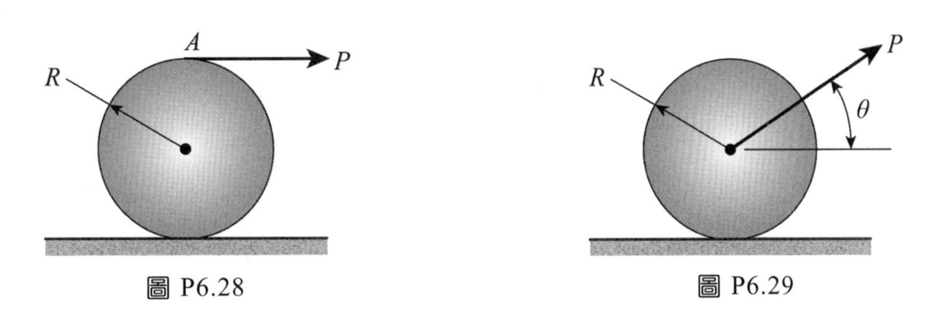

圖 P6.28　　圖 P6.29

6.29 圓柱的半徑 $R = 60\,\mathrm{cm}$、重 300 N，由於力 P 的作用而沿水平方向等速滾動。已知滾動摩擦係數 $\delta = 0.5\,\mathrm{cm}$，力 P 與水平線的夾角 $\theta = 30°$。求力 P 的大小。

CHAPTER

07

重心、形心與質心

7-1 概　說

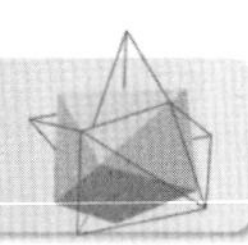

重心、形心與質心是力學中三個重要的觀念，三者之間互相關連，但物理意義卻截然不同。重心是物體受重力的想像作用點，形心是物體幾何形狀的中心，質心是物體總質量的集中點。此三心與分布載荷、集中載荷的概念有關。前面幾章中，我們考慮地球對物體的吸引力時，皆以該物體的總重量作用於重心上來表示，此謂「集中載荷」(concentrated load)。實際上，物體係由多質點組成，每一質點都受到地心引力，此種均布力稱為「分布載荷」(distributed load)。物體中各質點的質量，雖然不是力，但其質量也有大小，因此也可以想像成分布載荷。在剛體力學中，分布載荷可用一等值的集中載荷來取代，如圖 7-1.1 所示，而此集中載荷的作用點，涉及重心、形心與質心的觀念。本章將探討如何利用力矩原理求出物體的重心、形心與質心，及此三心的物理意義。另外，我們也要簡單地討論壓力中心。

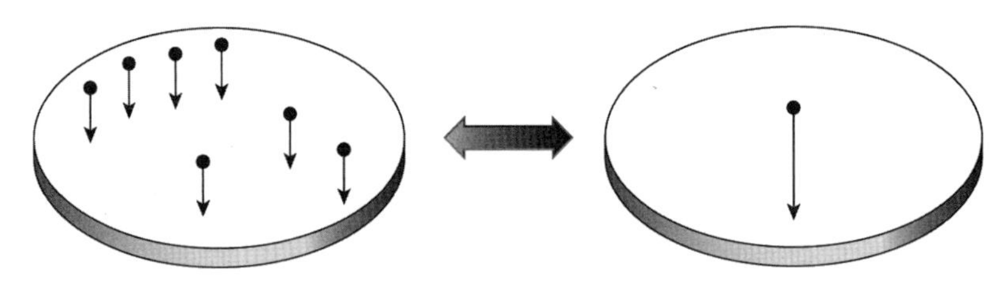

圖 7-1.1　分布負荷與集中負荷

7-2 力矩原理

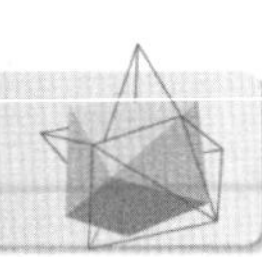

欲求重心、形心與質心的位置時，可應用**力矩原理**(principle of moments)。在第三章中，我們曾敘述這一原理。參考圖 7-2.1，此原理可以更廣泛地敘述為：「系統中各分量(component) dP，對任一點、任一軸、任一平面的矩(moment)之和，等於合量(resultant) P 對同一點、同一軸、同一平面的矩」。力矩原理可用數學式表示如下：

$$P = \int_{\beta} dP \tag{7-2.1}$$

$$P\mathbf{r}_c = \int_{\beta} \mathbf{r}\,dP \tag{7-2.2}$$

上式中的 dP 可想像成分布載荷，P 是集中載荷，$\mathbf{r}_C$ 便是集中載荷於物體 β 上的作用點 C 的位置向量。由(7-2.1)及(7-2.2)式可得

$$\mathbf{r}_C = \frac{\int_\beta \mathbf{r}dP}{\int_\beta dP} = \frac{\int_\beta \mathbf{r}dP}{P} \tag{7-2.3}$$

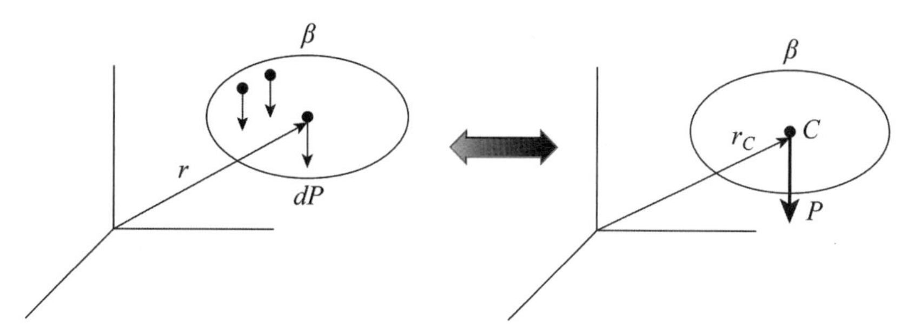

圖 7-2.1　力矩原理

力矩原理中的分量可以是向量（例如：重力）或純量（例如：質量、體積、面積、長度）。當分量 dP 為物體中各質點所受的重力時，合量 P 便是物體的總重量，利用(7-2.3)式可求得重心的位置向量 $\mathbf{r}_C$。如果分量 dP 是物體中各質點的質量，則合量是物體的質量，$\mathbf{r}_C$ 便是質心的位置向量。同理，如果分量 dP 是物體中微小元素的體積，則合量 P 是物體的體積，由(7-2.3)式可求得物體形心位置向量 $\mathbf{r}_C$。

設 C 點的直角座標為 $(\bar{x}, \bar{y}, \bar{z})$，則(7-2.3)式中 $\mathbf{r}_C$ 在 x、y、z 軸上的分量可寫成

$$\bar{x} = \frac{\int_\beta xdP}{\int_\beta dP}, \quad \bar{y} = \frac{\int_\beta ydP}{\int_\beta dP}, \quad \bar{z} = \frac{\int_\beta zdP}{\int_\beta dP} \tag{7-2.4}$$

7-3 質點系之重心

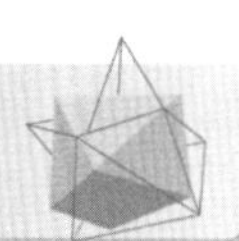

質點系之重心(center of gravity)為：「質點系中所有質點所受總重力之作用點」。設一質點系含有 n 個質點，其重量依次為 $W_1, W_2, \cdots, W_n$，所對應之座標為 (x_k, y_k, z_k) $(k=1,2,\cdots,n)$，如圖 7-3.1 所示。欲求此質點系的重心 G 的座標 $(\bar{x}, \bar{y}, \bar{z})$ 時，應用力矩原理分別對 yz, zx, xy 三平面求力矩和，可得

$$W = W_1 + W_2 + \cdots + W_n = \sum_{k=1}^{n} W_k \tag{7-3.1}$$

$$W\overline{x} = W_1 x_1 + W_2 x_2 + \cdots + W_n x_n = \sum_{k=1}^{n} W_k x_k$$

$$W\overline{y} = W_1 y_1 + W_2 y_2 + \cdots + W_n y_n = \sum_{k=1}^{n} W_k y_k$$

$$W\overline{z} = W_1 z_1 + W_2 z_2 + \cdots + W_n z_n = \sum_{k=1}^{n} W_k z_k$$

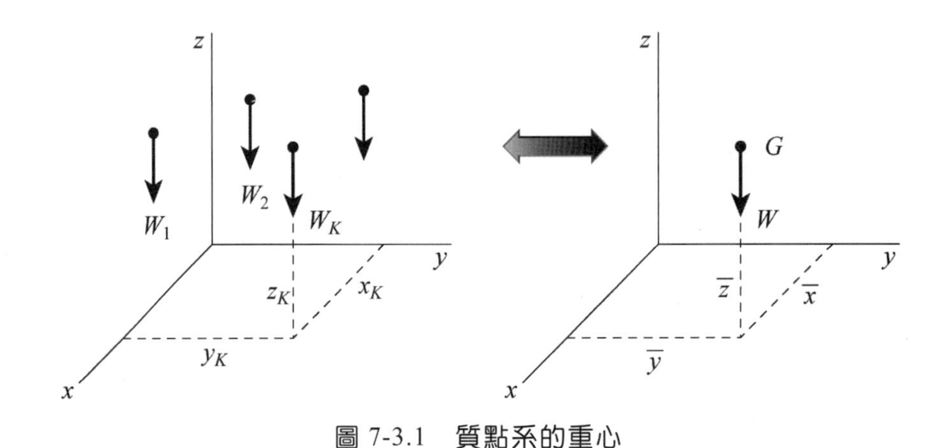

圖 7-3.1　質點系的重心

即重心 G 的座標：

$$\overline{x} = \frac{\sum_{k=1}^{n} W_k x_k}{W}, \quad \overline{y} = \frac{\sum_{k=1}^{n} W_k y_k}{W}, \quad \overline{z} = \frac{\sum_{k=1}^{n} W_k z_k}{W} \tag{7-3.2}$$

其中 W 為質點系的總重量。特別注意各質點的座標，必須依其所在的象限取正負號。通常重心 G 的位置並不一定位於某一質點上，它可能位於空間中的任一點。

例 7-3.1

求圖 7-3.2 中質點系的重心位置。

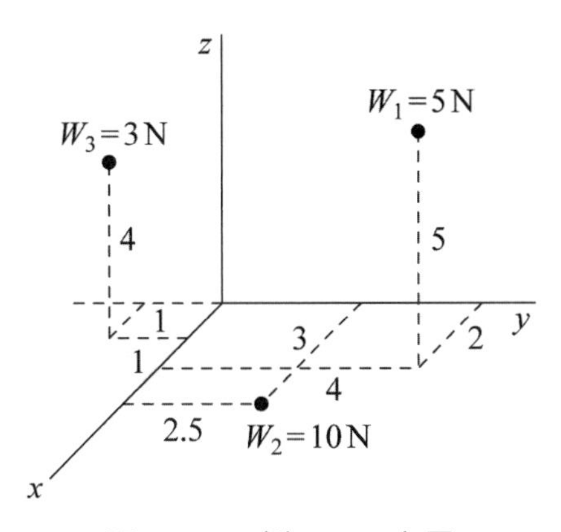

圖 7-3.2 例 7-3.1 之圖

解

質點 1：$W_1=5\text{ N}$, $(x_1, y_1, z_1)=(2, 4, 5)$

質點 2：$W_2=10\text{ N}$, $(x_2, y_2, z_2)=(3, 2.5, 0)$

質點 3：$W_3=3\text{ N}$, $(x_3, y_3, z_3)=(1, -1, 4)$

質點系的總重量 W 為

$$W=W_1+W_2+W_3=5+10+3=18\text{ N}$$

由公式(7-3.2)可得質點系的重心座標 $(\bar{x}, \bar{y}, \bar{z})$：

$$\bar{x}=\frac{\sum_{k=1}^{n}W_k x_k}{W}=\frac{(5)(2)+(10)(3)+(3)(1)}{18}=2.39$$

$$\bar{y}=\frac{\sum_{k=1}^{n}W_k y_k}{W}=\frac{(5)(4)+(10)(2.5)+(3)(-1)}{18}=2.33$$

$$\bar{z}=\frac{\sum_{k=1}^{n}W_k z_k}{W}=\frac{(5)(5)+(10)(0)+(3)(4)}{18}=2.06$$

7-4 物體之重心與形心

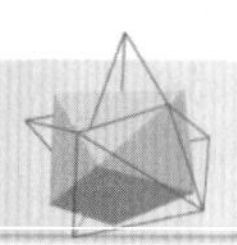

作用於一物體中各質點的重力，均指向地球的中心，可近似的看成一平行的分布力系，此平行力系的中心，稱為物體的重心，也就是物體所受重力的集中點。不論物體的位置如何，物體中各質點所受重力的合力，總是通過這一點。

參考圖 7-4.1，物體 B 是由無數質點所組成，將物體分割成許多微小的元素，設其中的一標準微小元素重 dW，其中心的座標為 (x, y, z)。利用力矩原理，取分量 dW，並分別對 yz、zx、xy 平面取矩，我們可以求得物體的總重量 W 及重心 G 的座標 $(\bar{x}, \bar{y}, \bar{z})$。也就是

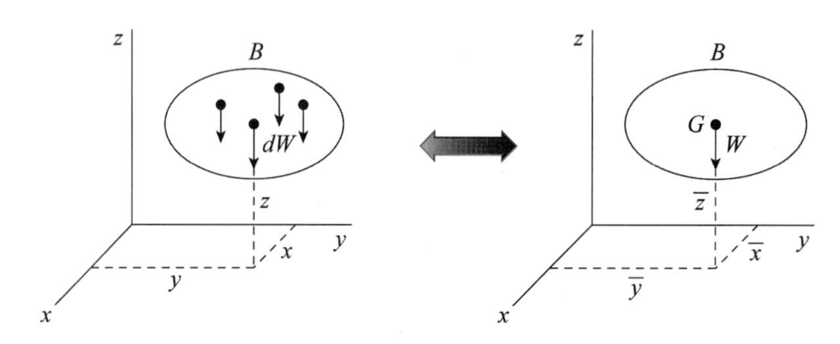

圖 7-4.1　物體的重心

$$W = \int dW$$

$$W\bar{x}\int = xdW, \quad W\bar{y} = \int ydW, \quad W\bar{z} = \int zdW$$

即

$$\bar{x} = \frac{\int xdW}{W}, \quad \bar{y} = \frac{\int ydW}{W}, \quad \bar{z} = \frac{\int zdW}{W} \tag{7-4.1}$$

設微小元素的體積為 dV、比重(specific weight)為 γ，因為 $dW = \gamma dV$，所以物體的重心座標公式(7-4.1)可改寫成

$$\bar{x} = \frac{\int \gamma xdV}{\int \gamma dV}, \quad \bar{y} = \frac{\int \gamma ydV}{\int \gamma dV}, \quad \bar{z} = \frac{\int \gamma zdV}{\int \gamma dV} \tag{7-4.2}$$

通常物體由同一材質所構成，可視為均質物體，比重γ為常數，將(7-4.2)式中的γ消去，可得均質物體的重心座標

$$\bar{x}=\frac{\int xdV}{V},\quad \bar{y}=\frac{\int ydV}{V},\quad \bar{z}=\frac{\int zdV}{V} \tag{7-4.3}$$

其中$V=\int dV$為物體的總體積。由此可知，均質物體的重心位置，完全決定於它的幾何形狀。(7-4.3)式，除了表示均質物體的重心位置外，還有一個重要的物理意義，即它代表了物體幾何形狀的中心，稱為**形心**(centroid)。在此特別強調，形心與重心是兩個不同的概念，形心是幾何概念，重心是物體所受重力的作用點。對均質物體而言，重心與形心為同一點；對非均質物體而言，重心與形心是不同的兩點。例如，圖 7-4.2中所示的球，左半部由鋁構成，右半部的材料為鋼，此球的形心C之位置與材料無關。但因鋼的比重較鋁大，因此重心G的位置偏右。

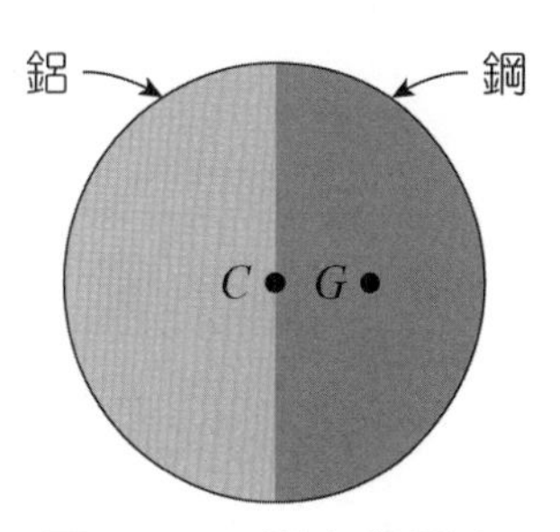

圖 7-4.2　形心與重心

考慮一曲面S，如圖 7-4.3 所示，欲求此面積之形心C的座標$(\bar{x},\bar{y},\bar{z})$，取一微小元素$dA$，其形心座標為$(x,y,z)$，利用力矩原理，以$dA$為分量代入(7-2.4)式中，可得曲面$S$的形心座標

$$\bar{x}=\frac{\int xdA}{A},\quad \bar{y}=\frac{\int ydA}{A},\quad \bar{z}=\frac{\int zdA}{A} \tag{7-4.4}$$

其中$A=\int dA$為S的總面積。

在材料力學中，我們經常要計算平面圖形的形心，此時(7-4.4)式可化簡成

$$\bar{x}=\frac{\int xdA}{A},\quad \bar{y}=\frac{\int ydA}{A} \tag{7-4.5}$$

同理，對於一曲線L，如圖 7-4.4 所示，取其中一微小元素dL，設此微小元素的形心座標為(x,y,z)，利用力矩原理以dL為分量，代入(7-2.4)中，可得此線狀體的形心座標

$$\bar{x}=\frac{\int x dL}{L},\quad \bar{y}=\frac{\int y dL}{L},\quad \bar{z}=\frac{\int z dL}{L} \tag{7-4.6}$$

其中 $L=\int dL$ 為此曲線的總長度。

特別注意：曲面與曲線的形心位置，不一定位於該曲面或曲線上，但對平面與直線，其形心必定位於該平面或直線上。

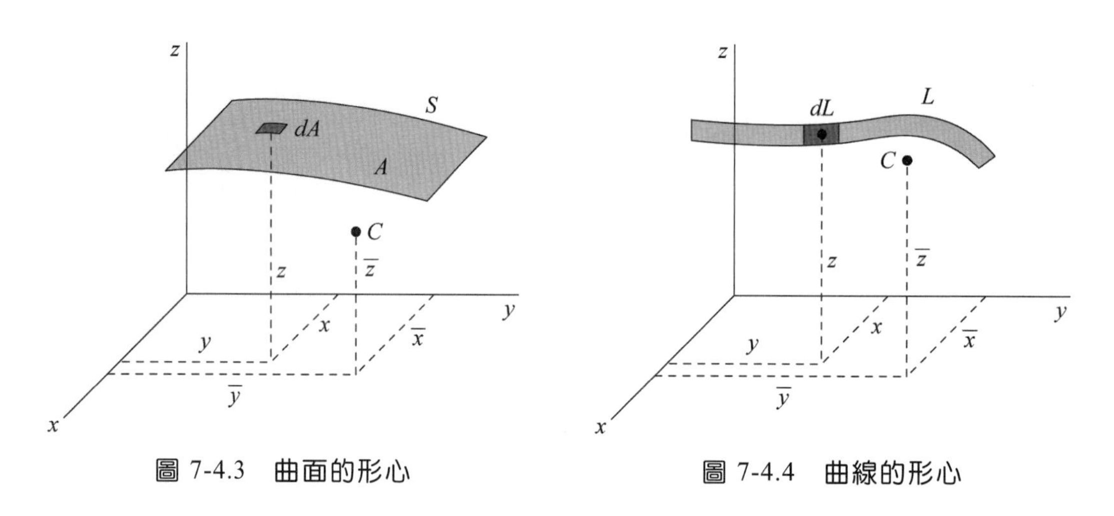

圖 7-4.3　曲面的形心

圖 7-4.4　曲線的形心

如果幾何圖形（體、面、線）有一對稱面或對稱軸，則其形心必在此對稱面或對稱軸上；如果有兩對稱面或對稱軸，其形心必位於此兩對稱面的交線上或兩對稱軸的交點上。

7-5 以積分法求形心與重心

前面幾節中，我們已經利用力矩原理推導出求形心與重心的公式，這些公式皆以積分式表示，靈活地運用這些公式，取決於如何選擇一適當的微分元素（微小元素），確定積分的上下限，以便使後面的運算簡單。選取的微分元素，最好能夠作一次積分就可以求得形心，如果不能時再作二重積分或三重積分。分析任何一個問題時，應用循序有理的步驟，不僅可以使我們對問題的了解有所幫助，並且對解題的效率亦有莫大的助益。在此，我們提供下列的分析步驟，以供依循。

1. 選取適當的座標系：依據幾何形狀來選取適當的座標系，並儘可能的使圖形的邊界與座標軸重合。

2. 選取適當的微分元素：(1)選取的微分元素應儘可能使此微分元素的形心至其所要積分之力矩軸或面的距離為已知；(2)儘可能選用一階的微分元素，如此作一次積分即可求得形心。
3. 確定所選取之微分元素的形心及其座標。
4. 確定積分上下限。
5. 應用力矩原理，求得形心。

例 7-5.1

一長方形的尺寸如圖 7-5.1(a)所示，求其形心。

解

長方形為對稱的形狀，我們可以很快得知其形心位於距左下角$(\frac{b}{2}, \frac{h}{2})$處。我們取這個簡單例題的主要目的是要說明求形心的方法與步驟。

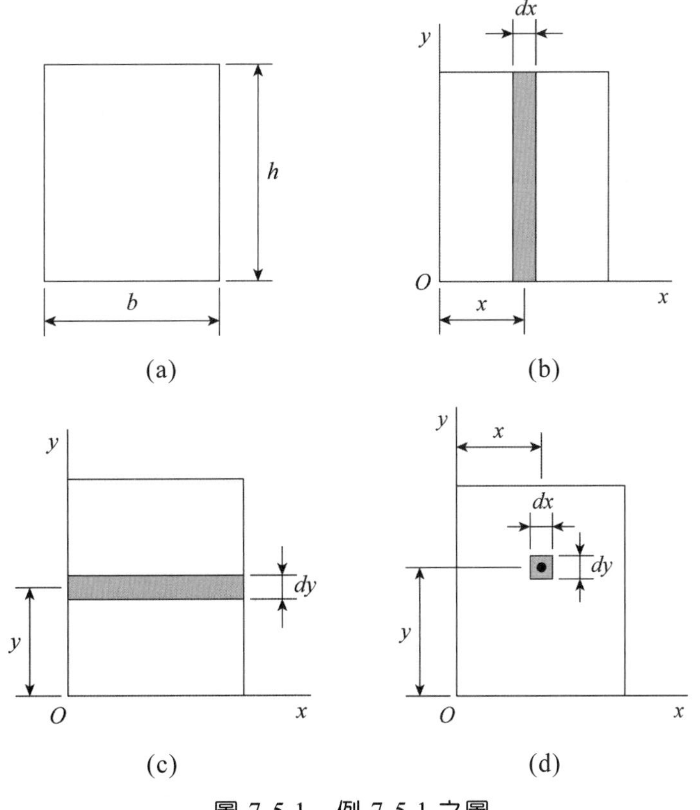

圖 7-5.1　例 7-5.1 之圖

解法一

取平面直角座標系 Oxy。為了求 $\bar{x}$，我們取垂直微分元素高 h、寬 dx，$dA = hdx$，此元素形心的座標為 $(x, \frac{h}{2})$，如圖 7-5.1(b)所示。應用力矩原理（7-4.4 式），可得

$$\bar{x} = \frac{\int xdA}{A} = \frac{\int_0^b xhdx}{\int_0^b hdx} = \frac{b}{2}$$

欲求 $\bar{y}$，取水平微分元素高 dy、寬 b，$dA = bdy$，此元素的形心座標 $(\frac{b}{2}, y)$，如圖 7-5.1(c)所示。由力矩原理，可得

$$\bar{y} = \frac{\int ydA}{A} = \frac{\int_0^h ybdy}{\int_0^h bdy} = \frac{h}{2}$$

解法二

取微分元素 $dA = dxdy$，如圖 7-5.1(d)所示，此時必須作重積分，dA 形心的座標為 (x, y)，應用力矩原理，可得

$$\bar{x} = \frac{\int xdA}{A} = \frac{\int_0^h \int_0^b xdxdy}{\int_0^h \int_0^b dxdy} = \frac{b}{2}$$

$$\bar{y} = \frac{\int ydA}{A} = \frac{\int_0^h \int_0^b ydxdy}{\int_0^h \int_0^b dxdy} = \frac{h}{2}$$

例 7-5.2

圖 7-5.2 所示為一個被拋物線 $y^2 = 10x$，x 軸及 $x = 10$ 的直線所包圍的平面圖形，求此圖形的形心。

解

$y^2=10x$，$y=\sqrt{10x}$，$x=10$，$y^2=100$，拋物線與直線交點K的座標為(10,10)。取微分元素如圖 7-5.2 所示，由於寬度dx非常微小，故此元素可近似地視為一矩形，其形心座標為$(x,\frac{y}{2})$，則

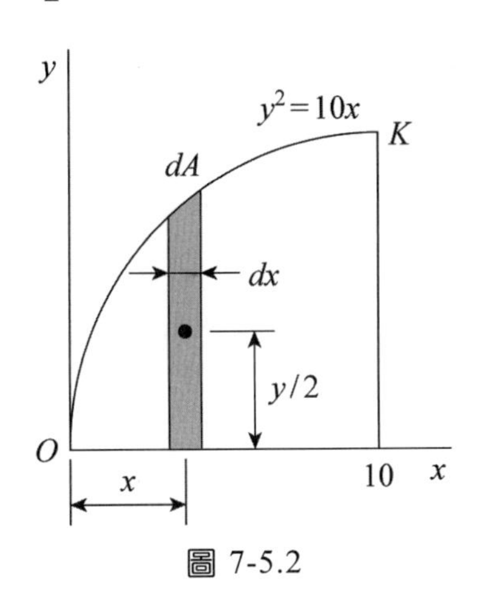

圖 7-5.2

$$dA=ydx=\sqrt{10x}\,dx$$

$$\bar{x}=\frac{\int xdA}{A}=\frac{\int_0^{10}x\sqrt{10x}\,dx}{\int_0^{10}\sqrt{10x}\,dx}=\frac{(\sqrt{10})\left(\frac{2}{5}10^{5/2}\right)}{(\sqrt{10})\left(\frac{2}{3}10^{3/2}\right)}=6$$

求$\bar{y}$時需特別注意：此時微分元素的形心座標為$(x,\frac{y}{2})$，因此對x軸取矩時，需用$\frac{y}{2}$而不是y。應用力矩原理，可得

$$A\bar{y}=\int\frac{y}{2}dA$$

$$\bar{y}=\frac{\int\frac{y}{2}dA}{A}=\frac{\int_0^{10}\frac{\sqrt{10x}}{2}\sqrt{10x}\,dx}{\int_0^{10}\sqrt{10x}\,dx}=3.75$$

例 7-5.3

如圖 7-5.3 所示，求半徑為 R、頂角為 α 之一段圓弧的形心。

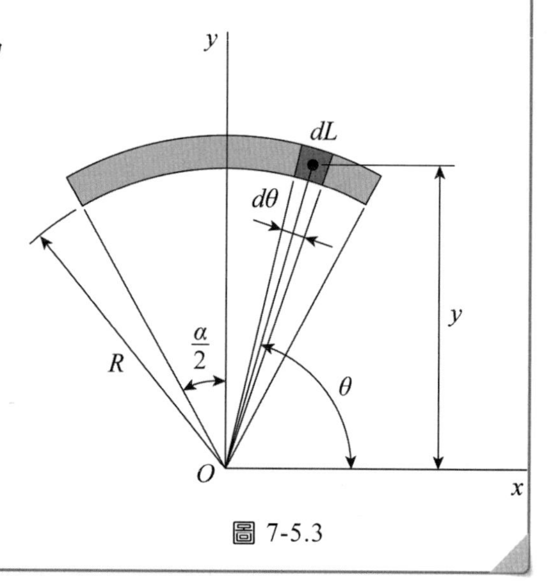

圖 7-5.3

解

取座標系 Oxy 如圖 7-5.3 所示，因為 y 軸為對稱軸，所以形心必在 y 軸上，即 $\bar{x}=0$。取微分元素 $dL=Rd\theta$，此元素形心的 y 座標為 $y=R\sin\theta$，此圓弧的弧長 $L=R\alpha$。應用力矩原理，可得

$$L\bar{y}=\int ydL$$

積分區間為 $(\frac{\pi}{2}-\frac{\alpha}{2},\frac{\pi}{2}+\frac{\alpha}{2})$，所以

$$\bar{y}=\frac{\int ydL}{L}=\frac{\int_{\frac{\pi}{2}-\frac{\alpha}{2}}^{\frac{\pi}{2}+\frac{\alpha}{2}}(R\sin\theta)(Rd\theta)}{R\alpha}=\frac{-R^2\left[\cos(\frac{\pi}{2}+\frac{\alpha}{2})-\cos(\frac{\pi}{2}-\frac{\alpha}{2})\right]}{R\alpha}$$

$$=\frac{-R^2\left(-\sin\frac{\alpha}{2}-\sin\frac{\alpha}{2}\right)}{R\alpha}=\frac{2R^2\sin\frac{\alpha}{2}}{2R\frac{\alpha}{2}}=\frac{R\sin\frac{\alpha}{2}}{\frac{\alpha}{2}}$$

特別，若 $\alpha=\pi$，此時為半圓弧，其心位置為 $\bar{x}=0$, $\bar{y}=\dfrac{R\sin\frac{\pi}{2}}{\frac{\pi}{2}}=\dfrac{2R}{\pi}$。

例 7-5.4

求半徑為 R 之半球的形心。

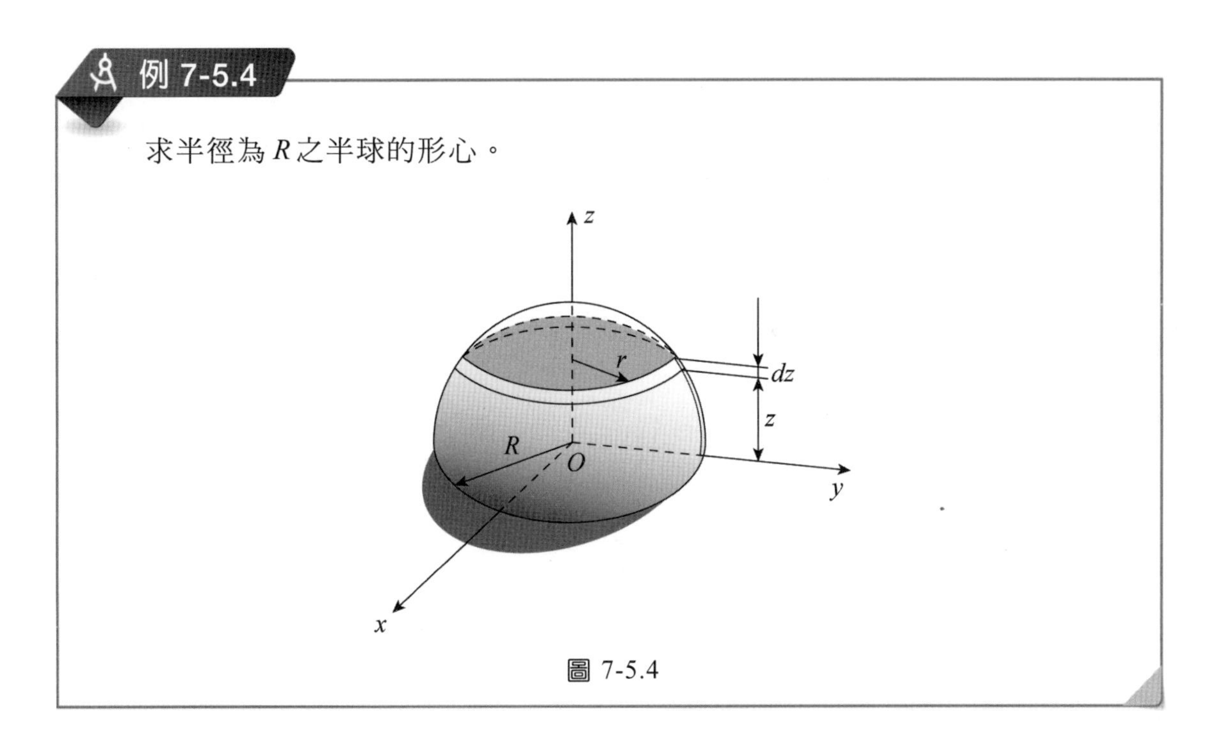

圖 7-5.4

解

取直角座標系如圖 7-5.4 所示，原點 O 位於底部圓形之圓心，xy 軸位於此底圓上。由於對稱關係，此半球的形心必位於稱軸 Oz 上，因此 $\bar{x}=\bar{y}=0$。取微分元素 dV，其半徑為 r，厚度為 dz，高度為 z。r 與 R 有如下之關係：

$$r^2 = R^2 - z^2$$

$$dV = \pi r^2 dz = \pi(R^2 - z^2)dz$$

利用力矩原理，可求得其形心的 z 座標：

$$\bar{z} = \frac{\int z dV}{\int dV} = \frac{\int_0^R z\pi(R^2 - z^2)\,dz}{\int_0^R \pi(R^2 - z^2)\,dz} = \frac{\frac{\pi R^4}{4}}{\frac{2\pi R^3}{3}} = \frac{3}{8}R$$

7-6 組合體的形心與重心

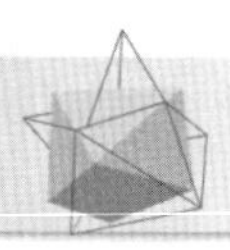

欲求不規則形狀物體的形心或重心時，如運用積分法時，可能會很複雜與困難。此時，通常將此物體分割成數個簡單幾何形狀的物體。因每個簡單幾何形狀之物體的形心或重心都很容易用積分法或查表求得，再應用力矩原理，即可求得組合體的形心或重心。

為了說明起見，我們舉一個複雜的面積圓形為例。為了求此圖形的形心 $C(\bar{x},\bar{y},\bar{z})$，我們將此圖形分成三個簡單圖形，其面積分別為 A_1、A_2、A_3，所對應的形心座標為 $C_1(\bar{x}_1,\bar{y}_1,\bar{z}_1)$、$C_2(\bar{x}_2,\bar{y}_2,\bar{z}_2)$、$C_3(\bar{x}_3,\bar{y}_3,\bar{z}_3)$，如圖 7-6.1 所示。應用力矩原理，可得

$$\bar{x}A = \bar{x}_1 A_1 + \bar{x}_2 A_2 + \bar{x}_3 A_3 = \sum_{k=1}^{3} \bar{x}_k A_k$$

$$\bar{y}A = \bar{y}_1 A_1 + \bar{y}_2 A_2 + \bar{y}_3 A_3 = \sum_{k=1}^{3} \bar{y}_k A_k$$

$$\bar{z}A = \bar{z}_1 A_1 + \bar{z}_2 A_2 + \bar{z}_3 A_3 = \sum_{k=1}^{3} \bar{z}_k A_k \tag{7-6.1}$$

其中 $A = A_1 + A_2 + A_3$ 為組合體的總面積。由(7-6.1)式即可求出此複雜圖形的形心位置。

假設一複雜物體可分割成 n 個簡單的物體，其重量分別為 $W_1, W_2, \cdots, W_n$，其重心位置分別為 $G_1(\bar{x}_1,\bar{y}_1,\bar{z}_1), G_2(\bar{x}_2,\bar{y}_2,\bar{z}_2), \cdots, G_n(\bar{x}_n,\bar{y}_n,\bar{z}_n)$，則此組合體的重心位置 $G(\bar{x},\bar{y},\bar{z})$，可由力矩原理求得。即

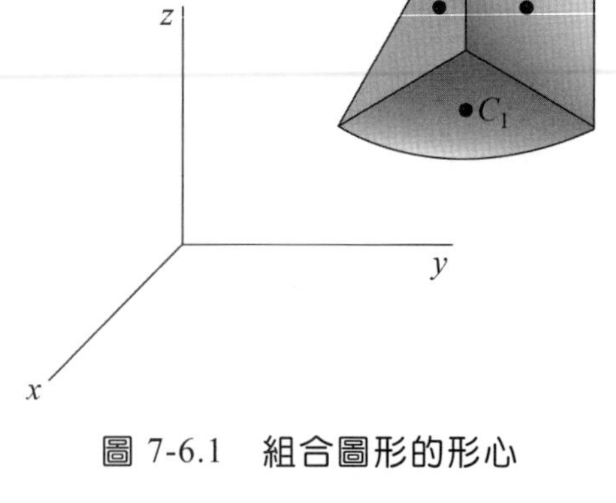

圖 7-6.1　組合圖形的形心

$$\bar{x}W = \bar{x}_1 W_1 + \bar{x}_2 W_2 + \cdots + \bar{x}_n W_n = \sum_{k=1}^{n} \bar{x}_k W_k$$

$$\bar{y}W = \bar{y}_1 W_1 + \bar{y}_2 W_2 + \cdots + \bar{y}_n W_n = \sum_{k=1}^{n} \bar{y}_k W_k$$

$$\bar{z}W = \bar{z}_1 W_1 + \bar{z}_2 W_2 + \cdots + \bar{z}_n W_n = \sum_{k=1}^{n} \bar{z}_k W_k \tag{7-6.2}$$

其中 $W = W_1 + W_2 + \cdots + W_n$ 為組合體的總重量。故

$$\bar{x} = \frac{\sum_{k=1}^{n} \bar{x}_k W_k}{W}, \quad \bar{y} = \frac{\sum_{k=1}^{n} \bar{y}_k W_k}{W}, \quad \bar{z} = \frac{\sum_{k=1}^{n} \bar{z}_k W_k}{W} \tag{7-6.3}$$

同理，對於組合曲線的形心位置為

$$\bar{x} = \frac{\sum_{k=1}^{n} \bar{x}_k L_k}{L}, \quad \bar{y} = \frac{\sum_{k=1}^{n} \bar{y}_k L_k}{L}, \quad \bar{z} = \frac{\sum_{k=1}^{n} \bar{z}_k L_k}{L} \tag{7-6.4}$$

其中 $L = \sum_{k=1}^{n} L_k$ 為曲線的總長度，$(\bar{x}_k , \bar{y}_k , \bar{z}_k)$ 為各分割線條 L_k 的形心座標。

組合體的形心位置為

$$\bar{x} = \frac{\sum_{k=1}^{n} \bar{x}_k V_k}{V}, \quad \bar{y} = \frac{\sum_{k=1}^{n} \bar{y}_k V_k}{V}, \quad \bar{z} = \frac{\sum_{k=1}^{n} \bar{z}_k V_k}{V} \tag{7-6.5}$$

其中 $V = \sum_{k=1}^{n} V_k$ 為總體積，$(\bar{x}_k , \bar{y}_k , \bar{z}_k)$ 為各分割體 V_k 的形心座標。

特別注意：在使用上述方法時，如果有中空面或體積當作一分割物時，則其面積或體積大小為負值。

表 7-6.1 所列為各種常用幾何圖形的形心位置。

表 7-6.1　各種常見曲線、面積與體積的形心位置

類別	名稱	圖示	形心位置
曲線	圓弧	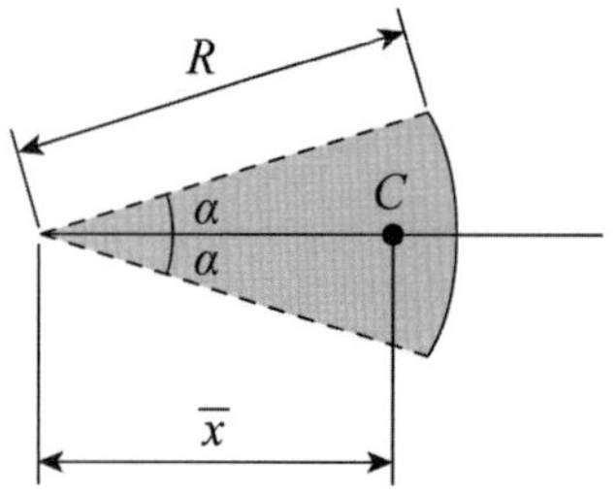 R, C, α, α, $\bar{x}$	$\bar{x}=\dfrac{R\sin\alpha}{\alpha}$ $L=2R\alpha$
曲線	四分之一圓弧及半圓弧	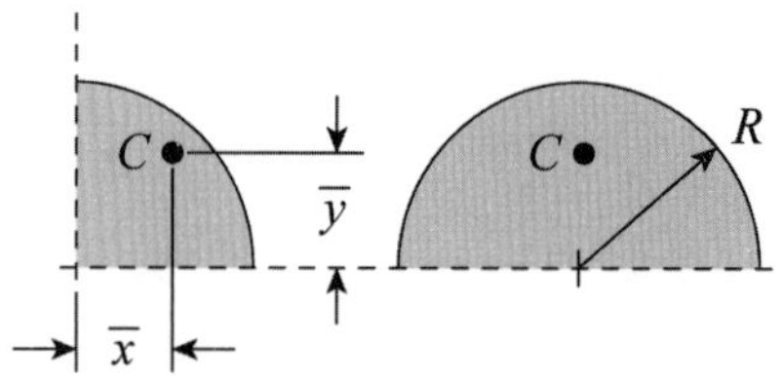 C, $\bar{y}$, $\bar{x}$, C, R	$\bar{x}=\bar{y}=\dfrac{2R}{\pi}$ $L=\dfrac{1}{2}\pi R$（¼圓） $L=\pi R$（半圓）
面積	三角形	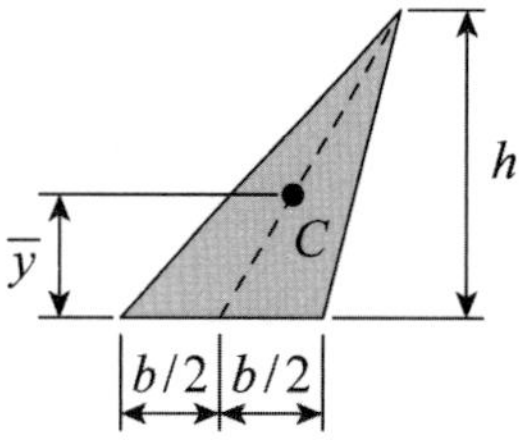 h, C, $\bar{y}$, b/2, b/2	$\bar{y}=\dfrac{1}{3}h$ $A=\dfrac{1}{2}bh$
面積	扇形	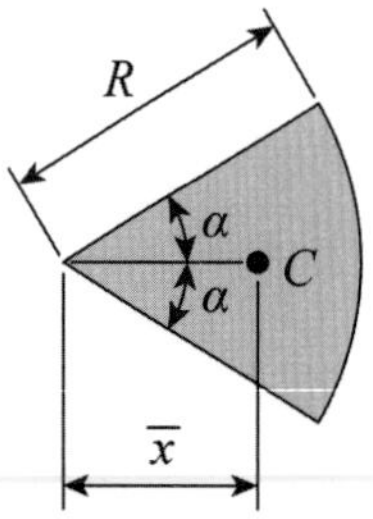 R, α, α, C, $\bar{x}$	$\bar{x}=\dfrac{2R\sin\alpha}{3\alpha}$ $A=\alpha R^2$
面積	四分之一圓	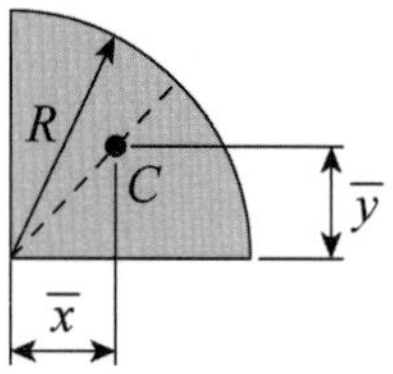 R, C, $\bar{y}$, $\bar{x}$	$\bar{x}=\bar{y}=\dfrac{4R}{3\pi}$ $A=\dfrac{1}{4}\pi R^2$
面積	半圓	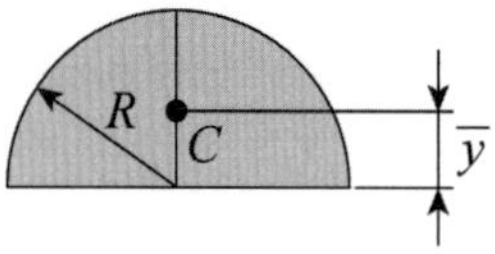 R, C, $\bar{y}$	$\bar{y}=\dfrac{4R}{3\pi}$ $A=\dfrac{1}{2}\pi R^2$

表 7-6.1　各種常見曲線、面積與體積的形心位置（續）

面積	曲線形面積	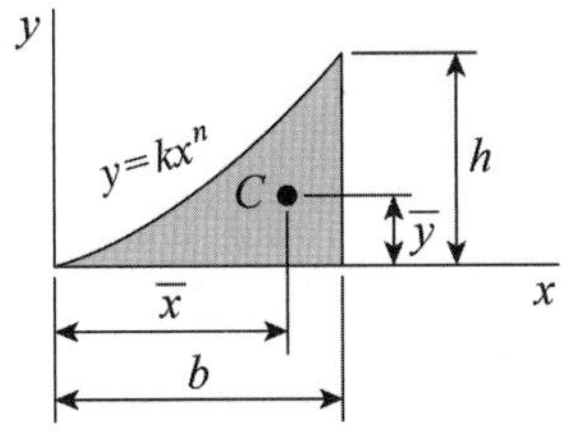	$\bar{x}=\dfrac{n+1}{n+2}b$ $\bar{y}=\dfrac{n+1}{4n+2}h$ $A=\dfrac{bh}{n+1}$
面積	半橢圓	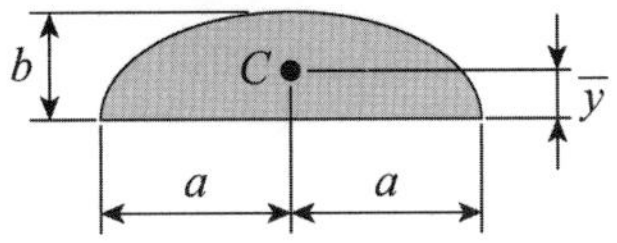	$\bar{y}=\dfrac{4b}{3\pi}$ $A=\dfrac{1}{2}\pi ab$
面積	圓錐殼	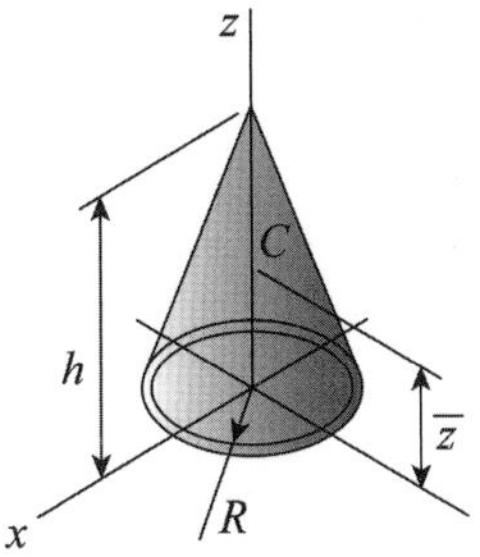	$\bar{z}=\dfrac{h}{3}$ $A=\pi R(R^2+h^2)^{1/2}$
面積	半圓殼	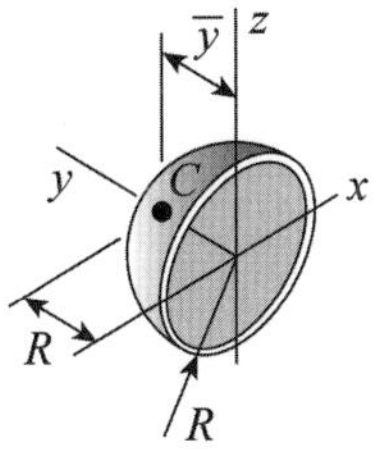	$\bar{y}=\dfrac{R}{2}$ $A=2\pi R^2$
體積	圓錐體	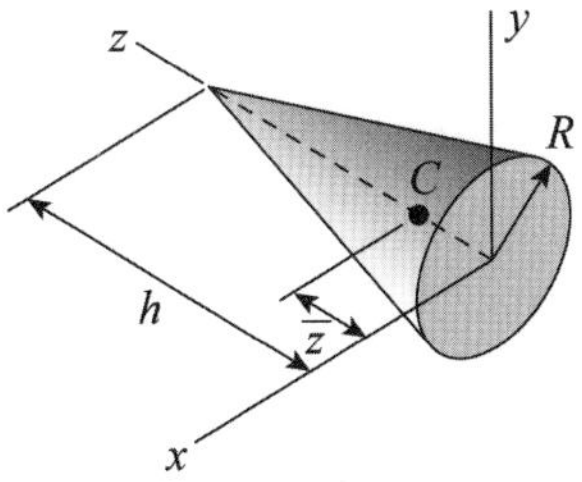	$\bar{z}=\dfrac{h}{4}$ $V=\dfrac{1}{3}\pi R^2 h$
體積	半球體	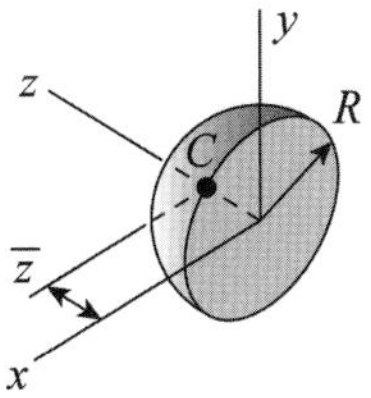	$\bar{z}=\dfrac{3}{8}R$ $V=\dfrac{2}{3}\pi R^3$

例 7-6.1

求圖 7-6.2 所示之 L 形截面的形心。

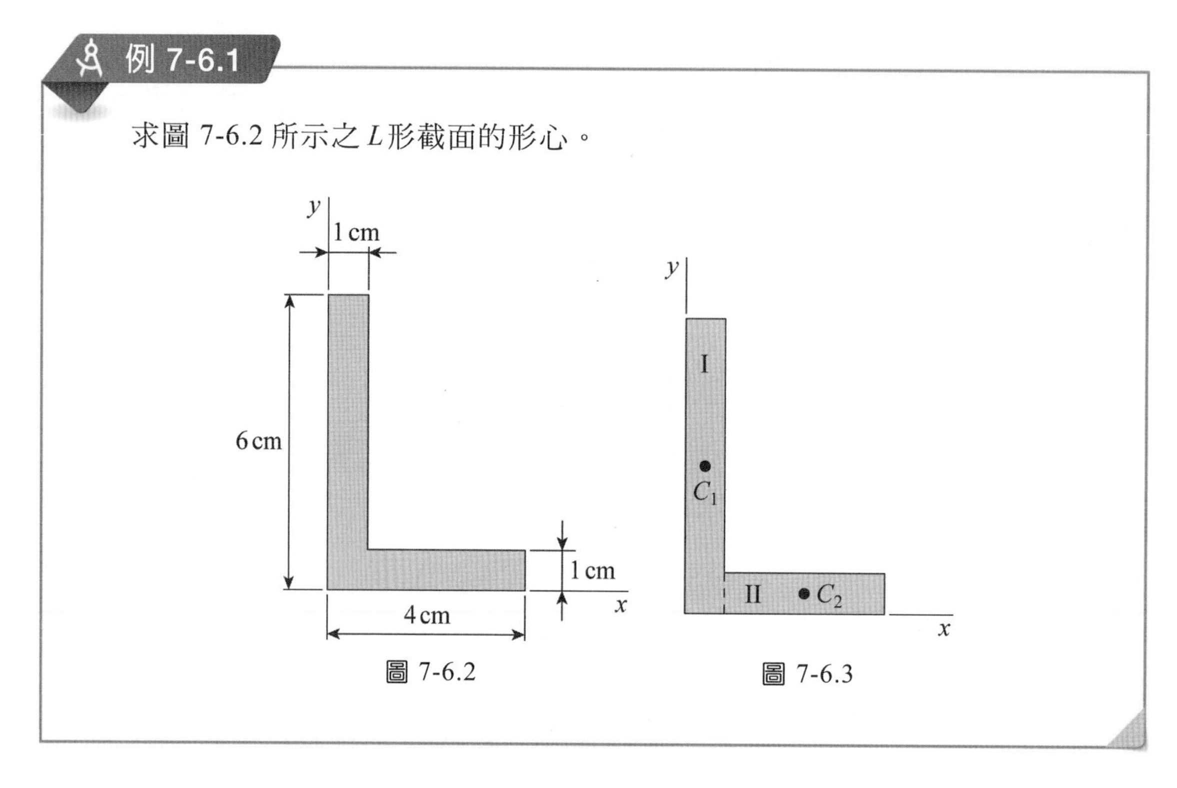

圖 7-6.2　　圖 7-6.3

解法一

將 L 形截面分成兩個矩形 I、II，其形心 $C_i(\bar{x}_i, \bar{y}_i)$，面積 A_i 如圖 7-6.3 所示，列表如下。

	$A_i(\text{cm})^2$	$\bar{x}_i(\text{cm})$	$\bar{y}_i(\text{cm})$	$\bar{x}_i A_i(\text{cm})^3$	$\bar{y}_i A_i(\text{cm})^3$
矩形 I	6	0.5	3	3	18
矩形 II	3	2.5	0.5	7.5	1.5
合計	$A=\sum A_i=9$			$\sum \bar{x}_i A_i=10.5$	$\sum \bar{y}_i A_i=19.5$

所以，組合體的形心位置：

$$\bar{x}=\frac{\sum \bar{x}_i A_i}{A}=\frac{10.5}{9}=1.167\text{ cm}$$

$$\bar{y}=\frac{\sum \bar{y}_i A_i}{A}=\frac{19.5}{9}=2.167\text{ cm}$$

解法二

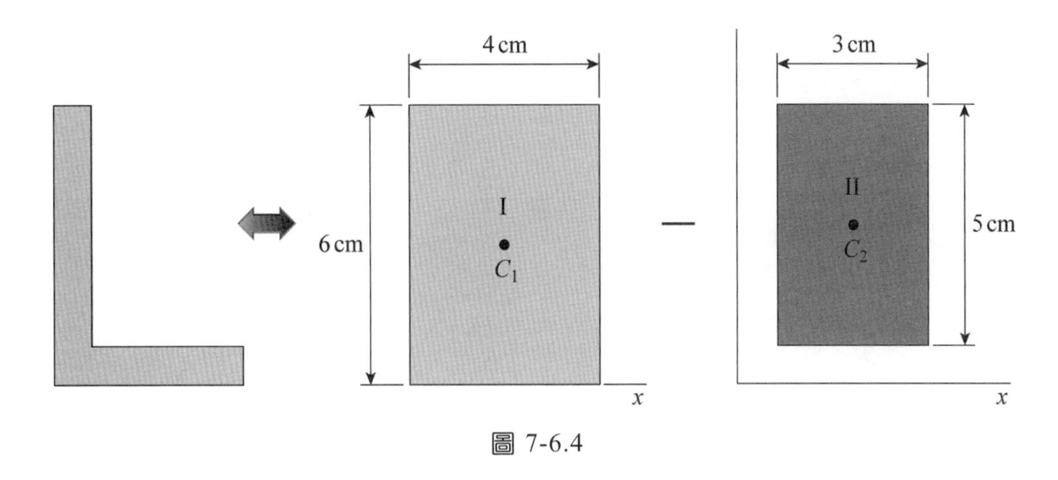

圖 7-6.4

L 型截面可視為矩形 I 與矩形 II 之差如圖 7-6.4 所示，列表如下。注意：矩形 II 的面積 A_2 為負值。

	$A_i(\text{cm})^2$	$\overline{x}_i(\text{cm})$	$\overline{y}_i(\text{cm})$	$\overline{x}_iA_i(\text{cm})^3$	$\overline{y}_iA_i(\text{cm})^3$
矩形 I	24	2	3	48	72
矩形 II	-15	2.5	3.5	-37.5	-52.5
合計	$A=\sum A_i=9$			$\sum \overline{x}_iA_i=10.5$	$\sum \overline{y}_iA_i=19.5$

$$\overline{x}=\frac{\sum \overline{x}_iA_i}{A}=\frac{10.5}{9}=1.167\ \text{cm}$$

$$\overline{y}=\frac{\sum \overline{y}_iA_i}{A}=\frac{19.5}{9}=2.167\ \text{cm}$$

例 7-6.2

求圖 7-6.5 所示之組合線 *JKOP* 的形心。

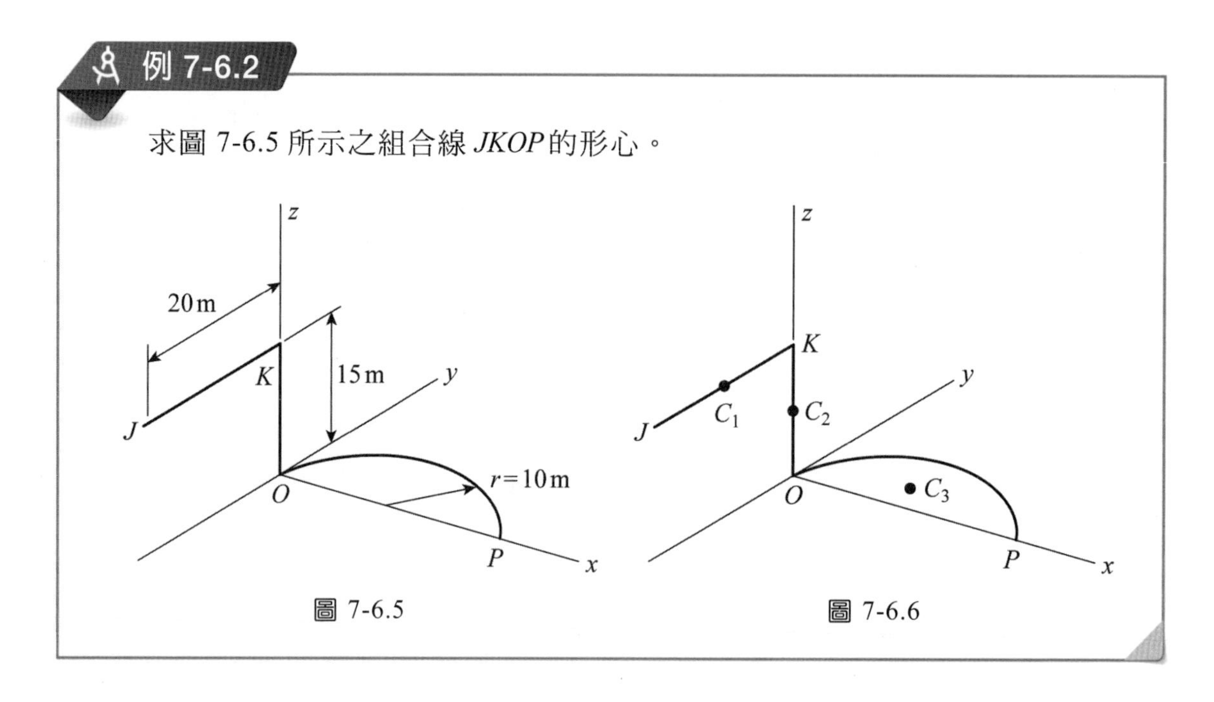

圖 7-6.5　　圖 7-6.6

解

將組合線 *JKOP* 分成：直線 *JK*、*KO* 及半圓弧 *OP* 三部分，其所對應的形心分別為 C_1、C_2、C_3，如圖 7-6.6 所示。查表 7-6.1，得知 C_3 的 y 座標為 $\bar{y}_3=\dfrac{2r}{\pi}=\dfrac{20}{\pi}=6.37\text{ m}$，列表如下：

	L_i(m)	$\bar{x}_i$(m)	$\bar{y}_i$(m)	$\bar{z}_i$(m)	$\bar{x}_iL_i(\text{m}^2)$	$\bar{y}_iL_i(\text{m}^2)$	$\bar{z}_iL_i(\text{m}^2)$
直線 *JK* ①	20	0	-10	15	0	-200	300
直線 *KO* ②	15	0	0	7.5	0	0	112.5
半圓弧 *OP* ③	$\pi r=31.4$	10	6.37	0	314	200	0
合計	$L=\sum L_i$ $=66.4$				$\sum\bar{x}_iL_i=314$	$\sum\bar{y}_iL_i=0$	$\sum\bar{z}_iL_i=412.5$

組合線 *JKOP* 的形心位置：

$$\bar{x}=\frac{\sum\bar{x}_iL_i}{L}=\frac{314}{66.4}=4.73\text{ m}$$

$$\bar{y} = \frac{\sum \bar{y}_i L_i}{L} = \frac{0}{66.4} = 0\ \text{m}$$

$$\bar{z} = \frac{\sum \bar{z}_i L_i}{L} = \frac{412.5}{66.4} = 6.21\ \text{m}$$

例 7-6.3

一均質矩形板去掉一角後變成一梯形板 $BCDE$，如圖 7-6.7 所示。將其在 D 掛起，欲使 BC 保持水平，求 $\overline{DE}$ 應為多少？設 $\overline{BC} = a$，$\overline{BE} = \ell$。

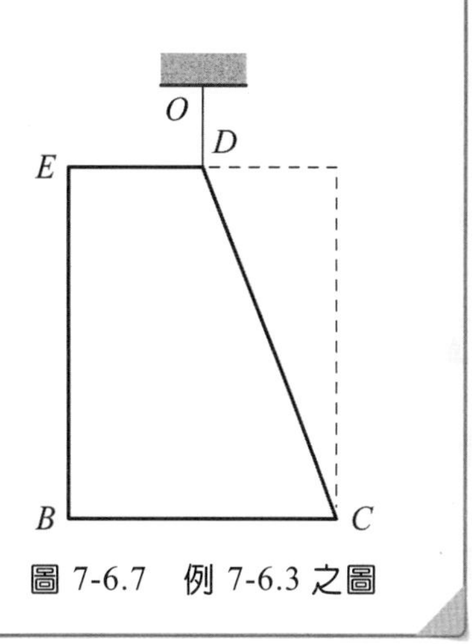

圖 7-6.7　例 7-6.3 之圖

解

懸掛線 OD 的延長線必通過梯形重心(形心)G。按題意，重力將垂直於 BC。設座標原點為 B，x 軸沿 BC 方向，y 軸沿 BE 方向。將梯形板面積分成矩形面積 A_1 和三角形面積 A_2，其重量分別為 W_1 和 W_2，其重心分別為 G_1 和 G_2，如圖 7-6.8 所示。

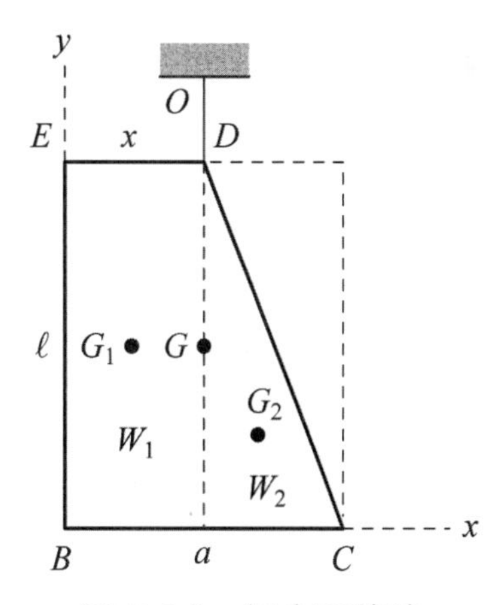

圖 7-6.8　組合面積法

設 $\overline{DE} = x$，用觀察法可知矩形重心 G_1 的座標為 $G_1(\bar{x}_1, \bar{y}_1)$

$$\bar{x}_1 = \frac{x}{2},\quad \bar{y}_1 = \frac{\ell}{2} \tag{1}$$

而三角形重心 G_2 的座標為 $G_2(\bar{x}_2, \bar{y}_2)$

$$\bar{x}_2 = x + \frac{a - x}{3},\quad \bar{y}_2 = \frac{\ell}{3} \tag{2}$$

而矩形、三角形與梯形板的重量分別為

$$W_1 = \gamma \ell x,\ \ W_2 = \gamma \frac{a-x}{2}\ell,\ \ W = W_1 + W_2 = \gamma(\ell x + \frac{a-x}{2}\ell) \tag{3}$$

其中γ為板的比重。設梯形板重心G的座標為$G(\bar{x}, \bar{y})$，由力矩原理得x方向的方程

$$W\bar{x} = W_1\bar{x}_1 + W_2\bar{x}_2 \tag{4}$$

將(1)、(2)、(3)式代入方程(4)，得

$$\gamma(\ell x + \frac{a-x}{2}\ell)x = \gamma \ell x \frac{x}{2} + \gamma(\frac{a-x}{2}\ell)(x + \frac{a-x}{3}) \tag{5}$$

整理後得

$$2x^2 + 2ax - a^2 = 0 \tag{6}$$

可解得

$$x = DE = \frac{\sqrt{3}-1}{2}a \tag{7}$$

另解：

W_1和W_2構成平行力系，且都垂直於BC。應用力矩原理，對G點取矩得

$$(W_1 + W_2)\cdot 0 = W_1\left(\frac{x}{2}\right) - W_2\left(\frac{a-x}{3}\right) \tag{8}$$

將(3)式代入(8)式，可得到與(6)式相同的方程，及和(7)式相同的解答。

7-7 實驗法求重心

在工程中常使用實驗法來測定複雜物體的重心。實驗法通常比計算法簡便，並且準確性良好。比較常用的實驗法有下列兩種：

(一) 懸掛法

如圖 7-7.1 所示，將物體上的任意兩點 A、B 依次懸掛起來，通過 A、B 之兩鉛垂線的交點 G，即為物體重心的位置。

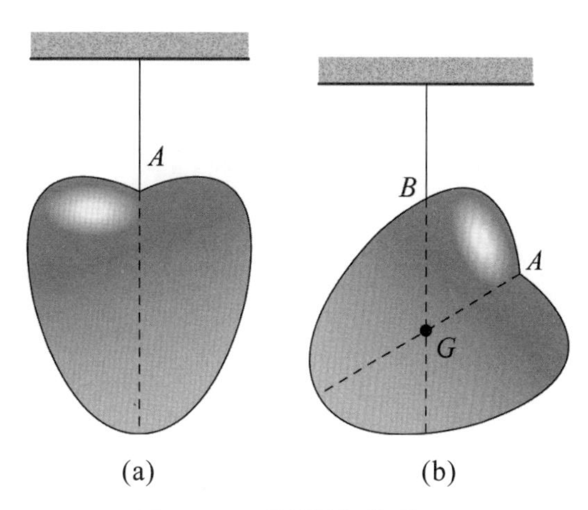

圖 7-7.1 懸掛法求重心

(二) 稱重法

形狀複雜的機件或體積很大的複雜物體，常用稱重法求重心。我們用求汽車的重心位置，說明其原理與步驟如下：

1. 設車重 W、軸距 L、輪距 S 均已事先直接測得。如圖 7-7.2(a)所示，將車的前輪開到磅秤上，得出稱重 R_A。對後輪軸線取矩可得重心 G 與後輪之距離 L_r

$$R_A L = W L_r$$

$$L_r = \frac{R_A L}{W} \tag{7-7.1}$$

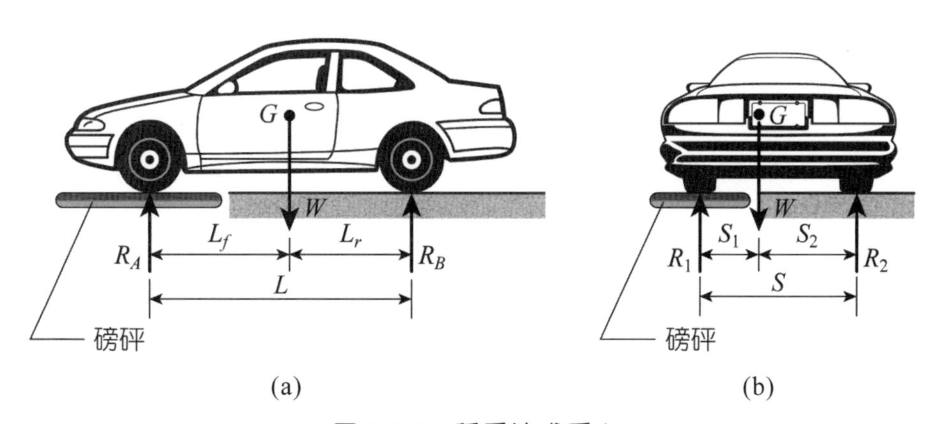

圖 7-7.2 稱重法求重心

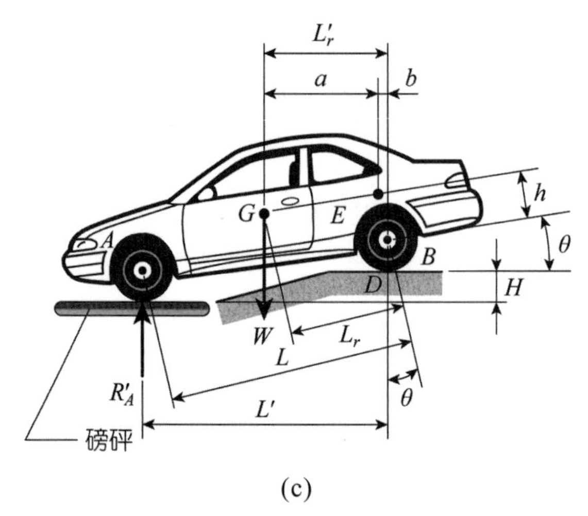

(c)

圖 7-7.2 稱重法求重心（續）

2. 如圖 7-7.2(b)所示，將車的左前輪與左後輪停於磅秤上，測得稱重 R_1，對右前後輪連線取矩，可得重心 G 與右輪連線之距離 S_2

$$R_1 S = W S_2$$

$$S_2 = \frac{R_1 S}{W} \tag{7-7.2}$$

3. 欲求重心 G 的高度時，必須將汽車的後半部昇高，前輪置於磅秤上如圖 7-7.2(c)所示。設昇高之高度為 H，E 點位於 B 輪中心之垂直上方。設前輪所測得秤重為 R_A'，對輪 B 與平台的接觸點 D 取矩，可得

$$R_A' L' - W L_r' = 0 \tag{7-7.3}$$

由圖可知 $L_r' = a + b = L_r \cos\theta + h \sin\theta$，$L' = L\cos\theta$，將 L_r' 及 L 代入(7-7.3)式，可得

$$R_A' L\cos\theta - W(L_r \cos\theta + h\sin\theta) = 0 \tag{7-7.4}$$

將(7-7.1)式代入(7-7.4)式，可得

$$(R_A' - R_A) L\cos\theta - Wh\sin\theta = 0$$

$$h = \frac{(R_A' - R_A)L}{W}\cot\theta \tag{7-7.5}$$

由圖可知

$$\cot\theta = \frac{L'}{H} = \frac{\sqrt{L^2 - H^2}}{H}$$

代入(7-7.5)式中，得

$$h = \frac{(R_A' - R_A)L\sqrt{L^2 - H^2}}{WH} \tag{7-7.6}$$

(7-7.6)式中等號右邊各量均可直接測得，故可求重心 G 距後輪中心之高度 h。由(7-7.1)式之 L_r，(7-7.2)式之 S_2，(7-7.6)式之 h，重心 G 的位置即可確定。

7-8 質 心

質心(center of mass)為物體質量的假想集中點，它在動力學中很重要。物體的運動可用質心的平移運動(translation)及繞質心的旋轉運動來描述。如圖 7-8.1 所示，設物體的密度為 ρ，微分元素的質量 $dm = \rho dV$，此元素的質心座標為 (x, y, z)，利用力矩原理可求得該物體之質心 C 的座標 $(\bar{x}, \bar{y}, \bar{z})$：

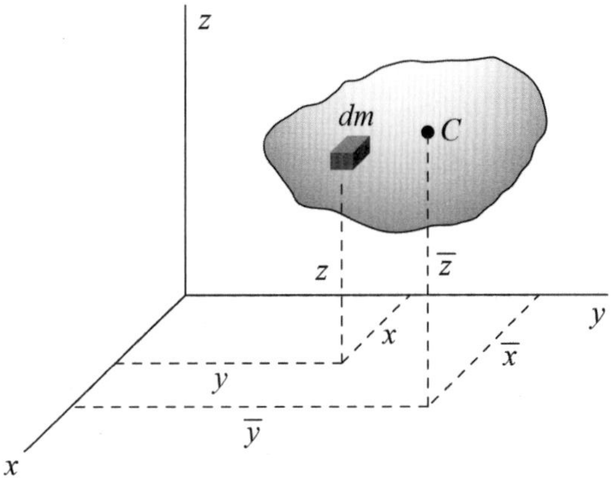

圖 7-8.1 物體的質心

$$\bar{x} = \frac{\int x dm}{m} = \frac{\int x\rho dV}{m},\quad \bar{y} = \frac{\int y dm}{m} = \frac{\int y\rho dV}{m},\quad \bar{z} = \frac{\int z dm}{m} = \frac{\int z\rho dV}{m} \tag{7-8.1}$$

其中 $m = \int dm = \int \rho dV$ 為物體的總質量。

對於均質物體，密度 ρ 為常數，總質量 $m=\rho V$ ，代入(7-8.1)式中，可得

$$\bar{x}=\frac{\int xdV}{V},\quad \bar{y}=\frac{\int ydV}{V},\quad \bar{z}=\frac{\int zdV}{V} \tag{7-8.2}$$

上式即為物體形心的座標公式，可見對均質物體質心與形心為同一點。事實上如果令密度 $\rho=1$，則方程(7-8.1)變成形心公式(7-8.2)。如果物體中各質點所受的重力加速度皆相同，則物體的質心與重心重合。在大部分工程問題中，我們可以視質心與重心為同一點。

求質心的方法與 7-5、7-6 節中求形心與重心的方法類似，也是用積分法或組合體法。

7-9 巴波士定理

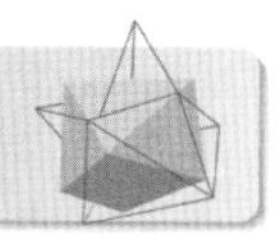

當一平面曲線繞與其不相交之軸旋轉時，將產生一表面積；同樣，當一平面繞與其不相交之軸旋轉時，將產生一體積。此表面積或體積之大小與繞軸旋轉之曲線或平面的形心有關。**巴波士定理**(theorem of Pappus)可用來決定此表面積及體積的大小。此定理可分為兩部分：

(一) 巴波士第一定理

一平面曲線繞一在此平面上但不與此曲線相交之一軸旋轉，所形成的旋轉面的表面積，等於該曲線的長度乘以曲線形心在旋轉中所移動的長度。

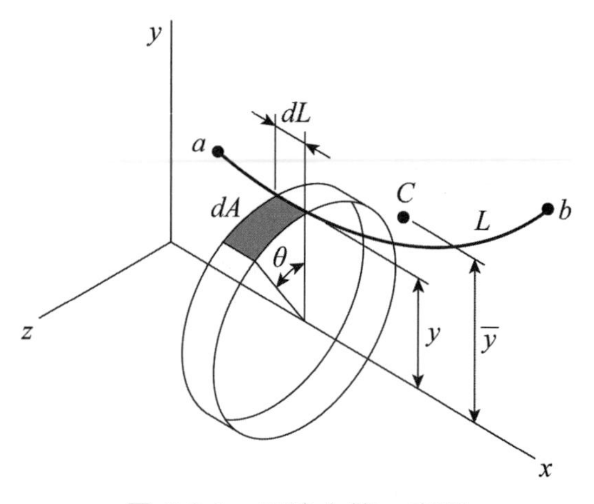

圖 7-9.1 巴波士第一定理

證明：圖 7-9.1 所示為一位於 xy 平面之曲線 ab，其長度為 L，繞 x 軸旋轉。令 dL 為所選取的微分元素，其形心與 x 軸的距離為 y，曲線 ab 之形心 C 與 x 軸的距離為 $\bar{y}$，如圖 7-9.1 所示。dL 繞 x 軸旋轉 θ 角時，所形成的表面積

$$dA = \theta y dL \tag{7-9.1}$$

所以整條曲線繞 x 軸旋轉所產生的表面積為

$$A = \int \theta y dL = \theta \int y dL \tag{7-9.2}$$

根據力矩原理，(7-9.2)式可改寫成

$$A = \theta \bar{y} L \tag{7-9.3}$$

故得證。

公式(7-9.3)為巴波士第一定理的數學式，其中 $\theta\bar{y}$ 為形心繞軸旋轉所移動的長度。如果 $\theta = 2\pi$，我們可得到曲線繞 x 軸旋轉一圈的表面積 $A = 2\pi\bar{y}L$。注意：θ 的單位為弳度。

(二) 巴波士第二定理

一平面繞任一不與此平面相交之軸旋轉，所形成的體積等於此平面之面積乘以此平面形心在旋轉中所移動的長度。

證明：設一位於 xy 平面之面積 A，繞 x 軸旋轉。令 dA 為微分面積，y 為其形心至 x 軸的距離，如圖 7-9.2 所示。則 dA 繞 x 軸旋轉 θ 角後，所形成的體積

$$dV = \theta y dA \tag{7-9.4}$$

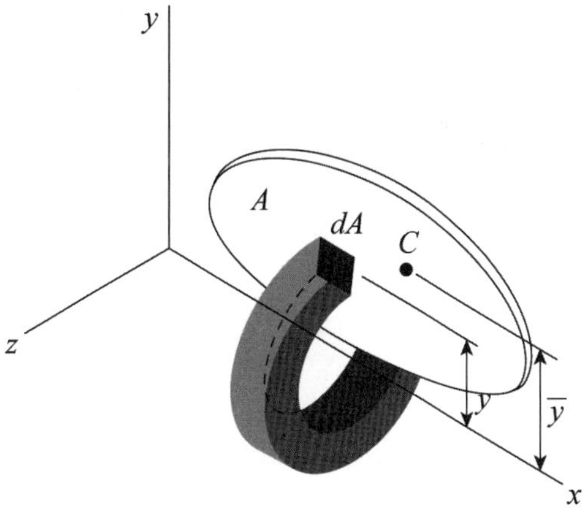

圖 7-9.2　巴波士第二定理

所以整個面積旋轉所產生的體積為

$$V = \int dV = \int \theta y dA = \theta \int y dA \tag{7-9.5}$$

由力矩原理得 $\int y dA = \bar{y}A$，代入(7-9.5)式，可得

$$V = \theta \bar{y} A \tag{7-9.6}$$

故得證。

公式(7-9.6)為巴波士第二定理的數學式。如果 $\theta = 2\pi$，則該面積繞 x 軸旋轉一圈所生的體積 $V = 2\pi\bar{y}A$。

巴波士定理不僅可用來求旋轉曲線或面為已知時，其旋轉所形成的表面積或體積，亦可反過來求平面曲線或面積的形心。

例 7-9.1

如圖 7-9.3 所示，求半徑為 3m 的半圓弧繞 x 軸旋轉一圈所形成的表面積。

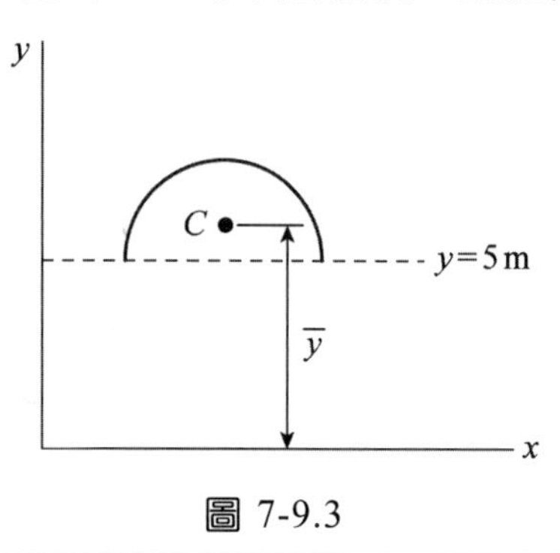

圖 7-9.3

解

從例題 7-5.3 或查表 7-6.1，可得半圓弧的形心與直徑 $y=5$ 之間的距離為 $\dfrac{2R}{\pi}$，因此其形心 C 的 y 座標 $\bar{y}$：

$$\bar{y} = 5 + \frac{2R}{\pi} = 5 + \frac{(2)(3)}{\pi} = 6.91\text{ m}$$

半圓之弧長 $L = \pi R = 9.42\text{ m}$。應用巴波士第一定理，旋轉所形成的表面積為

$$A = \theta\bar{y}L = (2\pi)(6.91)(9.42) = 408.8\text{ m}^2$$

例 7-9.2

類似例題 7-9.1，只是將半圓弧換成半圓面，求此半圓面繞 x 軸旋轉一圈所形成的體積。

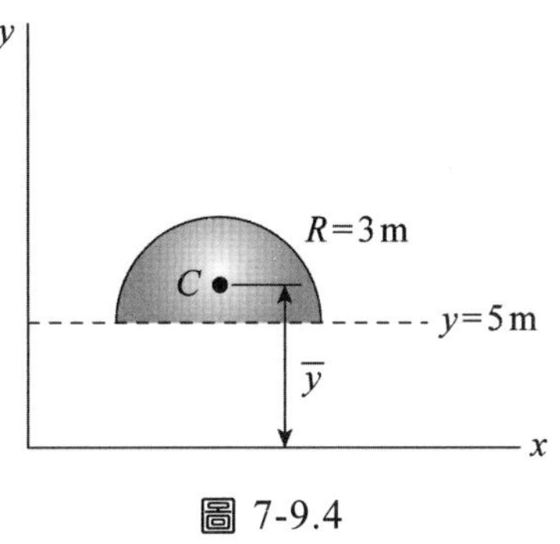

圖 7-9.4

解

由表 7-6.1 及圖 7-9.4，可得半圓形心 C 的 y 座標

$$\bar{y}=5+\frac{4R}{3\pi}=5+\frac{4\times3}{3\times3.14}=6.27\ \text{m}$$

半圓的面積 $A=\frac{1}{2}\pi R^2=14.13\ \text{m}^2$

由巴波士第二定理，旋轉所形成之體積 V：

$$V=\theta\bar{y}A=(2\pi)(6.27)(14.13)=556.3\ \text{m}^3$$

例 7-9.3

求如圖 7-9.5 所示的半圓環帶的形心。

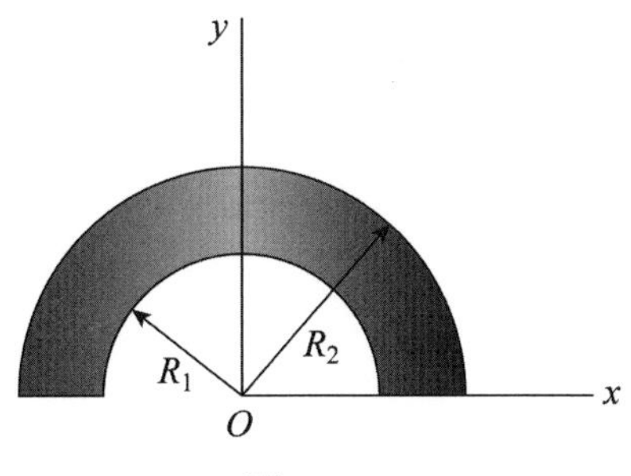

圖 7-9.5

解

此半圓環帶對 y 軸對稱，因此 $\bar{x}=0$。將此半圓環帶繞 x 軸旋轉一圈可得一空心球，其內徑為 R_1，外徑為 R_2，所以球的體積為

$$V=\frac{4}{3}\pi(R_2^3-R_1^3)$$

此半圓環帶的面積為

$$A=\frac{1}{2}\pi(R_2^2-R_1^2)$$

應用巴波士第二定理

$$V=\theta\bar{y}A,\quad \theta=2\pi$$

即

$$\frac{4}{3}\pi(R_2^3-R_1^3)=2\pi\bar{y}\frac{\pi}{2}(R_2^2-R_1^2)$$

由此求得半圓環帶形心的 y 座標為

$$\bar{y}=\frac{4(R_1^2+R_1R_2+R_2^2)}{3\pi(R_1+R_2)}$$

7-10 分布載荷

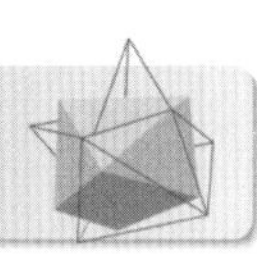

在工程中經常要處理「分布載荷」的問題。所謂**分布載荷**(distributed load)就是作用力分布在較大的面積上。例如屋面上由於風力、積雪等引起的載荷，水閘上受到的水壓力等。分布載荷的大小以單位長度或單位面積所受力的大小來表示。在靜力學中，此分布載荷的合力可用經過特殊點的一集中載荷來取代。

(一) 樑的分布載荷

如圖 7-10.1(a)所示，作用於樑上的分布載荷，通常以單位長度所承受的荷重 $w=w(x)$ 表示之，w 的大小隨樑的位置 x 而變化，其單位在公制通常用 N/m 或 N/mm，英制用 lb/ft 或 lb/in。此分布載荷的合力 W 在樑上的作用位置，可以利用力矩原理求得。如圖 7-10.1(a)所示，取座標為 x 的微分長度 dx，則此微分長度所受的載荷 $dW=wdx$，所以樑所受的總載荷為

$$W=\int_0^L wdx \tag{7-10.1}$$

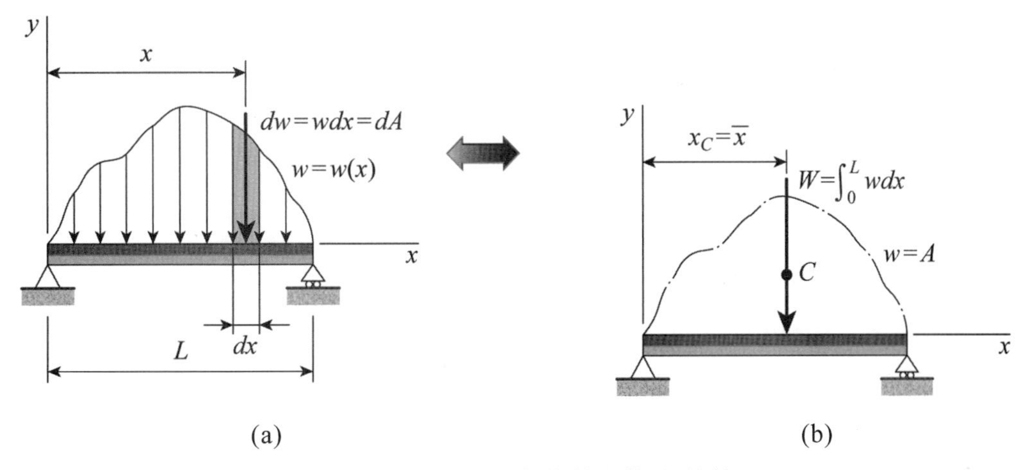

圖 7-10.1 分布載荷與集中載荷

由力矩原理，可得 W 的作用線與 y 軸之距離 x_C

$$x_C W=\int_0^L xwdx \tag{7-10.2}$$

$$x_C=\frac{\int_0^L xwdx}{W} \tag{7-10.3}$$

另一方面，$dA=wdx$ 代表圖 7-10.1(a)中陰影部分的面積，即

$$dW=wdx=dA \tag{7-10.4}$$

故

$$W=\int_0^L wdx=\int_0^L dA=A \tag{7-10.5}$$

所以總載荷 W 等於圖 7-10.1(a)所示曲線下的面積 A。將(7-10.4)、(7-10.5)代入(7-10.3)式，可得

$$x_C=\frac{\int xwdx}{W}=\frac{\int xdA}{W}=\bar{x} \tag{7-10.6}$$

即載荷的作用線必經過面積 A 的形心 C，如圖 7-10.1(b)所示。

因此，樑承受分布載荷時可用一集中載荷取代之，此集中載荷的大小等於分布載荷曲線下的面積，其作用線通過該分布載荷所圍面積的形心。但必須注意，此對等關係只適用於靜力學，可用以求支承的反作用力，但並不能用於求樑內的應力。

例 7-10.1

一分布力系作用在橫樑上，如圖 7-10.2 所示，求此分布力系的合力及其作用線的位置。

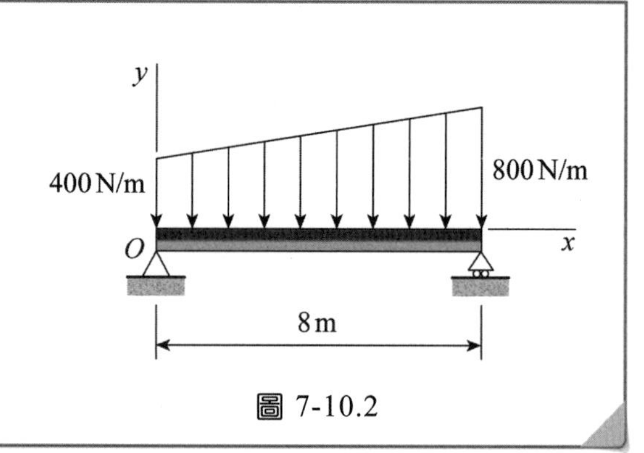

圖 7-10.2

解

解法一

分布載荷 $w(x)=\frac{800-400}{8}x+400=50x+400$，因此合力 W 為

$$W=\int_0^8(50x+400)dx=4800\ \text{N}$$

應用力矩原理對 O 點取矩，可得集中載荷與 O 點的距離

$$x_C=\frac{\int xwdx}{W}=\frac{\int_0^8 x(50x+400)dx}{W}=\frac{21333.3}{4800}=4.44\ \text{m}$$

解法二

將分布載荷分成長方形 I 及三角形 II 兩部分，其所對應的載荷與作用線如圖 7-10.3 所示。應用組合的概念，可求得 x_C。

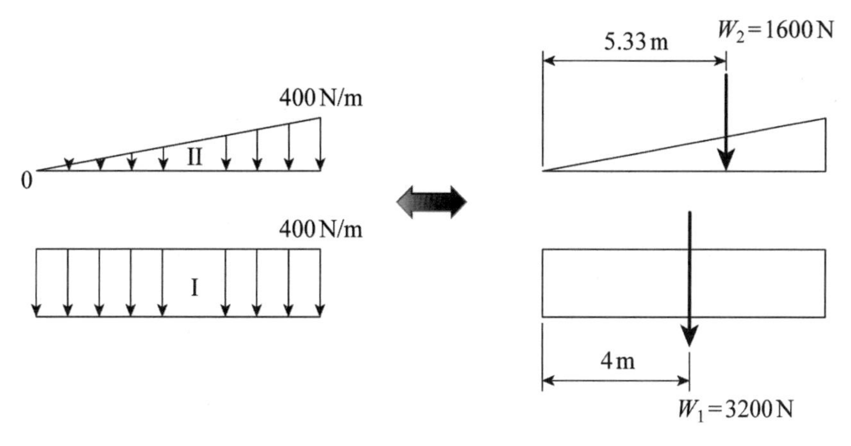

圖 7-10.3

長方形 I 的載荷 $W_1 = (400)(8) = 3200$ N，形心與 y 軸的距離 $\bar{x}_1 = 4$ m

三角形 II 的載荷 $W_2 = \frac{1}{2}(400)(8) = 1600$ N，形心與 y 軸的距離 $\bar{x}_2 = 5.33$ m

總載荷 $W = W_1 + W_2 = 3200 + 1600 = 4800$ N。由力矩原理得

$$x_C = \frac{\bar{x}_1 W_1 + \bar{x}_2 W_2}{W} = \frac{(4)(3200)+(5.33)(1600)}{4800} = 4.44 \text{ m}$$

分布載荷之等效集中載荷，如圖 7-10.4 所示。

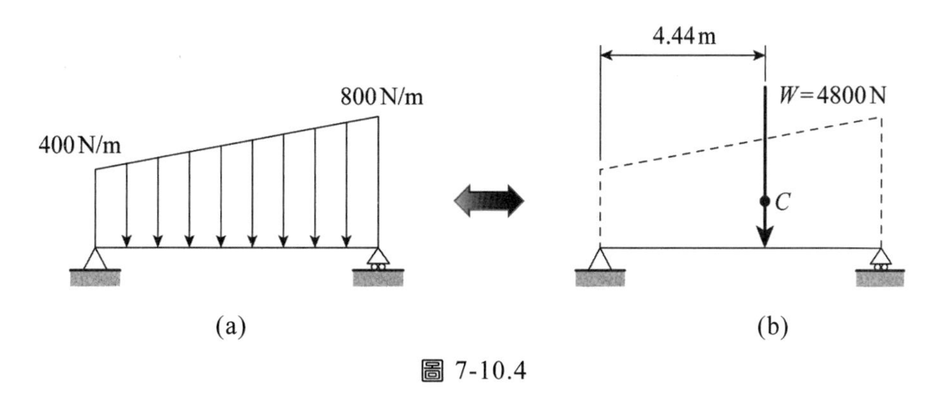

圖 7-10.4

(二) 沈體在靜止液體中的壓力中心

在流體靜力學(hydrostatics)中，經常要計算液體作用在浸於靜止液體中之物體的表面力，例如水壩閘門所受之力。根據巴斯噶定律(Pascal's law)，在靜止液體中，任何一點在各方向所受的壓力 P 皆相同。P 的大小與該點距液體表面的深度 h 及液體的比重 γ 有關，其關係式為

$$P=\gamma h=\rho g h \tag{7-10.7}$$

其中 ρ 為液體的密度，g 為重力加速度。另外一項重要性質是靜止液體所施的壓力垂直於沈體的表面。由此項性質及(7-10.7)式，利用類似分布載荷作用於橫樑的觀念，我們可以證明沈體表面所受的合力大小等於分布壓力圖形的總體積，且合力的作用線經過分布壓力圖形的形心，而此作用線與沈體表面的交點稱為**壓力中心**(center of pressure)。例如，考慮一長度 L，寬度 W 的水閘門，沈浸於密度 ρ 的液體中，如圖 7-10.5(a)所示，依據公式(7-10.7)可知閘門所受的壓力隨深度增加而加大，因此壓力成梯形分布。由樑的分布載荷概念，合力 R 等於圖 7-10.5(b)所示梯形載載的體積，其作用線經過此梯形體積形心 C，R 與閘門表面的交點 Q 即為壓力中心。

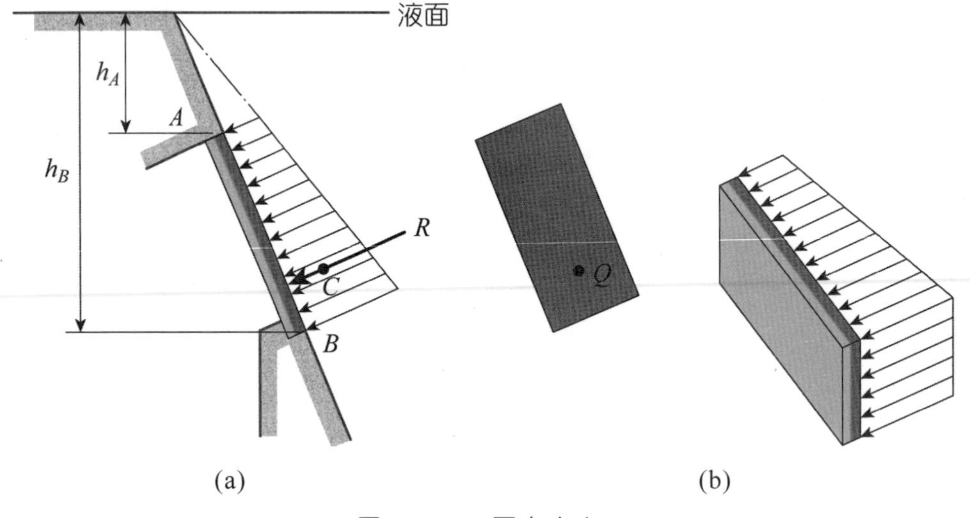

圖 7-10.5 壓力中心

例 7-10.2

如圖 7-10.6 所示，已知水的密度為$1000\ \text{kg}/\text{m}^3$，水閘門高 2 m，寬 4 m，求作用於閘門的合力及壓力中心離底部之距離，並求 B 處的反力。

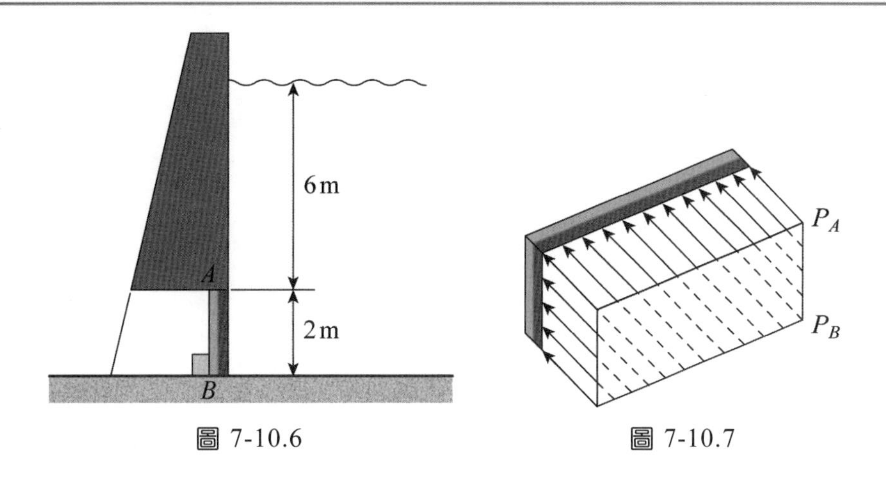

圖 7-10.6　　圖 7-10.7

解

作用於水閘門的水壓力成梯形分布，如圖 7-10.7 所示。

A 點的水壓力：$P_A = \rho g h_A = (1000)(9.81)(6) = 58860\ \text{N/m}^2$

B 點的水壓力：$P_B = \rho g h_B = (1000)(9.81)(8) = 78480\ \text{N/m}^2$

為了求合力 R 及壓力中心 Q，我們將此梯形體積分成長方體 I 及三角柱 II 兩部分，如圖 7-10.8(b)所示。

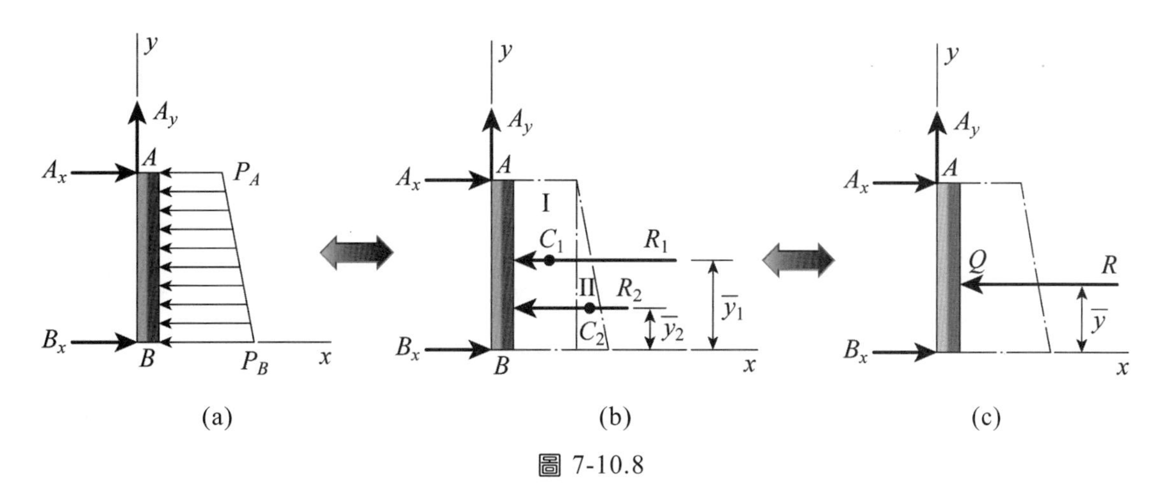

(a)　(b)　(c)

圖 7-10.8

長方體 I 之合力 $\mathbf{R}_1$ 的大小

$$R_1 = P_A(2)(4) = 470880 \text{ N}，\quad \bar{y}_1 = 1 \text{ m}$$

三角柱 II 之合力 $\mathbf{R}_2$ 的大小

$$R_2 = \frac{1}{2}(P_B - P_A)(2)(4) = 78480 \text{ N}，\quad \bar{y}_2 = \frac{2}{3} \text{ m}$$

總合力 $\mathbf{R}$ 的大小

$$R = R_1 + R_2 = 549360 \text{ N}$$

利用力矩原理，可得

$$\bar{y}R = \bar{y}_1 R_1 + \bar{y}_2 R_2$$

因此，壓力中心 Q 與底部的距離為

$$\bar{y} = \frac{(1)(470880) + (2/3)(78480)}{549360} = 0.952 \text{ m}$$

從圖 7-10.8(c)中之合力 $\mathbf{R}$ 對 A 點取矩，可得

$$2B_x - (2 - 0.952)R = 0$$

所以，B 處的反作用力為

$$B_x = 287865 \text{ N}$$

7-11 結 語

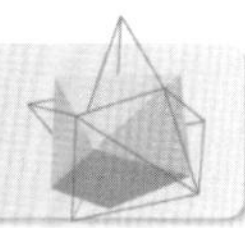

本章討論重心、形心、質心的計算。現小結如下：

1. 從概念上講，物體的重心和質心是有區別的。重心是指構成物體的所有質點所受的重力可向該點簡化成一個單力。質心是指構成物體的所有質點的質量對該點的矩（一次矩）等於零。不過對地面上的物體而言，可以認為二者位於同一點。
2. 形心和質心的位置都可用力矩原理計算，其公式是類似的。事實上，在有關質心的計算公式中，令密度為「1」便得到相應的形心計算公式。因此，這兩套公式中，只需記住一套即可。計算方法有兩種：(1)將物體（或圖形）分割成若干部分，而每一部分的質心（或形心）容易求出，然後根據力矩原理求解。(2)用積分法求解。表 7-6.1 列出了常見線、面、體的形心位置。
3. 巴波士第一定理：一平面曲線繞不與之相交的軸旋轉，所形成旋轉面的面積等於該曲線之長度乘以曲線形心在旋轉中所移動之長度（見例 7-9.1）。
4. 巴波士第二定理：一平面繞不與之相交的軸旋轉，所形成旋轉體的體積等於該平面之面積乘以平面形心在旋轉中所移動之長度。（見例 7-9.2 和例 7-9.3）。
5. 分布載荷的合力及其作用線的位置可根據力矩原理求得（見例 7-10.1）。
   分布載荷的合力作用線必通過分布載荷圖的形心。對沉體表面而言，所受分布載荷的合力作用線與沉體表面的交點稱為壓力中心。

思考題

1. (A)物體的形心座標是否會隨選取的座標系不同而改變？
   (B)物體形心位置是否會改變？
2. 剛體的重心一定位於剛體內嗎？
3. 下列敘述是否正確？
   (A) 如果均質物體有一對稱面，則其重心必在對稱面上。
   (B) 如果均質物體有一根對稱軸，則其重心必在對稱軸上。
4. 把一均質桿彎成半圓形，其重心位置會改變嗎？
5. 當物體質量分布不均勻時，其重心位置與幾何中心位置重合嗎？

習題

7.1 質點 A 重 10 N、座標 (0,1,2)；質點 B 重 5 N、座標 (4,5,6)；質點 C 重 20 N、座標 (−7,8,−9)。求此質點系的重心位置。

7.2～7.5 求圖中陰影面積的形心。

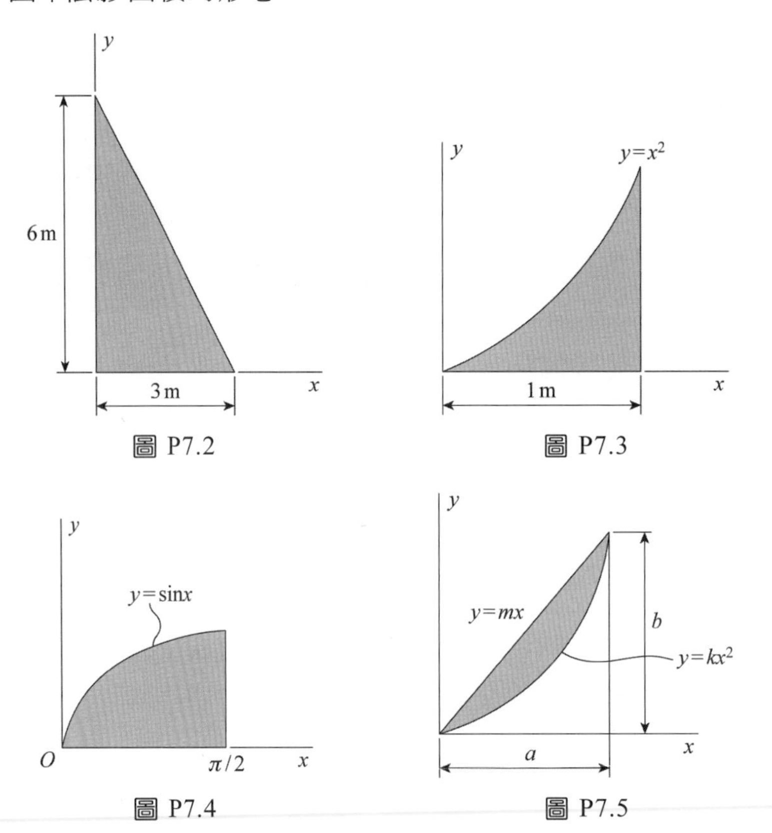

圖 P7.2　圖 P7.3

圖 P7.4　圖 P7.5

7.6～7.8 求圖示曲線的形心座標。

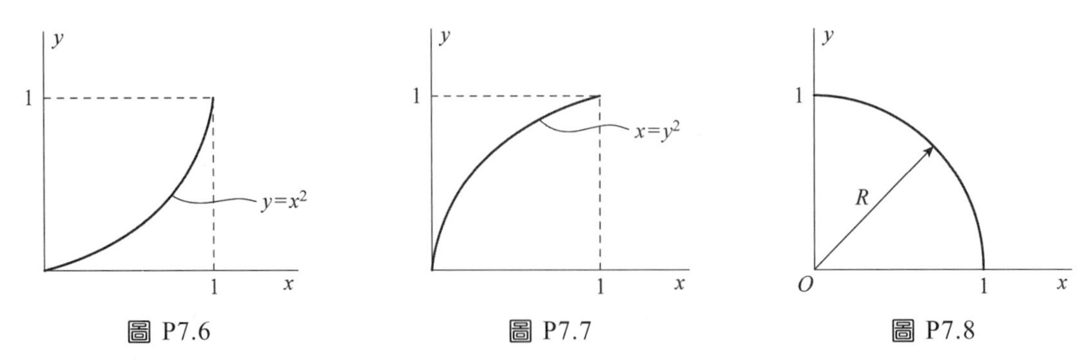

圖 P7.6　圖 P7.7　圖 P7.8

7.9 求圖示圓錐體的形心。

7.10 求圖示細線的形心。

7.11 細桿彎成三段，各段平行 x、 y、 z 軸，求此細桿的形心。

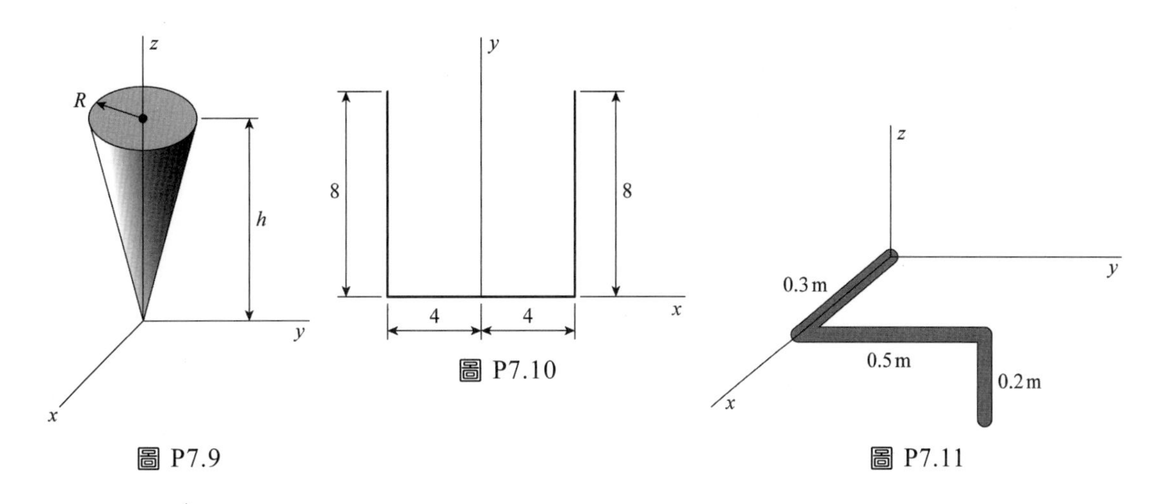

圖 P7.9

圖 P7.10

圖 P7.11

7.12 七根截面相同的均質桿組成的平面桁架，各桿單位長度的重量相等，求桁架的重心位置。

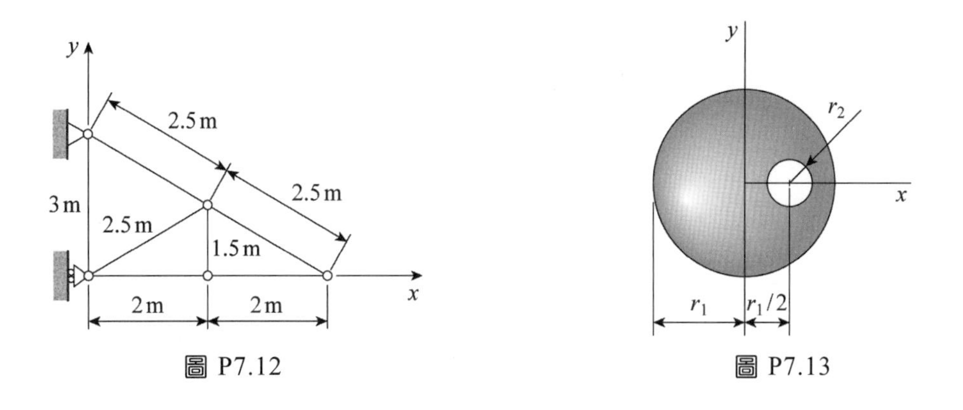

圖 P7.12

圖 P7.13

7.13 半徑為 r_1 的圓形內，有一半徑為 r_2 的圓孔，兩圓心相距 $\frac{r_1}{2}$，求形心的位置。

7.14　某沖床床身的 b-b 截面如圖示，求截面的形心位置。

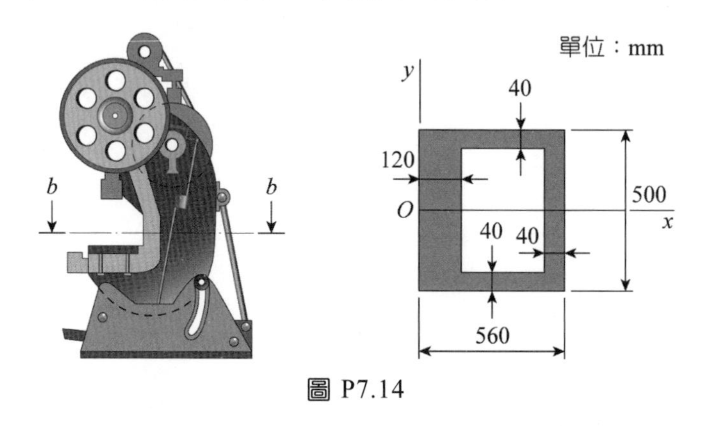

圖 P7.14

7.15　求圖中 T 型面積的形心位置。

7.16　求圖示中空圓繞 x 軸旋轉一圈，所形成中空環的體積。

7.17　求圖示陰影面積繞 x 軸旋轉一圈所形成的體積。

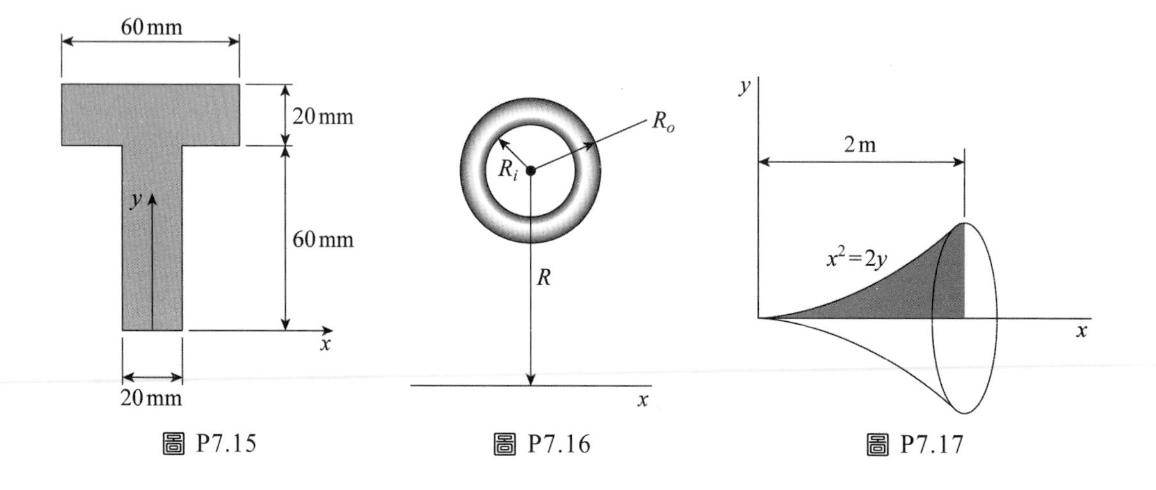

圖 P7.15　圖 P7.16　圖 P7.17

7.18～7.21　求圖示樑支承的反作用力。

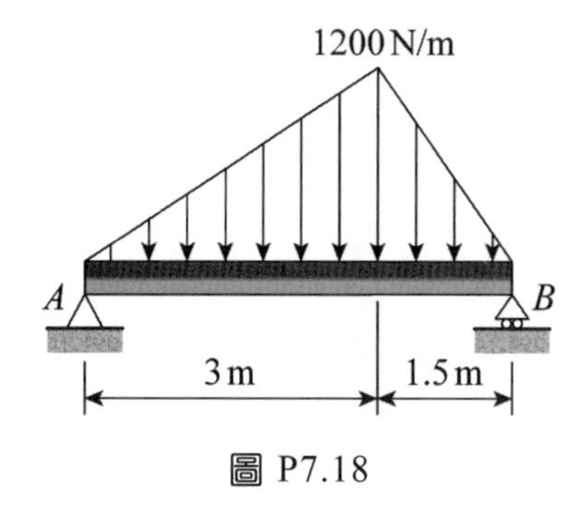

圖 P7.18

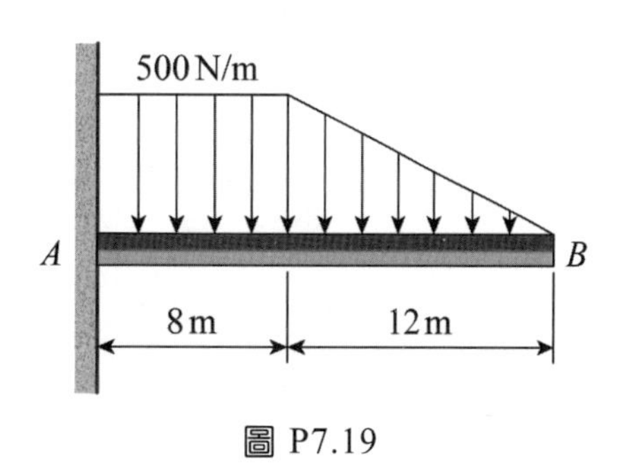

圖 P7.19

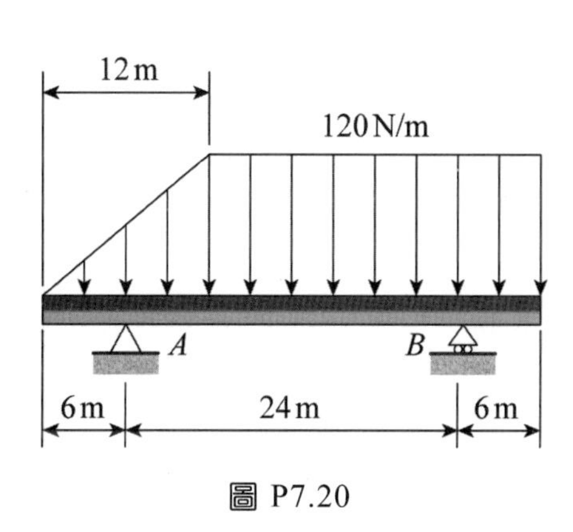

圖 P7.20

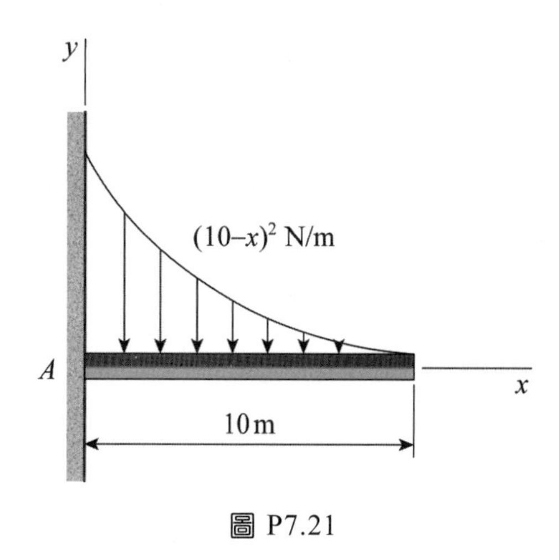

圖 P7.21

7.22 圖示的矩形平板 AB 寬 1.5 m，水的密度為 $1000\ \mathrm{kg/m^3}$，求此平板所受水壓力之和，及壓力中心距水面的距離。

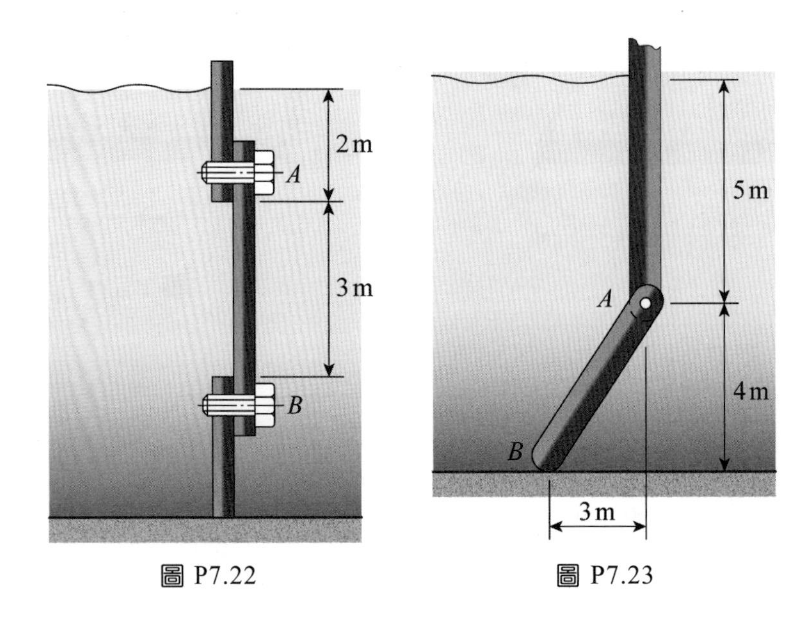

圖 P7.22　　　圖 P7.23

7.23 圖示的水閘門寬 8 m，A 為光滑接點，設水的密度為 $1000\ \mathrm{kg/m^3}$，求 A 點的水平與垂直分力，及 B 點的反力。

CHAPTER

08 慣性矩

8-1 簡 介

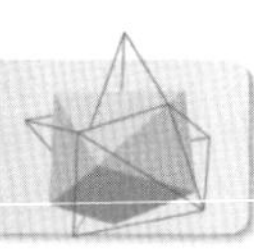

慣性矩可分為**面積慣性矩**(area moment of inertia)與**質量慣性矩**(mass moment of inertia)，又分別稱為面積與質量二次矩(second moments of areas and masses)。兩者在定義上很類似，在實際工程中被廣泛地應用。例如，在材料力學中求樑受彎矩作用而變形時的應力；軸受扭矩作用時產生的剪應力，都需要用到面積慣性矩。在動力學中，分析物體的旋轉運動、旋轉動能時都涉及質量慣性矩。在第一章中，我們曾經提到慣性是物體阻礙外力改變其運動狀態的一種性質，而這種性質以物體質量的大小來度量。慣性矩也有類似的性質：面積慣性矩可以當作物體抵抗變形的一種度量，例如在同樣彎矩作用下且與中性軸距離相同之點，面積慣性矩愈大，所受的應力愈小；質量慣性矩為物體受力矩作用後阻礙本身旋轉運動的一種度量，即在相同的力矩下，物體質量慣性矩愈大，轉動愈慢。因此質量慣性矩又稱為轉動慣量。

本章的主要目的在求平面的面積慣性矩，並介紹相關定理。另外也簡單地介紹質量慣性矩。

8-2 面積慣性矩

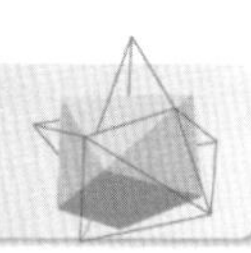

考慮圖 8-2.1 中位於 xy 平面上的面積 A，其中任一微小面積 dA 對 x 軸的面積慣性矩 dI_x，定義為此微小面積與其至已知 x 軸距離 y 的平方的乘積，即

$$dI_x = y^2 dA \tag{8-2.1}$$

將(8-2.1)式作面積分，可得整個面積 A 對 x 軸的面積慣性矩 I_x：

$$I_x = \int y^2 dA \tag{8-2.2}$$

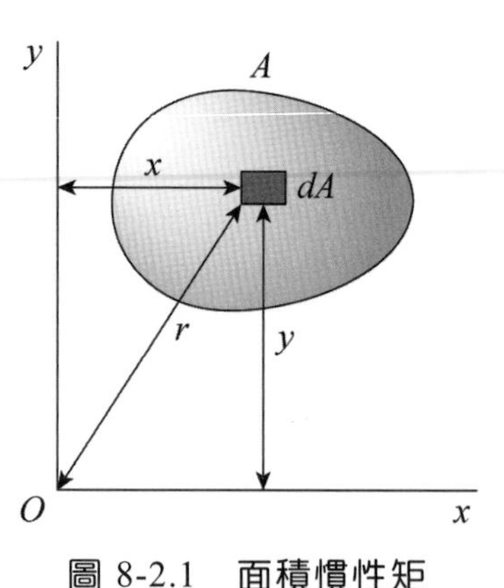

圖 8-2.1 面積慣性矩

即一平面面積對一軸的面積慣性矩定義為平面上微小面積與其距該軸距離平方的乘積的面積分。

同理，面積 A 對 y 軸的面積慣性矩定義為

$$I_y = \int x^2 dA \tag{8-2.3}$$

因為 x 軸與 y 軸互相垂直，故面積慣性矩 I_x 與 I_y 也稱為直角慣性矩(rectangular moment of inertia)。參考圖 8-2.1，面積 A 對經過 O 點且與 xy 平面垂直的 z 軸之面積慣性矩 J_O 或 J_z，稱為**極慣性矩**(polar moment of inertia)。根據定義

$$J_O = J_z = \int r^2 dA \tag{8-2.4}$$

因為 $r^2 = x^2 + y^2$，故

$$J_O = J_z = \int r^2 dA = \int (x^2 + y^2)\, dA = \int y^2 dA + \int x^2 dA$$
$$= I_x + I_y \tag{8-2.5}$$

即一面積對任一軸的極慣性矩等於該面積對位於此平面上，任意兩個與已知極軸相交之正交軸的慣性矩之和。

面積慣性矩的單位為面積與距離平方的乘積，其因次為長度的四次方 $[L^4]$，常用的單位有 m^4、mm^4、in^4 等。因為面積與距離平方皆為正值，所以面積慣性矩恆為正值。

在上述定義中皆有距離平方項，因此面積慣性矩也稱為**面積二次矩**(second moment of area)。為什麼要引入「面積慣性矩」的定義呢？這是因為在許多工程計算中都會涉及到這一物理量。例如，在材料力學中，矩形懸臂樑受到彎矩作用時，樑內任何斷面之應力均以中性軸 x 為中心呈線性分布，用數學式子可將截面上任一點的應力 σ 表示成 $\sigma = ky$，其中 y 為該點的座標。σ 在 x 軸之上為拉應力，在 x 軸之下為壓應力，如圖 8-2.2 所示。斷面上任一微小面積 dA 上的分布應力對 x 軸的矩 $dM_x = y\sigma dA = ky^2 dA$，故整個斷面上的應力對 x 軸的矩 $M_x = k\int y^2 dA = kI_x$。由此可見，此力矩的大小和截面的面積慣性矩有關。

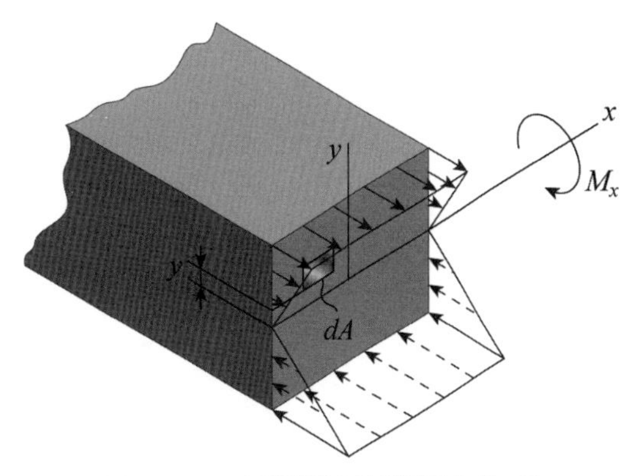

圖 8-2.2　懸臂樑受彎矩之作用

例 8-2.1

求圖 8-2.3(a)所示的矩形面積對 x 及 y 軸的慣性矩 I_x 與 I_y，其中 C 點為矩形面積的形心。

解

解法一

取微小面積 $dA = dxdy$，如圖 8-2.3(b)所示。根據定義

$$I_x = \int y^2 dA = \int_{-h/2}^{h/2}\int_{-b/2}^{b/2} y^2 dxdy = \frac{1}{12}bh^3$$

$$I_y = \int x^2 dA = \int_{-h/2}^{h/2}\int_{-b/2}^{b/2} x^2 dxdy = \frac{1}{12}b^3h$$

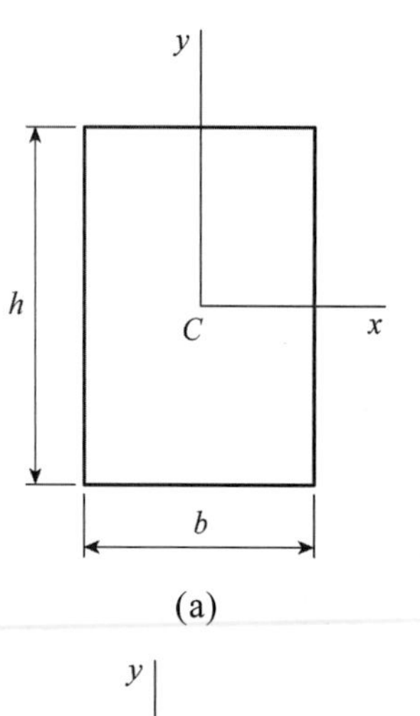

(a)

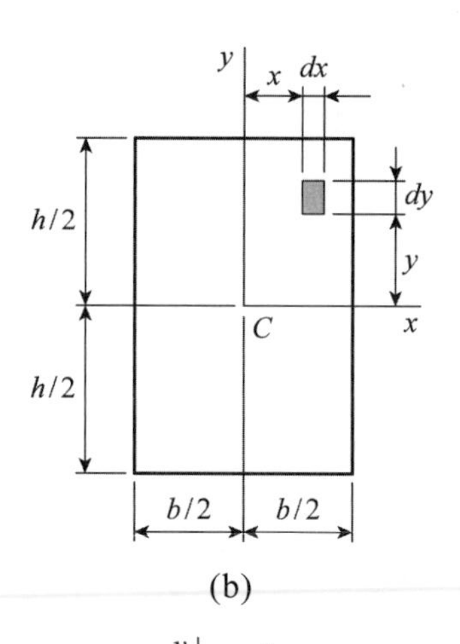

(b)

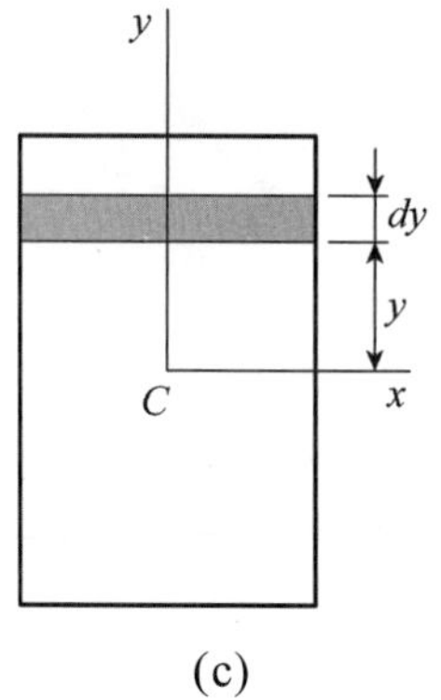

(c)

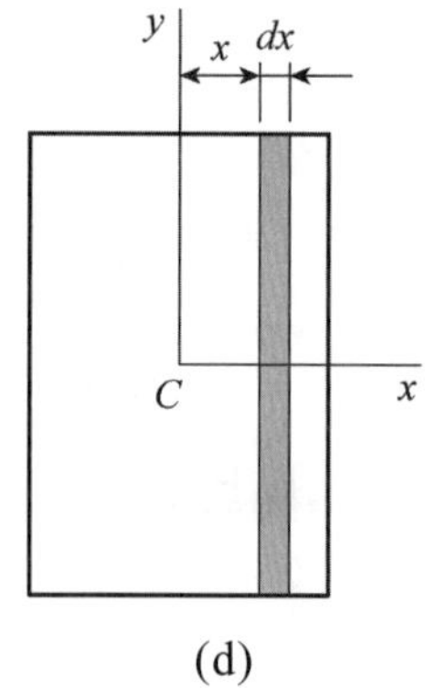

(d)

圖 8-2.3

解法二

(1) 取微小面積 $dA = bdy$ ，如圖 8-2.3(c)所示，則

$$I_x = \int y^2 dA = \int_{-h/2}^{h/2} y^2 (bdy) = \frac{1}{12} bh^3$$

(2) 取微小面積 $dA = hdx$ ，如圖 8-2.3(d)所示，則

$$I_y = \int x^2 dA = \int_{-b/2}^{b/2} x^2 (hdx) = \frac{1}{12} b^3 h$$

例 8-2.2

如圖 8-2.4(a)所示，求半徑為 R 的圓對圓心 O 的極慣性矩。

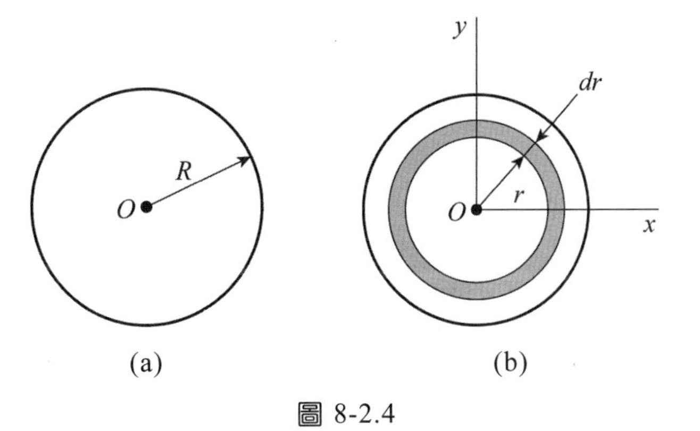

圖 8-2.4

解

取環狀微小面積 $dA = 2\pi r dr$ ，如圖 8-2.4(b)所示，則圓面積對圓心的極慣性矩為

$$J_o = J_z = \int r^2 dA = \int_0^R r^2 (2\pi r) dr = \frac{\pi R^4}{2}$$

例 8-2.3

求圖 8-2.5(a)所示的拋物線面積對 x、y 軸的面積慣性矩 I_x 與 I_y，及對 O 點的極慣性矩 J_o。

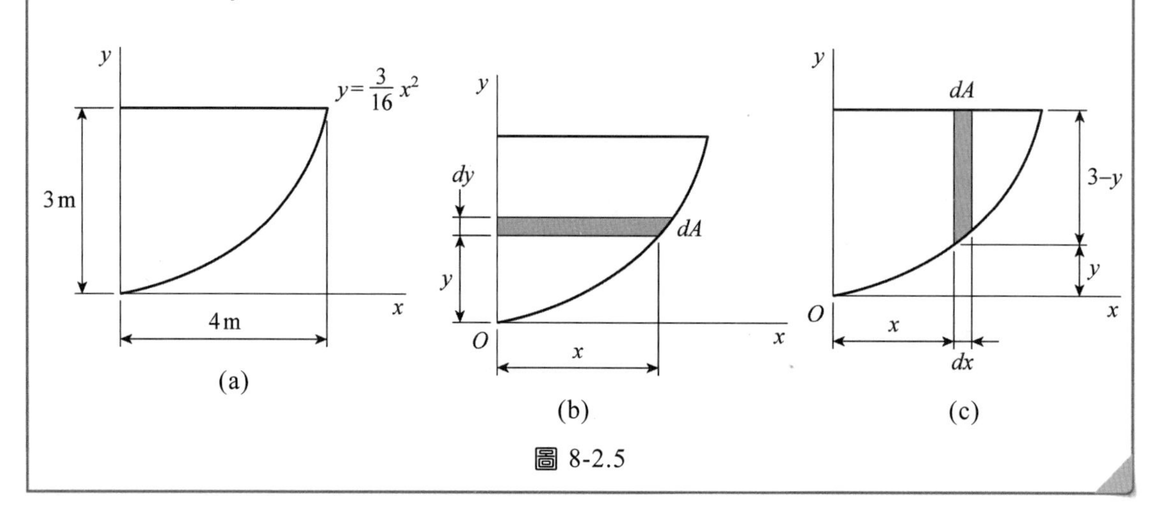

圖 8-2.5

解

欲求 I_x，我們取平行 x 軸的微小面積 dA，如圖 8-2.5(b)所示。因

$$y=\frac{3}{16}x^2,\quad x=(\frac{16}{3}y)^{1/2}$$

所以

$$dA=xdy=(\frac{16}{3}y)^{1/2}dy$$

$$I_x=\int y^2dA=\int_0^3 y^2(\frac{16}{3}y)^{1/2}dy=\frac{2}{7}\sqrt{\frac{16}{3}}\,y^{7/2}\bigg|_0^3=30.86\text{ m}^4$$

欲求 I_y，我們取平行 y 軸的微小面積 dA，如圖 8-2.5(c)所示。則

$$dA=(3-y)dx=(3-\frac{3}{16}x^2)dx$$

$$I_y=\int x^2dA=\int_0^4 x^2(3-\frac{3}{16}x^2)\,dx=(x^3-\frac{3}{80}x^5)\bigg|_0^4=25.60\text{ m}^4$$

應用(8-2.4)式，拋物線面積對 O 點極慣性矩為

$$J_O = I_x + I_y = 30.86 + 25.60 = 56.46 \text{ m}^4$$

8-3 面積慣性矩的迴轉半徑

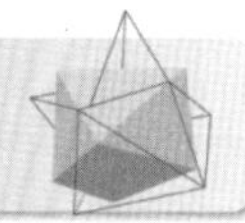

面積慣性矩可用全面積與距離平方的乘積來表示。如圖 8-3.1 所示，位於 xy 平面上的面積 A 對 x、y 軸及經過 O 點的 z 軸之面積慣性矩可寫成

$$I_x = \int y^2 dA = k_x^2 A \tag{8-3.1}$$

$$I_y = \int x^2 dA = k_y^2 A \tag{8-3.2}$$

$$J_O = J_z = \int r^2 dA = k_o^2 A = k_z^2 A \tag{8-3.3}$$

即

$$k_x = \sqrt{\frac{I_x}{A}}, \quad k_y = \sqrt{\frac{I_y}{A}}, \quad k_o = k_z = \sqrt{\frac{J_z}{A}} \tag{8-3.4}$$

其中 k_x、k_y 與 k_z 分別稱為面積 A 對 x、y 與 z 軸的**迴轉半徑**(radius of gyration)。根據(8-3.1)式，圖 8-3.1(a)中面積 A 對 x 軸的慣性矩 I_x，可以想像成一個面積為 A 的平行狹長帶與 x 軸距離為 k_x 的平方之乘積，如圖 8-3.1(b)所示。同理，I_y 與 J_z 可想像成圖 8-3.1(c)及圖 8-3.1(d)。因此，對相同面積而言，對某軸的迴轉半徑愈大，則其對該軸的面積慣性矩也愈大。

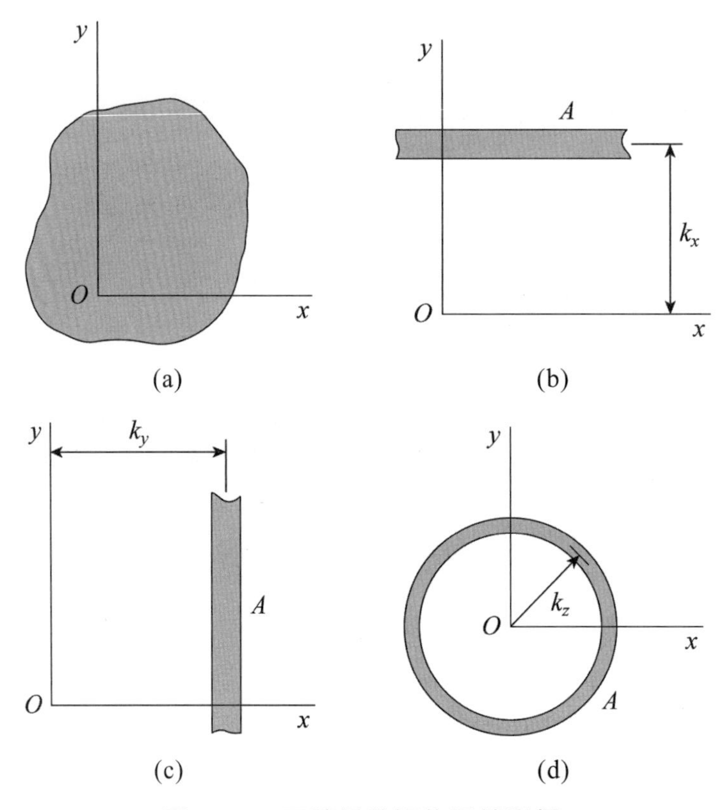

圖 8-3.1 面積慣性矩的迴轉半徑

例 8-3.1

求例題 8-2.3 中，拋物線面積對 x、 y 軸及 O 點的迴轉半徑 k_x、 k_y 與 k_o。

解

欲求迴轉半徑必須先求出拋物線面積 A。取微小面積 dA，如圖 8-2.5(c)所示，則

$$dA = (3 - y)dx = (3 - \frac{3}{16}x^2)dx$$

$$A = \int dA = \int_0^4 (3 - \frac{3}{16}x^2)dx = (3x - \frac{1}{16}x^3)\Big|_0^4 = 8 \text{ m}^2$$

應用公式(8-3.4)及例題 8-2.3 的結果，可得

$$k_x = \sqrt{\frac{I_x}{A}} = \sqrt{\frac{30.86}{8}} = 1.96\ \text{m}$$

$$k_y = \sqrt{\frac{I_y}{A}} = \sqrt{\frac{25.60}{8}} = 1.79\ \text{m}$$

$$k_o = \sqrt{\frac{J_o}{A}} = \sqrt{\frac{56.46}{8}} = 2.66\ \text{m}$$

8-4 平行軸定理

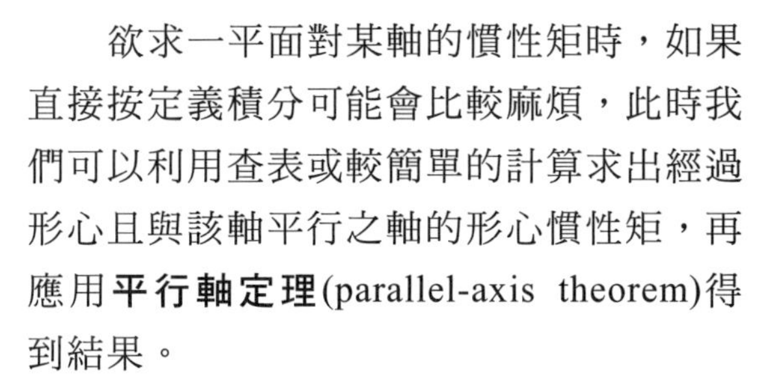

欲求一平面對某軸的慣性矩時，如果直接按定義積分可能會比較麻煩，此時我們可以利用查表或較簡單的計算求出經過形心且與該軸平行之軸的形心慣性矩，再應用**平行軸定理**(parallel-axis theorem)得到結果。

圖 8-4.1 所示為兩互相平行的直角座標系 Oxy 與 $Cx'y'$，C 點為面積 A 的形心。由圖中得知微小面積 dA 與 x 軸及 y 軸的距離分別是 $y = \overline{y} + y'$，$x = \overline{x} + x'$。根據定義，面積 A 對 x 軸的面積慣性矩 I_x 為

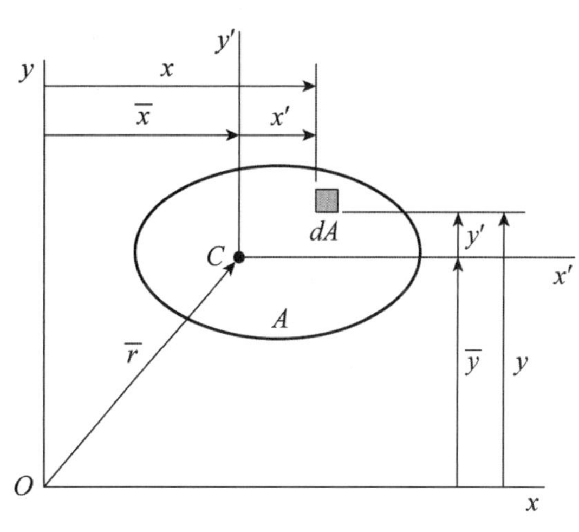

圖 8-4.1　平行軸定理

$$\begin{aligned} I_x &= \int y^2 dA = \int (\overline{y} + y')^2 dA \\ &= \int y'^2 dA + 2\overline{y}\int y' dA + \overline{y}^2 \int dA \\ &= \overline{I}_{x'} + 2\overline{y}\,\overline{y}'A + \overline{y}^2 A \end{aligned} \qquad (8\text{-}4.1)$$

上式中：$\overline{I}_{x'}$為面積 A 對 x' 軸的面積慣性矩；第二項中 $\overline{y}'$ 為形心 C 在座標系 $Cx'y'$ 中的座標，因此 $\overline{y}' = 0$；第三項中 $\overline{y}^2$ 為 y' 軸與 y 軸距離平方。故(8-4.1)式可化簡成

$$I_x = \overline{I}_{x'} + A\overline{y}^2 \tag{8-4.2}$$

同理

$$I_y = \overline{I}_{y'} + A\overline{x}^2 \tag{8-4.3}$$

$$J_z = \overline{J}_{z'} + A\overline{r}^2 \tag{8-4.4}$$

因為 x' 、 y' 及 z' 軸（垂直出紙面）皆通過形心，所以 $\overline{I}_{x'}$ 、 $\overline{I}_{y'}$ 及 $\overline{J}_{z'}$ 亦稱為形心面積慣性矩。上述三個關係式表明一面積對任一軸之面積慣性矩等於該面積對平行該軸之形心軸的面積慣性矩及該面積與兩軸線距離平方乘積之和，此種關係稱為**平行軸定理**。

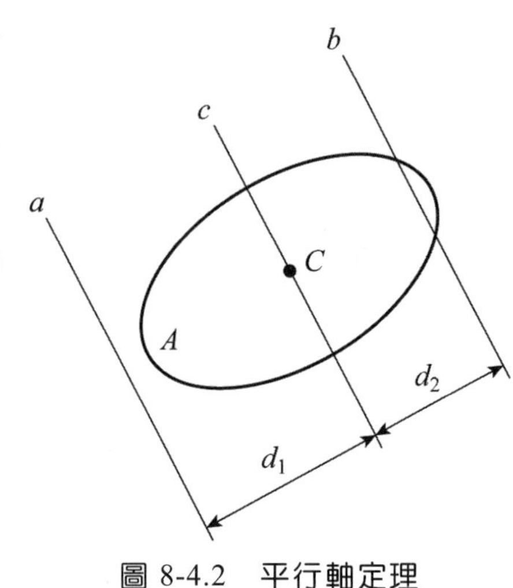

圖 8-4.2 平行軸定理

注意：在使用平行軸定理時，一定要借助於「形心慣性矩」。例如圖 8-4.2 中，對於同平面的三平行軸 a 、 b 與 c ，欲求 I_a 與 I_b 的關係，不能直接寫成 $I_a = I_b + A(d_1 + d_2)^2$，而必須經由形心軸 c ，即

$$I_a = \overline{I}_C + Ad_1^{\,2} \tag{8-4.5}$$

$$I_b = \overline{I}_C + Ad_2^2 \tag{8-4.6}$$

將上二式相減，得

$$I_a = I_b + A(d_1^{\,2} - d_2^2) \tag{8-4.7}$$

例 8-4.1

應用平行軸定理求圖 8-4.3 中的矩形對 x 、 y 軸的面積慣性矩，其中 C 為矩形的形心。

解

由例題 8-2.1 中得知矩形對 x' 、 y' 軸的形心慣性矩為

$$\bar{I}_{x'} = \frac{1}{12}bh^3,\ \bar{I}_{y'} = \frac{1}{12}b^3h$$

應用平行軸定理，矩形對 x 、 y 軸的慣性矩為

$$I_x = \bar{I}_{x'} + A\bar{y}^2 = \frac{1}{12}bh^3 + (bh)(\frac{h}{2})^2 = \frac{1}{3}bh^3$$

$$I_y = \bar{I}_{y'} + A\bar{x}^2 = \frac{1}{12}b^3h + (bh)(\frac{b}{2})^2 = \frac{1}{3}b^3h$$

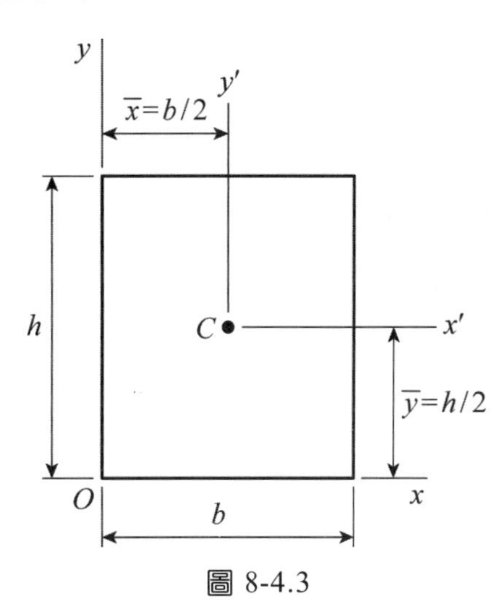

圖 8-4.3

8-5 組合面積的慣性矩

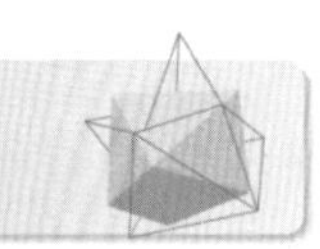

欲求某複雜面積圖形的慣性矩，如果直接按定義積分，計算會很煩雜。此時可採用組合面積法，將複雜面積化分成兩個或多個簡單面積圖形如矩形、半圓形及三角形等。這些簡單圖形的慣性矩可藉由查表或簡單計算及平行軸定理求得。而組合面積對任一軸的慣性矩等於各簡單面積對同一軸之慣性矩的代數和。其步驟如下：

1. 將面積分成數個簡單面積。
2. 查表或經計算求出各簡單面積的形心慣性矩，再應用平行軸定理求出對某軸的慣性矩。
3. 將各簡單面積的慣性矩相加。如果面積為空洞則該部分之慣性矩為負值。

常見平面圖形的面積慣性矩，可參考表 8-5.1。

表 8-5.1　各種簡單面積之慣性矩

形狀	圖	慣性矩
矩形	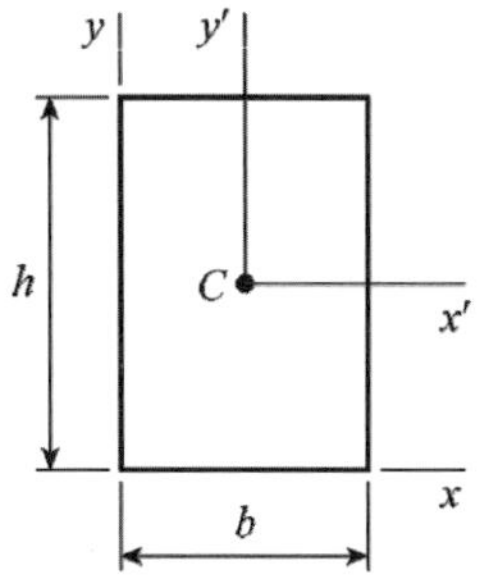 y, y', h, C, x', x, b	$\bar{I}_{x'}=\frac{1}{12}bh^3$　$\bar{I}_{y'}=\frac{1}{12}hb^3$ $I_x=\frac{1}{3}bh^3$　$I_y=\frac{1}{3}hb^3$ $\bar{J}_C=\frac{1}{12}bh(b^2+h^2)$
三角形	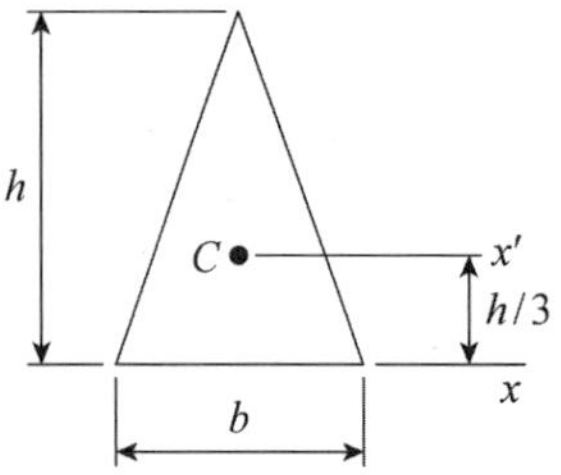 h, C, x', $h/3$, x, b	$\bar{I}_{x'}=\frac{1}{36}bh^3$ $I_x=\frac{1}{12}bh^3$
圓形	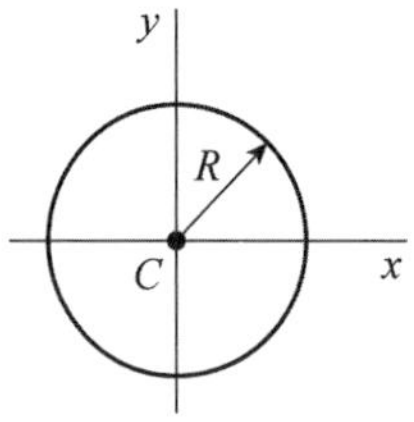 y, R, C, x	$\bar{I}_x=\bar{I}_y=\frac{1}{4}\pi R^4$ $\bar{J}_C=\frac{1}{2}\pi R^4$
半圓形	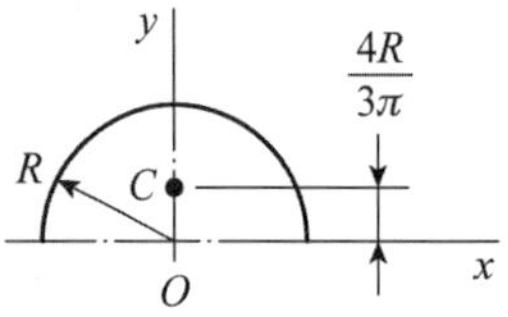 y, $\frac{4R}{3\pi}$, R, C, O, x	$I_x=I_y=\frac{1}{8}\pi R^4$ $J_O=\frac{1}{4}\pi R^4$
¼圓形	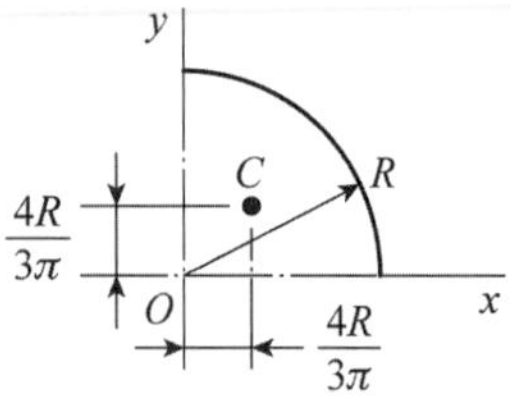 y, C, R, $\frac{4R}{3\pi}$, O, x, $\frac{4R}{3\pi}$	$I_x=I_y=\frac{1}{16}\pi R^4$ $J_O=\frac{1}{8}\pi R^4$
橢圓形	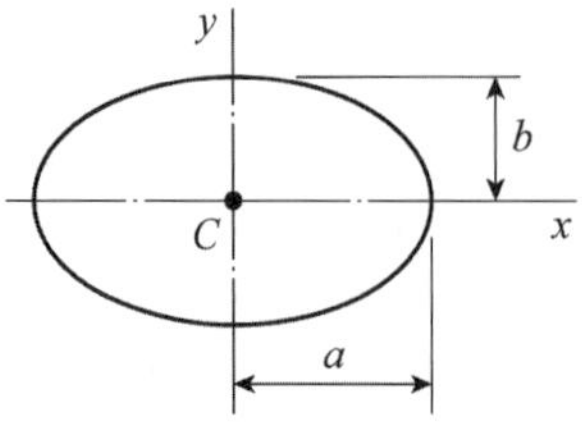 y, b, C, x, a	$\bar{I}_x=\frac{1}{4}\pi ab^3$　$\bar{I}_y=\frac{1}{4}\pi a^3b$ $\bar{J}_C=\frac{1}{4}\pi ab(a^2+b^2)$

例 8-5.1

求圖 8-5.1 所示之 T 形截面對 x、 y 軸的面積慣性矩。

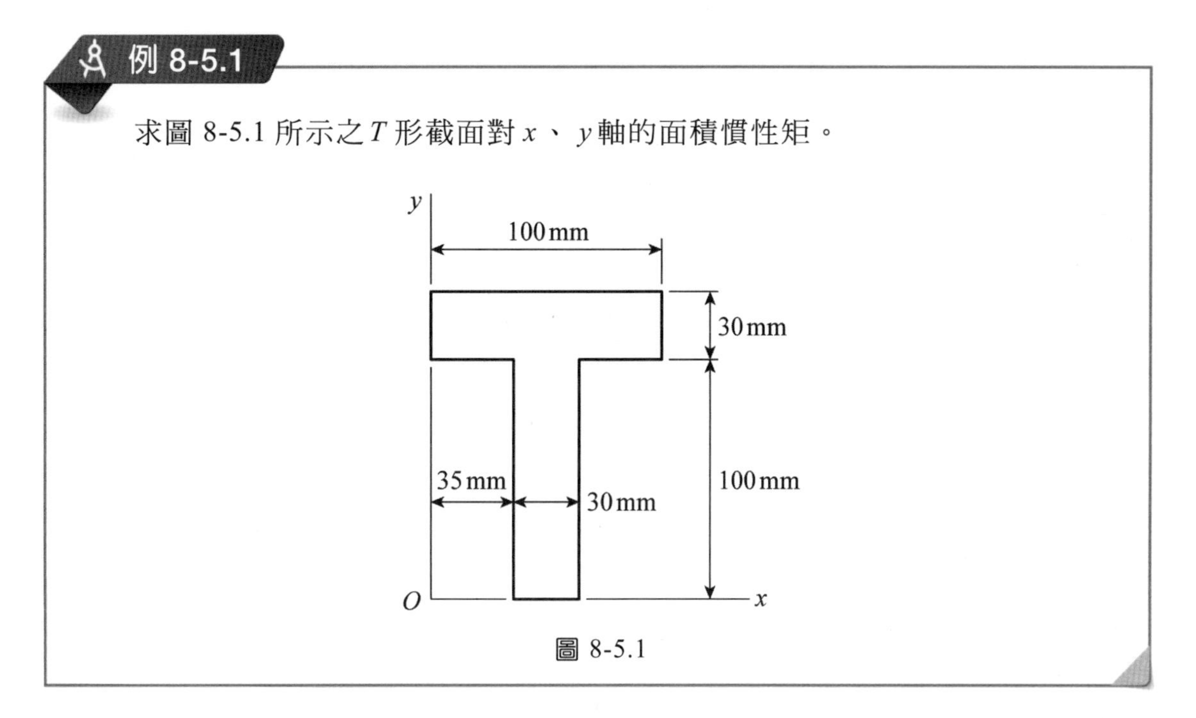

圖 8-5.1

解

利用組合面積法將 T 形面積分成矩形 A 與矩形 B 兩部分，如圖 8-5.2 所示。由例題 8-2.1 或查表得知矩形的形心慣性矩為 $\overline{I}_{x'}=\dfrac{1}{12}bh^3$，再應用平行軸定理可計算出矩形對 x、 y 軸的慣性矩，其計算如下：

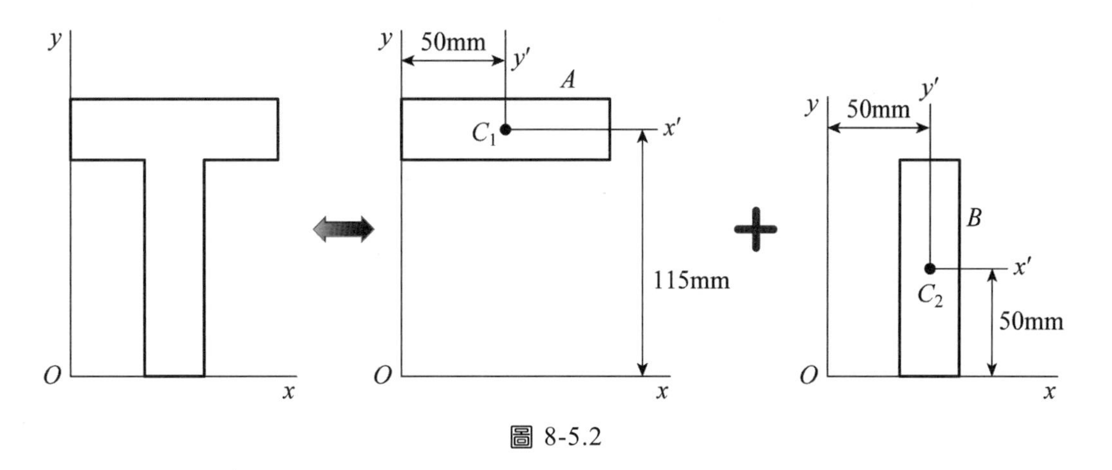

圖 8-5.2

矩形 A：

$$I_x = \bar{I}_{x'} + A\bar{y}^2 = \frac{1}{12}(100)(30)^3 + (100)(30)(115)^2 = 399 \times 10^5 \text{ mm}^4$$

$$I_y = \bar{I}_{y'} + A\bar{x}^2 = \frac{1}{12}(30)(100)^3 + (100)(30)(50)^2 = 100 \times 10^5 \text{ mm}^4$$

矩形 B：

$$I_x = \frac{1}{12}(30)(100)^3 + (100)(30)(50)^2 = 100 \times 10^5 \text{ mm}^4$$

$$I_y = \frac{1}{12}(100)(30)^3 + (100)(30)(50)^2 = 77.25 \times 10^5 \text{ mm}^4$$

將矩形 A 與 B 的慣性矩相加，可得 T 形面積的總慣性矩

$$I_x = 399 \times 10^5 + 100 \times 10^5 = 499 \times 10^5 \text{ mm}^4$$

$$I_y = 100 \times 10^5 + 77.25 \times 10^5 = 177.25 \times 10^5 \text{ mm}^4$$

例 8-5.2

求圖 8-5.3 中陰影面積對 x 軸的面積慣性矩。

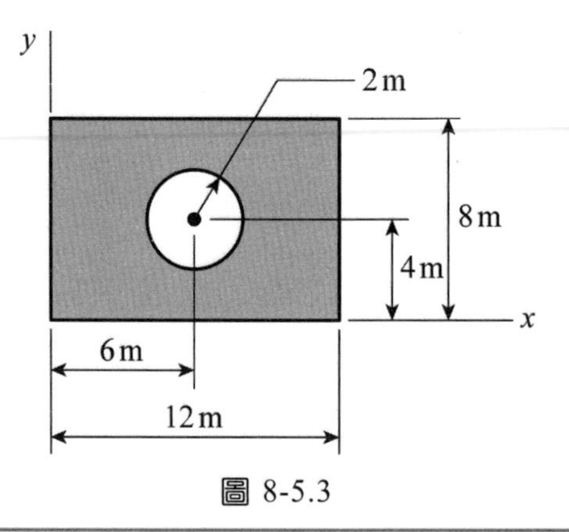

圖 8-5.3

解

陰影面積可視為矩形面積減去圓面積而得，如圖 8-5.4 所示。應用查表及平行軸定理，可計算各部分面積的慣性矩如下：

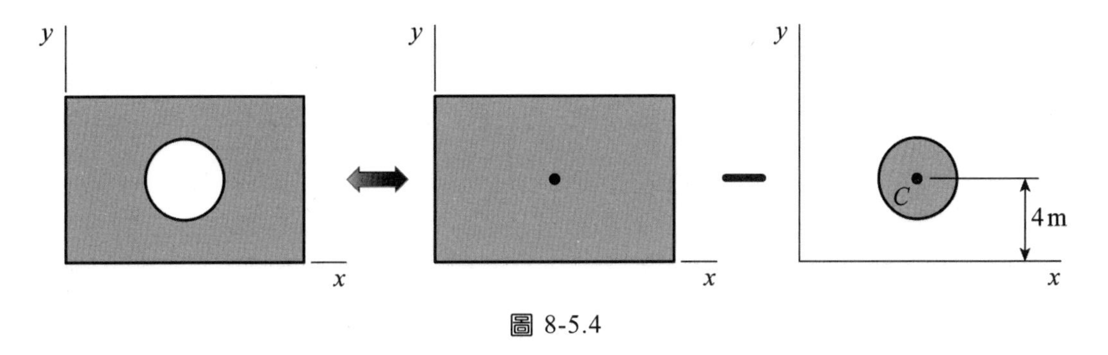

圖 8-5.4

矩形面積：

$$I_x = \frac{1}{12}(12)(8)^3 + (12)(8)(4)^2 = 2048\ \text{m}^4$$

圓形面積：

$$I_x = \frac{1}{4}\pi(2)^4 + \pi(2)^2(4)^2 = 213.6\ \text{m}^4$$

所以陰影面積對 x 軸的慣性矩為

$$I_x = 2048 - 213.6 = 1834.4\ \text{m}^4$$

8-6 面積慣性積

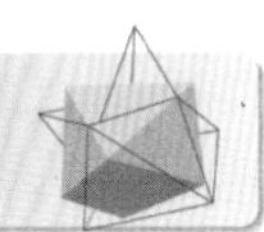

參考圖 8-6.1，微小面積 dA 對 x 軸與 y 軸的**面積慣性積**(product of inertia of an area) dI_{xy} 定義為

$$dI_{xy} = xydA \tag{8-6.1}$$

其中 x 與 y 分別是 dA 的座標。

將上式對整個面積 A 作面積分，可定義面積 A 對 x 軸及 y 軸的慣性積 I_{xy} 為

$$I_{xy} = \int xydA \tag{8-6.2}$$

(8-6.2)式中 dA 為正值，x 與 y 可以是正值、零或負值，因此面積慣性積可為正值、零或負值。面積慣性積的因次亦為長度四次方 $[L^4]$，常用的單位是 m^4、mm^4 及 in^4 等。

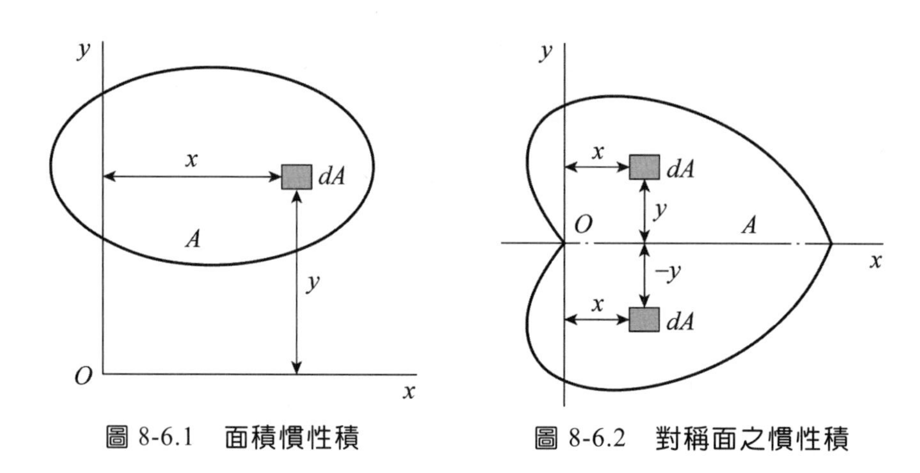

圖 8-6.1 面積慣性積　　圖 8-6.2 對稱面之慣性積

參考圖 8-6.2，當面積 A 對稱於 xy 兩軸中的任一軸或兩軸時，取任一微小面積 dA，則在對稱軸的另一方必有一個大小相等的微小面積，但兩者的 xy 乘積相反，故兩微小面積的慣性積恰可互相抵消。因此，整個面積 A 對對稱軸的慣性積等於零。所以面積慣性積可以當作面積對平面上互相垂直的二軸之對稱性的一種度量。

類似面積慣性矩，面積慣性積亦有平行軸定理。參考圖 8-6.3，C 點為面積 A 的形心，面積 A 對 xy 軸的慣性積 I_{xy} 與形心慣性積 $\overline{I}_{x'y'}$ 的關係為

$$\begin{aligned}
I_{xy} &= \int xydA = \int (\overline{x}+x')(y'+\overline{y})\,dA \\
&= \int x'y'dA + \overline{y}\int x'dA + \overline{x}\int y'dA + \overline{x}\,\overline{y}\int dA \\
&= \overline{I}_{x'y'} + 0 + 0 + \overline{x}\,\overline{y}A \\
&= \overline{I}_{x'y'} + A\overline{x}\,\overline{y}
\end{aligned} \tag{8-6.3}$$

上式稱為面積慣性積的平行軸定理。注意：使用(8-6.3)式時，需留意形心座標 $\overline{x}$ 與 $\overline{y}$ 的正負值。

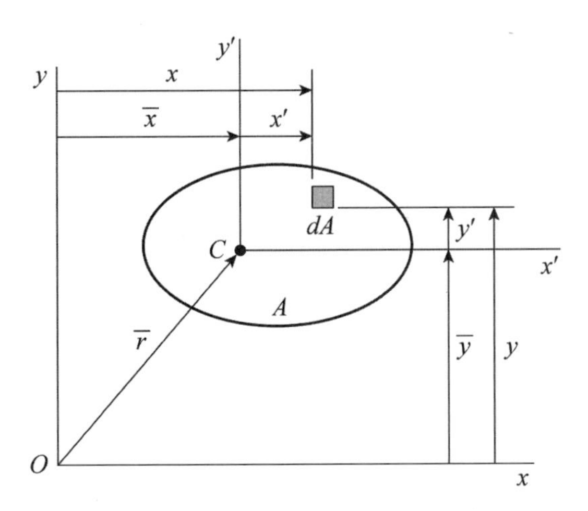

圖 8-6.3 面積慣性積的平行軸定理

例 8-6.1

求圖 8-6.4(a)所示的三角形面積對 xy 軸的慣性積 I_{xy} 及與 xy 軸平行的形心慣性積 $\bar{I}_{x'y'}$。

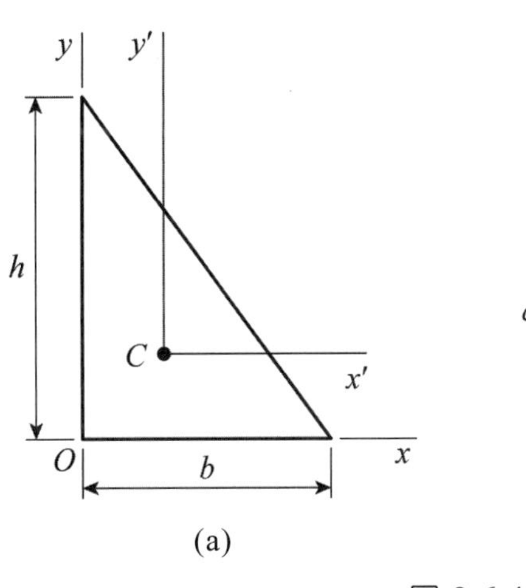

(a)

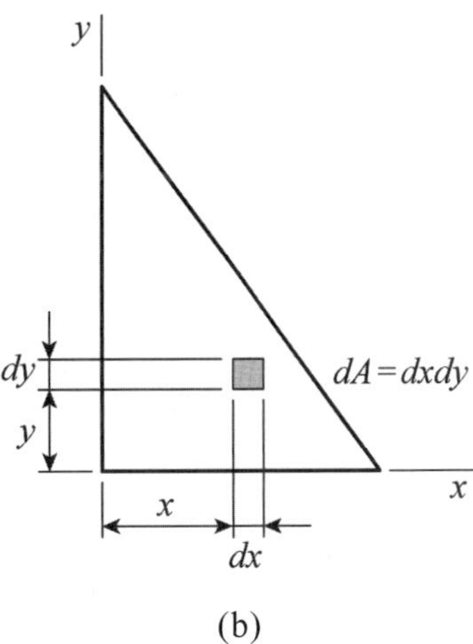

(b)

圖 8-6.4

解

取微小面積 dA，如圖 8-6.4(b)所示。我們有

$$y=-\frac{h}{b}x+h,\quad x=\frac{b}{h}(h-y)$$

$$dA = dxdy$$

$$I_{xy} = \int xydxdy = \int_0^h \int_0^{\frac{b}{h}(h-y)} xydxdy = \frac{b^2h^2}{24}$$

形心 C 的座標為 $\bar{x} = \frac{b}{3}$，$\bar{y} = \frac{h}{3}$。應用平行軸定理之公式(8-6.3)，可得

$$\bar{I}_{x'y'} = I_{xy} - A\bar{x}\bar{y} = \frac{1}{24}b^2h^2 - (\frac{1}{2}bh)(\frac{b}{3})(\frac{h}{3}) = -\frac{1}{72}b^2h^2$$

8-7 面積慣性主軸及主慣性矩

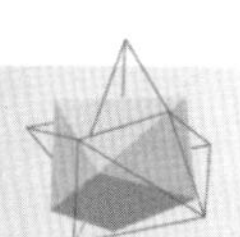

如圖 8-7.1 所示，經過平面上任一點 O 的平面直角座標系有無窮多組。面積 A 對每一組座標系的座標軸皆有對應的面積慣性矩。其中有一組，其慣性矩之值為極大與極小，此組慣性矩稱為**主慣性矩**(principal moments of inertia)，而所對應的軸稱為**慣性主軸**(principal axes of inertia)。

參考圖 8-7.2，直角座標系 Ouv 是經由直角座標系 Oxy 旋轉 θ 角度而得。從圖中可知

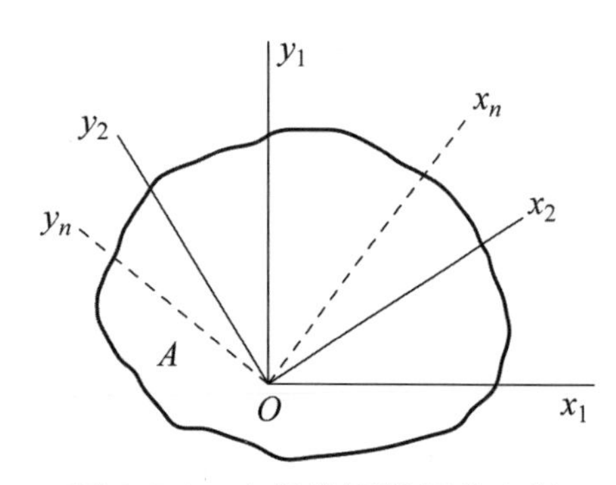

圖 8-7.1 主慣性矩與慣性主軸

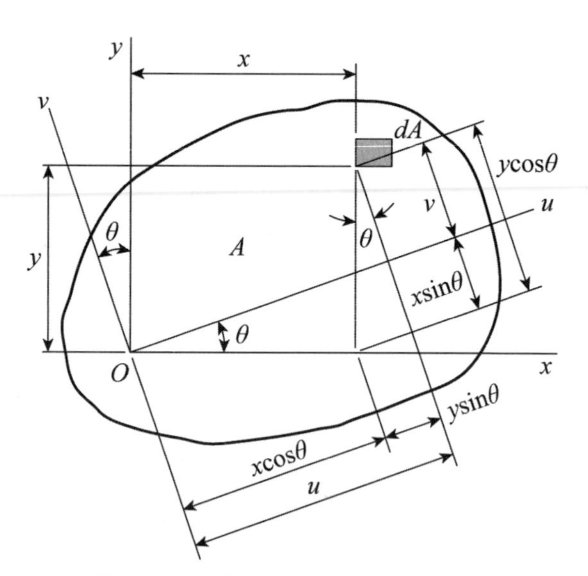

圖 8-7.2 求主慣性矩及慣性主軸

$$u = x\cos\theta + y\sin\theta \tag{8-7.1}$$

$$v = -x\sin\theta + y\cos\theta \tag{8-7.2}$$

面積 A 對 uv 軸的慣性矩及慣性積為

$$I_u = \int v^2 dA = \int (-x\sin\theta + y\cos\theta)^2\, dA$$

$$= \cos^2\theta \int y^2 dA - 2\sin\theta\cos\theta \int xy dA + \sin^2\theta \int x^2 dA$$

$$= I_x \cos^2\theta - 2I_{xy}\sin\theta\cos\theta + I_y \sin^2\theta \tag{8-7.3}$$

$$I_v = \int u^2 dA = \int (x\cos\theta + y\sin\theta)^2 dA$$

$$= I_x \sin^2\theta + 2I_{xy}\sin\theta\cos\theta + I_y \cos^2\theta \tag{8-7.4}$$

$$I_{uv} = \int (x\cos\theta + y\sin\theta)(-x\sin\theta + y\cos\theta)\, dA$$

$$= (I_x - I_y)\sin\theta\cos\theta + I_{xy}(\cos^2\theta - \sin^2\theta) \tag{8-7.5}$$

應用三角函數關係式

$$2\sin\theta\cos\theta = \sin 2\theta,\quad \cos^2\theta - \sin^2\theta = \cos 2\theta$$

$$\sin^2\theta = \frac{1-\cos 2\theta}{2},\quad \cos^2\theta = \frac{1+\cos 2\theta}{2}$$

(8-7.3)至(8-7.5)式可改寫成

$$I_u = \frac{I_x + I_y}{2} + \frac{I_x - I_y}{2}\cos 2\theta - I_{xy}\sin 2\theta \tag{8-7.6}$$

$$I_v = \frac{I_x + I_y}{2} - \frac{I_x - I_y}{2}\cos 2\theta + I_{xy}\sin 2\theta \tag{8-7.7}$$

$$I_{uv} = \frac{I_x - I_y}{2}\sin 2\theta + I_{xy}\cos 2\theta \tag{8-7.8}$$

(8-7.6)、(8-7.7)及(8-7.8)三式代表座標軸旋轉 θ 角度後的慣性矩及慣性積與原來慣性矩及慣性積之間關係的公式。將(8-7.6)式與(8-7.7)式相加可得

$$I_u + I_v = I_x + I_y = J_O \tag{8-7.9}$$

上式說明面積 A 對平面上任一組座標系之座標軸的慣性矩之和皆相同，且其值等於通過 O 點的極慣性矩 J_O。

欲求慣性主軸與主慣性矩，可將(8-7.6)式對 θ 作一次微分，並令微分結果等於零。如此求得的 θ 值，可使慣性矩 I_u 之值為極大或極小。即

$$\frac{dI_u}{d\theta} = -(I_x - I_y)\sin 2\theta - 2I_{xy}\cos 2\theta = 0 \tag{8-7.10}$$

化簡得

$$\tan 2\theta = \frac{-2I_{xy}}{I_x - I_y} \tag{8-7.11}$$

方程(8-7.11)有兩根 $\theta = \theta_p = \theta_{p_1}$，$\theta_{p_2}$，且這二根相差 90°。應用這兩個 θ_p 值，可決定慣性主軸 u、v 兩軸的方向。由(8-7.11)式得在慣性主軸方向 $\theta = \theta_p$ 時

$$\cos 2\theta_p = \mp \frac{(I_x - I_y)/2}{\sqrt{\left[(I_x - I_y)/2\right]^2 + I_{xy}^2}} \tag{8-7.12}$$

$$\sin 2\theta_p = \pm \frac{I_{xy}}{\sqrt{\left[(I_x - I_y)/2\right]^2 + I_{xy}^2}} \tag{8-7.13}$$

將上兩式代入公式(8-7.6)及(8-7.7)，消去 θ_p 並化簡後得主慣性矩

$$I_{\max} = \frac{I_x + I_y}{2} + \sqrt{(\frac{I_x - I_y}{2})^2 + I_{xy}^2} \tag{8-7.14}$$

$$I_{\min} = \frac{I_x + I_y}{2} - \sqrt{(\frac{I_x - I_y}{2})^2 + I_{xy}^2} \tag{8-7.15}$$

注意：若令公式(8-7.8)中的 $I_{uv} = 0$，所得的結果與(8-7.11)式相同，故平面面積對主軸的慣性積等於零。在上一節中，我們已經證明面積對其對稱軸的慣性積為零，因此面積的對稱軸必定是該面積的慣性主軸。

例 8-7.1

求圖 8-7.3(a)所示的直角三角形面積的形心慣性主軸及形心主慣性矩。

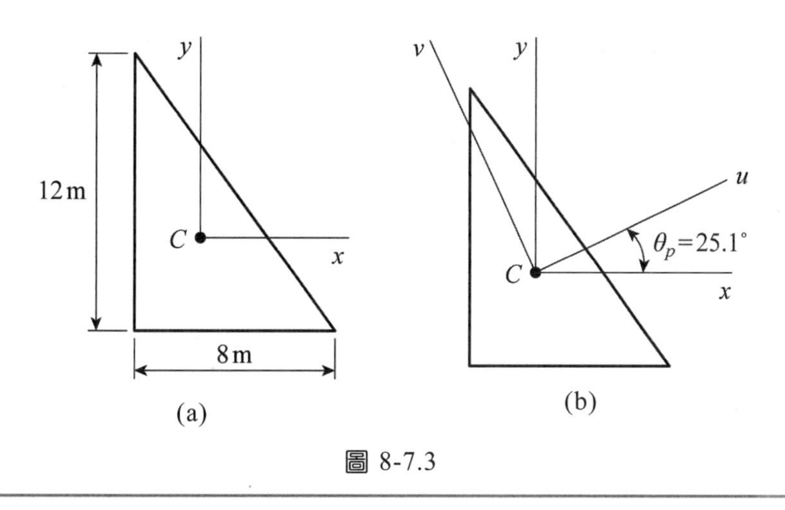

圖 8-7.3

解

查表 8-5.1，三角形面積對 xy 軸的形心慣性矩 I_x 與 I_y 為

$$I_x = \frac{1}{36}bh^3 = \frac{1}{36}(8)(12)^3 = 384 \text{ m}^4$$

$$I_y = \frac{1}{36}hb^3 = \frac{1}{36}(12)(8)^3 = 171 \text{ m}^4$$

由例題 8-6.1 得知形心慣性積為

$$I_{xy} = -\frac{1}{72}b^2h^2 = -\frac{1}{72}(8)^2(12)^2 = -128 \text{ m}^4$$

應用公式(8-7.11)，可求得形心慣性主軸方向 θ_p，即

$$\tan 2\theta_p = \frac{-2I_{xy}}{I_x - I_y} = \frac{-2(-128)}{384-171} = 1.202$$

$$\theta_p = 25.1°,\ -64.9°$$

形心慣性主軸方向，如圖 8-7.3(b)所示。將 $\theta_p = 25.1°$ 代入(8-7.6)及(8-7.7)式可得到主慣性矩

$$I_u = \frac{384+171}{2} + \frac{384-171}{2}\cos 50.2° - (-128)\sin 50.2° = 444\ \text{m}^4$$

$$I_v = \frac{384+171}{2} - \frac{384-171}{2}\cos 50.2° + (-128)\sin 50.2° = 111\ \text{m}^4$$

應用公式(8-7.14)和(8-7.15)亦可求得主慣性矩

$$I_{\max} = \frac{384+171}{2} + \sqrt{(\frac{384-171}{2})^2 + (-128)^2} = 444\ \text{m}^4$$

$$I_{\min} = \frac{384+171}{2} - \sqrt{(\frac{384-171}{2})^2 + (-128)^2} = 111\ \text{m}^4$$

8-8 質量慣性矩

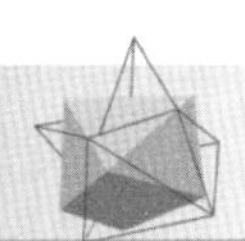

我們知道物體運動時除了平移運動外，還有旋轉運動。根據牛頓第二定律，物體平移運動的加速度大小與質量有關。在動力學中，我們將證明物體旋轉運動的角加速度大小亦與該物體對旋轉軸的某一特徵量有關。此特徵量稱為物體對該軸的**質量慣性矩**(mass moment of inertia)或**轉動慣量**。

參考圖 8-8.1，質量為 m 的物體 B 繞 AA' 軸旋轉，dm 為 B 中微小元素的質量，其與 AA' 軸的距離為 r，則物體 B 對 AA' 軸的質量慣性矩定義為

$$I_{AA'} = \int r^2 dm \tag{8-8.1}$$

同理，對直角座標系 $Oxyz$ 中的物體 B 取微小質量 dm，令其與 x、y、z 軸的距離分別是 r_x、r_y、r_z，如圖 8-8.2 所示。物體 B 相對於 x、y、z 軸的質量慣性矩分別為 I_{xx}、I_{yy}、I_{zz}，其定義如下：

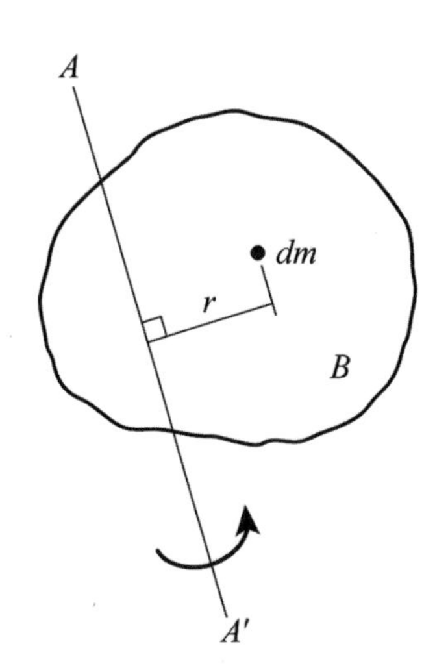

圖 8-8.1 質量慣性矩

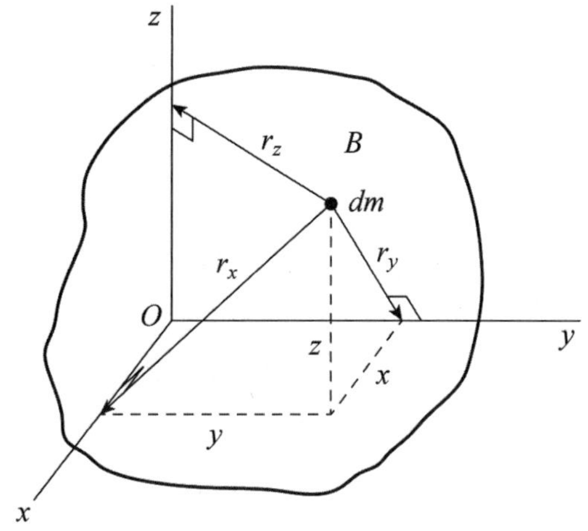

圖 8-8.2 直角座標系之質量慣性矩

$$I_{xx} = \int r_x^2 dm = \int (y^2 + z^2)\, dm \tag{8-8.2}$$

$$I_{yy} = \int r_y^2 dm = \int (z^2 + x^2)\, dm \tag{8-8.3}$$

$$I_{zz} = \int r_z^2 dm = \int (x^2 + y^2)\, dm \tag{8-8.4}$$

根據上述定義，質量慣性矩之值恆為正，其因次為$[ML^2]$，常用的單位為 $\text{kg}\cdot\text{m}^2$。表 8-8.1 所示為一些常見物體的質量慣性矩，圖中 G 為物體的質心。

表 8-8.1 常見物體的質量慣性矩

物體	圖	質量慣性矩
細長桿	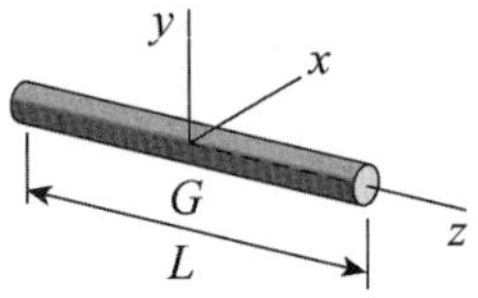	$I_{xx}=I_{yy}=\frac{1}{12}mL^2$
矩形薄板	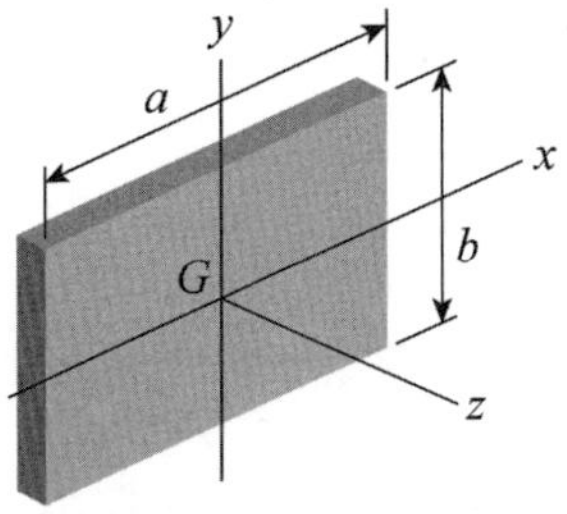	$I_{xx}=\frac{1}{12}mb^2$ $I_{yy}=\frac{1}{12}ma^2$ $I_{zz}=\frac{1}{12}m(a^2+b^2)$
方柱	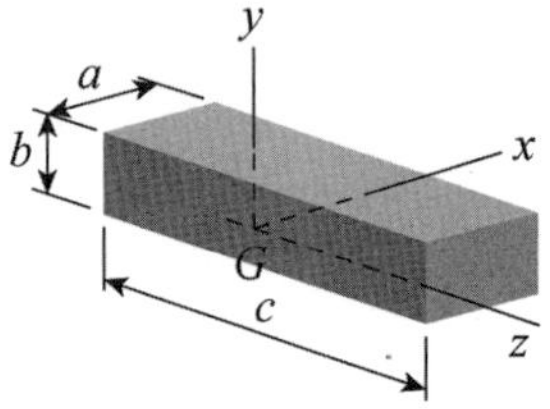	$I_{xx}=\frac{1}{12}m(b^2+c^2)$ $I_{yy}=\frac{1}{12}m(c^2+a^2)$ $I_{zz}=\frac{1}{12}m(a^2+b^2)$
薄圓盤	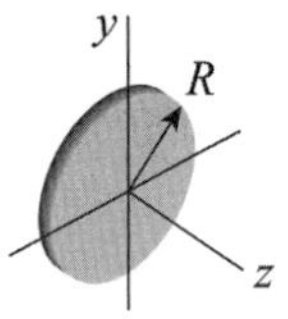	$I_{xx}=I_{yy}=\frac{1}{4}mR^2$ $I_{zz}=\frac{1}{2}mR^2$
圓柱	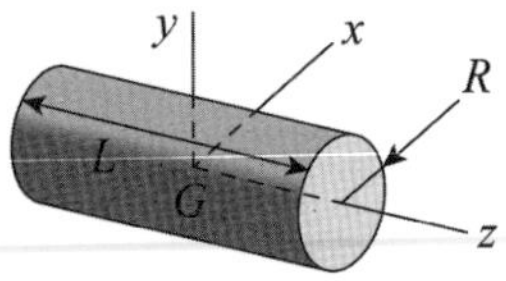	$I_{xx}=I_{yy}=\frac{1}{12}m(3R^2+L^2)$ $I_{zz}=\frac{1}{2}mR^2$
圓錐	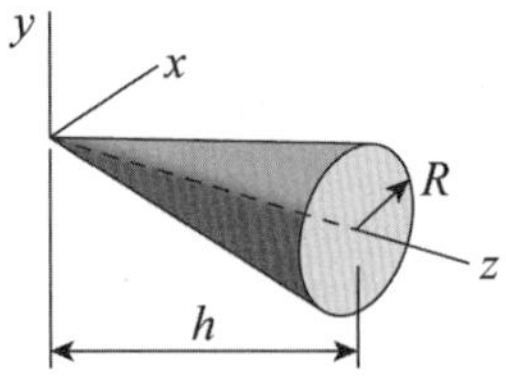	$I_{xx}=I_{yy}=\frac{3}{5}m(\frac{1}{4}R^2+h^2)$ $I_{zz}=\frac{1}{10}mR^2$
球	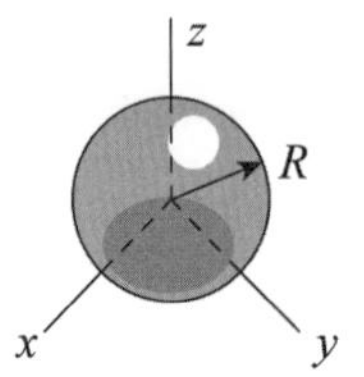	$I_{xx}=I_{yy}=I_{zz}=\frac{2}{5}mR^2$

例 8-8.1

如圖 8-8.3(a)所示，求長度為 L，質量為 m 的均質細桿對質心 G 的質量慣性矩 I_{xx}、I_{yy} 及 I_{zz}。

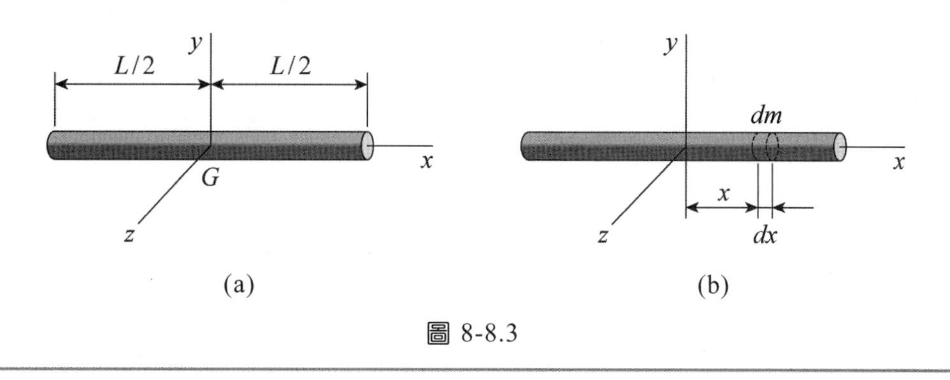

圖 8-8.3

解

如圖 8-8.3(b)所示，取長度為 dx 的微小質量 dm，因均質桿密度 $\rho=\dfrac{m}{L}$，故 $dm=\dfrac{m}{L}d\,x$。因為 dm 的 y、z 座標為零，所以

$$I_{xx}=\int(y^2+z^2)\,dm=\int 0\,dm=0$$

$$I_{yy}=\int(z^2+x^2)\,dm=\int_{-L/2}^{L/2}x^2\frac{m}{L}\,dx=\frac{1}{12}mL^2$$

$$I_{zz}=\int(x^2+y^2)\,dm=\int_{-L/2}^{L/2}x^2\frac{m}{L}\,dx=\frac{1}{12}mL^2$$

例 8-8.2

均質薄圓盤質量 m、厚度 t、半徑 R 位於 xy 平面上，G 為質心，如圖 8-8.4(a)所示，求此圓盤對 x、y 及 z 軸的質心慣性矩 I_{xx}、I_{yy} 及 I_{zz}。

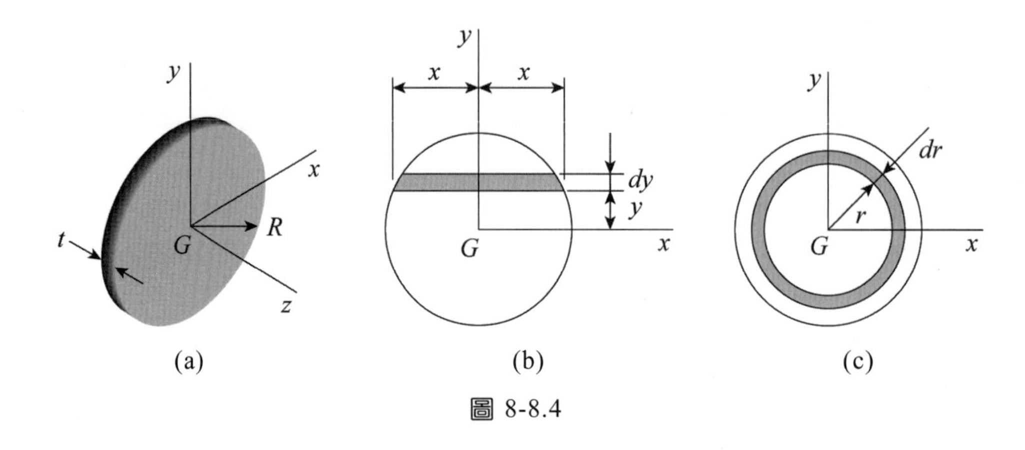

圖 8-8.4

解

設均質薄圓盤的密度為 ρ，體積為 V，則

$$\rho = \frac{m}{V} = \frac{m}{\pi R^2 t}$$

取微小質量 dm，其在 xy 平面之視圖如圖 8-8.4(b)所示，此時

$$dm = \rho dV = \rho(2xtdy) = 2\rho xtdy$$

根據定義，此圓盤對 x 軸的質量慣性矩為

$$I_{xx} = \int (y^2 + z^2)\, dm$$

因為薄圓盤的厚度很小，所以 $z \approx 0$，上式可化簡成

$$I_{xx} = \int y^2\, dm = \int_{-R}^{R} y^2(2\rho xtdy) = \int_{-R}^{R} 2\rho ty^2 \sqrt{R^2 - y^2}\, dy$$

$$= \frac{\pi R^4}{4} \rho t = \frac{R^4}{4} \cdot \frac{m}{\pi R^2 t} t = \frac{mR^4}{4}$$

因為對稱關係，所以 $I_{yy} = I_{xx} = \dfrac{1}{4} mR^2$。要求 I_{zz}，我們可以取環狀微小質量 dm，其在 xy 平面之視圖如圖 8-8.4(c)所示，此時

$$dm = \rho dV = \rho(2\pi rtdr)$$

$$I_{zz} = \int (x^2 + y^2)\, dm = \int r^2\, dm = \int_0^R r^2 \rho(2\pi rt)\, dr = \frac{1}{2}\rho\pi r^4 t$$

$$= \frac{1}{2}\pi R^4 \frac{m}{\pi R^2 t} t = \frac{1}{2} mR^2$$

8-9 質量慣性矩的迴轉半徑

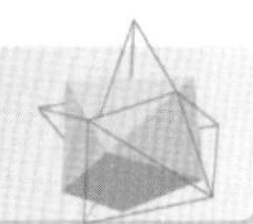

參考圖 8-9.1(a)及(b)，設質量為 m 的物體 B 對 AA' 軸的質量慣性矩為 I，則物體 B 對 AA' 軸的迴轉半徑 k 定義為

$$k = \sqrt{\frac{I}{m}} \tag{8-9.1}$$

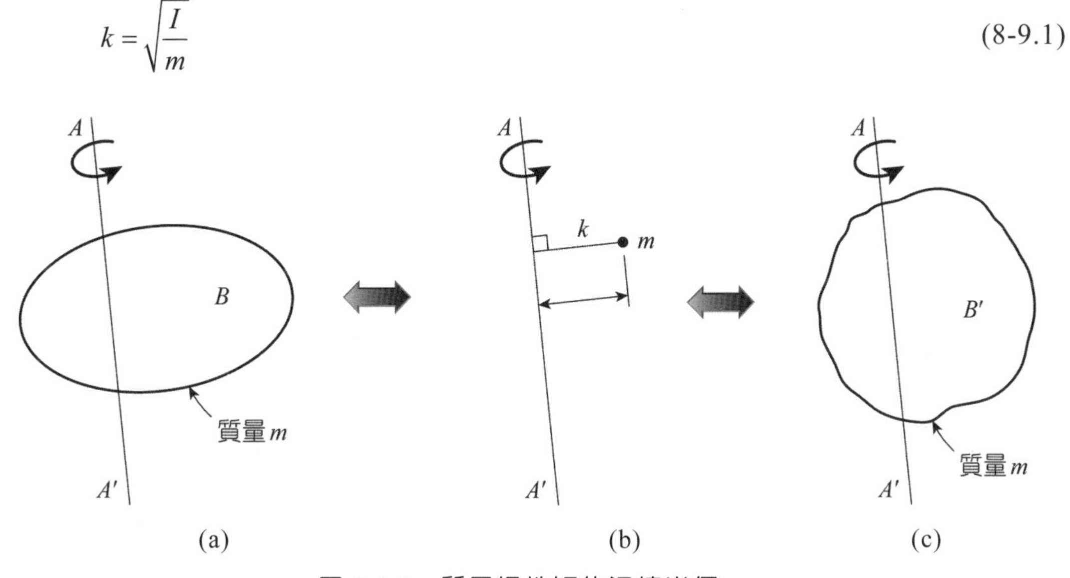

圖 8-9.1　質量慣性矩的迴轉半徑

物體的形狀千變萬化，但是只要它們的質量慣性矩一樣，則不同形狀的物體，在相同的條件下作旋轉運動時，它們的轉動性質一樣。因此，在動力學中經常用迴轉半徑與物體的質量表示質量慣性矩，而不管物體的幾何形狀。例如，圖 8-9.1(a)、(b)及(c)所示，不同形狀的物體 B 與 B' 具有相同的質量 m 並對 AA' 軸有相同的質量慣性矩 I，因此它們對 AA' 軸具有相同的旋轉動力學性質，我們可用 $I = mk^2$ 代表物體 B 和 B' 對 AA' 軸的質量慣性矩。

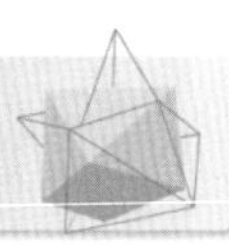

8-10 質量慣性矩的平行軸定理

類似面積慣性矩的平行軸定理，質量慣性矩亦有平行軸定理。如圖 8-10.1 所示，CC' 軸經過質量為 m 的物體 B 之質心 G，AA' 軸與 CC' 軸平行且兩軸距離 d，則物體 B 對 CC' 軸的質心質量慣性矩 $\overline{I}_G$ 與物體 B 對 AA' 軸的質量慣性矩 I_A，有如下的關係：

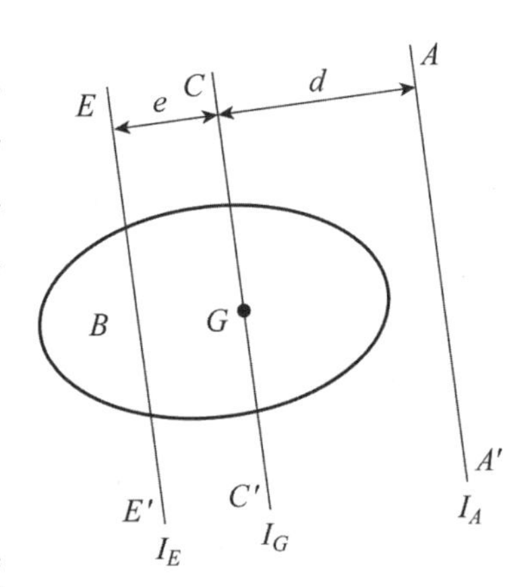

圖 8-10.1 平行軸定理

$$I_A = \overline{I}_G + md^2 \tag{8-10.1}$$

上式稱為質量慣性矩的平行軸定理。參考圖 8-10.1，類似面積慣性矩，欲求物體 B 對與 AA' 軸平行的 EE' 軸之質量慣性矩 I_E 與 I_A 之間的關係，必須經由質心質量慣性矩 $\overline{I}_G$，即

$$I_E = \overline{I}_G + me^2 \qquad I_A = \overline{I}_G + md^2$$

將上二式相減，得

$$I_E = I_A + m(e^2 - d^2) \tag{8-10.2}$$

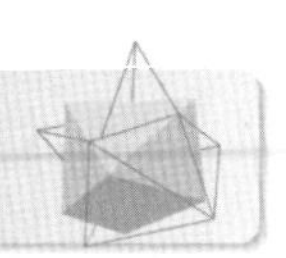

8-11 結　語

本章討論面積慣性矩和質量慣性矩，又分別稱為面積二次矩和質量二次矩。二者的定義是類似的。事實上，在有關質量慣性矩的計算公式中，令密度為「1」便得到相應的面積（或體積）慣性矩的計算公式。因此，這兩套公式中，只需記住一套即可。

1. 一微小面積對某一軸的慣性矩等於該微小面積乘以該微小面積與軸的距離的平方。對整塊面積求積分即得整塊面積對該軸的慣性矩。表 8-5.1 列出了一些常見幾何形狀的面積慣性矩。

2. 類似的，一微小質量對某一軸的慣性矩等於該微小質量乘以該微小質量與軸的距離的平方。對整塊質量求積分即得整塊質量對該軸的慣性矩。表 8-8.1 列出了一些常見物體的質量慣性矩。

3. 一面積（或質量）對某一軸的迴轉半徑的平方等於其對該軸的慣性矩除以總面積（或總質量）。

4. 平行軸定理：一面積（或質量）對某一軸的慣性矩等於該面積（或質量）對平行於該軸的「形（質）心軸的慣性矩」加上該面積（或質量）與兩軸間距離平方乘積之和。注意，在使用這一定理時，必須用「形（質）心軸的慣性矩」(見思考題 3)。

5. 組合面積的慣性矩，可用力矩原理求出。

6. 面積慣性積：座標為(x, y)的微小面積 dA 對 x 和 y 軸的慣性積定義為 $xydA$。對整塊面積求積分即得整塊面積對 x 和 y 軸的慣性積。慣性積可正、可負、可為零。(類似的，可定義質量慣性積。)

7. 面積慣性主軸：若以慣性主軸為座標軸，則慣性積為零，而只有對座標軸的慣性矩不為零，且一為極大，一為極小。求慣性主軸的方法如下：先任選一直角座標系，求出該面積的慣性矩和慣性積。然後將座標系旋轉一定角度便可得到慣性主軸，所需旋轉的角度如(8-7-12)和(8-7.13)式所示；對慣性主軸的慣性矩如(8-7.14)和(8-7.15)所示。面積的對稱軸一定是該面積的慣性主軸。

思考題

1. 對圓形面積而言，以圓心為原點作任意互相垂直的軸都是慣性主軸嗎？

2. 面積慣性矩與慣性積之值可正、可負？

3. 如圖 t8.1 所示，已知長方形對 x 軸的面積慣性矩 $I_x = \frac{1}{3}bh^3$，則可用平行軸定理求得 $I_{x_1} = \frac{1}{3}bh^3 + bh(\frac{h}{4})^2$，這計算對嗎？

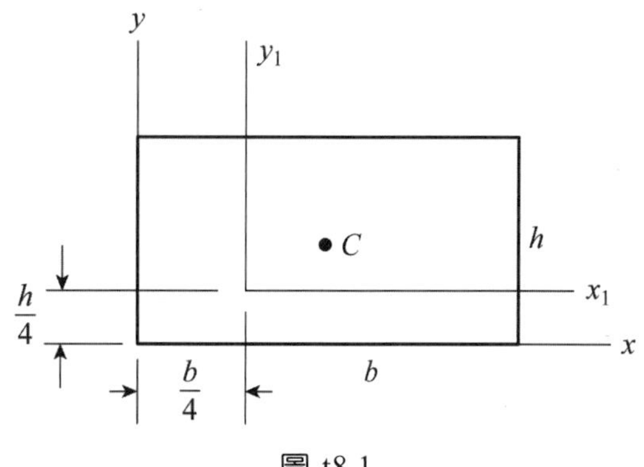

圖 t8.1

習題

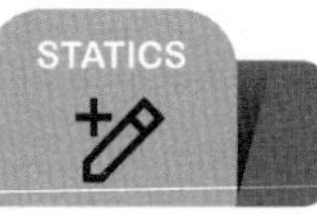

8.1～8.2　求圖示陰影面積對 x、y 軸的面積慣性矩。

8.3　求圖示陰影面積對 x 軸的面積慣性矩。

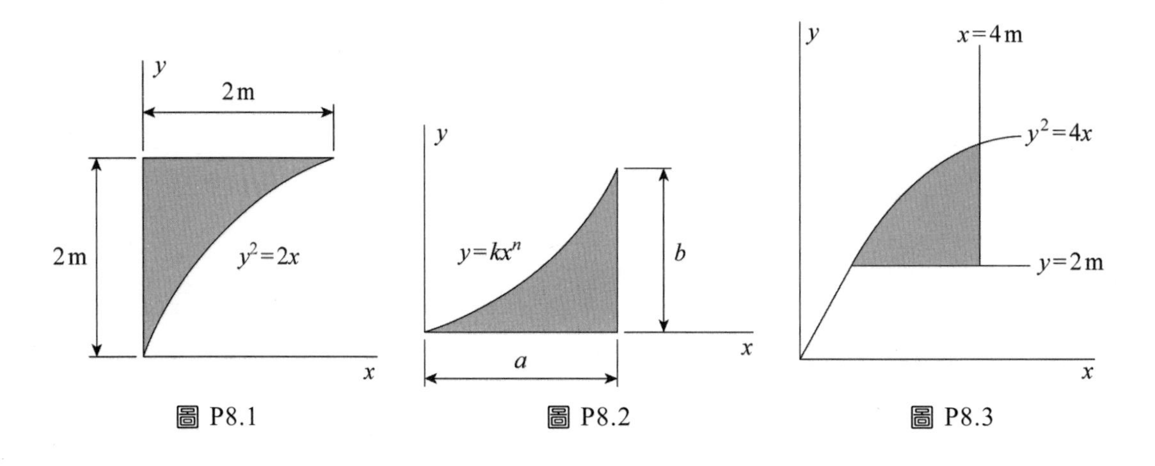

圖 P8.1　　圖 P8.2　　圖 P8.3

8.4　求圖示矩形對底邊中點 O 的極慣性矩。

8.5　求圖示半圓形面積對其形心的極慣性矩及其迴轉半徑。

8.6　求圖示 I 形截面對 x 軸的慣性矩。

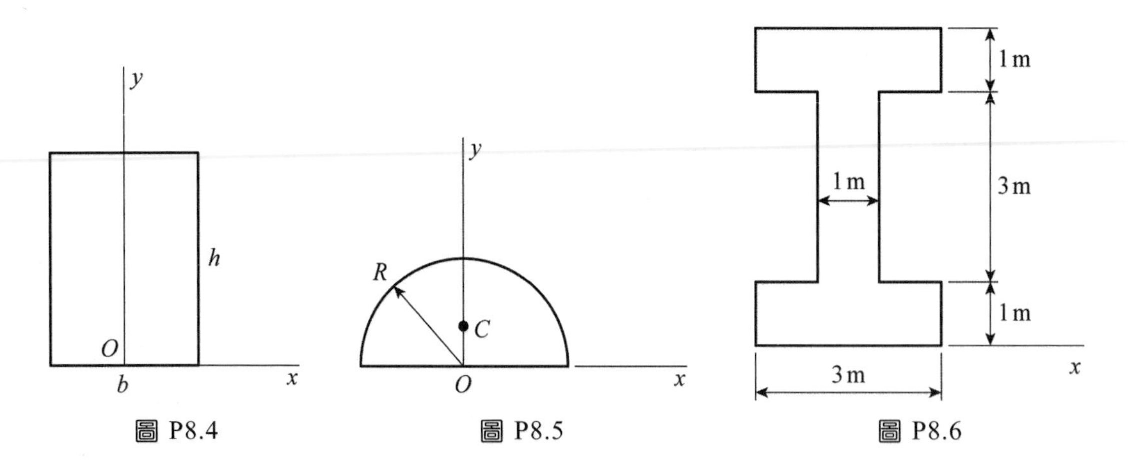

圖 P8.4　　圖 P8.5　　圖 P8.6

8.7　求圖示邊長為 a 的正六角形對經過形心 C 之 y 軸的慣性矩。

8.8　求圖示三角形對 xy 軸的慣性積。

8.9　求半徑為 R 的 ¼ 圓對 xy 軸的慣性積及經過形心 C 且平行 xy 軸的形心慣性積。

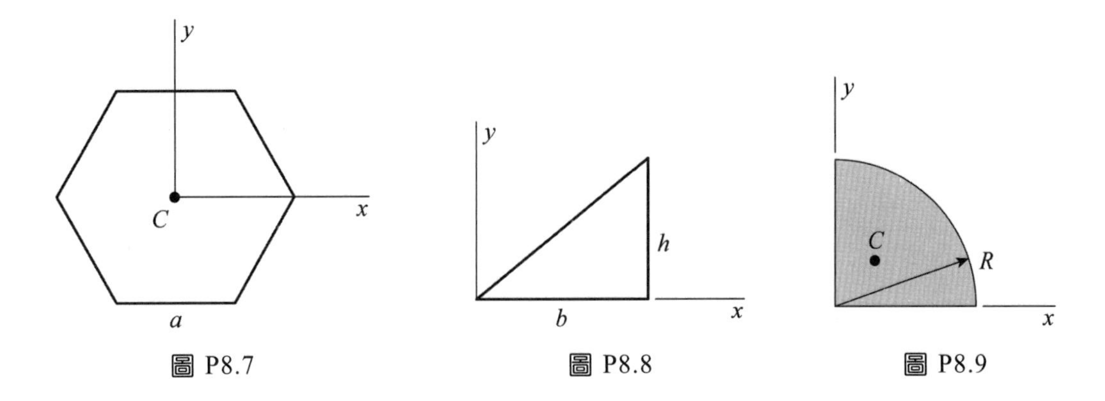

圖 P8.7　圖 P8.8　圖 P8.9

8.10　求圖示矩形對座標系 Ox_1y_1 的慣性矩及慣性積。

8.11　求圖示陰影面積對 O 點的慣性主軸及主慣性矩。

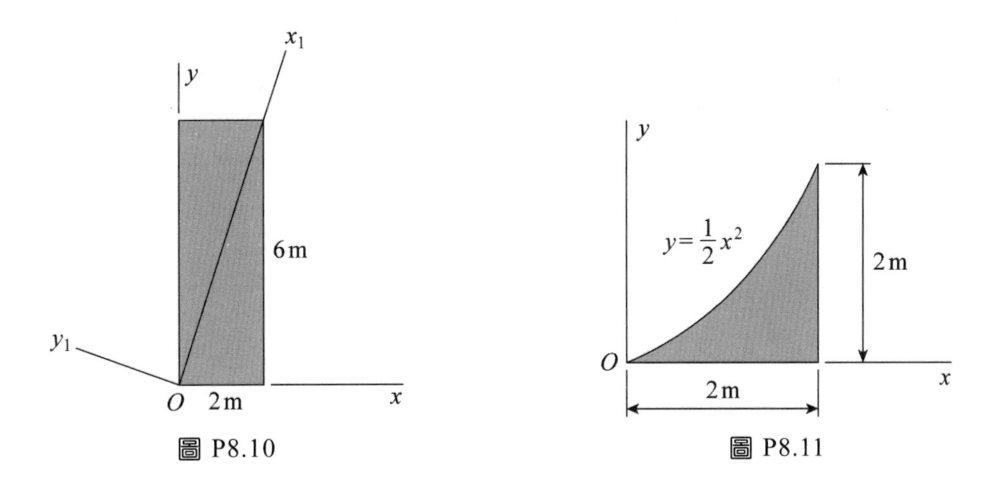

圖 P8.10　圖 P8.11

8.12　求圖示 L 形面積的形心慣性主軸及主慣性矩。

8.13　求圖示的均質圓錐對 z 軸的質量慣性矩。

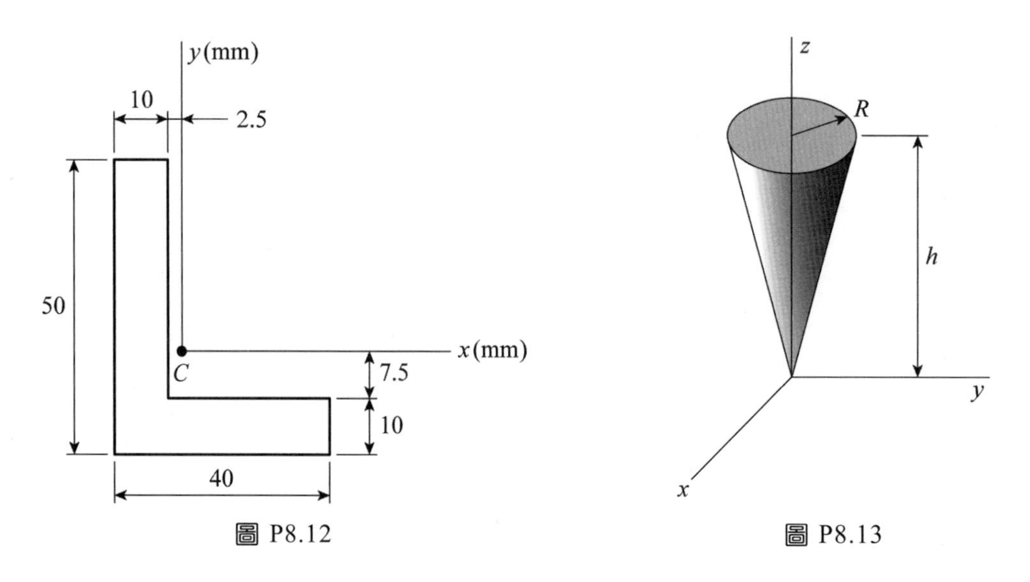

圖 P8.12　　圖 P8.13

8.14　求半徑為 R，質量為 m 的均質球的質心質量慣性矩。

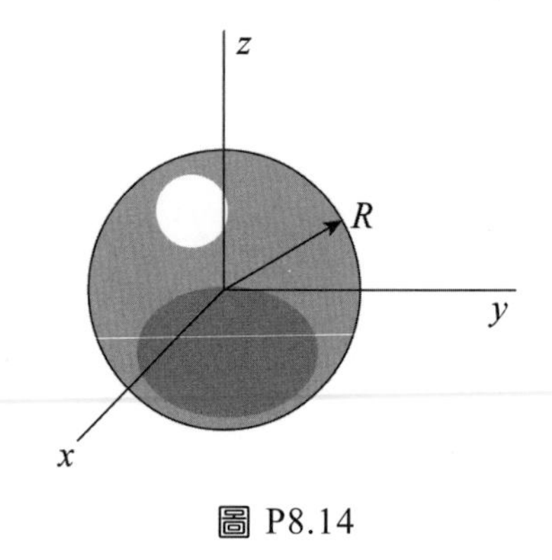

圖 P8.14

CHAPTER

09 虛功原理

STATICS

9-1 概論

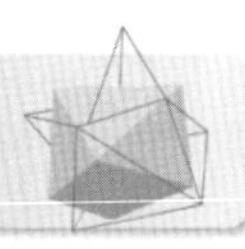

解決力系的平衡問題有三種方法可用：(1)平衡方程；(2)虛功原理；(3)位能原理。在前面幾章中，我們用平衡方程來解決質點或剛體的平衡問題。這種方法有時也稱為**幾何靜力學**方法。在幾何靜力學中，以力的平行四邊形定律為基礎，用幾何方法建立質點或剛體的平衡條件。用這種方法求解剛體系統的平衡問題比較麻煩。在一般情況下，對每個剛體可列出六個平衡方程，如有 n 個剛體，共可列出 $6n$ 個平衡方程。如果剛體的數目多，則要求解多元聯立方程。其次，在一些剛體系統靜力學，特別是機器靜力學中，有興趣的問題是，直接求主動力（例如驅動力）和工作阻力之間的關係，而不要求拘束力（例如，第四章例 4-4.4）。有時雖然要求拘束力，但求出主動力後可把拘束力轉變成主動力來求解。在上述這種情形下，用幾何靜力學方法就顯得較繁瑣。

本章介紹的虛功原理和位能原理，能有效地解決上述問題。這種方法也稱**解析靜力學**，它以虛功原理為基礎，用解析的方法建立質點或剛體的平衡條件。所得的平衡方程數目和系統的自由度數目相等。如果某系統的剛體數目多，但自由度少，則平衡方程的數目大為減少。其次，用解析靜力學方法所建立的平衡條件，直接建立了主動力之間的關係，避免了未知拘束力的出現，使得剛體系統的平衡問題的求解變得簡單。此外，這種方法還能判定平衡的穩定性。因此，在機構和結構靜力分析中，這種方法得到廣泛地應用。

9-2 拘束和拘束方程；自由度和廣義座標

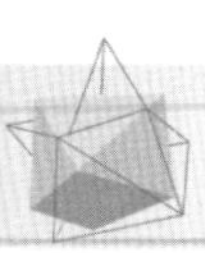

在幾何靜力學中，曾將限制其物體運動的其他物體稱為拘束。拘束對被拘束物體的作用表現為拘束力。在第四章，我們曾對拘束進行過分類，有一類拘束稱為部分拘束。對於受部分拘束的質點或剛體，在某些外力作用下會發生運動，現在我們從運動學的角度來看拘束的作用。為了敘述方便，我們將研究對象統稱為「系統」。如果系統中某些點的位置或速度受到某些預定條件的限制，則這種限制條件稱為**拘束**(constraint)。在一般情況下，拘束對系統運動的限制可經由系統中各點的座標或速度用數學方程表示出來，這種方程稱為**拘束方程**(constrained equations)。

例如 Oxy 平面內的曲柄滑塊機構，如圖 9-2.1 所示，曲柄銷 A 限制在以 O 為中心、r 為半徑的圓周上運動；滑塊 B 限制在水平直槽中運動；A、B 兩點間的距離等於 ℓ。這些拘束條件，可用拘束方程表示如下：

$$
\begin{aligned}
&x_A^2 + y_A^2 = r^2 \\
&(x_B - x_A)^2 + (y_B - y_A)^2 = \ell^2 \qquad (9\text{-}2.1) \\
&y_B = 0
\end{aligned}
$$

其中 x_A、y_A 和 x_B、y_B 分別表示 A 和 B 兩點的座標。拘束方程(9-2.1)中，不包含座標對時間的導數，或者說拘束只限制系統中各點的幾何位置，而不限制速度，這種拘束稱為**完整拘束**(holonomic constraints)。只受完整拘束的系統稱為**完整系統**(holonomic system)。如果拘束方程中包含有座標對時間的導數，或者說，拘束還限制系統的速度，並且這種拘束也不可能用積分的方法還原為完整拘束，則此種拘束稱為**非完整拘束**(nonholonomic constraints)。受有非完整拘束的系統稱為**非完整系統**(nonholonomic system)。

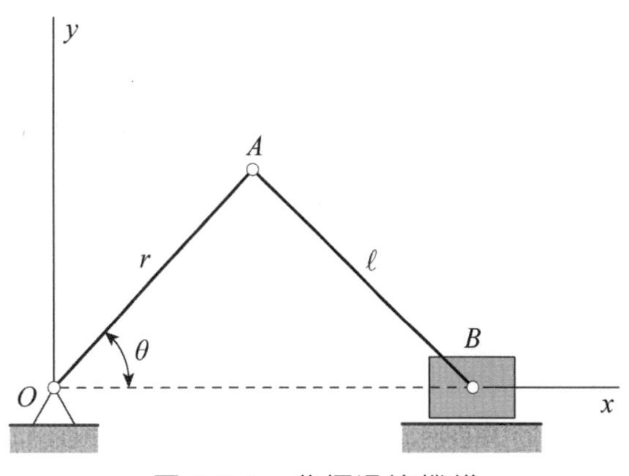

圖 9-2.1 **曲柄滑塊機構**

以上我們按照拘束方程中是否包含有速度而將拘束分為完整與非完整兩種類型。還可以按拘束方程中是否顯含時間來分類。如果拘束方程中不顯含時間變量 t，則此種拘束稱為**定常拘束**(scleronomic constraint)，反之，稱為**非定常拘束**(rheonormic constraint)。例如，拘束方程(9-2.1)就是「定常完整拘束」。

在曲柄滑塊機構的例子中，我們引入了四個變量：x_A、y_A、x_B、y_B。但由於有三個拘束方程，故這四個變量中只有一個是獨立的。我們說此系統只有一個**自由度**(degrees of freedom)。確定系統位置的獨立座標數目稱為系統的自由度*。

在一般情況下，用直角座標來表示系統的位置並不一定總是方便的。例如上述曲柄滑塊機構，如果選曲柄 OA 對 x 軸的轉角 θ 為獨立變量，則很方便並且唯一地確定該系統的位置。各點的直角座標可表示為 θ 的單值、連續函數：

---

* 此定義只用於完整系統。對於非完整系統，要用下節中虛位移的概念來定義自由度，即：自由度數是獨立的虛位移個數。

$$x_A = r\cos\theta$$

$$y_A = r\sin\theta$$

$$x_B = r\cos\theta + \sqrt{\ell^2 - r^2\sin^2\theta} \tag{9-2.2}$$

$$y_B = 0$$

此時 x_A、y_A、x_B 及 y_B 自動滿足拘束方程(9-2.1)。

在一般情況下，我們可以選取任意變量（包括直角座標）來表示系統的位置。唯一地確定系統位置的獨立變量，稱為獨立**廣義座標**(generalized coordinates)。如上面曲柄滑塊機構中的 θ 角就是獨立廣義座標。對完整系統而言，獨立廣義座標的個數等於自由度數。很顯然，只有對受部分拘束的系統才有自由度；對一個完全被拘束的靜定系統，其自由度是零；對於超靜定的完全固定的系統，其自由度為負數。

9-3 實位移、可能位移和虛位移

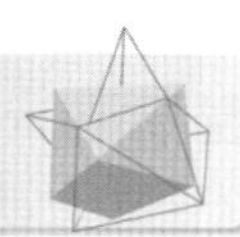

說明了拘束的運動學性質後，我們來討論拘束對系統各點位移的限制，從而引出虛位移的概念。

（一）實位移

先以一個質點為例。設質點的座標為 x、y、z，受到部分拘束，其拘束方程為

$$f(x, y, z, t) = 0 \tag{9-3.1}$$

這是一個非定常的完整拘束，其幾何意義是：此質點被限制在一個曲面上，而且此曲面是隨時間而變的。當質點受到與拘束曲面相切的外力作用時，質點不可能處於平衡狀態，而將發生運動。至於質點將怎樣運動，必須由牛頓第二定律和初始條件確定。這屬於動力學的領域，將在下冊中討論。但現在我們至少可以這樣說：質點的座標一方面要滿足動力學方程和初始條件；另一方面必須滿足拘束方程。凡是滿足這兩個條件的運動稱為**真實運動**。在時間 t 到 $t+dt$ 這無限小時間內，真實運動產生的位移稱為質點的**實位移**(real displacement)，記為 $d\mathbf{r}$，其分量為 dx、dy、dz。因為 t 時刻的 x、y、z 和 $t+dt$ 時刻的 $x+dx$、$y+dy$、$z+dz$ 都應滿足拘束方程(9-3.1)，即

$$f(x, y, z, t) = 0 \tag{9-3.2}$$

$$f(x+dx, y+dy, z+dz, t+dt) = 0 \tag{9-3.3}$$

將(9-3.3)式按級數展開，略去高階項，並考慮(9-3.2)式，最後得出實位移應滿足的方程為

$$\frac{\partial f}{\partial x}dx + \frac{\partial f}{\partial y}dy + \frac{\partial f}{\partial z}dz + \frac{\partial f}{\partial t}dt = 0 \tag{9-3.4}$$

這一方程也可以由拘束方程(9-3.1)直接求微分而得到。對於定常拘束情況，f 不顯含時間 t，它成為

$$\frac{\partial f}{\partial x}dx + \frac{\partial f}{\partial y}dy + \frac{\partial f}{\partial z}dz = 0 \tag{9-3.5}$$

（二）可能位移

凡滿足拘束方程(9-3.1)的無限小位移稱為**可能位移**(possible displacement)。顯然，上面講的實位移是滿足拘束方程的，所以也是可能位移。但是反過來說就不對，任意一個可能位移並不一定是某個真實運動產生的實位移。因為我們在定義可能位移時，只以它是否滿足拘束方程為分界線，並沒有考慮它是否滿足動力學方程和初始條件。由定義出發立刻可推出可能位移也應該滿足方程(9-3.4)或(9-3.5)。總之，我們可以這樣說：所有滿足方程(9-3.4)或(9-3.5)的位移都是可能位移，而其中只有一組 dx、dy、dz 是實位移。例如一質點被拘束在一球面上，其拘束方程為

$$x^2 + y^2 + z^2 - \ell^2 = 0$$

於是方程(9-3.5)成為

$$xdx + ydy + zdz = 0$$

滿足此方程的 $d\mathbf{r}$（或 dx、dy、dz）有無數多個，它們就是球面上點(x、y、z)處切平面上的任意向量 $d\mathbf{r}$，這些都是可能位移。質點的實位移必須由動力學方程和初始條件才能確定，顯然它只是無數個可能位移中的一個而已。

（三）虛位移

任意兩個可能位移之差稱為**虛位移**(virtual displacement)，記為 $\delta\mathbf{r}$ ，或以分量形式記為 δx 、 δy 、 δz ，即

$$\delta x = dx' - dx'',\quad \delta y = dy' - dy'',\quad \delta z = dz' - dz''$$

其中帶「 ′ 」或「 ″ 」的符號代表兩個可能位移。

下面分別就定常拘束與非定常拘束兩種情況考慮虛位移的性質。

在定常拘束情況下，可能位移滿足方程(9-3.5)，因此有

$$\frac{\partial f}{\partial x}dx' + \frac{\partial f}{\partial y}dy' + \frac{\partial f}{\partial z}dz' = 0$$

$$\frac{\partial f}{\partial x}dx'' + \frac{\partial f}{\partial y}dy'' + \frac{\partial f}{\partial z}dz'' = 0$$

兩式相減，並根據虛位移的定義得

$$\frac{\partial f}{\partial x}\delta x + \frac{\partial f}{\partial y}\delta y + \frac{\partial f}{\partial z}\delta z = 0 \tag{9-3.6}$$

對比方程(9-3.6)和(9-3.5)，我們可以得出結論：在定常拘束情況下，虛位移就是可能位移。前面說過，實位移是可能位移之一，因而在定常拘束情況下實位移是無數虛位移中的一個。

在非定常拘束情況下，可能位移應滿足方程(9-3.4)，因此有

$$\frac{\partial f}{\partial x}dx' + \frac{\partial f}{\partial y}dy' + \frac{\partial f}{\partial z}dz' + \frac{\partial f}{\partial t}dt = 0$$

$$\frac{\partial f}{\partial x}dx'' + \frac{\partial f}{\partial y}dy'' + \frac{\partial f}{\partial z}dz'' + \frac{\partial f}{\partial t}dt = 0$$

兩式相減，並根據虛位移的定義，也能得出方程(9-3.6)，即

$$\frac{\partial f}{\partial x}\delta x + \frac{\partial f}{\partial y}\delta y + \frac{\partial f}{\partial z}\delta z = 0$$

比較方程(9-3.6)和(9-3.4)，可見可能位移(dx、dy、dz)和虛位移(δx 、 δy 、 δz)滿足的方程不相同。因此在非定常拘束情況下，虛位移不一定是可能位移。並可進一步推論說，在非定常拘束情況下，實位移不一定是無數虛位移中的一個。

例如有一質點拘束在擺長為 $\ell(t)$ 隨時間而變的單擺上，如圖 9-3.1 所示。這是一非定常拘束，拘束方程為

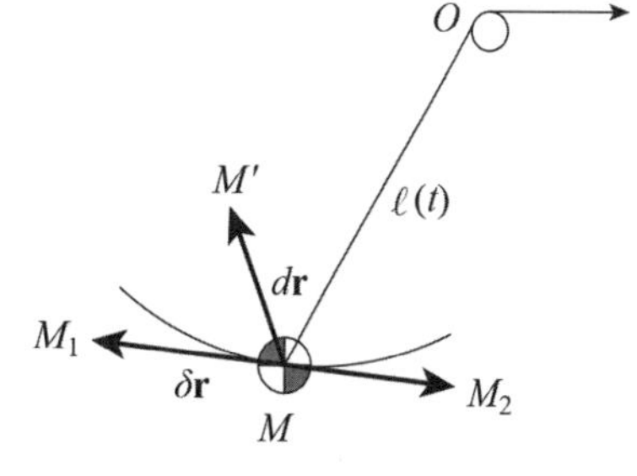

圖 9-3.1　非定常拘束情況下虛位移不是實位移的例子

$$x^2 + y^2 - \ell(t)^2 = 0$$

根據方程(9-3.6)，虛位移應滿足方程

$$x\delta x + y\delta y = 0$$

這表示在時刻 t 時，虛位移沿以 O 為中心、 $\ell(t)$ 為半徑的圓的切線方向，如圖 9-3.1 中 $\overrightarrow{MM_1}$ 或 $\overrightarrow{MM_2}$ 都是虛位移，用 $\delta\mathbf{r}$ 表示。而實位移為 $\overrightarrow{MM'} = d\mathbf{r}$ 。從圖中可清楚看出實位移並不是虛位移中的一個。

現在讓我們回顧一下本節講的內容。我們考慮了一個非自由質點，其座標 x 、 y 、 z 不是獨立廣義座標，受到下列拘束方程的限制：

$$f(x, y, z, t) = 0$$

由拘束方程我們可以推出虛位移分量 δx 、 δy 、 δz 也不是彼此獨立的，而要受到下面條件的限制：

$$\frac{\partial f}{\partial x}\delta x + \frac{\partial f}{\partial y}\delta y + \frac{\partial f}{\partial z}\delta z = 0$$

這個方程可以用簡單方法得到：對方程(9-3.1)求微分，但將微分算子「 d 」換成「 δ 」，同時令 $\delta t \equiv 0$ 。這種運算在數學上稱為「等時變分」。所以虛位移是一個抽象的等時變分的概念，它的直觀意義可以解釋如下：在非定常拘束情況下，拘束隨時間而變。我們考慮某一時刻（可以是任意時刻）把拘束加以「凍結」，然後再來看拘束所允許的位移，這樣，虛位移就是拘束被凍結後的可能位移。因為時刻 t 拘束被「凍結」，

所以非定常拘束方程(9-3.1)中的t值應保持不變，然後再考慮在此前提下的無限小位移。將式(9-3.1)作「等時變分」運算，可得到方程(9-3.6)，這與前面由虛位移定義出發所得的結論相一致。至於定常拘束情況，拘束本來就不隨時間而變動，「凍結」與「不凍結」一樣，用等時變分和微分運算就沒有差別了。當然，如果我們採用獨立廣義座標，相應的虛位移也就是獨立的了。

總之，虛位移的定義中包含了三個根本的條件：(1)時間「凍結」；(2)拘束允許；(3)位移微小。意思是說，虛位移是將時間「凍結」起來（不考慮時間的變化）、拘束所允許的微小位移。

以上我們就一個質點的情形討論了實位移、可能位移和虛位移的概念。對於質點系或剛體系，只不過座標數目多一些，拘束方程數目也可能多一些而已，概念上是完全一樣的。例如前面講的平面曲柄連桿機構，拘束方程為(9-2.1)，用等時變分可得虛位移滿足的條件是

$$\begin{aligned} & x_A\delta x_A + y_A\delta y_A = 0 \\ & (x_B - x_A)(\delta x_B - \delta x_A) + (y_B - y_A)(\delta y_B - \delta y_A) = 0 \\ & \delta y_B = 0 \end{aligned} \tag{9-3.7}$$

在一般情況下，我們可用n個廣義座標$q_1, q_2, \cdots, q_n$來描述系統的位置，假如這n個廣義座標不是獨立廣義座標，而是受到下列s個拘束方程的限制：

$$f_l(q_1, q_2, \cdots, q_n, t) = 0 \quad (l = 1, \cdots, s) \tag{9-3.8}$$

則用等時變分可得出虛位移$\delta q_1, \cdots, \delta q_n$所應滿足的條件為

$$\sum_{i=1}^{n} \frac{\partial f_l}{\partial q_i}\delta q_i = 0 \quad (l = 1, \cdots, s) \tag{9-3.9}$$

一共有s個方程，故n個虛位移$\delta q_1, \cdots, \delta q_n$中只有$(n-s)$個是獨立的，其他的虛位移可由這$(n-s)$個獨立的虛位移表示出來。

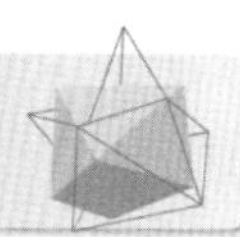

9-4 功

(一) 力所作的功

我們曾經說過，每談到一個力時，一定涉及一個施力物和一個受力物。力 $\mathbf{F}$ 在受力物上的作用點稱為**受力點**，其位置向量記為 $\mathbf{r}$。當受力點有一微小位移 $d\mathbf{r}$ 時，力 $\mathbf{F}$ 對受力物所作的功定義為 $\mathbf{F}$ 與 $d\mathbf{r}$ 之點積，即

$$dW = \mathbf{F}\cdot d\mathbf{r} = F(dr\cos\theta) = (F\cos\theta)dr \tag{9-4.1}$$

其中 θ 為 $\mathbf{F}$ 與 $d\mathbf{r}$ 之夾角，如圖 9-4.1 所示。

功可視為 $d\mathbf{r}$ 在 $\mathbf{F}$ 上的分量 $dr\cos\theta$ 與 F 之乘積，如圖 9-4.2(a)所示；或視為 $\mathbf{F}$ 在 $d\mathbf{r}$ 方向上的分量 $F\cos\theta$ 與 dr 之乘積，如圖 9-4.2(b)所示。功可正可負，取決於 θ 之大小，若 $\theta<90°$，功為正值；若 $\theta>90°$，功為負值。從定義立即可知，若(1) $\mathbf{F}=0$，或(2) $d\mathbf{r}=0$，或(3) $\mathbf{F}\perp d\mathbf{r}$，則功為零。功的單位為 $\mathrm{N\cdot m}$ 或 $\mathrm{lb\cdot ft}$，在 SI 單位制系統中，$1\,\mathrm{N\cdot m}$ 的功稱為 1 焦耳(J)。

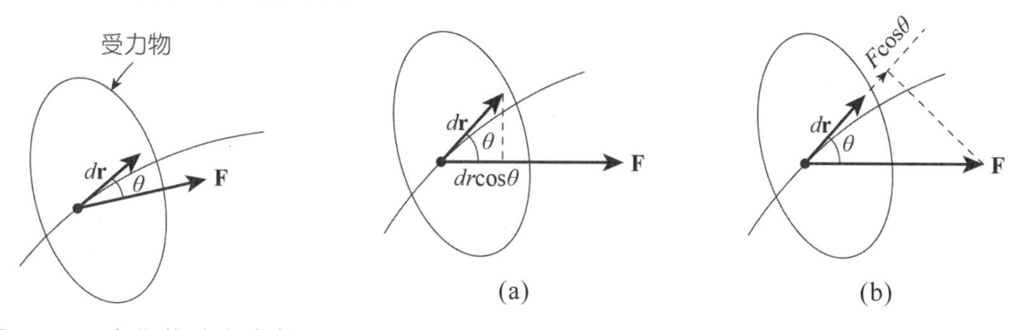

圖 9-4.1 力作的功之定義

圖 9-4.2 功的計算

應該注意，在功的定義中，$d\mathbf{r}$ 是「受力點的位移」，而不是其他什麼點的位移。讓我們用一個例子來說明此點的重要性。設有一圓柱在粗糙水平面上作無滑動滾動，圓柱受到地面的摩擦力為 $\mathbf{F}$，如圖 9-4.3 所示。當圓柱滾過一段距離 S 後，圓柱和地面的接觸點從 A 點移動到 B 點。初學者常常錯誤地以為在此期間摩擦力對圓柱作的功為 $W=FS$，其實這是錯誤的。理由如下：所謂圓柱和地面的「接觸點」實際上包含了三個點：一個是圓柱上的點，稱為「受力點」；另一個是地面上的點，稱為「施力點」；再一個是施力點和受力點的「重合點」。上面所說的接觸點從 A 點移動

到 B 點，實質上指的是「重合點」而不是「受力點」從 A 點移到 B 點。由於圓柱作無滑動滾動，因此受力點的瞬時速度 $\mathbf{v}=0$；故位移 $d\mathbf{r}=\mathbf{v}dt=0$，所以摩擦力的所作的功為零。下一時刻，圓柱上的受力點已不是原來的點了，而是圓柱上另外一個點，其瞬時速度亦為零，同樣道理，摩擦力所作的功亦為零。由此可知，在圓柱無滑動滾動的整個過程中，摩擦力不作功。其物理意義是明顯的，即如果摩擦力真要作功，則圓柱將不斷獲得能量，必然會越滾越快，最後將飛離地球成為一個「人造衛星」了，顯然這是不可能的。

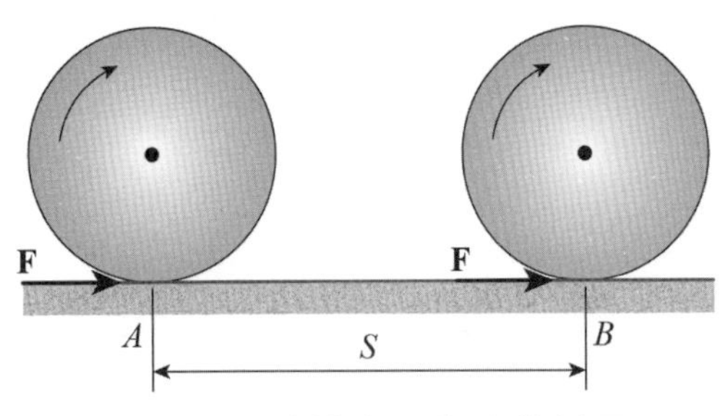

圖 9-4.3　摩擦力不作功的例子

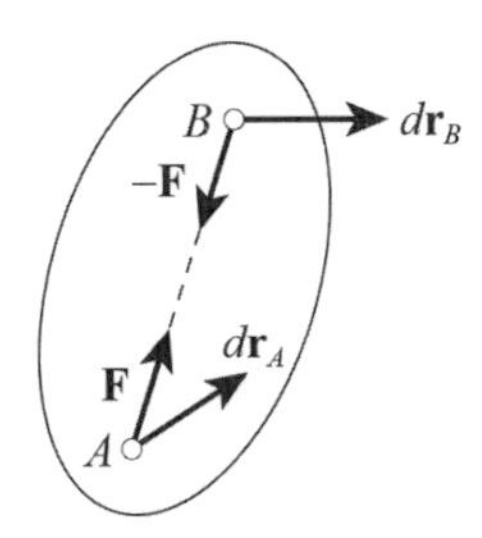

圖 9-4.4　剛體內質點間的作用力的總功為零

很容易證明，剛體內部質點彼此間的作用力之功為零。今考慮剛體內任意兩點 A 和 B，其間的作用力 $\mathbf{F}$ 與 $-\mathbf{F}$ 大小相等、方向相反，如圖 9-4.4 所示。當剛體運動時，在一般情況下，A、B 兩點的位移 $d\mathbf{r}_A$、$d\mathbf{r}_B$ 不相同，但兩者沿著 AB 的分量必相等，否則，兩點間的距離就不能維持不變，而此物體就不能稱為剛體。因此，$\mathbf{F}$ 與 $-\mathbf{F}$ 所作功其大小相等、符號相反、總和為零。由此可知，剛體內所有質點間的內力所作功之總和為零。

（二）力偶所作的功

考慮圖 9-4.5 所示的力偶 $\mathbf{F}$ 與 $-\mathbf{F}$，其力偶矩的大小為 $M=Fr$，其中 r 為力偶臂。$\mathbf{F}$ 及 $-\mathbf{F}$ 所作功之和就是此力偶對剛體所作的功。設剛體有一微小位移，將使受力點 A 和 B 分別移動到 A' 和 B''。我們可將此位移分為兩部分，即剛體隨 A 平行移動的位移 $d\mathbf{S}_1$ 和剛體繞 A 點轉動的角位移 $d\theta$。這樣，$-\mathbf{F}$ 的受力點 A 之位移為 $d\mathbf{S}_1$，而 $\mathbf{F}$ 的受力點 B 的位移包括 $d\mathbf{S}_1$ 與 $d\mathbf{S}_2$，而 $dS_2=rd\theta$。因為 $\mathbf{F}$ 與 $-\mathbf{F}$ 對平行移動的位移 $d\mathbf{S}_1$ 所作功之和為零，而 $\mathbf{F}$ 對 $d\mathbf{S}_2$ 所作之功為 $dW=FdS_2=Frd\theta=Md\theta$。故力偶所作的功為

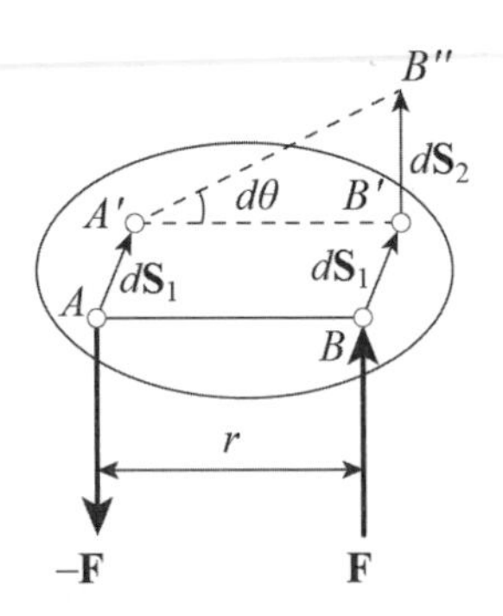

圖 9-4.5　力偶的功

$$dW=Md\theta \tag{9-4.2}$$

9-5 理想拘束

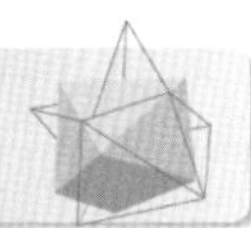

前面我們已經由虛位移來表示拘束的運動學性質，現在我們藉由拘束力在虛位移上的功來表示拘束的動力學性質。

下面研究幾種重要的特殊情形。

1. 光滑固定拘束，如圖 9-5.1(a)所示。拘束力沿著接觸面的法線方向，質點的虛位移則總是沿著接觸面的切線方向，因此拘束力在任何虛位移中所作的功等於零，即

$$\mathbf{N}\cdot\delta\mathbf{r}=0$$

2. 無滑動滾動，如圖 9-5.1(b)所示。當一圓柱在固定拘束面上無滑動滾動時，如果表面很剛硬，滾動阻力偶可略去不計。由於圓柱作無滑動滾動，圓柱上與拘束面的接觸點（受力點）C 的虛位移為零。法向拘束力 **N** 和摩擦力 **f** 的作用點（受力點）為 C，因此，力 **N** 和 **f** 在圓柱的任何虛位移中所作的功之和為零，即

$$\mathbf{N}\cdot\delta\mathbf{r}_C+\mathbf{f}\cdot\delta\mathbf{r}_C=0$$

3. 剛性鉸連桿構成的拘束，如圖 9-5.1(c)所示。設兩物體被剛性二力構件用光滑鉸 A、B 拘束。拘束力 $\mathbf{N}_1$ 和 $\mathbf{N}_2$ 沿桿軸線，大小相等、方向相反。由於桿不能變形，A、B 兩點的虛位移在 AB 連線上的投影必須相等。由此可知，力 $\mathbf{N}_1$ 所作的功與力 $\mathbf{N}_2$ 所作的功，其大小相等、符號相反，總和為零，即

$$\mathbf{N}_1\cdot\delta\mathbf{r}_A+\mathbf{N}_2\cdot\delta\mathbf{r}_B=0$$

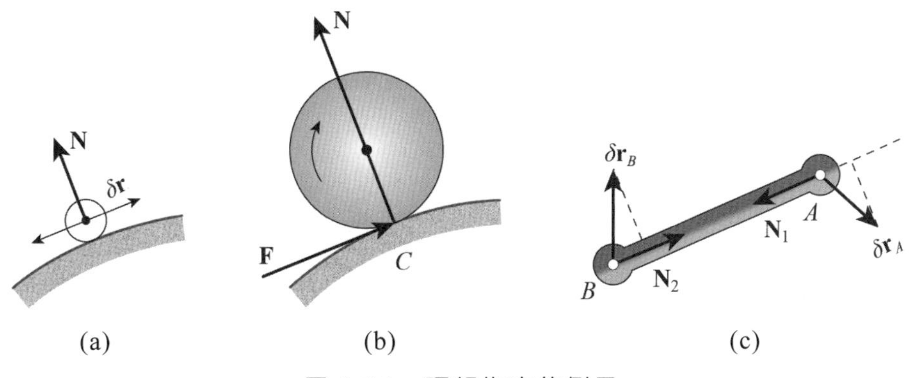

圖 9-5.1 理想拘束的例子

不可能列舉所有的這種拘束，但是，我們可以從上述討論概括這種拘束的共同性質，即有一類拘束，拘束力對系統中任意虛位移所作的功為零，此種拘束稱為**理想拘束**(ideal constraint)。如用 $\mathbf{N}_i$ 表示作用在系統 M_i 點的拘束力，$\delta\mathbf{r}_i$ 表示該點的任意虛位移，則理想拘束可表示為如下形式：

$$\sum \mathbf{N}_i \cdot \delta\mathbf{r}_i = 0 \qquad (9\text{-}5.1)$$

理想拘束是實際拘束的抽象化模型，它代表了相當多的實際拘束的動力學性質。在以後的討論中，如無特別說明，皆指理想拘束。

9-6 虛功原理

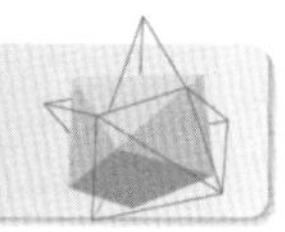

在用平衡方程解決平衡問題時，我們將作用在系統上的力分成內力和外力。在用虛功原理時，有必要將作用在系統上的力分成拘束力和主動力兩大類。因拘束作用而在系統上產生的力稱為**拘束力**，其他的力都稱為**主動力**。

力在虛位移上作的功稱為**虛功**。**虛位移原理**或稱**虛功原理**(principle of virtual work)是 1717 年伯努力提出來的，其內容是：**具有定常、理想拘束的系統，其平衡的充分必要條件是，在任何虛位移上所有主動力的虛功之和等於零**。可用數學式表達如下：

$$\sum_{i=1}^{n} \mathbf{F}_i \cdot \delta\mathbf{r}_i = 0 \qquad (9\text{-}6.1)$$

其中 $\mathbf{F}_i$ 表示主動力，$\delta\mathbf{r}_i$ 表示 $\mathbf{F}_i$ 的受力點的虛位移。

虛位移原理可以作為一個力學基本原理加以承認（和承認牛頓定律一樣）。反之，如承認牛頓定律是力學基本原理，那麼應該可以把虛位移原理作為前者推導出來的一個定理看待，下面對此進行論證。在證明以前，我們對虛位移原理中「平衡」一詞略加說明。我們曾把等效於零的力系稱為平衡力系，在平衡力系作用下的剛體就認為是平衡的。現在的「平衡」是指，如果系統原來是靜止的（相對於慣性參考系），在主動力系作用下它仍然保持靜止。

先證明原理中條件(9-6.1)式是必要的。由於系統保持靜止，根據牛頓定律，作用在每個質點 M_i 上的主動力 $\mathbf{F}_i$ 和拘束力 $\mathbf{N}_i$ 之和應等於零，即

$$\mathbf{F}_i + \mathbf{N}_i = 0$$

將等式兩邊點乘 $\delta\mathbf{r}_i$ 並對 i 求和得

$$\sum_{i=1}^{n}\mathbf{F}_i \cdot \delta\mathbf{r}_i + \sum_{i=1}^{n}\mathbf{N}_i \cdot \delta\mathbf{r}_i = 0$$

由於理想拘束條件 $\Sigma\mathbf{N}_i \cdot \delta\mathbf{r}_i = 0$，所以推得(9-6.1)成立。

再證明條件(9-6.1)式是充分的。採用反證法。設(9-6.1)式對任何虛位移都成立，同時又假定在主動力系作用下，系統原來靜止的條件被破壞了，至少有一個質點由靜止進入運動狀態，即 $\mathbf{F}_i + \mathbf{N}_i$ 不等於零，由牛頓第二定律，其加速度為

$$\mathbf{a}_i = \frac{\mathbf{F}_i + \mathbf{N}_i}{m_i}$$

由於運動是從靜止開始的，故該質點的實位移 $d\mathbf{r}_i$ 與 $\mathbf{a}_i$ 同向，所以

$$(\mathbf{F}_i + \mathbf{N}_i) \cdot d\mathbf{r}_i > 0$$

對 i 求和，且考慮到理想拘束條件，推導出

$$\sum_{i=1}^{n}\mathbf{F}_i \cdot d\mathbf{r}_i > 0$$

對於定常拘束，實位移 $d\mathbf{r}_i$ 是虛位移 $\delta\mathbf{r}_i$ 中的一個，於是推導出

$$\sum_{i=1}^{n}\mathbf{F}_i \cdot \delta\mathbf{r}_i > 0$$

這和前面假定(9-6.1)式對任何虛位移都成立的條件相矛盾，這說明滿足條件(9-6.1)式時，系統每個質點必須保持靜止。至此，定理證明完畢。

使用虛功原理的步驟如下：

1. 用 n 個廣義座標表示各主動力 $\mathbf{F}_i$ 的受力點的位置向量 $\mathbf{r}_i$。
2. 用等時變分求虛位移 $\delta\mathbf{r}_i$。
3. 如果廣義座標不是獨立廣義座標，而有 s 個拘束方程。則還應將拘束方程求等時變分，而得到虛位移滿足的 s 個條件（見方程 9-3.9）。任選 $(n-s)$ 個獨立的虛位移，將其他虛位移用獨立虛位移表示出來。
4. 建立虛功方程 $\sum_{i=1}^{n}\mathbf{F}_i\cdot\delta\mathbf{r}_i=0$。
5. 在虛功方程中令獨立虛位移的係數為零，即得平衡方程。

例 9-6.1

惰鉗(lazy-tongs)機構由六根長桿和兩根短桿組成，長桿長 $2a$，短桿長 a，桿與桿之間由光滑鉸相連，如圖 9-6.1 所示。它在頂部受力 P 的作用，問下部力 Q 應為若干方可使系統處於平衡？圖中 θ 角已知，桿重忽略不計。

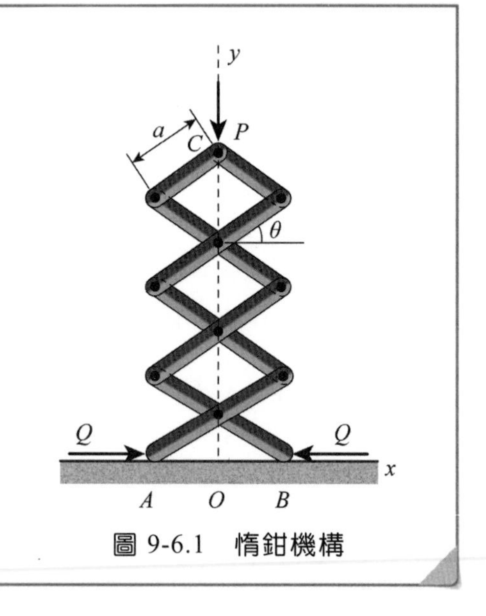

圖 9-6.1　惰鉗機構

解

這是一個受部分拘束的系統，當主動力 P 與 Q 不滿足某種特定關係時，系統將運動。系統只有一個自由度，即用一個廣義座標 θ 可以確定系統的位置。

(1) 用廣義座標表示主動力的受力點的位置向量：

$$\mathbf{r}_A=-a\cos\theta\mathbf{i}$$

$$\mathbf{r}_B=a\cos\theta\mathbf{i}$$

$$\mathbf{r}_C=7a\sin\theta\mathbf{j}$$

(2) 用等時變分求虛位移：

$$\delta \mathbf{r}_A = (a\sin\theta \mathbf{i})\delta\theta$$

$$\delta \mathbf{r}_B = (-a\sin\theta \mathbf{i})\delta\theta$$

$$\delta \mathbf{r}_C = (7a\cos\theta \mathbf{j})\delta\theta$$

因廣義座標 θ 為獨立廣義座標，故虛位移 $\delta\theta$ 是獨立的。

(3) 虛功方程：

$$\begin{aligned}\delta W &= (Q\mathbf{i})\cdot\delta \mathbf{r}_A + (-Q\mathbf{i})\cdot\delta \mathbf{r}_B + (-P\mathbf{j})\cdot\delta \mathbf{r}_C \\ &= Qa\sin\theta\delta\theta + Qa\sin\theta\delta\theta - 7Pa\cos\theta\delta\theta \\ &= (2Qa\sin\theta - 7Pa\cos\theta)\delta\theta = 0\end{aligned}$$

(4) 令獨立虛位移 $\delta\theta$ 的係數為零，即得平衡方程：

$$2Qa\sin\theta - 7Pa\cos\theta = 0$$

由此解出

$$Q = \frac{7}{2}P\tan\theta$$

此題亦可用平衡方程（幾何靜力學）的方法求解，讀者不妨試一試，從而體會虛功原理的優點。

例 9-6.2

圖 9-6.2 之彈簧連桿機構，試求平衡之角度 θ 與彈簧張力。彈簧未伸長時的原長度為 h，彈簧常數為 k。設機構本身的重量忽略不計。

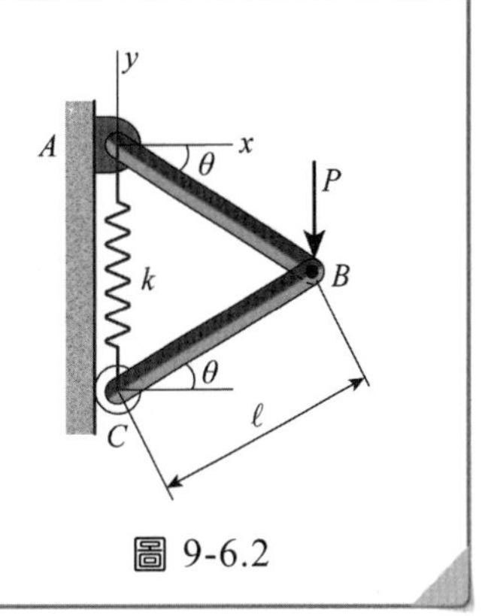

圖 9-6.2

解

此機構只有一個自由度，今選取θ作為獨立廣義座標。

(1) 用廣義座標θ表示主動力的受力點的位置向量：

$$\mathbf{r}_B = \ell\cos\theta\mathbf{i} - \ell\sin\theta\mathbf{j}$$

$$\mathbf{r}_C = -2\ell\sin\theta\mathbf{j}$$

(2) 用等時變分求虛位移：

$$\delta\mathbf{r}_B = -\ell\sin\theta\delta\theta\mathbf{i} - \ell\cos\theta\delta\theta\mathbf{j}$$

$$\delta\mathbf{r}_C = -2\ell\cos\theta\delta\theta\mathbf{j}$$

(3) 虛功方程：注意作用在C點的彈簧力可表示成

$$\mathbf{F} = k(2\ell\sin\theta - h)\mathbf{j}$$

虛功方程為

$$\delta W = (-P\mathbf{j})\cdot\delta\mathbf{r}_B + \mathbf{F}\cdot\delta\mathbf{r}_C = P\ell\cos\theta\delta\theta - k(2\ell\sin\theta - h)2\ell\cos\theta\delta\theta$$

$$= (P + 2kh - 4k\ell\sin\theta)\ell\cos\theta\delta\theta = 0$$

(4) 令$\delta\theta$的係數為零，解得

$$\sin\theta = \frac{P + 2kh}{4k\ell}$$

於是彈簧力的大小為

$$F = k(2\ell\sin\theta - h) = \frac{P}{2}$$

例 9-6.3

質量為 m_A 及 m_B 的滾子用一長度為 ℓ 的直桿相連，放在光滑的等腰三角形斜面上，桿重不計，已知平衡時的角度 β，如圖 9-6.3(a)所示。證明：兩滾子的質量比為 $\dfrac{m_A}{m_B}=\dfrac{\cos(\alpha-\beta)}{\cos(\alpha+\beta)}$。

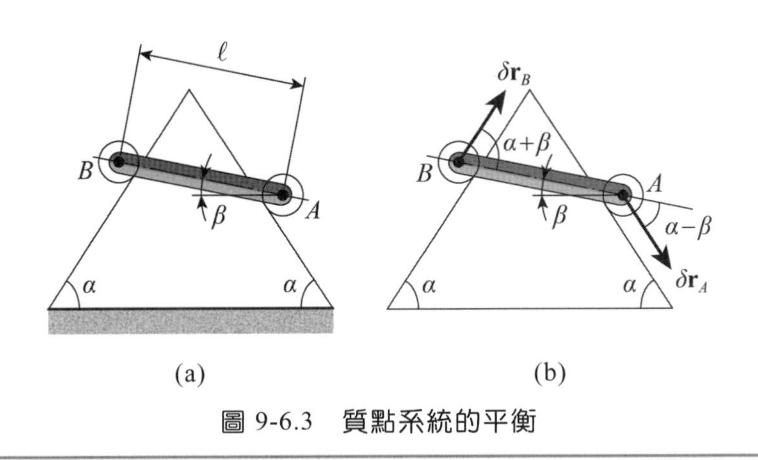

圖 9-6.3 質點系統的平衡

證明： A 和 B 點的虛位移只能沿斜面方向，如圖 9-6.3(b)所示，並且 $\delta\mathbf{r}_A$ 和 $\delta\mathbf{r}_B$ 不是彼此獨立的，它們沿 AB 連線方向的投影必須相等，即

$$\delta r_A\cos(\alpha-\beta)=\delta r_B\cos(\alpha+\beta) \tag{1}$$

此外，滾子 A 和 B 的重力只有沿斜面方向的分量作虛功，因此得虛功方程

$$\delta W=m_A g\sin\alpha\cdot\delta r_A-m_B g\sin\alpha\cdot\delta r_B=0 \tag{2}$$

今選 $\delta\mathbf{r}_A$ 為獨立虛位移，由(1)式 δr_B 可表示成

$$\delta r_B=\frac{\cos(\alpha-\beta)}{\cos(\alpha+\beta)}\delta r_A$$

所以虛功方程(2)變成

$$\delta W=\left[m_A g-m_B g\frac{\cos(\alpha-\beta)}{\cos(\alpha+\beta)}\right]\sin\alpha\delta r_A=0$$

令 δr_A 的係數為零，並注意到 $\sin\alpha \neq 0$ ，可得

$$\frac{m_A}{m_B} = \frac{\cos(\alpha - \beta)}{\cos(\alpha + \beta)}$$

例 9-6.4

利用虛位移原理求圖 9-6.4 中二連桿的平衡位置。設連桿的重量忽略不計。

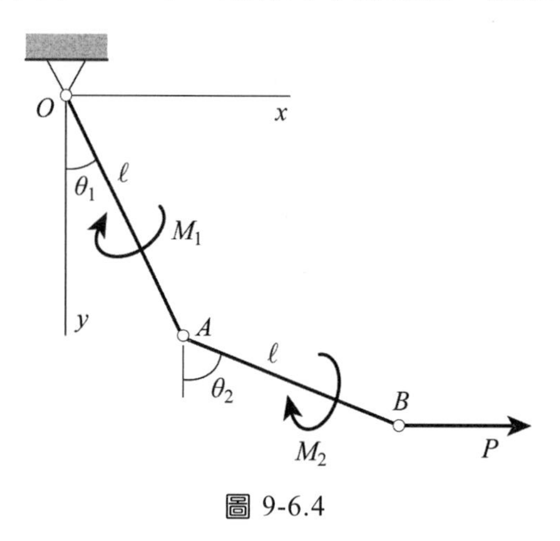

圖 9-6.4

解

這是一個二自由度系統，今選 θ_1 和 θ_2 作為獨立廣義座標。

(1) 用廣義座標表示主動力的受力點 B 的位置向量：

$$\mathbf{r}_B = \ell\sin\theta_1\mathbf{i} + \ell\cos\theta_1\mathbf{j} + \ell\sin\theta_2\mathbf{i} + \ell\cos\theta_2\mathbf{j}$$

因為 M_1 和 M_2 為力偶，用 $\delta\theta_1$ 和 $\delta\theta_2$ 就可計算其虛功。

(2) 用等時變分求虛位移：

$$\delta\mathbf{r}_B = \ell\cos\theta_1\delta\theta_1\mathbf{i} - \ell\sin\theta_1\delta\theta_1\mathbf{j} + \ell\cos\theta_2\delta\theta_2\mathbf{i} - \ell\sin\theta_2\delta\theta_2\mathbf{j}$$

(3) 虛功方程：

$$\delta W = -M_1\delta\theta_1 - M_2\delta\theta_2 + (P\mathbf{i})\cdot\delta\mathbf{r}_B = 0$$

代入相關表達式，得

$$-M_1\delta\theta_1 - M_2\delta\theta_2 + P\ell\cos\theta_1\delta\theta_1 + P\ell\cos\theta_2\delta\theta_2 = 0$$

$$(-M_1 + P\ell\cos\theta_1)\delta\theta_1 + (-M_2 + P\ell\cos\theta_2)\delta\theta_2 = 0$$

(4) 令 $\delta\theta_1$ 及 $\delta\theta_2$ 的係數為零，得

$$-M_1 + P\ell\cos\theta_1 = 0$$

$$-M_2 + P\ell\cos\theta_2 = 0$$

所以

$$\cos\theta_1 = \frac{M_1}{P\ell},\quad \cos\theta_2 = \frac{M_2}{P\ell}$$

前面例題主要是受部分拘束的剛體系統的平衡問題。下面用虛功原理求適當拘束系統的拘束力問題。因為適當拘束系統沒有自由度，不可能有虛位移。因此，必須將它轉化成部分拘束系統。方法是解除某一拘束而代之以相應的拘束力，並將此拘束力看成主動力。

例 9-6.5

桿的重力 **P**，長 ℓ，一端鉸接於 O，另一端靠在光滑的鉛垂牆上，如圖 9-6.5(a) 所示，求牆的反力。

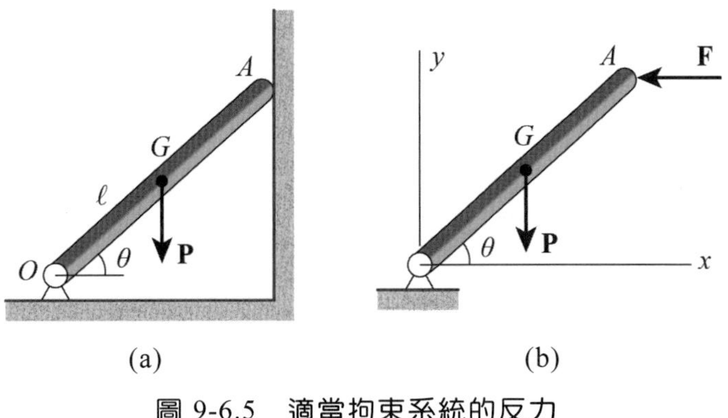

圖 9-6.5　適當拘束系統的反力

解

設想將牆拆除，代之以力 **F**，並將 **F** 看成主動力，如圖 9-6.5(b)所示。於是系統變成一自由度系統。

(1) 用廣義座標 θ 表示主動力受力點 A 與 G 的位置向量：

$$\mathbf{r}_A = \ell\cos\theta\mathbf{i} + \ell\sin\theta\mathbf{j}$$

$$\mathbf{r}_G = \frac{\ell}{2}\cos\theta\mathbf{i} + \frac{\ell}{2}\sin\theta\mathbf{j}$$

(2) 用等時變分求虛位移：

$$\delta\mathbf{r}_A = -\ell\sin\theta\delta\theta\mathbf{i} + \ell\cos\theta\delta\theta\mathbf{j}$$

$$\delta\mathbf{r}_G = -\frac{\ell}{2}\sin\theta\delta\theta\mathbf{i} + \frac{\ell}{2}\cos\theta\delta\theta\mathbf{j}$$

(3) 虛功方程：

$$\delta W = (-F\mathbf{i})\cdot\delta\mathbf{r}_A + (-P\mathbf{j})\cdot\delta\mathbf{r}_G = 0$$

$$(F\ell\sin\theta - \frac{1}{2}P\ell\cos\theta)\delta\theta = 0$$

(4) 令 $\delta\theta$ 的係數為零，解得

$$F = \frac{1}{2}P\cot\theta$$

讀者不難驗證，這與用平衡方程所得結果是一致的。

9-7 位能原理

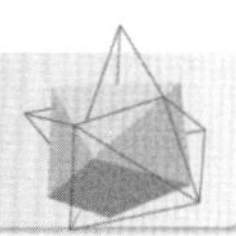

(一) 保守力的概念

在 9-4 節中我們已知，一力 $\mathbf{F}$ 所作的功定義為 $dW=\mathbf{F}\cdot d\mathbf{r}$，其中 $d\mathbf{r}$ 為 $\mathbf{F}$ 的受力點的微小位移。$\mathbf{F}$ 在有限路程上的功必須用下列積分來計算：

$$W=\int_C \mathbf{F}\cdot d\mathbf{r} \tag{9-7.1}$$

其中 C 為受力點所經過的路徑。為了計算 $\mathbf{F}$ 在有限路程上的功，我們必須知道 $\mathbf{F}$ 與路徑的關係。但是，有一類力（如重力、彈簧力和萬有引力）在有限路程上的功與受力點所經過的路徑無關，僅取決於起點和終點的位置。這種力稱為**保守力**(conservative force)。只受保守力作用的系統稱為**保守系統**(conservative system)。

(二) 位能函數

保守力的功只是起點和終點座標的函數，與中間過程無關。這一事實，用數學語言可表述為：保守力所作的功是點的座標的某一單值連續函數 $V(x,y,z)$ 的全微分，即

$$dW=-dV \tag{9-7.2}$$

$V(x,y,z)$ 稱為**位能函數**(potential function)，方程右邊的負號是人為規定的，下面將會看到，這樣規定是為了與習慣上位能的概念一致。顯然，如果 V 是位能函數，則 $V+C$（其中 C 為任意常數）也是位能函數。換言之，位能函數可以相差一個任意常數，當然我們可以令這個常數為零。

由保守力的定義可知，當受力點經過一封閉曲線回到起點，保守力所作的功恆為零，即

$$\oint dW=0 \tag{9-7.3}$$

如果知道了位能函數，則很容易計算保守力在有限路程上的功。從(9-7.2)式可知，從位置「1」到位置「2」，保守力所作的功可用位能函數之差來計算，即

$$W_{1,2}=\int_1^2(-dV)=V\Big|_1-V\Big|_2=-\Delta V \tag{9-7.4}$$

其中符號$|_1$和$|_2$分別表示位能函數在位置「1」和「2」的值。

下面是幾種常見的位能函數：

1. 重力位能

因重力 **F** 及其受力點的微小位移 $d\mathbf{r}$ 可用直角座標表示為

$$\mathbf{F}=-mg\mathbf{k}$$

$$d\mathbf{r}=dx\mathbf{i}+dy\mathbf{j}+dz\mathbf{k}$$

所以重力的所作的功可表示為

$$dW=\mathbf{F}\cdot d\mathbf{r}=-mgdz=-d(mgz)$$

與(9-7.2)式比較，可知重力位能函數為

$$V=mgz \tag{9-7.5}$$

值得注意的是，z 軸必須是向上為正，但座標原點（即參考平面或零位能面）可以任意選定。由此可知，從位置「1」到位置「2」，重力所作的功可用位能函數之差來表示，即

$$W_{1,2}=mg(z_1-z_2) \tag{9-7.6}$$

2. 彈力位能

如圖 9-7.1 所示，設彈簧未變形時的長度為 ℓ_o，今將座標原點建在彈簧未變形時的端點處，則彈簧力 **F** 及其受力點的微小位移 $d\mathbf{r}$ 可表示為

$$\mathbf{F}=-kx\mathbf{i}$$

$$d\mathbf{r}=dx\mathbf{i}$$

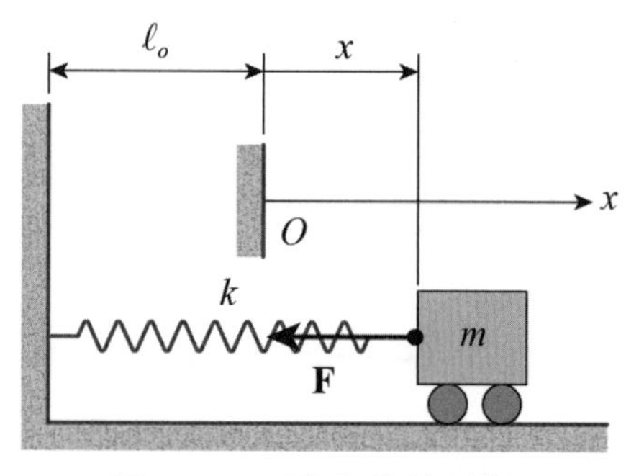

圖 9-7.1　彈力位能計算

因此，彈力所作的功可寫成

$$dW = \mathbf{F} \cdot d\mathbf{r} = -kxdx = -d(\frac{1}{2}kx^2)$$

與(9-7.2)式比較，可知彈力位能為

$$V = \frac{1}{2}kx^2 \tag{9-7.7}$$

從位置「1」到「2」，彈力所作的功可用位能函數之差來表示，即

$$W_{1,2} = \frac{1}{2}kx_1^{\ 2} - \frac{1}{2}kx_2^{\ 2} \tag{9-7.8}$$

應該強調，這裡 x_1、 x_2 都是從彈簧未變形時算起的靜變形量。

以上我們僅就彈力的受力點沿 x 軸作直線運動的情形導出了位能函數，並由此說明了彈力在有限路程上的功只取決於彈簧起始和終了時的變形，而與路徑無關。在一般情況下，可用球座標證明上述結論也是成立的，讀者可以仿照下面萬有引力位能函數的推導過程來證明這一點。

3. 萬有引力位能

質量為 m 的質點受到質量為 M 的質點的引力作用，此力可用萬有引力公式計算：

$$\mathbf{F} = -G\frac{Mm}{r^2}\mathbf{e}_r$$

其中 $G = 6.673\times10^{-11}\ \mathrm{m^3/(kg\cdot s^2)}$ 是萬有引力常數， $\mathbf{e}_r$ 為徑向單位量，如圖 9-7.2 所示，圖中 $\mathbf{e}_\theta$ 為沿 θ 角增加方向的單位向量， $\mathbf{e}_\phi$ 為沿 ϕ 角增加方向的單位向量。質點 m 的無限小位移 $d\mathbf{r}$ 可表示為

$$d\mathbf{r} = dr\mathbf{e}_r + rd\theta\mathbf{e}_\theta + r\sin\theta d\phi\mathbf{e}_\phi$$

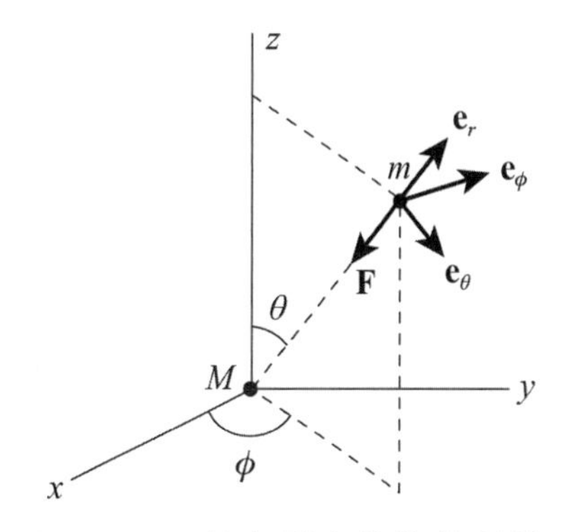

圖 9-7.2 萬有引力位能的計算

於是萬有引力的功可表示為

$$dW = \mathbf{F} \cdot d\mathbf{r} = -G\frac{Mm}{r^2}dr = -d(-G\frac{Mm}{r})$$

與(9-7.2)式比較，可知萬有引力位能函數為

$$V = -G\frac{Mm}{r} \tag{9-7.9}$$

當 m 從位置「1」運動到位置「2」時，萬有引力的功可用位能函數之差來表示，即

$$W_{1,2} = GMm(\frac{1}{r_2} - \frac{1}{r_1}) \tag{9-7.10}$$

（三）位能原理

考慮一個受理想拘束的系統，設其自由度為 n，並設主動力為保守力。我們可選 n 個獨立廣義座標 $q_1, q_2, \cdots, q_n$ 來表示系統的位能函數，即

$$V = V(q_1, q_2, \cdots, q_n) \tag{9-7.11}$$

當廣義座標有虛位移時，由於拘束是理想的，只有主動力有虛功。由位能函數的定義，可知

$$\begin{aligned}\delta W &= -\delta V \\ &= -\left[\frac{\partial V}{\partial q_1}\delta q_1 + \frac{\partial V}{\partial q_2}\delta q_2 + \cdots + \frac{\partial V}{\partial q_n}\delta q_n\right]\end{aligned}$$

由虛功原理 $\delta W = 0$，可推知

$$\frac{\partial V}{\partial q_1}\delta q_1 + \frac{\partial V}{\partial q_2}\delta q_2 + \cdots + \frac{\partial V}{\partial q_n}\delta q_n = 0$$

由於 $q_1, \cdots, q_n$ 為獨立廣義座標，因此虛位移 $\delta q_1, \cdots, \delta q_n$ 是彼此獨立的。要使上式成立，則 $\delta q_1, \cdots, \delta q_n$ 的係數必須全為零，故得

$$\frac{\partial V}{\partial q_1} = 0,\ \frac{\partial V}{\partial q_2} = 0,\ \cdots,\ \frac{\partial V}{\partial q_n} = 0 \tag{9-7.12}$$

即具有n個自由度的保守系統處於平衡時，系統總位能對於各個獨立廣義座標的偏導數必等於零。這一原理稱為**位能原理**(principle of potential energy)，它可以看成是虛功原理的一個推論。

用位能原理解平衡問題的步驟如下：

1. 求位能函數：用獨立廣義座標表示系統的總位能，位能的基準面可以任意選定。
2. 求平衡位置：求位能函數對各個廣義座標的偏導數，並令它們分別等於零。

例 9-7.1

用位能原理重解例 9-6.2。

解

P為常力，如同重力一樣是保守力，其位能函數為

$$V_p = -P\ell\sin\theta$$

其次，彈簧的變形量為 $(2\ell\sin\theta - h)$，因此彈力位能為

$$V_e = \frac{1}{2}k(2\ell\sin\theta - h)^2$$

故系統的總位能為

$$V = -P\ell\sin\theta + \frac{1}{2}k(2\ell\sin\theta - h)^2$$

對獨立廣義座標θ求導數：

$$\frac{dV}{d\theta} = 0$$

得平衡條件

$$-P\ell\cos\theta + k(2\ell\sin\theta - h)\cdot 2\ell\cos\theta = 0$$

因 $\cos\theta \neq 0$，約去 $\cos\theta$ 後得

$$-P + 2k(2\ell\sin\theta - h) = 0$$

由此解得

$$\sin\theta = \frac{P + 2kh}{4k\ell}$$

例 9-7.2

用位能原理求圖 9-7.3 中所示直桿平衡時的 θ 角，桿的長度為 2ℓ，接觸面光滑。

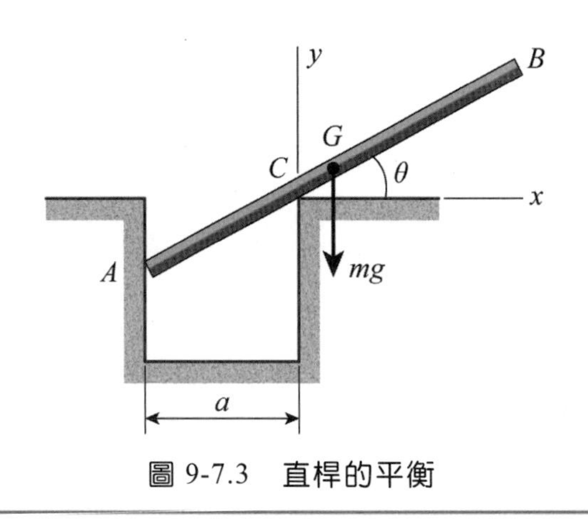

圖 9-7.3 直桿的平衡

解

因接觸面光滑，可視為理想拘束。系統有一個自由度，主動力只有重力。選 θ 為獨立廣義座標，系統的位能函數為

$$V = mg(\overline{CG})\sin\theta, \quad \overline{CG} = \ell - \frac{a}{\cos\theta}$$

故

$$V = mg(\ell\sin\theta - a\tan\theta)$$

由 $dV/d\theta = 0$，得平衡條件

$$\ell \cos\theta - \frac{a}{\cos^2\theta} = 0$$

由此解得

$$\cos\theta = \sqrt[3]{\frac{a}{\ell}}, \quad \theta = \cos^{-1}\sqrt[3]{\frac{a}{\ell}}$$

9-8 平衡之穩定性

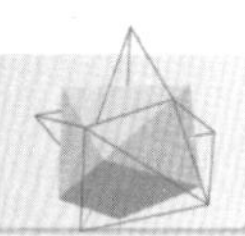

一個系統的平衡位置可能不止一個，在不同的平衡位置，其平衡的性質可能有根本的區別。為了說明這一概念，考慮圖 9-8.1(a)所示的均質桿，其位能可用廣義座標 θ 表示為

$$V = -mg\frac{\ell}{2}\cos\theta$$

其中 ℓ 為桿的長度。由位能原理知，系統的平衡位置由下式決定：

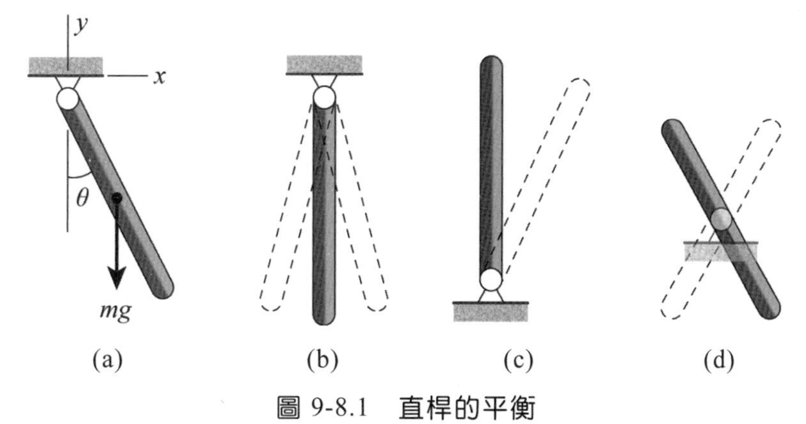

圖 9-8.1 直桿的平衡

$$\frac{dV}{d\theta} = 0 \quad 或 \quad mg\frac{\ell}{2}\sin\theta = 0$$

由此解得兩個平衡位置：$\theta=0$，如圖(b)所示；$\theta=\pi$，如圖(c)所示。對於圖(b)的情形，當桿受到輕微干擾而偏離平衡位置後，桿將繞其原來的平衡位置來回作小擺動，只要起始干擾足夠小，這種擺動不會超過某一指定的範圍，此種平衡稱為**穩定平衡**(stable equilibrium)。對於圖(c)的情形，當桿受到輕微干擾後，桿將偏離其平衡位置越來越遠，此種平衡稱為**不穩定平衡**(unstable equilibrium)。至於圖(d)所示的是一種特殊情形，無論桿處於什麼位置，其重心位置不變，位能為一常數。桿在任意位置均能平衡，此種平衡稱為**隨遇平衡**(neutral equilibrium)。

在一般情況下可以證明：

1. 若系統的位能為極小值，則平衡是穩定的。
2. 若系統的位能為極大值，則平衡是不穩定的。
3. 若系統的位能為常數，則平衡是隨遇的。

(一) 單自由度系統

對於單自由度系統，其位能函數可用一個獨立廣義座標 q 表示出來，即 $V=V(q)$。當系統處於平衡位置時，此系統位能函數的一階導數必等於零，即 $dV/dq=0$。若將此系統的位能函數 V 與獨立廣義座標 q 之關係曲線畫出，一階導數等於零的平衡位置 q_e 將位於 $V(q)$ 為極大或極小值之處，如圖 9-8.2 所示。

至於平衡的穩定性，要由位能函數在平衡位置 q_e 處的二階導數之值來確定。若 $d^2V/dq^2>0$，位能為極小值，平衡是穩定的；若 $d^2V/dq^2<0$，位能為極大值，平衡是不穩定的。若二階導數為零，則必須探討更高階之導數值，才能決定平衡的穩定性。若不為零之最低階導數為偶數階，且其導數值在 q_e 處為正值，則平衡是穩定的，否則，平衡是不穩定的。

若系統的位能函數 $V=$ 常數，則平衡為隨遇平衡，此時位能的各階導數皆為零，即

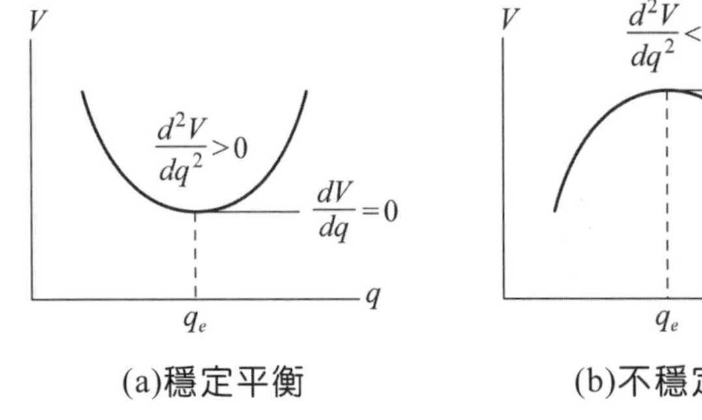

(a)穩定平衡

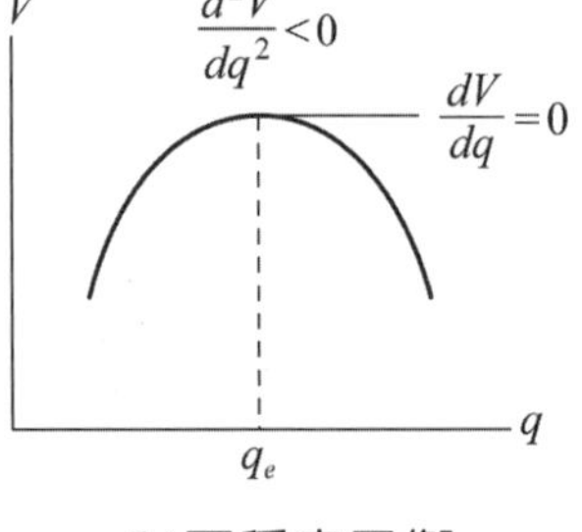

(b)不穩定平衡

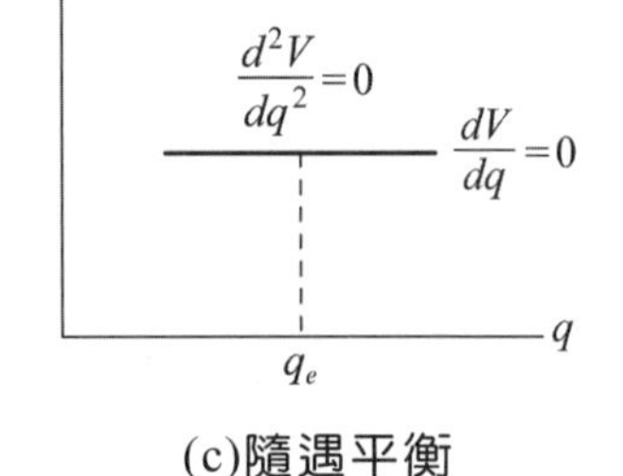

(c)隨遇平衡

圖 9-8.2 平衡的穩定性

$$\frac{dV}{dq}=\frac{d^2V}{dq^2}=\cdots=\frac{d^nV}{dq^n}=0$$

圖 9-8.2 可以用來幫助我們記憶：圖(a)中位能函數曲線形同一個碗，碗口朝上（d^2V/dq^2 為正），設想碗中有一小球，則小球處於穩定平衡狀態。圖(b)中位能函數曲線形同一個碗，碗口朝下（d^2V/dq^2 為負），設想碗中有一小球，則小球的平衡是不穩定的。圖(c)中位能函數曲線為一水平線，小球在任意位置都能平衡，即隨遇平衡。

總之，對單自由度系統，我們有下面的結論：

穩定平衡：$\frac{dV}{dq}=0$，$\frac{d^2V}{dq^2}>0$ (9-8.1)

不穩定平衡：$\frac{dV}{dq}=0$，$\frac{d^2V}{dq^2}<0$ (9-8.2)

隨遇平衡：$V=$常數 (9-8.3)

（二）多自由度系統

對於多自由度系統，其位能是多變量（廣義座標）的函數，必須用多元函數理論才能確定位能函數是否為極小值，從而判定平衡的穩定性。對於二自由度系統而言，其位能函數可用兩個獨立廣義座標 q_1、q_2 表示出來，即 $V=V(q_1, q_2)$。由位能原理，其平衡位置由下式確定：

$$\frac{\partial V}{\partial q_1}=0,\quad \frac{\partial V}{\partial q_2}=0 \tag{9-8.4}$$

平衡的穩定性由下列條件判定：

穩定平衡：$(\frac{\partial^2 V}{\partial q_1\partial q_2})^2-\frac{\partial^2 V}{\partial q_1^2}\frac{\partial^2 V}{\partial q_2^2}<0$ (9-8.5)

$$\frac{\partial^2 V}{\partial q_1^2}>0 \text{ 或 } \frac{\partial^2 V}{\partial q_2^2}>0 \tag{9-8.6}$$

不穩定平衡：$(\frac{\partial^2 V}{\partial q_1 \partial q_2})^2 - \frac{\partial^2 V}{\partial q_1^2}\frac{\partial^2 V}{\partial q_2^2} < 0$ (9-8.7)

$\frac{\partial^2 V}{\partial q_1^2} < 0$ 或 $\frac{\partial^2 V}{\partial q_2^2} < 0$ (9-8.8)

例 9-8.1

一半圓柱兩邊用兩根相同的彈簧連接於固定牆上，其頂上重物 P 只能沿鉛直導軌運動，如圖 9-8.3 所示。設當 $\theta = 0$ 時，兩彈簧處於未變形狀態，討論系統的平衡。

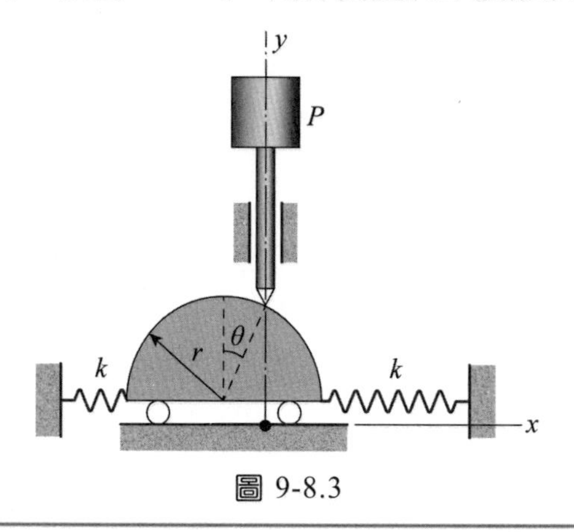

圖 9-8.3

解

(1) **位能函數**：系統有一個自由度，其位能可用獨立廣義座標 θ 表示為

$$V = Pr\cos\theta + 2\cdot\frac{1}{2}k(r\sin\theta)^2$$

半圓柱的位能與 θ 無關，為一常數，因為用位能原理時，要將位能函數求導數，故在 V 中加不加這一常數並不影響最後結果。或者說，我們可以取這一常數為零。

(2) **平衡位置**：令 $dV/d\theta = 0$，可求得平衡位置，即

$$\frac{dV}{d\theta} = -Pr\sin\theta + 2kr^2\sin\theta\cos\theta = 0$$

或寫成

$$(2kr\cos\theta - P)\sin\theta = 0$$

由此解得平衡位置：

$$\theta_1 = 0,\quad \theta_2 = \pm\cos^{-1}(\frac{P}{2kr})$$

(3) **穩定性**：求位能函數的二階導數，得

$$\frac{d^2V}{d\theta^2} = -Pr\cos\theta + 2kr^2\cos^2\theta - 2kr^2\sin^2\theta$$

① 對 θ_1，我們有

$$\left.\frac{d^2V}{d\theta^2}\right|_{\theta_1} = r(2kr - P)$$

若 $k > \frac{P}{2r}$，則 $\left.\frac{d^2V}{d\theta^2}\right|_{\theta_1} > 0$，系統穩定，

若 $k < \frac{P}{2r}$，則 $\left.\frac{d^2V}{d\theta^2}\right|_{\theta_1} < 0$，系統不穩定。

② 對 θ_2，我們有

$$\left.\frac{d^2V}{d\theta^2}\right|_{\theta_2} = 2kr^2(\frac{P^2}{4k^2r^2} - 1)$$

若 $k > \frac{P}{2r}$，則 $\left.\frac{d^2V}{d\theta^2}\right|_{\theta_2} < 0$，系統不穩定，

若 $k < \frac{P}{2r}$，則 $\left.\frac{d^2V}{d\theta^2}\right|_{\theta_2} > 0$，系統穩定。

結論：若 $k > \frac{P}{2r}$，即彈簧較硬時，重物 P 在半圓柱頂上的平衡位置是穩定的，在下部的平衡位置是不穩的。若 $k < \frac{P}{2r}$，即彈簧較軟時，結論正好和以上相反。

例 9-8.2

如圖 9-8.4 所示，搖擺玩具(teeter toy)包含兩個質量為 m 的小球，懸掛在質量可忽略不計，長為 ℓ 的細長桿的外側，而支撐桿的底端削尖放置在一個水平的固定物上，試分析此搖擺玩具的穩定性。

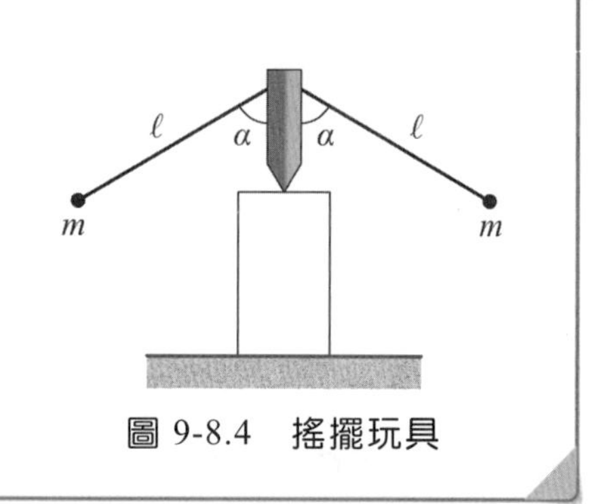

圖 9-8.4 搖擺玩具

解

設固定物的水平面為重力位能零點，則當玩具向右擺動 θ 角後，與位能有關的尺寸，如圖 9-8.5 所示，其中 R 為支撐桿的長度。

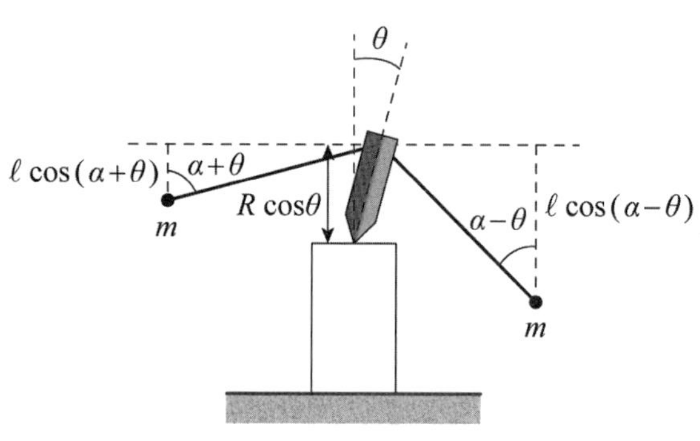

圖 9-8.5 搖擺玩具的位能

忽略支撐桿及細長桿的位能，此時玩具的位能為

$$V(\theta) = mg[R\cos\theta - \ell\cos(\alpha+\theta)] \\ +mg[R\cos\theta - \ell\cos(\alpha-\theta)]$$

展開整理後，可得

$$V(\theta) = 2mg\cos\theta(R - \ell\cos\alpha)$$

平衡點發生在

$$\frac{dV}{d\theta} = -2mg\sin\theta(R - \ell\cos\alpha) = 0$$

之處，即在 $\theta = 0$ ，$\theta = \pi$ 有平衡點。從圖 9-8.5 中可知 θ 被限制小於 $\frac{\pi}{2}$ ，因此捨去 $\theta = \pi$ 。對位能函數作二次微分，得

$$\frac{d^2V}{d\theta^2} = -2mg\cos\theta(R - \ell\cos\alpha)$$

代入 $\theta = 0$，得

$$\left.\frac{d^2V}{d\theta^2}\right|_{\theta=0} = -2mg(R - \ell\cos\alpha)$$

搖擺玩具要穩定，需要位能函數的二次微分大於零。由上式可知，需

$$R - \ell\cos\alpha < 0$$

即

$$R < \ell\cos\alpha$$

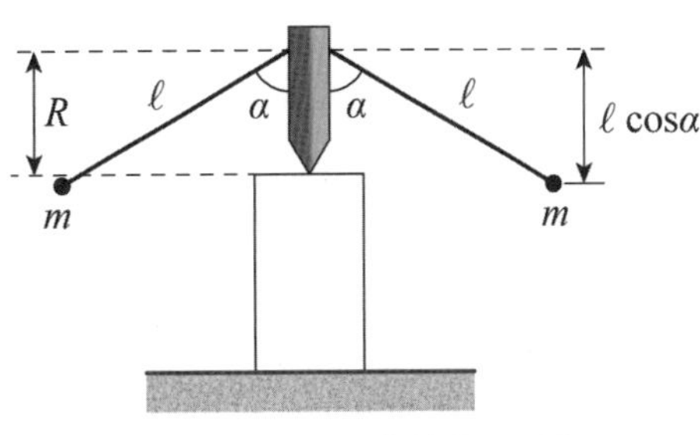

圖 9-8.6 穩定的搖擺玩具

由此可知玩具要穩定，懸掛的質量 m 必須低於支撐點，如圖 9-8.6 所示。

9-9 結　語

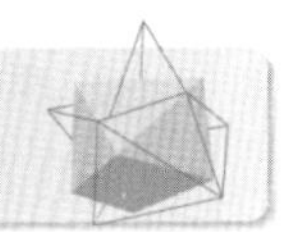

本章討論如何用虛功原理（亦稱虛位移原理）和位能原理解決平衡問題。現將重點小結如下：

1. 虛位移：是指質點在拘束允許下的任何微小位移。虛位移必須滿足三個條件：時間「凍結」，拘束允許，位移微小。所謂時間「凍結」，是指在求虛位移時，不考慮時間的變化，因此虛位移可用等時變分計算。
2. 虛功：力在虛位移上所作的功。
3. 理想拘束：其拘束反力在虛位移上的虛功之和為零。常見的理想拘束的例子有（見思考題）：(1)支承物體的光滑固定面；(2)剛性輪在地面純滾動時受到的拘束；(3)拉緊但不可伸長的軟索對連接於其兩端質點的拘束；(4)不打滑的兩摩擦輪之間的拘束。

4. 虛功原理：具有定常理想拘束的系統，其平衡的充分必要條件是，作用在系統上的主動力的虛功之和為零。

5. 應用虛功原理解題時，列出虛功方程後，關鍵是求各虛位移之間的關係。建立虛位移之間的關係有兩種方法：
   a. 直接找它們之間的幾何關係；
   b. 寫出座標之間的關係，然後求等時變分，從而找出它們之間的關係。

6. 位能原理：保守系統處於平衡位置時，系統位能對各個廣義座標的偏導數等於零。用位能原理解題時按以下步驟進行：
   a. 求位能函數；
   b. 求位能函數對各個廣義座標的偏導數並令其等於零，而得平衡方程。

7. 平衡的穩定性：只有當位能函數取最小值時，平衡才是穩定的。因此，判斷平衡的穩定性問題，就是判斷位能函數是否有極值的問題。對單自由度系統，若位能函數對廣義座標的二階導數大於零，則平衡是穩定的；否則是不穩定的。對二自由度系統，平衡穩定性的判別式如(9-8.5)至(9-8.8)所示。對多自由度系統，位能函數是多變量函數，其判別式更複雜。

思考題

1. 如圖 t9.1 所示的平面由位置 A 運動至位置 B，質點 P 拘束在平面上運動。說明何謂虛位移與實位移。

2. 一質點被拘束在斜面上運動，而斜面又沿水平面運動，如圖 t9.2 所示。 說明何謂虛位移與實位移。

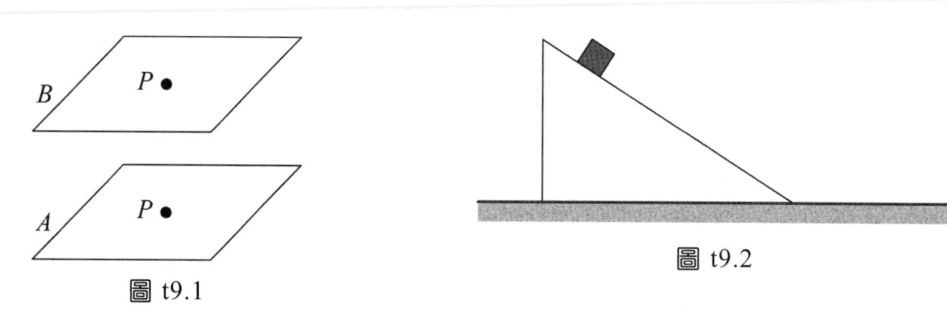

圖 t9.1

圖 t9.2

3. 合力對某點虛位移的虛功是否等於其分力對同一虛位移的虛功？

4. 支承物體的光滑固定面對物體所加的拘束是理想拘束嗎？

5. 連接兩桿的光滑鉸鏈是理想拘束嗎？

6. 剛性輪沿地面作純滾動時所受的拘束是理想拘束嗎？

7. 兩剛性摩擦輪嚙合時，如果不打滑，以兩剛性摩擦輪為研究對象，這種拘束是理想拘束嗎？

習題 EXERCISE

9.1 重量為 W 的軸環 B 可自由地在鉛直桿上滑動，如圖所示。已知彈簧常數為 k，當 $y=0$ 時彈簧未伸長，(a)導出以 y、W、a 及 k 表示的軸環平衡時之方程式；(b)若 $W=80$ N，$a=300$ mm 及 $k=500$ N/m，求平衡時的 y 值，並判斷此平衡是否穩定。

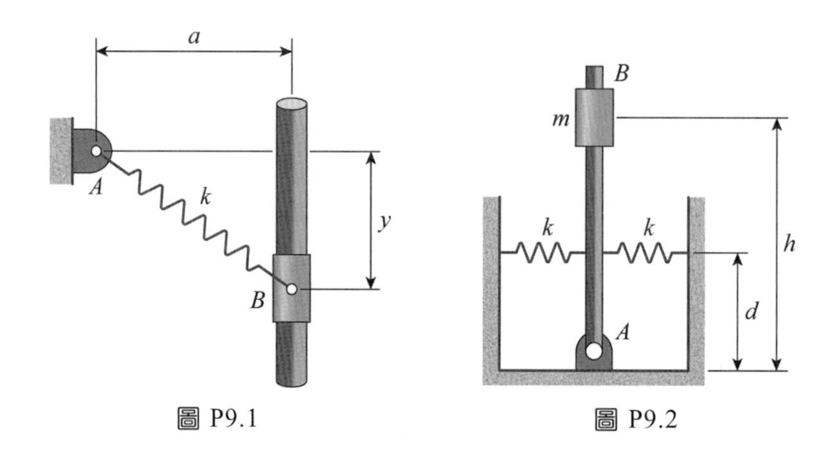

圖 P9.1　　圖 P9.2

9.2 圖示桿 AB 鉸接於 A 處，並以彈簧常數皆為 k 的兩個彈簧連接於壁上。若 $h=0.3$ m，$d=0.15$ m，而 $m=75$ kg，求桿在如圖之位置而能穩定時 k 值的範圍，其中彈簧可被拉伸或壓縮。在圖示位置時兩彈簧皆未伸長。

9.3 已知桿 AB 的長度為 2ℓ，試導出平衡時所需力矩 M 的數學表達式。

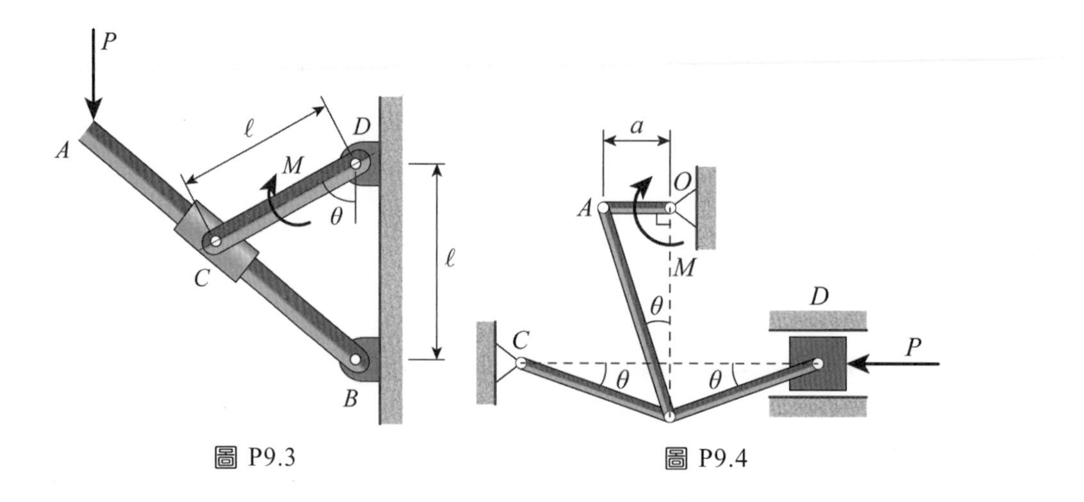

圖 P9.3　　圖 P9.4

9.4 在圖示機構中，一力偶作用在曲柄 OA 上，其力偶矩為 M，一水平力 P 作用在滑塊 D 上。設不計摩擦，在圖示位置時，機構處於平衡狀態，求證：

$$M = Pa\tan 2\theta$$

（提示：A、B 兩點的虛位移在 AB 桿上的投影相等）

9.5 用虛功原理解第四章例 4-4.4。

9.6 用位能原理解習題 4.8，並討論平衡的穩定性。

9.7 用位能原理解習題 4.9，並討論平衡的穩定性。

9.8 用虛功原理解習題 4.24。

9.9 用虛功原理解習題 4.26。

9.10 用虛功原理解習題 4.27。

9.11 圖示的曲柄滑塊機構，曲柄 OA 長 r，連桿 AB 長 ℓ。如機構在圖示角度 θ 之位置時保持平衡，試求轉矩 M 與阻力 P 之間的關係。

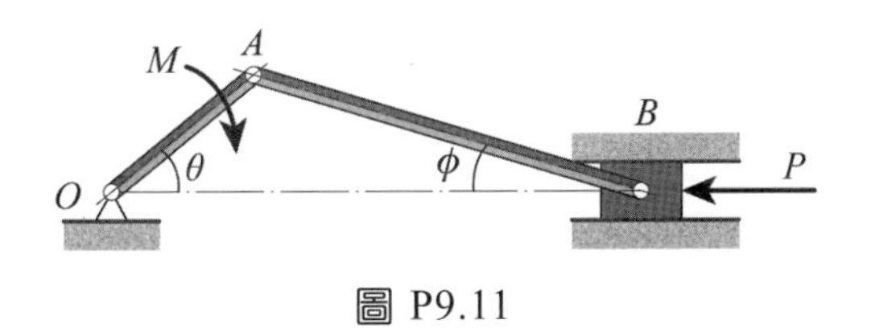

圖 P9.11

9.12 圖示之曲柄壓榨機的中間鉸鏈 B 上有水平力 P 作用，而作用點 C 的壓榨力為 Q，其方向沿直線 AC。今已知水平拉力 P 之值，且 $\overline{AB} = \overline{BC}$，$\angle ABC = 2\alpha$。問在平衡時壓榨力 Q 為多大？

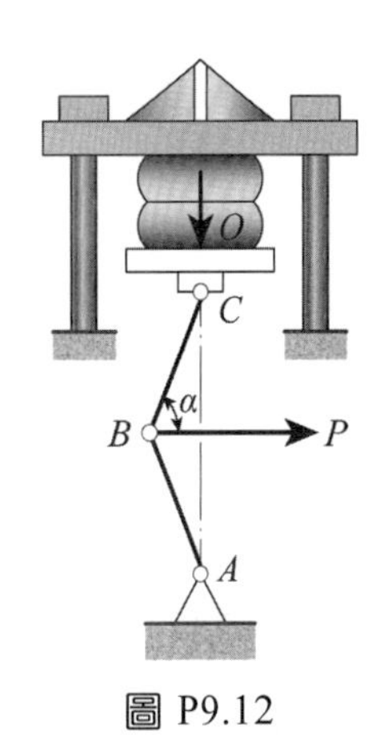

圖 P9.12

9.13 兩物體的質量分別為 m_1、m_2 連接在一繩的兩端，分別放在傾斜角為 α、β 的光滑斜面上，如圖所示。繩子繞過定滑輪與一動滑輪相連，動滑輪上掛一物體質量為 M。如不計摩擦，求平衡時 m_1、m_2 各等於多少？

9.14 圖示由四根等長的桿件所構成的系統中，$\overline{AB}=\overline{BC}=\overline{CD}=\overline{DE}=\ell$，$\overline{AE}=2\ell$，若在 B、C、D 三點上均作用一個相等的垂直力 P，且桿的質量與各連接點的摩擦可忽略不計，求該系統處於平衡時角 α 和 β 必須滿足什麼關係。

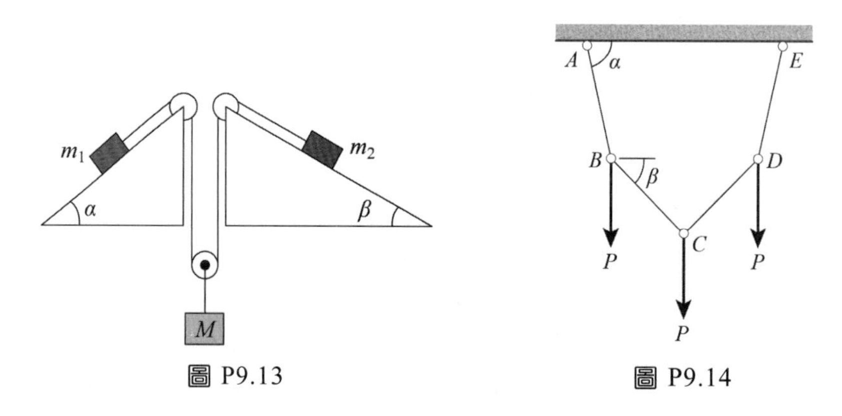

圖 P9.13　　圖 P9.14

9.15 圖示位於垂直平面內之四連桿機構中，$\overline{AB}=\overline{CD}$，$\overline{AC}=\overline{BD}$。桿 AB 可繞 O 點轉動，$\overline{OA}=a$，$\overline{OB}=b$。今在 C 點上作用一鉛直力 P，D 處作用一水平力 Q，使機構處於平衡。若桿的質量可忽略不計，問此時 α 與 β 角之關係。

9.16 剛性桿 AB 連接兩球穿在互相垂直的兩個光滑桿上，並可沿它運動，如圖所示。設 A 球的質量是 B 球的三倍，且桿的質量可以忽略不計。試用最小位能法、虛位移法及靜力學平衡方程，求平衡時的角度 θ。

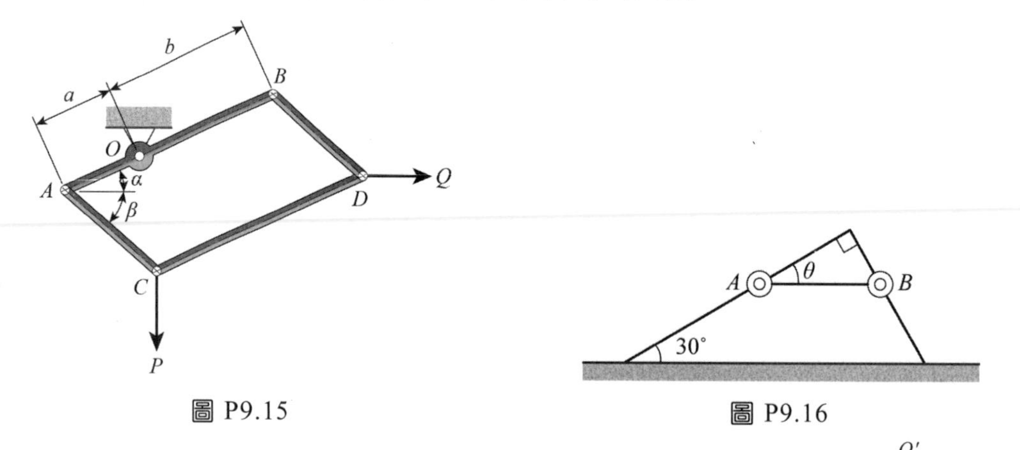

圖 P9.15　　圖 P9.16

9.17 半徑為 r 的均質半圓柱體 A 置於另一半徑為 R 的半圓柱體的頂端，如圖所示。若 A 只滾不滑，求穩定時大半圓柱的半徑 R 為多少？

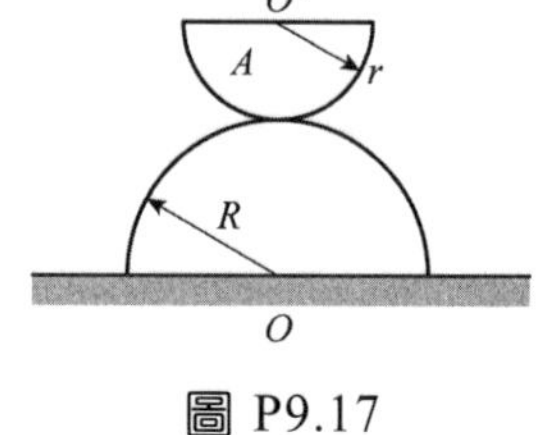

圖 P9.17

參考文獻 REFERENCE

1. T. C. Huang, *Engineering Mechanics*: *Statics*, Addison-Wesley, Reading, MA, 1967.
2. J. L. Meriam and L. G. Kraige, *Engineering Mechanics*: *Statics*, 2nd ed. John Wiley& Sons, New York, NY, 1987.
3. F. P. Beer and E. R. Johnston, *Vector Mechanics for Engineers*: *Statics*, 5th ed. McGraw-Hill, New York, NY, 1988.
4. D. T. Greenwood, *Principle of Dynamics*, 2nd ed. Prentice-Hall, Englewood Cliffs, Cliffs, NJ, 1988.
5. R. C. Hibbeler, *Engineering Mechanics*: *Statics*, 5th ed. Nacmillan, New York, NY, 1989.
6. D. J. McGill and W. W. King, *Engineering Mechanics*: *Statics*, 2nd ed. PWS-KENT, Boston, MA, 1989.
7. I. C. Jong and B. G. Rogers, *Engineering Mechanics*: *Statics and Dynamics*, Saunders College Publishing, Orlando, FL, 1991.
8. 孟繼洛，應用力學－靜力學，高立圖書公司，1990。
9. 王亞平、許源鏞，應用力學，文京圖書公司，1990。
10. D. Kleppner and R. J. Kolenkow, *An Introduction to Mechanics*, McGraw-Hill, 1973.

索引 INDEX

- O -

- P -

- R -

- S -

思考題與習題解答

第一章

思考題解答

1. 不一定。物體也可作等速度直線運動。
2. 可以。由牛頓第二定律 $\Sigma\mathbf{F}=m\mathbf{a}$，對靜力學而言，系統處於平衡狀態，加速度 $\mathbf{a}=0$，於是 $\Sigma\mathbf{F}=0$，此方程就是靜力學的平衡方程。
3. 方程兩邊因次同為 $[MLT^{-2}]$。

習題解答

1.1　(1)正確，(2)～(5)不正確

1.4　$[M^{-1}L^3T^{-2}]$

1.5　(a) $271.2\ \text{N}\cdot\text{m}$；(b) $2578\ \text{kg}/\text{m}^3$；(c) $32.2\ \text{ft}/\text{s}^2$

1.6　正確

第二章

思考題解答

1. (A) $\mathbf{F}_1=\mathbf{F}_2$ 表示兩力大小相等，方向相同。
   (B) $F_1=F_2$ 表示兩力大小相等，方向不一定相同。
2. 分力用平行四邊形定律求得，而力之投影則是由作垂線求得。
   例如圖 t2.1 中，$\mathbf{F}_1$ 為 $\mathbf{R}$ 沿 x 軸的分力，$\mathbf{F}_1'$ 為 $\mathbf{R}$ 在 x 軸上的投影。

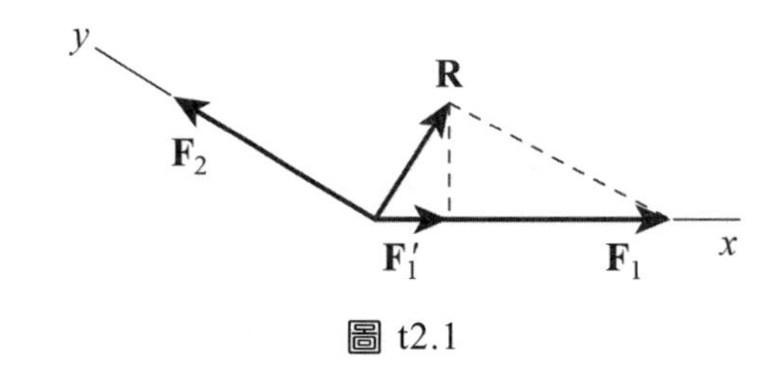

圖 t2.1

3. 可確定大小和方向，但不能確定作用點。

4. 兩力之和代表兩個力的向量和，即 $\mathbf{R}_1=\mathbf{F}_1+\mathbf{F}_2$，可用平行四邊形定律求出。兩力大小之和只是兩力大小直接相加，是純量，如圖 t2.2 所示。

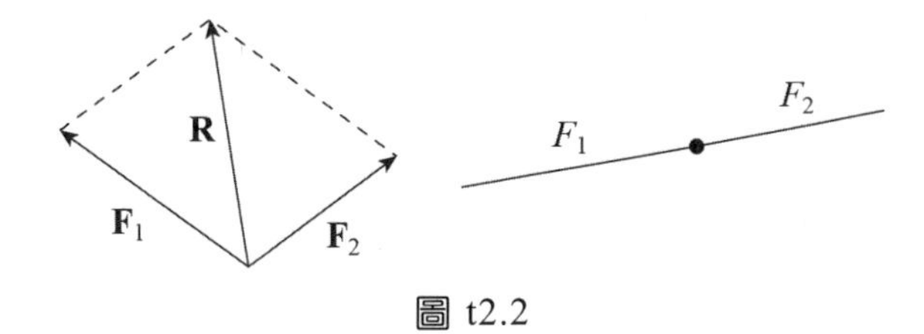

圖 t2.2

習題解答

2.1 (a) $500\mathbf{i}, 800\mathbf{j}, -332\mathbf{k}$　(b) $0.5\mathbf{i}+0.8\mathbf{j}-0.332\mathbf{k}$

(c) $\alpha=60°$，$\beta=36.87°$，$\gamma=109.39°$

2.2 (1)(a) $\sqrt{26}$　(b) $\frac{1}{\sqrt{26}}(\mathbf{i}+4\mathbf{j}+3\mathbf{k})$　(c) $\frac{1}{\sqrt{26}}$，$\frac{4}{\sqrt{26}}$，$\frac{3}{\sqrt{26}}$

(2)(a) $\sqrt{29}$　(b) $\frac{1}{\sqrt{29}}(2\mathbf{i}-5\mathbf{k})$　(c) $\frac{2}{\sqrt{29}}, 0, \frac{-5}{\sqrt{29}}$

2.3 $\boldsymbol{r}=1000(\frac{2}{\sqrt{41}}\mathbf{i}+\frac{6}{\sqrt{41}}\mathbf{j}+\frac{1}{\sqrt{41}}\mathbf{k})$

2.5 (a) $\frac{4}{5}\mathbf{i}-\frac{2}{5}\mathbf{k}$　(b) $82.7°$

2.6 51.34

2.7 (a) $228\mathbf{i}+456\mathbf{j}+684\mathbf{k}$　(b) 120

(c) $404\mathbf{i}+112\mathbf{j}+60\mathbf{k}$　(d) $512\mathbf{i}+456\mathbf{j}+240\mathbf{k}$

2.8 (a) $17\mathbf{i}-21\mathbf{j}+19\mathbf{k}$　(b) $14\mathbf{i}-20\mathbf{j}+11\mathbf{k}$　(c) 68

(d) $-140\mathbf{i}-87\mathbf{j}+20\mathbf{k}$　(e) -173　(f) $67\mathbf{i}-180\mathbf{j}-314\mathbf{k}$

2.9 (a) $\mathbf{i}$　(b) $\frac{4}{13}\mathbf{i}-\frac{3}{13}\mathbf{j}+\frac{12}{13}\mathbf{k}$

2.10 (a) 20

(b) 距離 $=|\mathbf{A}+\mathbf{B}+\mathbf{C}|=|4\mathbf{i}+8\mathbf{j}+3\mathbf{k}|=9.43$

第三章

思考題解答

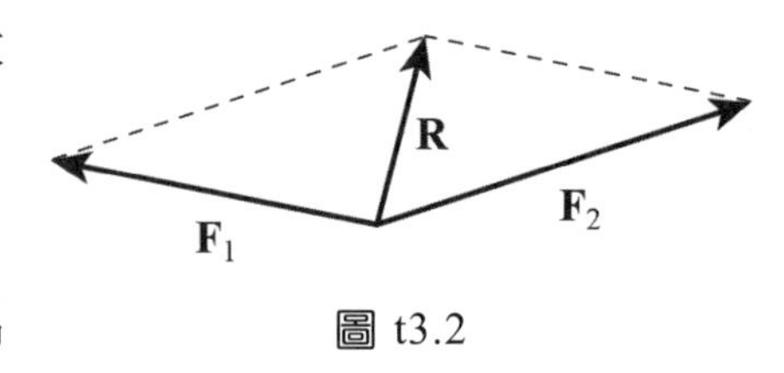

圖 t3.2

1. 不一定。例如圖 t3.2 中 $\mathbf{F}_1$ 與 $\mathbf{F}_2$ 之合力 $\mathbf{R}$，其大小小於 $\mathbf{F}_1$ 及 $\mathbf{F}_2$ 之大小。

2. 相同處：兩者都使物體產生轉動效應。
   不同處：力矩的大小與矩心的位置有關；而力偶的作用效果與作用位置無關。

3. 圖(b)。

4. 不可能。可將力 $\mathbf{F}$ 分解成平行於 ℓ 的分量 $\mathbf{F}_1$ 及垂直於 ℓ 的分量 $\mathbf{F}_2$，$\mathbf{F}_1$ 對 ℓ 軸沒有力矩。故力 $\mathbf{F}$ 對軸 ℓ 的力矩大小 $|\mathbf{M}_\ell|$，小於或等於力 $\mathbf{F}$ 對 ℓ 軸上任一點 p 的力矩的大小 $|\mathbf{M}_p|$。
   又解：力 $\mathbf{F}$ 對 ℓ 軸的力矩等於力 $\mathbf{F}$ 對 ℓ 軸上任一點 p 的力矩在 ℓ 軸上的正交分量。一向量的正交分量不可能大於其本身。

圖 t3.3

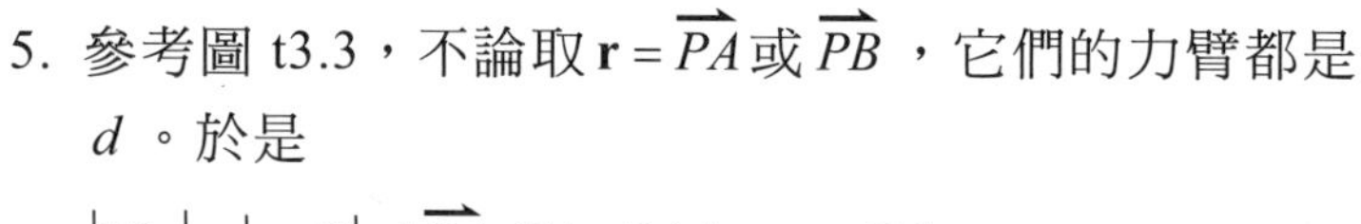

5. 參考圖 t3.3，不論取 $\mathbf{r}=\overrightarrow{PA}$ 或 $\overrightarrow{PB}$，它們的力臂都是 d。於是
   $$|\mathbf{M}_p|=|\mathbf{r}\times\mathbf{F}|=|\overrightarrow{PA}\times\mathbf{F}|=PA\sin\alpha_A=Fd$$

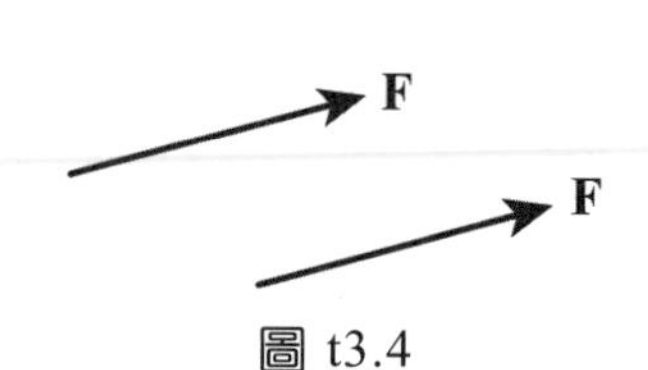

圖 t3.4

6. 否。只能表示力的大小和方向，但作用點不能確定。例圖 t3.4 所示的兩條平行線皆可代表力 $\mathbf{F}$，但作用線卻不相同。

7. 不同。向 A 點簡化可得一合力 $2\sqrt{2}F$ (方向指向東南)和依順時鐘方向的力偶，其值為 $2Fa$。向 B 點簡化可得一單力 $2\sqrt{2}F$ (方向指向東南)。

8. $$\begin{aligned}\sum\mathbf{M}_O&=\overrightarrow{OB}\times\mathbf{F}+\overrightarrow{OA}\times\mathbf{F}'\\&=\overrightarrow{OB}\times\mathbf{F}+\overrightarrow{OA}\times(-\mathbf{F})\\&=(\overrightarrow{OB}-\overrightarrow{OA})\times\mathbf{F}\\&=\mathbf{r}\times\mathbf{F}\end{aligned}$$

習題解答

3.1 $R = 906$ N， $\alpha = 26.6°$

3.2 (a) $T_{AC} = 592$ N；(b) $R = 769$ N

3.3 $\alpha = 76.1°$

3.4 $P = 3657$ N， $R = 3728$ N

3.5 350 N：317 N，147.9 N
800 N：274 N，752 N；600 N：–300 N，520 N

3.6 255 N：225 N，120 N；340 N：–160 N，300 N

3.7 (a) 2193 N；(b) 2060 N

3.8 $T_{AC} = 164$ N， $T_{BC} = 100$ N

3.9 $F_{AB} = W \tan 60°$， $F_{BC} = W / \sin 30°$

3.10 (a) –130.1 N，816 N，357 N (b) 98.3°，25.0°，66.6°

3.11 (a) 16.38 N，34.6 N，–11.47 N (b) 65.8°，30.0°，106.7°

3.12 (a) $(F_{BA})_x = \frac{285}{\sqrt{6}}$ N， $(F_{BA})_y = -\frac{570}{\sqrt{6}}$ N， $(F_{BA})_z = \frac{285}{\sqrt{6}}$ N
(b) $(F_{CA})_x = -\frac{1278}{\sqrt{14}}$ N， $(F_{CA})_y = -\frac{852}{\sqrt{14}}$ N， $(F_{CA})_z = \frac{426}{\sqrt{14}}$ N
(c) $R = 561.8$ N， $\theta_x = 66.4°$， $\theta_y = 35.0°$， $\theta_z = 114.2°$

3.13 $P = 400$ N， $\alpha = 22.6°$

3.14 (a) 41.7 N·m；(b) 147 N；(c) 177 N

3.15 140 N·m

3.16 $M_x = -1597.5$ N·m， $M_y = 958.5$ N·m， $M_z = 0$

3.17 (a) $1080\mathbf{i} + 1200\mathbf{k}$ N·m (b) $-810\mathbf{i} - 1350\mathbf{j} - 2850\mathbf{k}$ N·m
(c) $900(0.667\mathbf{j} + 0.750\mathbf{k})$ N·m (d) $923(0.543\mathbf{i} + 0.466\mathbf{j} - 0.699\mathbf{k})$ N·m

3.18 $M_A = M_B = 30\sqrt{3}$ N·m (↻)

3.19 $M = 13$ N·m， $\theta_x = 22.6°$， $\theta_y = 112.6°$， $\theta_z = 90°$

3.20 $\mathbf{R}=4\mathbf{i}+3\mathbf{j}(\text{N})$， $d=2.2\text{ m}$

3.21 $\mathbf{R}=8\mathbf{j}-8\mathbf{k}(\text{N})$， $d=\dfrac{1}{\sqrt{2}}\text{ m}$

3.22 (a) 3.2 cm , (b) 3.87 cm

3.23 (a) $3P\mathbf{i}-P\mathbf{j}+2P\mathbf{k}$， $Pb\mathbf{i}-2Pc\mathbf{j}+3Pa\mathbf{k}$

(b) $6a+3b+2c=0$

(c)不能，因合力 $\neq 0$

第四章

思考題解答

1. 共面，但不一定共點（可能互相平行）。

2. 圖中只畫出了作用於滑輪的主動力，並沒有畫出滑輪所受的支承反力。畫出滑輪的自由體圖如圖 t4.7 所示，圖中 W 為滑輪的重力，N' 為支承反力，N 為 N' 與 W 的合力，即 $N=N'-W$ ，N 與 F 構成力偶與 M 形成平衡力系，使滑輪靜止。

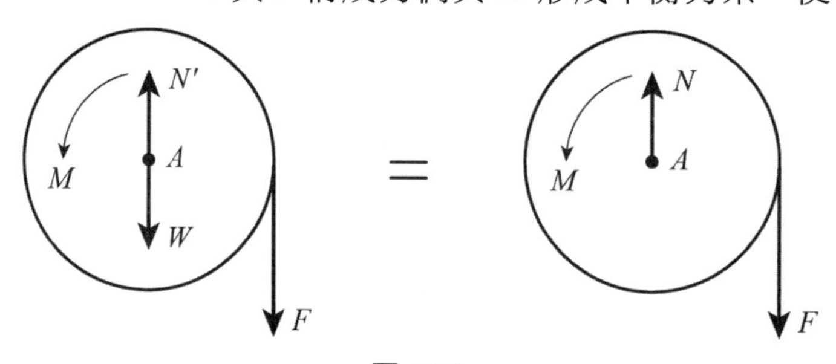

圖 t4.7

3. 不正確。

4. (A)對，可化成合力及合力偶。
   (B)錯。
   (C)對；空間力系簡化成的合力及合力偶可用兩個力來等效。

5. 是。力系可向 O 點簡化成平行於三個座標軸的三個合力及三個合力偶。由前三個方程可知每個合力為零。由後三個方程可知每個合力偶亦為零。

6. 每兩個相互垂直的平面上的力系，沿此兩個平面的交線的投影應相等，由此得三個拘束方程，故獨立的平衡方程只有六個。

7. 不能，因 AC 和 BC 是不同的物體。力向某點簡化只適用於同一個物體。

8. (c)靜定；(a)、(b)、(d)靜不定。

9. 靜不定。因空間力系最多只有六個獨立的平衡方程，只能求解六個未知數，只靠平衡方程不可能求解十二根桿的內力。

10. $\sum M_{CG}=0: F_{BE}=\sqrt{2}F$（拉力）
$\sum M_{BH}=0: F_{CG}=0$
$\sum M_{BG}=0: F_{CH}=0$
$\sum F_z=0: F_{BF}=F$（壓力）
$\sum M_{CG}=0: F_{BE}=\sqrt{2}F$（拉力）
$\sum M_{BH}=0: F_{CG}=0$
$\sum M_{BC}=0: F_{DH}=0$
$\sum M_{BG}=0: F_{CH}=0$
$\sum F_x=0: F_{DG}=0$
$\sum F_z=0: F_{BF}=F$（壓力）

習題解答

4.2 $T_{AC}=896.58\text{ N}$ $T_{BC}=732.05\text{ N}$

4.3 $T_{AC}=586\text{ N}$ $T_{BC}=2190\text{ N}$

4.4 $T_{AC}=2678\text{ N}$ $T_{BC}=2239\text{ N}$

4.5 $\mathbf{F}_A=-(60\text{ kN})\mathbf{i}-(58.9\text{ kN})\mathbf{j}$，$F_B=120\text{ N}$，指向右上方與水平成 $60°$
$A_x=-4000\text{ lb}$，$A_y=3167\text{ lb}$，$B_y=4833\text{ lb}$

4.6 $N_A=277\text{ N}\downarrow$，$N_C=277\text{ N}\uparrow$，$N_B=400\text{ N}\rightarrow$

4.7 (a) $A_x=-\frac{1}{3}P$，$A_y=\frac{2}{3}P$，$N_D=0.471P$ (b) $A_x=P$，$A_y=0$，$N_D=1.414P$
(c) $N_A=0.471P$，$D_x=-\frac{1}{3}P$，$D_y=\frac{2}{3}P$ (d) $N_A=0.707P$，$T_C=0.707P$，$N_D=P$

4.8 $\sin\theta=\sqrt[3]{\frac{2d}{L}}$

4.9 $\cot^3\theta+\cot\theta=\frac{L}{2R}$

4.10 $F_t = 36.7\ \text{N}$，$F_n = 32.7\ \text{N}$

4.11 $N_A(\text{左}) = 654\ \text{N}$，$N_{AB} = 817\ \text{N}$，$N_B(\text{底}) = 1471\ \text{N}$，$N_B(\text{右}) = 654\ \text{N}$

4.12 $T = \frac{1}{3}W$

4.13 $T = \frac{1}{4}W$

4.14 $T = 156.96\ \text{N}$，$N = 529.74\ \text{N}$

4.15 $m_B = \frac{2}{3}m_A = 10\ \text{kg}$

4.16 $m_B = 18.71\ \text{kg}$

4.17 $m_B = 6.93\ \text{kg}$

4.20 $D_x = -1600\ \text{N}$，$C_x = 400\ \text{N}$，$T = 1200\ \text{N}$，$D_y = -480\ \text{N}$，$C_y = 1200\ \text{N}$

4.21 $T = 924\ \text{N}$

4.22 $F = 12.3\ \text{N}$

4.23 $T_{CE} = 2.2\ \text{kN}$，$A_x = 2.0\ \text{kN}$，$B_x = 2.2\ \text{kN}$，$T_{DF} = 5.3\ \text{kN}$，$A_z = -1.8\ \text{kN}$，$B_z = 0$

4.24 $P = W\tan\alpha$

4.27 $Q = \dfrac{P}{2\sin^2\alpha}$

第五章

思考題解答

1. 零力構件只有在特殊的負載下才不受力，改變載荷可能就不是零力構件了。所謂多餘桿件係指去掉此桿件後，不會影響桁架的固定性。

2. (A)如接點由兩根不在同一直線的桿件構成，且接點不受力，則此兩桿皆為零力構件。如圖 t5.3(a)所示之 *AB* 和 *AC* 桿都是零力構件。

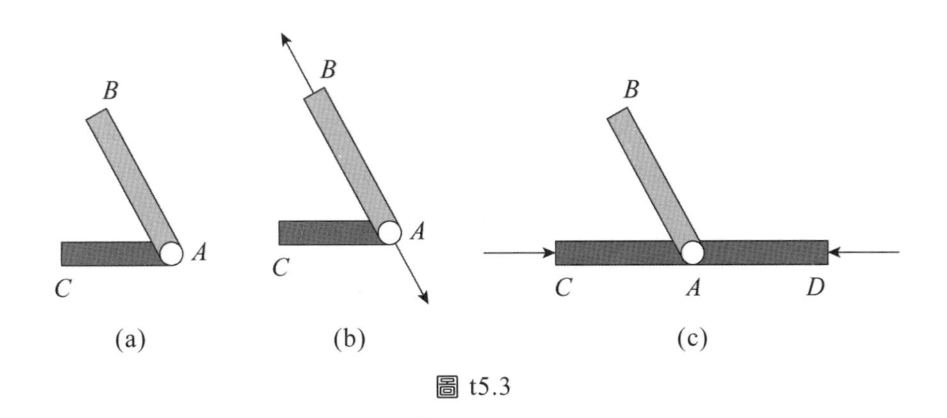

圖 t5.3

(B)如接點由兩根不在同一直線的桿件構成，且接點的受力方向只沿一根桿件的軸向，則另一根桿件為零力構件：如圖 t5.3(b)所示之 AC 桿為零力構件。

(C)如接點由三根桿件構成，而其中兩根成一直線，且此接點不受其他外力作用，則第三根桿件為零力構件。如圖 t5.3(c)所示之 AB 桿便是零力構件。

3. 去掉零力構件，桁架會不穩定。
4. 因 2、6 桿以及 10、13 桿成一直線，故 $S_3 = S_{11} = 0$。
5. 先考慮 A 點，得 1、2 桿內力 S_1 和 S_2。
   再考慮 B 點，得 3、4 桿內力 S_3 和 S_4。
   最後考慮 C 點，得 5、6 桿內力 S_5 和 S_6。

習題解答

5.1 $F_{AB} = 0.98\,\text{kN(T)}$， $F_{BC} = 2.55\,\text{kN(C)}$， $F_{AC} = 2.35\,\text{kN(T)}$

5.2 $F_{BC} = 1100\,\text{N(C)}$， $F_{CD} = 880\,\text{N(T)}$， $F_{BD} = 500\,\text{N(T)}$， $F_{AD} = 880\,\text{N(T)}$， $F_{AB} = 200\,\text{N(T)}$

5.3 $F_{AB} = 0$， $F_{AD} = F_{CD} = F_{CB} = P(\text{T})$， $F_{DB} = \sqrt{2}P(\text{C})$

5.4 $F_{AB} = 34.64\,\text{kN(T)}$， $F_{CD} = 57.74\,\text{kN(T)}$， $F_{AC} = 17.32\,\text{kN(C)}$， $F_{CE} = 63.51\,\text{kN(C)}$
$F_{BC} = 34.64\,\text{kN(C)}$， $F_{DE} = 11.55\,\text{kN(C)}$， $F_{BD} = 34.64\,\text{kN(T)}$

5.5 $F_{AB} = 10\,\text{kN(T)}$， $F_{AC} = 20\,\text{kN(T)}$， $F_{BC} = 14.14\,\text{kN(C)}$， $F_{BD} = 10\,\text{kN(C)}$， $F_{CD} = 0$，
$F_{CE} = 0$， $F_{CG} = 14.14\,\text{kN(T)}$， $F_{EG} = 10\,\text{kN(C)}$， $F_{DG} = 10\,\text{kN(C)}$

5.6 $F_{CD} = 3P(\text{C})$， $F_{DE} = 2.53P(\text{T})$， $F_{CE} = 1.57P(\text{C})$， $F_{BC} = 2.69P(\text{C})$
$F_{BE} = P(\text{C})$， $F_{EH} = P(\text{T})$， $F_{BH} = 1.41P(\text{C})$， $F_{AB} = 0$， $F_{AH} = 1.5P(\text{C})$

5.7 $F_{AE}=F_{BD}=5.14\text{ kN(C)}$，$F_{AC}=F_{BC}=2.57\text{ kN(T)}$
$F_{CE}=F_{CD}=2.06\text{ kN(T)}$，$F_{DE}=3.6\text{ kN(C)}$

5.8 $F_{EH}=8.9\text{ kN(C)}$，$F_{BH}=2\text{ kN(C)}$，$F_{AB}=8\text{ kN(T)}$

5.9 $F_{CG}=83.33\text{ kN(C)}$，$F_{AC}=66.67\text{ kN(C)}$，$F_{CH}=50\text{ kN(T)}$

5.10 $F_{BC}=4.12\text{ kN(C)}$，$F_{BG}=0.901\text{ kN(T)}$，$F_{EG}=3.38\text{ kN(T)}$

5.11 $F_{DH}=47.1\text{ kN(T)}$，$F_{CD}=6.7\text{ kN(C)}$，$F_{CH}=0$

5.12 $F_{CD}=1.67\text{P(C)}$，$F_{CE}=2.4\text{P(C)}$，$F_{AE}=0$

5.13 $A_x=17.1\text{ N}$，$B_x=17.1\text{ N}$，$D_x=0$，$A_y=20\text{ N}$，$B_y=20\text{ N}$，$D_y=20\text{ N}$

5.14 $A_x=0$，$A_y=1800\text{ N}$，$B_x=0$，$B_y=1200\text{ N}$，$C_x=0$，$C_y=3600\text{ N}$，$E_x=0$，
$E_y=600\text{ N}$，$F_y=1800\text{ N}$

5.15 在 BC 桿上 $E_x=F$，$E_y=-\dfrac{1}{3}F$

5.16 $A_x=-\dfrac{a}{h}P$，$A_y=0$，$C_x=\dfrac{5a}{2h}P$，$C_y=-\dfrac{P}{2}$，$E_x=-\dfrac{3a}{2h}P$，$E_y=\dfrac{P}{2}$

5.17 $597\text{ N}\cdot\text{m}$

5.18 $F_{HD}=5.15\text{ kN}$

5.19 2.7 kN

5.20 6480 lb，$\measuredangle$ 62.1°

5.21 (a)50.7 m；(b) $T_{\max}=T_A=3319\text{ N}$

5.22 8.58 kg/m

第六章

思考題解答

1. 不一定對。$f_{\max}=\mu N$，正向力 N 不一定等於 W。

2. 在時刻 t_1 以前，力 P 與摩擦力 f 平衡：$P=f$。至時刻 t_1，力 P 達到最大靜摩擦力 $\mu_S N$。接著的 Δt 時間內，因滑塊由靜止加速至定速度，所以 $P>f$，等到滑塊速度固定後 P 等於動摩擦力 $\mu_k N$，如圖 t6.4 所示。

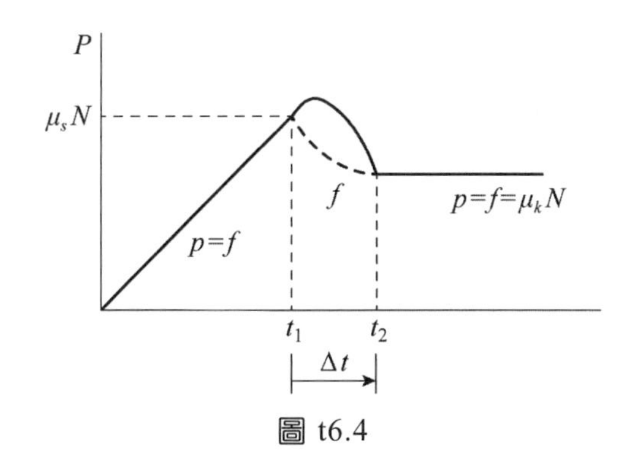

圖 t6.4

3. (b)圖較省力，因力 P 有分量往上可減少正向力，從而降低摩擦力。

4. (A) 因 $P > f_2$ 表示 B 會動；而 $P < f_1$ 可推論 A 不動。
   (B) A 與 B 皆不動。
   (C) 因 $P < f_2$ 所以 B 和 A 沒有相對運動，而 $P > f_1$ 故 A 和 B 一起運動。

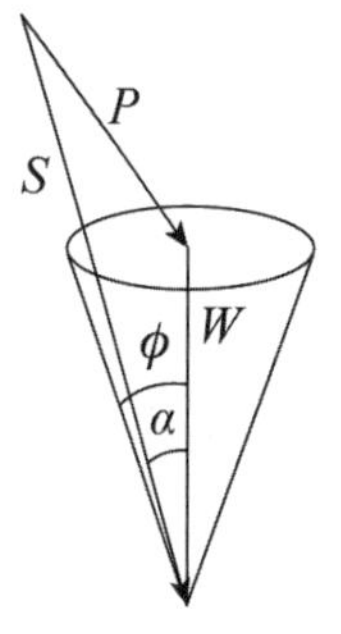

圖 t6.5

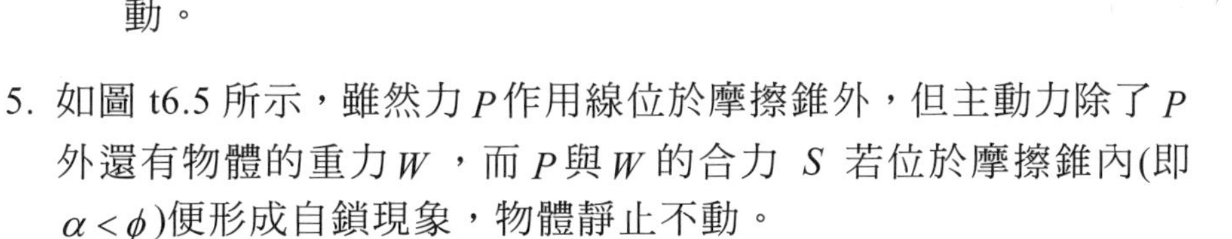

5. 如圖 t6.5 所示，雖然力 P 作用線位於摩擦錐外，但主動力除了 P 外還有物體的重力 W，而 P 與 W 的合力 S 若位於摩擦錐內(即 $\alpha < \phi$)便形成自鎖現象，物體靜止不動。

6. 純滾動時摩擦力並不等於動摩擦力，其大小由運動方程決定。
   圓盤既滾動又滑動，摩擦力等於動摩擦力。

習題解答

6.1 $P_1 = \dfrac{\mu_s W}{\cos\theta - \mu_s \sin\theta}$，$P_2 = \dfrac{\mu_s W}{\cos\theta + \mu_s \sin\theta}$，$P_1 > P_2$

6.2 $P = 31\,\text{N}$

6.3 先滑動

6.4 $\mu_{\min} = 0.176$

6.5 $\theta = 31°$

6.6 (a)66 N；(b)516 N；(c)不會下滑

6.7 $d = 0.456\,\ell$

6.8 $t = 7.48$ mm

6.9 $M = Wr\mu_s(1+\mu_s)/(1+\mu_s^2)$

6.10 $\mu_{\min} = 0.268$

6.11 $\mu = 0.41$

6.12 (a) 79.5 N·m；(b) $\mu_{\min} = 0.75$

6.13 $1.4° \le \theta \le 88.6°$

6.14 $\dfrac{\sin(\beta-\phi)}{\sin(\alpha+\phi)} \le \dfrac{W_1}{W_2} \le \dfrac{\sin(\beta+\phi)}{\sin(\alpha-\phi)}$

6.15 12 cm

6.16 (a) 423 N ←；(b) 206 N →

6.17 $P = 289$ N

6.18 先傾倒

6.19 $P_{\max} = 46.1$ N，$P_{\min} = 6$ N

6.20 $P = 14.83$ N，$\theta = 33.55°$

6.21 $P = 45$ lb，$\mu_s = 0.3$

6.22 21 本

6.23 (a)22.8 kg；(b)291 N

6.24 (a) $M_{\max} = 30.5$ N·m；(b) B 輪打滑

6.25 (a) $m = 45.0$ kg；(b) $m = 28.1$ kg；(c) $m = 45.0$ kg

6.26 1.99 kN，$M = 0.202$ N·m

6.27 $M = 6.38$ N·m，自鎖狀態

6.28 $\mu \ge \dfrac{\delta}{2R}$

6.29 $P = 2.87$ N

第七章

思考題解答

1. (A) 物體的形心座標在不同座標系中是不同的，故形心座標會隨座標系的改變而不同。
   (B) 不會。
2. 不一定。
3. (A)正確；(B)正確。
4. 會改變。
5. 不重合。

習題解答

7.1　$(-3.4, 5.6, -3.7)$

7.2　$\bar{x}=1\,\text{m}$，$\bar{y}=2\,\text{m}$

7.3　$\bar{x}=0.75\,\text{m}$，$\bar{y}=0.30\,\text{m}$

7.4　$\bar{x}=1.0$，$\bar{y}=0.393$

7.5　$\bar{x}=0.5\,a$，$\bar{y}=0.4\,b$

7.6　$\bar{x}=0.543$，$\bar{y}=0.375$

7.7　$\bar{x}=0.375$，$\bar{y}=0.543$

7.8　$\bar{x}=\bar{y}=\dfrac{2R}{\pi}$

7.9　$\bar{x}=\bar{y}=0$，$\bar{z}=\dfrac{3}{4}h$

7.10　$\bar{x}=0$，$\bar{y}=2.67$

7.11　$\bar{x}=0.255\,\text{m}$，$\bar{y}=0.225\,\text{m}$，$\bar{z}=-0.02\,\text{m}$

7.12　$\bar{x}=1.47\,\text{m}$，$\bar{y}=0.94\,\text{m}$

7.13　$\bar{x}=\dfrac{r_1 r_2^2}{2(r_1^2-r_2^2)}$，$\bar{y}=0$

7.14 $\bar{x} = 220$， $\bar{y} = 0$

7.15 $\bar{x} = 0$， $\bar{y} = 50\ \text{mm}$

7.16 $V = 2\pi^2 R(R_o^2 - R_i^2)$

7.17 $V = 5.03\ \text{m}^3$

7.18 $R_A = 1200\ \text{N}\uparrow$， $R_B = 1500\ \text{N}\uparrow$

7.19 $R_A = 7000\ \text{N}\uparrow$， $M_A = 52000\ \text{N}\cdot\text{m}$ ↻

7.20 $R_A = 1380\ \text{N}\uparrow$， $R_B = 2220\ \text{N}\uparrow$

7.21 $R_A = 333.3\ \text{N}\uparrow$， $M_A = 833.3\ \text{N}\cdot\text{m}$ ↻

7.22 $R = 154.35\ \text{kN}$， $h = 3.714\ \text{m}$

7.23 $A_x = -2.20\times10^6\ \text{N}$， $A_y = -0.859\times10^6\ \text{N}$， $B_y = 2.51\times10^6\ \text{N}$

第八章

思考題解答

1. 是。因為對以圓心為座標原點互相垂直的軸都是對稱軸。
2. 面積慣性矩之值恆為正；而慣性積之值可正、可負，也可能為零。
3. 錯。使用平行軸定理應該用形心慣性矩 I_{x_c} ，即

$$I_{x_1} = I_{x_c} + Ad^2 = \frac{bh^3}{12} + bh\left(\frac{h}{4}\right)^2 = \frac{7bh^3}{48}$$

習題解答

8.1 $I_x = 3.2\ \text{m}^4$， $I_y = 0.762\ \text{m}^4$

8.2 $I_x = \dfrac{ab^3}{3(3n+1)}$， $I_y = \dfrac{a^3 b}{n+3}$

8.3 $I_x = 25.1\ \text{m}^4$

8.4 $J_o = \dfrac{bh}{12}(4h^2 + b^2)$

8.5 $J_C = 0.16\pi R^4$，$k_C = 0.556R$

8.6 $I_x = 83\ \text{m}^4$

8.7 $I_y = \dfrac{5\sqrt{3}}{16}a^4$

8.8 $I_{xy} = \dfrac{b^2h^2}{8}$

8.9 $I_{xy} = \dfrac{R^4}{8}$，$\bar{I}_{xy} = -0.01647R^4$

8.10 $I_{x_1} = 7.2\ \text{m}^4$，$I_{y_1} = 152.8\ \text{m}^4$，$I_{x_1y_1} = 9.6\ \text{m}^4$

8.11 $I_x = \dfrac{16}{21}\ \text{m}^4$，$I_y = 3.2\ \text{m}^4$，$I_{xy} = \dfrac{4}{3}\ \text{m}^4$，$I_{\text{max}} = 3.788\ \text{m}^4$，$I_{\text{min}} = 0.174\ \text{m}^4$，$\theta = 23.8°$

8.12 $\theta = 31°$，$I_{\text{max}} = 22.67\times10^4\ \text{mm}^4$，$I_{\text{min}} = 5.67\times10^4\ \text{mm}^4$

8.13 $I_z = \dfrac{3}{10}mR^2$

8.14 $I_x = I_y = I_z = \dfrac{2}{5}mR^2$

第九章

思考題解答

1. 質點 P 在平面上任意方向的微小位移都是約束所允許的，稱為虛位移 $\delta\mathbf{r}$，如圖 t9.3 (a)所示；而質點在平面上運動的位移，加上平面由位置 A 至 B 的位移，稱為實位移 $d\mathbf{r}$ 如圖 t9.3(b)所示。

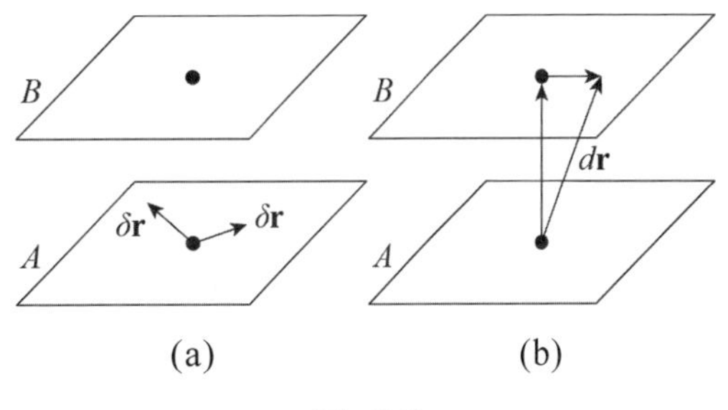

圖 t9.3

2. 虛位移 $\delta\mathbf{r}$ 及實位移 $d\mathbf{r}$，如圖 t9.4 所示。

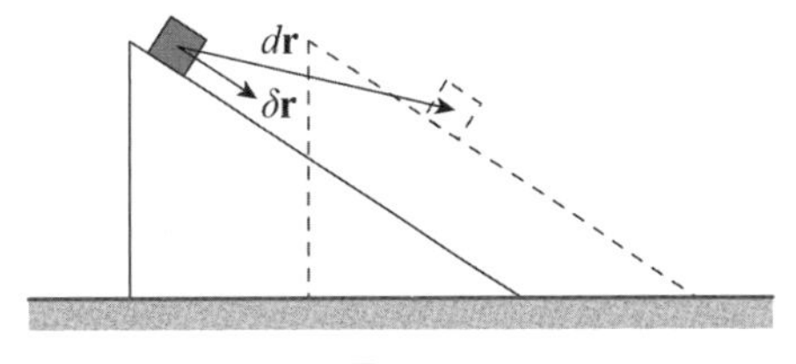

圖 t9.4

3. 是。

4. 是。因拘束面光滑，拘束力垂直於固定面的切平面。而虛位移在切平面內，故拘束力與虛位移垂直，因此拘束力在任何虛位移上不作功。

5. 是。因鉸光滑，鉸鏈處無摩擦力。兩杆在鉸鏈處的相互作用力，其大小相等而方向相反。它們對鉸鏈處的任何虛位移，虛功和為零。

6. 是。剛性輪與地面的接觸點為瞬心（速度為零）。給剛性輪一虛位移（繞瞬心的微小轉動），因地面給與剛性輪的拘束力（摩擦力和正向力）通過瞬心，因此拘束力不作功。注意，此處拘束允許的虛位移是剛性輪繞瞬心的微小轉動，而不是移動。

7. 是。摩擦輪在接觸處點所受的拘束力（正向力和摩擦力）如圖 t9.5 所示。設摩擦輪 A 和 B 的半徑分別為 R 與 r，虛位移分別為 $\delta\theta_A$ 和 $\delta\theta_B$，不打滑的條件是 $R\delta\theta_A = r\delta\theta_B$。拘束力的虛功和為 $\delta W = -fR\delta\theta_A + fr\delta\theta_B = f(r\delta\theta_B - R\delta\theta_A) = 0$。

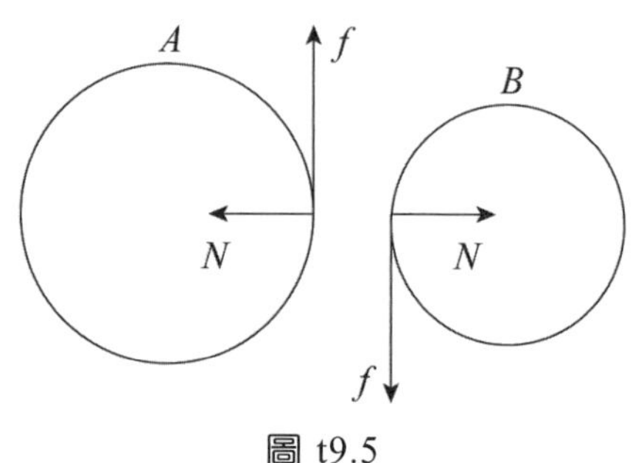

圖 t9.5

習題解答

9.1 (a) $y(1-\dfrac{a}{\sqrt{a^2+y^2}}) = \dfrac{W}{k}$；(b) 400 mm，穩定

9.2 $k > 2.45\ \text{kN/m}$

9.3 $M = P\ell\cos(\theta/2)$

9.6 穩定

9.7 穩定

9.11 $M = Pr(\sin\theta + \cos\theta\tan\phi)$，$\phi = \sin^{-1}(\dfrac{r}{\ell}\sin\theta)$

9.12 $Q = \dfrac{1}{2}P\tan\alpha$，$\angle ABC = 2\alpha$

9.13 $m_1 = \dfrac{M}{2\sin\alpha}$，$m_2 = \dfrac{M}{2\sin\beta}$

9.14 $\tan\alpha = 3\tan\beta$

9.15 $\tan\beta = \dfrac{b}{a}\tan\alpha$

9.16 $\theta = 30°$

9.17 $R > (\dfrac{3\pi}{4} - 1)r$

MEMO

MEMO

MEMO

國家圖書館出版品預行編目資料

靜力學 / 張超群, 劉成群編著. — 四版. — 新北市 ：
新文京開發, 2019.06
面； 公分

ISBN 978-986-430-514-8（平裝）

1. 應用靜力學

440.131 108009453

靜力學（第四版） （書號:**A302e4**）

編著者	張超群　劉成群
出版者	新文京開發出版股份有限公司
地址	新北市中和區中山路二段 362 號 9 樓
電話	(02) 2244-8188（代表號）
FAX	(02) 2244-8189
郵撥	1958730-2
初版	西元 2011 年 09 月 30 日
二版	西元 2013 年 11 月 30 日
三版	西元 2016 年 02 月 10 日
四版	西元 2019 年 06 月 20 日

建議售價：430 元

法律顧問：蕭雄淋律師

ISBN 978-986-430-514-8

New Wun Ching Developmental Publishing Co., Ltd.

New Age · New Choice · The Best Selected Educational Publications — NEW WCDP

新文京開發出版股份有限公司

新世紀 · 新視野 · 新文京 — 精選教科書 · 考試用書 · 專業參考書